学习空间：

跨学科的应用数学

［美］约翰-克劳德·法尔马涅（Jean-Claude Falmagne）
［比］约翰-保罗·杜瓦尼翁（Jean-Paul Doignon） 著

◎ 王泰 译 胡祥恩 校

Learning Spaces: Interdisciplinary Applied Mathematics

中国出版集团

世界图书出版公司

广州·上海·西安·北京

图书在版编目（CIP）数据

学习空间：跨学科的应用数学 / （美）约翰 – 克劳德·法尔马涅 (Jean–Claude Falmagne) , （比）约翰 – 保罗·杜瓦尼翁 (Jean–Paul Doignon) 著；王泰译 . –– 广州：世界图书出版广东有限公司 , 2025.1重印

书名原文：Learning Spaces:Interdisciplinary Applied Mathematics

ISBN 978-7-5192-1917-8

Ⅰ . ①学… Ⅱ . ①约… ②约… ③王… Ⅲ . ①应用数学 Ⅳ . ① O29

中国版本图书馆 CIP 数据核字 (2016) 第 238509 号

版权登记号图字：19–2016–164

学习空间：跨学科的应用数学

责任编辑	张梦婕
出版发行	世界图书出版广东有限公司
地　　址	广州市新港西路大江冲 25 号
电　　话	020-84459702
印　　刷	悦读天下（山东）印务有限公司
规　　格	787mm×1092mm　1/16
印　　张	26.375
字　　数	466 千字
版　　次	2016 年 9 月第 1 版　2025 年 1 月第 3 次印刷
ISBN	978-7-5192-1917-8/B · 0152
定　　价	98.00 元

编者序

"学习空间（Learning Spaces）"不是"学习的空间"的简称，指的不是学习环境（Learning Environment），而是满足若干假设的一个数学术语。其定义借鉴了组合数学中"反拟阵"的概念。学习空间理论源于知识空间理论。知识空间理论是 Jean-Claude Falmagne 教授等人于 20 世纪 80 年代中叶提出并完善的一整套有关运用机器来自动地评估学生知识状态的理论。用教育心理学的术语来说，就是试图运用这套理论来找到学生在知识结构上的 **"最近发展区"**。今年是这套理论提出 30 周年。

这一理论建立在两个关键的公设基础上，即认为学习具有两个重要的性质：平滑性和一致性。从更抽象一些的层面上说，平滑性是指：要达到一个目标，人们需要有步骤地完成若干环节。例如，为了掌握一个新闻故事的来龙去脉，需要一个消息一个消息地阅读。一致性是指：已经掌握得（或者已经具备得）越多，能够学到的（或者还能获得的）也会越多。例如，在玩游戏的时候，已经通过的关越多，那么还能通过的关也会越多。关于一致性的解释不能引申为"学习"空间是无限的（实际上任何学习空间都是有限的）。所谓"已经掌握得（或者已经具备得）越多，能够学到的（或者还能获得的）也会越多"其实是指：如果掌握的知识点越多，那么能够回答由这些知识点组合起来的问题数量也越多。

由此观之，学习空间理论的两个关键假设虽然脱胎于来自教育或学习科学的具体需求，但却与游戏设计、媒体传播等具有某些相通之处。从人机交互的角度来讲，出现如此相同或相似的现象或结果实属必然，而从社会人文科学的领域来分析，学习与游戏、媒体的这种相通性，又与教育思想中的"大教育"概念相得益彰。

正是从上述两个基本假设出发，原书作者按照欧几里得构建平面几何的思路，通过严格的数学证明和逻辑推导完成了学习空间理论这座大厦的建设。原书作者不仅提出了理论，还开发出了体现这一理论的 ALEKS 系统，整合到课程教学中，用以评估学生的知识状态。目前，这套系统已经在数千所学校的 100 门以上的课程中得到广泛应用，数百万学生因此受惠。

从事知识生产的人们最高兴的莫过于能够在有生之年亲眼看到自己提出的理论得以成功地运用于实践。让我领略到这一闪烁着智慧和勇气光芒的范例的，是向我推荐这本原著的胡祥恩教授。胡教授以极大的热情和精力活跃在中美两国学术交流的前沿领域。对他的钦佩也是支撑着我在美国访学一年里集中精力将这本原著翻译完毕的另一个精神来源。

期望通过我们的努力，能够让有兴趣致力于教育、学习科学的中国同行去阅读那本知行合一的原著。更期待读者能够提出宝贵意见，以利我们将来修订再版。

本书所涉及的工作及出版受到国家 863 计划课题"基于行为心理动力学模型的群体行为分析与事件态势感知技术"（编号：2014AA015103）和 2015 年教育部人文社会科学研究青年基金项目（批准号：15YJC880088）的资助。

在此感谢科技部、教育部的支持，还要感谢世界图书出版公司的编辑们为本书的出版付出的辛勤劳动。最后，感谢一起学习和审校过本书的教师与学生（包括但不限于）：周宗奎、龚少英、刘思耘、孙晓军、赵庆柏、唐云、田媛、刘勤学、刘凯、张学新、黄英辉、李玉杰；黄旭东、谢隽、方莹、王黎嘉、史庚虎、陈武、丁倩、罗青、邹容、梁云真、张思、牛更枫、高红丽、隆舟、李俊一、孙丽君、黄景修、杨磊；上官晨雨、翟奎虎、徐升、韩雨丝、高雷、李文静、黄玲玲、李兰、曹萌、范宜平、方晶晶、王祯、吴敏华、叶惠、初伟、曹继雯、李淼。

编者

2015 年 12 月

前言

这本书是《知识空间》的扩充第 2 版。《知识空间》是约翰-保罗·杜瓦尼翁（Jean-Paul Doignon，以下作者自称 JPD）和约翰-克劳德·法尔马涅（Jean-Claude Falmagne，以下作者自称 JCF 或法尔马涅）合作撰写的，面世于 1999 年。第 2、10、16、17 和 18 章是新增的，还重新修订了一些其他章节的很多地方[1]。改变书名和扩充内容的原因如下（我们保留了第 1 版前言中的许多内容，在这里，我们再次陈述其中有用的部分）。

这本书里所涉及的工作始于 1982—1983 学年。JCF 在雷根斯堡大学（University of Regensburg）访学。因为种种原因，启动一项合作研究的时机已经成熟。在此之前，我们长期保持着频繁的合作，而且我们能够面对一项宏大的计划。我们决定创造一个可以评估知识的高效机器，例如评估学生对课堂知识的掌握程度。我们立即着手设计这样一种机器所需的理论框架。那个时候，我们的研究课题绝大多数与几何学、组合数学、心理物理学，特别是测量理论有关。测量理论对这本书的内容具有一定的影响。要使读者相信这一理论的适用性，需要在物理科学的背景下仔细了解测量的基础。许多科学领域，从化学到生物，特别是行为科学，似乎都建立在一个与经典物理大不相同的立足点上。显然，诸如时间、质量或者长度等标准物理量纲总会被用在对某个现象的测量上。但在这些现象之下，其他学科却具有完全不同的解释。简单来说，十九世纪的物理学是一个不好的例子。这一观点并非大家都能接受。在十九世纪科学家的心目中其实都有这样的一个信条，那就是：一个学科门类必须在关键方面与经典物理学一样，才能被称为"科学"，尤其是它的基本现象必须能够用经典物理学中一样的量纲来测量。

上述理念的倡导者包括：法兰西斯·高尔顿（Francis Galton）、卡尔·皮尔逊（Karl Pearson）和开尔文（William Thomson Kelvin）。这些观点至今还有影响力，以至给诸如"心理测量"这些与我们的研究有关的领域带来了一些消极影响，因此有必要直接引用一些他们的具体表述。在皮尔逊为高尔顿写的传记（Karl Pearson，1924 年，第 2 卷，第 345 页）里，我们可以找到如下的定义："人体测量学，或者叫人类生理和心理测量艺术，通过测量某人在维度和质上的一小部分样本就能得到关于他的素描。这些将足够定义他的身体比例、质量、力量、灵活性、敏锐性、活力、健康、知识和

---

[1] 本书的内容摘要在第 1.5 节。

3

心理特征。而且，还可以用简明、精确的 **数字**[2]来代替模棱两可的描述。"[3]

对那个时代的科学家而言，很难想象用一种非数字的方法来精确地研究某个经验现象。卡尔·皮尔逊自己在担任《观察者》(Spectator)[4]主编期间，曾这样评价高尔顿的方法："也许在'公正'方面，格莱斯顿(William Ewart Gladstone)[5]和迪斯雷利(Benjamin Disraeli)[6]难分伯仲，可是几乎不会有谁去质疑约翰·莫莱(John Morley)[7]在这方面与他俩的相对位置。对于亨利·布拉德肖(Henry Bradshaw)[8]、罗伯逊·史密斯(Robertson Smith)[9]和阿克顿勋爵(Lord Acton)[10]在学术方面的排名会让人颇费脑筋，但绝大多数都同意把他们排在约翰·西利爵士(Sir John Seeley)[11]之前，正如他们把约翰·西利爵士排在奥斯卡·勃朗宁(Oscar Browning)[12]之前那样。毕竟还有一些诸如括号那样的东西，能让有关排名的统计理论在处理起来的时候稍微简单一点(Karl Pearson, 1924, 第 2 卷, 第 345 页)。"

换而言之，测量诸如"公正"这样的心理属性只需在实数的次序关系的边上做点小改进，使之要么成为弱关系（参见第 1.6.7 节），要么成为半序关系（参见第 4 章的问题 9 和问题 10）。

而开尔文，以其在这方面众所周知的地位，则说得更加直白："如果你不能测量它，它就不是科学"。原文是："当你可以测量你说的内容，而且可以用数字表示时，说明你知道关于它的一些东西；但是当你不能测量它，当你无法用数字表示时，你对它的了解就处于一种不充分或者不令人满意的状态：它也许是知识的开始，但你还根本没到达科学的阶段，无论那是什么"(Kelvin, 1889)。

这样一种把数字与精确性等同起来的认识，无法给物理以外的成熟科学

---

[2] 加粗以示强调。

[3] 这段话出自高尔顿于 1905 年在预防医疗皇家学院伦敦大会上的演讲。演讲的题目是《学校的人体测量学》。全文发表在《预防医学杂志》，1906 年，第 XIV 卷，第 93-98 页上。

[4] 《观察者》(Spectator) 1874 年 5 月 23 日。该杂志主编邀请高尔顿采用他的方法给心理特征排序。他以"公正"和"洞察力"为例。

[5] 译者注：1809—1898，英国政治家，作为自由党人曾四度出任英国首相。

[6] 译者注：1804—1881，英国政治家，作为保守党人两度出任英国首相。

[7] 译者注：1838—1923，英国政治家，曾任记者、编辑、国会议员、印度事务大臣和枢密院长。被后世尊为自由英国政治智慧的杰出典范。

[8] 译者注：1831—1886，英国学者、图书馆研究员。

[9] 译者注：1846—1894，英国东方学家、《圣经·旧约》学者和神学教授。

[10] 译者注：1834—1902，英国历史学家。

[11] 译者注：1834—1895，英国随笔作家、评论家、历史学家。

[12] 译者注：1837—1923，英国作家、历史学家、教育改革家。

的进步带来全面的好处。它当然会给心理特征的评估带来严重的影响。例如，在美国，为了科学的准确性，对数学知识的评估就被对数学技能的评估代替了，采用了从高尔顿到法国的阿尔弗雷德·比奈[13]的各种方法。它们至今仍以诸如 SAT[14]和 GRE（Graduate Record Examination，研究生入学考试）和其他类似考试的形式存在着。

在高尔顿和他的追随者心目中，用数字来测量心理特征是建立坚实的、可预测的科学理论的前提，正如在经典物理中曾获得巨大成功的研究路径那样。而这样一种思维，从未超出测量的范围[15]。

显然，我们总是有点事后诸葛亮。平心而论，对于那些认为"数字测量是科学的先决条件"的观点，并没有遇到多少激烈的反对。要知道，对于不同的概念，并非总是存在一种合适的数学工具来表达。更重要的是，查尔斯·巴贝奇（Charles Babbage）[16]分析机仍是一个梦想，而且将近一个世纪之后才出现能够处理符号操作的计算机器。

本书用于评估知识的方法与其他方法迥然不同。它的数学基础是组合数学的当前研究成果，并不试图去获得一种数字呈现[17]。我们从"知识单元"（数量可能有很多，但本质上是离散的）这一概念开始。例如，在初等代数中，一个这样的单元可能就是一种特定的代数问题。问题的全部集合可能包含几百个这样的问题。两个关键的概念是："知识状态"，即问题的一个子集，某学生能正确地解答它们；"知识结构"，即知识状态的一种组合。在代数初步里，一个有用的知识结构可能包含数百万个适宜的知识状态。

心理测量方法和本书中提出的方法的一个重要区别在于是否需要考虑选择特定课程代表性问题，比如代数初步。在我们的方法中，没有严格的限制。任何评估中所涉及的问题都可以从一个覆盖全部课程的问题池中抽取。与之相反的是，在编制心理测量量表的时候，所选择的问题必须满足同质要求：它必须能对数字化评分有帮助。不满足这一条件（在技术上有统计学的定义）的问题，都将被删除，即使它是该门课的核心内容。

如果考试本身就是评估学生能力的一部分，考虑到其潜在后果不仅影响学生，还会影响教师和学校，那么应试教育就在所难免了。这时，上述两种

---

[13] 译者注：1857—1911，法国心理学家，智力测验的发明者。

[14] 有意思的是，缩写 SAT 的含义几年前已经被教育考试服务从"学习能力倾向测验"改成了"学术能力评估考试"。这意味着部分测验出题者的不同想法得到了采纳。今天，SAT 成为了一个没有特定含义的缩写或者记忆。

[15] 在行为科学的某些领域的确存在一些复杂的数学理论，但他们通常并不依赖"心理测量"。

[16] 译者注：1791—1871，英国数学家、发明家兼机械工程师。

[17] 例如，以一个或多个量纲来量化"倾向"。

方法的区别就很关键了。如果采用基于知识空间技术的评估方法，应试教育是有益的[18]，因为考试题目本身就是课程的一部分。而如果采用的是心理测量考试，那么应试教育就会干涉教学过程，这正是心理测量考试屡受诟病的地方。

第 1 版取名"知识空间"是为了配合当初我们创造一种知识评估机器的目标。后来我们发现随之产生的工具其实可以作为一种教学技术的核心组件，因为准确地判断学生的知识状态正是教学过程的关键一环。然而，把焦点从评估转向教学就引出了一个特殊的知识空间，即"学习空间"。我们以此作为新版书名。修改书名并非换汤不换药。"学习空间"这一概念的提出来自于对我们思路的重新公理化推演。学习空间由两个简单但却是在教学方法论中无法回避的公理确定。第 2 章会详细阐述（第一章是一篇不涉及技术的简介）。

知识状态和知识结构这两个概念会涉及"格论"。"格论"的引入来自实际的需求。第 2—8 章将会阐述。学习空间的概念已经以代数系统的形式进行了推广，称之为媒介。第 10 章阐述媒介与学习空间之间的联系。

典型的实证观察的行为本质（被试对问题的反应）决定了实际的观察结果一定会有噪声出现。同时，有理由假设所有的知识状态（依据我们的定义）并非均匀分布。这意味着必须运用概率论来处理上述两类不确定性。第 11 和 12 章将详细阐述这一理论。第 9、13 和 14 章则专门阐述通过精心设计的问题来明确学生知识状态的各种实用策略。第 15 和 16 章将解决在构造知识空间与学习空间的过程中所遇到的复杂问题。

读者可以访问一个基于本书概念的实用系统：http://www.aleks.com，里面有囊括了评估模块和学习模块全粒度的程序，涵盖了数学和科学课程（参见第 1.3 节）。第 17 章专门从有效性的标准出发考察 ALEKS 评估软件，即预测的准确性。最后一章——第 18 章列举了一些开放式的问题。

还有一些十分有价值的研究因为篇幅的原因没有在这里介绍。因为很多都还在进行之中，特别是两个欧洲中心：帕多瓦大学（University of Padua）的弗朗西斯·克里斯坦特（Francesca Cristante）、卢卡·斯特凡努蒂（Luca Stefanutti）及其同事们，格拉茨大学（University of Graz）的阿尔伯特·迪特里希（Dietrich Albert）。更多的概念和结果参见他们的著作（Albert，1994；Albert，Lukas，1998）。后者也包含了在多个知识域中运行的程序。

---

[18] 在诸如 ALEKS 系统（参见第 1.3 节）等基于知识空间理论开发的标准程序中，并没有多项选择。

目前，有关知识空间的参考文献可以在如下网址上找到：

http://wundt.kfunigraz.ac.at/hockemeyer/bibliography.html [19]。

感谢科德·哈克麦亚（Cord Hockemeyer）维护了一个可以搜索的数据库。

我们的合作研究，从最初的想法到完善知识空间，并出版这本书的第 1 版，历时 17 年。在这 17 年里，法尔马涅多次通过纽约大学（New York University）获得国家科学基金的资助。JCF 还感谢来自陆军研究院（拨付给纽约大学）的资助。他曾于 1987—1988 年在帕尔奥拓（Pal Alto）行为科学高级研究中心访问。JPD，作为该中心富布赖特项目的访问学者，正是在那段时间，与 JCF 一起在这个课题上开展了实质性的合作。JCF 所获得的另外一个重要的国家科学基金资助是他在加州大学欧文分校（University of California at Irvine）获得的，用于支持教学软件 ALEKS（属于加州大学欧文分校，并由 ALEKS 公司负责运营[20]）的开发。我们向上述资助机构一并表示感谢。

许多同事、学生和毕业生在我们工作的各个阶段都帮助了我们。他们的建议和意见当然提升了本书的质量。我们特别要感谢：Dietrich Albert, Biff Baker, Eric Cosyn, Charlie Chubb, Chris Doble, Nicolas Gauvrit, Cord Hockemeyer, Yung-Fong Hsu, Geoffrey Iverson, Mathieu Koppen, Kamakshi Lakshminarayan, Wil Lampros, Damien Lauly, Arnaud Lenoble, Josef Lukas, Jeff Matayoshi, Bernard Monjardet, Cornelia Müller-Dowling, Louis Narens, Misha Pavel, Michel Regenwetter, Ragnar Steingrimsson, Ching-Fan Seu, Nicolas Thiéry, Vanessa Vanderstappen, Hassan Uzun 和杨芳云（Fangyun Yang）。我们还要感谢选修了 JPD 两门伊拉兹马斯（Erasmus）课程的学生的评论（Leuven, 1989 和 Graz, 1998）。

还有一些特殊的感谢需要单独表达。一个是感谢 Duncan Luce 对于第 1 版原稿的详细评论，其中很多评论都促使我们修改原稿。另一个是感谢 Chris Doble 对当前版本的详细阅读，他的意见对我们的帮助也很大。

正如前言开篇中提到的，JCF 于 1982—1983 年在雷根斯堡大学访学期间，受 Jan Drosler 教授团队氛围的激励，倾注了全部精力来酝酿想法。这次访学受助于洪堡基金对高级美国科学家的奖励。作者在这里要特别感谢洪堡基金、Drosler 和他的同事们所起的作用。在加州大学欧文分校开发软件

---

[19] 译者注：原文如此。在翻译时该链接已失效。截至 2014 年 12 月尚有效的链接是：http://www.uni-graz.at/cord.hockemeyer/KST_Bibliographie/kst-bib.html。

[20] JCF 是 ALEKS 公司主席和创始人之一。

的最初阶段，Steve Franklin 的建设性批评和合作给 JCF 带来的帮助无法估量。在准备修订版期间，JPD 的工作部分地受到了来自比利时法语区协作研究行动（ARC，Actions de Recherche Concertées）的资助。

我们要感谢邓薇（音，Wei Deng）对第 1 版草稿中图文和语法错误的锱铢必较。由于第 2 版在很大程度上依赖第 1 版，所以这一版的工作也从她的修改意见中受益良多。因为水平有限，读者肯定还是能够发现一些不完善的地方，对此我们承担全部责任。我们还要感谢施普林格出版社（Springer-Verlag）的 Glaunisinger 女士、Fischer 女士和 Engesser 博士在出版阶段的工作。

这一版中的许多图是用 tikz 制作的。Tikz 是一款基于 LaTeX 的图像软件，开发者是 Till Tantau。我们感谢他开发出了一款如此强大的工具。

最后，同样重要的是，我们再次感谢各自的妻子，Dina 和 Monique，感谢她们的坚定支持。

约翰-克劳德·法尔马涅　　　　　　　　　　　约翰-保罗·杜瓦尼翁
加州欧文　　　　　　　　　　　　　　比利时瓦特尔马尔-布瓦福尔

2010 年 5 月 31 日

目录

1 简介和基本数学概念

一位学生正面对一位教师，这位教师正在考查他[21]的高中数学知识。这位学生是位新生，刚从国外来，需要回答一些重要的问题：他应该被分配到哪个年级？他有哪些能力和哪些不足？在上某门课之前，他是否需要选一门预科？他已经可以开始学习哪些内容？教师会问他一个问题，然后听他怎么回答。然后依据他的回答，再问一些其他的问题。问过几个问题之后，这位学生的知识状态图景就展现在我们眼前，比课程考试快捷得多。

无论这位教师如何擅于提问，在某些重要方面，总是超不过一个聪明的机器。试想一位学生坐在一台计算机终端面前。机器挑选一个题目，然后显示在屏幕上。学生的反应被记录下来，数据库（跟踪所有与当前反应相一致的可能的知识状态[22]）随之更新。然后选出下一个能够在某种意义上把学生的反应中的期望信息最大化的问题，继续发问。目的就是尽快聚焦到能够解释所有这些反应的某个知识状态上。

本书的目的在于介绍创造这种评估机器所需的数学理论。我们还会介绍一些概率论方面的计算机算法及其应用。

机器一定能够挑战人类考官的原因之一在于人类记忆能力的低下。无论如何定义"高中数学的知识状态"，这些状态的完整列表必然包含数百万个具体的条目[23]。人类大脑并不擅长在如此大规模的数据库快速而准确地扫描。我们常会遗忘、混淆和歪曲。以国际象棋为例，我们每下一步，都有很多很多种选择。几年前，人类顶级大师还能战胜作为扫描设备的超级计算机。今天，一些最好的国际象棋程序，例如 Rybka[24]，已经在快棋赛中打败了人类世界冠军。几乎没人相信人类极限（如果有的话）的记录还能长期保持[25]。

我们的研究建立在一些常识上，在此基础上则建立了一些数学概念。我们将在下一节里先通俗地介绍一下它们。

---

[21] 在绝大多数情况下，出现在我们故事中的人物角色都是虚构的，没有姓名和性别的差异。在偶数章节中，我们用代词"她"，在奇数章节中，我们用代词"他"。

[22] "可能的知识状态"是指在参考人群中一定会出现的知识状态。

[23] 第 17 章会讨论一个具体的例子。

[24] 参见网站：http://rybkachess.com。

[25] 而且，能战胜最好的国际象棋程序的世界级大师都经历了长时间的带有惩罚的学习过程。其间，臭招会立刻带来物质上的损失，以及名誉上的。人类考官则从未接受过如国际象棋大师那样的系统培训。

1.1　主体结构

1.1.1 问题和域。我们假设一个领域的知识都能解析成一个问题的集合，每个问题都有正确的答案。高中代数的一个例子是：

　　[P1] $3x^2 + (11/2)x - 1 = 0$ 的根是多少？

　　诸如此类的方程形成一个集合，我们称之为"域"。这个域要足够大，以至能够覆盖某个门类，并且粒度合适、具有代表性。在高中代数中，这意味着一个至少包含几百个方程的集合。显然，我们并不只对学生解 [P1] 这一个方程感兴趣。我们要做的是评估学生解诸如此类的所有二次方程的能力。在本书中，方程（我们也会用"问题"或者"元素"）这一标签专门是指一类测试单元。这些测试单元只是具体参数不同，或者是在措辞上存在某个字的差别。在这种意义下，[P1] 是以下问题的一个实例：

　　[P2] 求根：$\alpha x^2 + \beta x + \gamma = 0$ 。

　　当机器用 [P2] 来测试学生的时候，α, β 和 γ 的赋值需要满足一定的条件。例如，有人想把一些简单的分数或者小数赋值给它们。然而，一个学生对 [P1] 的解答反映了他对 [P2] 的掌握。对于这些基本概念，有一些反对的声音，我们会在本节末尾予以讨论。

1.1.2 知识状态。我们用一个学生在理想条件下能够正确回答某个域内问题的集合来呈现他的"知识状态"。这表示他没有时间压力或者受到任何躁动情绪的干扰。在现实中，会产生粗心导致的错误。同时，学生在没有真正理解问题的情况下，也有可能偶然猜对答案。这种情况会出现在"多项选择"的时候，但也会发生在其他情形下。总体而言，学生的知识状态并不能直接观察出来，而是需要从对问题的反应中推测出来。知识状态与实际反应之间的关系在第 11、12、13 和 14 章涉及概率理论的时候会予以详细推导。

1.1.3 知识结构。根据我们的经验，对于任何一个不一般的领域，可能的知识状态的数目都特别大。以第 17 章提出的一个实验为例，初等代数（美国称之为"代数 1"）的一个包含 300 个问题的域中知识状态的数目大约为几百万。这些状态的列表可以通过采用一种被称作"QUERY"的自动发问的技术对教师们进行面试来得到（参见 1.1.9 和第 15 章；Koppen 和 Doignon，1990；Koppen，1993）。这样的列表在之后的课程评估中，还可以通过统计分析学生的反应来修改和完善。

几百万个可能的状态看上去几乎没法分类且过于庞大。可是，这对于该域中全部 2^{300} 个子集来说却微不足道。所有知识状态组成的集合囊括了知识的组织形式，因此被称为"组织结构"。图 1.1 示出了某域中一个知识结构的缩略图。其中，$Q = \{a, b, c, d, e\}$。

在本例中，知识状态的数目足够少，以致可以用图来表示。本书后面[26]还给出了更加复杂的例子。图 1.1 示出了如下知识结构：

$$\mathcal{K} = \{\varnothing, \{a\}, \{b\}, \{a, b\}, \{a, d\}, \{b, c\}, \{a, b, c\},$$
$$\{a, b, d\}, \{b, c, d\}, \{a, b, c, d\}, Q\}. \tag{1.1}$$

上述知识结构包含 11 个状态。域 Q 和空集 $\varnothing$（空集表示完全忽略），都在其中。图中的箭头表示集合之间的**包含关系**。一个把状态 K 和 K' 连接起来并指向 K' 的箭头表示 $K \subset K'$（其中，$\subset$ 表示严格被包含），并且没有状态 K'' 使得 $K \subset K'' \subset K'$ 成立。这种图的表示方法以后会经常使用。当从左往右看过去的时候，它意味着一种学习路径：开始的时候，学生什么都不知道，即状态，图中在左边用空盒子表示。学生此时可以依据图 1.1 所示的一条路径逐渐地从一个状态转移到另一个状态，直到状态 Q，从而完整地掌握该项课题。这样一种思路构成了我们理论的核心机制，将在下一小节中阐述。

图 1.1 所示的知识结构和式 (1.1) 并不是杜撰的。它取自于实际，而且在一个概率模型的框架下，成功地在许多被试中进行了测试。问题 $a, ..., e$ 就是初等欧式几何中的问题。问题的内容见图 12.1。这是 Lakshminarayan（1995）的工作，我们会在第 12 章讨论它。

---

[26] 特别是第 17 章。

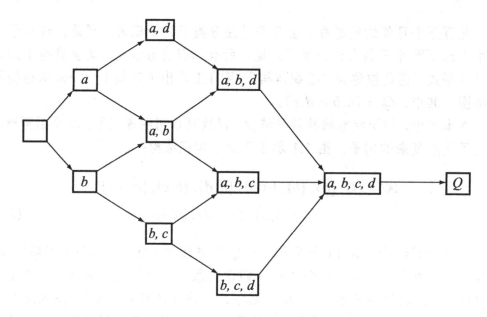

图 1.1: 式 (1.1) 的知识结构。

1.1.4 学习空间。上述一步一步的学习过程蕴含了我们理论的两个核心公设。这两个公设都涉及域 Q 上的知识结构 $\mathcal{K}$；我们还假设 $\varnothing$ 和 Q 都是 $\mathcal{K}$ 的状态。我们只在这里通俗地阐述一下上述公设（其数学描述参见第 2.2 节）。

1. **学习的平滑性**。如果学生所处的状态 K 包含在另外一个状态 L 中，那么该生可以通过一个个地掌握不会的问题达到状态 L。这意味着一步一步的学习是可行的。

2. **学习的一致性**。假设一个处于状态 K 的学生能够掌握某个新问题 q，那么处于某个包含了 K 的状态 L 的任何一个学生，要么已经掌握了问题 q，要么也能够掌握它。

简言之，知道得越多与学得更多不矛盾。

满足上述两条公设的知识结构就是"学习空间"。从教学方法论的角度来说，上述两条公设是完全站得住脚的。它们会带来非常有利的影响。

1.1.5 知识状态的边界。知识状态的数目有时会相当大。例如，在初等代数中，一位学生的知识状态能包含 200 个问题。通过如此长的一个清单来表示学生掌握了初等代数意义不大。幸运的是，学习空间的那两条公设使得任何一个知识状态都能被它的两个"边界"唯一确定。而这两个边界几乎总是小得多的集合。直觉上，一个知识状态 K 的外部边界 $K^\mathcal{O}$ 应该是学生准备要学的问题的集合。在集合论中，K^O 包含所有能使 $K \cup \{q\}$ 成为状态的问题 q（学生可以据此通过掌握 q 从状态 K 到达状态 $K \cup \{q\}$）。内部边界 K^J 是一个与外部边界相补的概念，它只包含那些一旦从 K 中移出就使得 K 变成学习空间中另外一个状态的所有问题[27]。关于内部边界的一种解释是它包含着学生状态中那些最前沿的问题。在一个学习空间中，任何一个知识状态都由它的两个边界确定。关于它们的正式定义和有关理论参见第 4.1.6 和第 4.1.7 节。

举例来说，图 1.1 中所示的学习空间中的知识状态 $\{b, c, d\}$ 的两个边界分别是：

$$\{b, c, d\}^O = \{a\} \quad \{b, c, d\}^J = \{d\}.$$

仅仅把上面两个式子左右两边的 $\{b, c, d\}$ 和 $\{a\}$、$\{d\}$ 调换位置，等式也能成立。但是这一现象并非一般情况。

1.1.6 知识空间。我们转而论述学习空间两条公设的另一个重要方面。考察图 1.1，我们会发现 $\mathcal{K}$ 状态族满足一个重要的性质：如果 K 和 K' 都是 $\mathcal{K}$ 中的两个状态，那么 $K \cup K'$ 也是。用数学语言来说，就是族 $\mathcal{K}$ 是 "有限并集下的闭包"。满足 "有限并集下闭包" 的知识结构称作 "知识空间"。这个性质来自两条公设：任何学习空间都是知识空间[28]（参见定理 2.2.4）；并集下的闭包是一个核心性质。例如，该性质允许用一个被称之为学习空间 "基" 的特殊的子状态族来详尽地表征任何一个学习空间。在很多情况下，这个子族比学习空间自身小得多。这对于某些应用来说特别重要，比如在计算机的内存中节省学习空间的存储。

1.1.7 级配性。学习空间两条公设还有一个重要的影响，那就是与某些评估过程的联系。这些评估用来测量学生的知识状态（见第 13 和 14 章）。考虑式 (1.1) 所示知识结构 $\mathcal{K}$ 中的状态 $\{a, d\}$ 和 $\{b, c, d\}$。它们一共有 3 个不同的元素：a、b 和 c（因此，我们称 $\{a, d\}$ 和 $\{b, c, d\}$ 之间的距离为 3）。状态 $\{a, d\}$ 可以经过三个基本的一系列步骤转移到状态 $\{b, c, d\}$ 上，其中，转移的一条路径是：

$$\{a, d\}, \{a, b, d\}, \{a, b, c, d\}, \{b, c, d\}.$$

像这样一种路径被称为 "紧的"，因为后面一个状态与前面一个状态相

---

[27] 显然，域的外部边界和空集的内部边界都是空。

[28] 反之不成立。你能想出反例吗？

差且只相差一个元素。$\mathcal{K}$ 中其他任意两个状态也有类似的特征，无论它们之间的距离是多少。因为这个原因，我们说知识结构 $\mathcal{K}$ 的级配良好。级配良好的符号在第 2.2.2 节中定义，第 4 章会详细论述。级配良好是一个本质属性，因为它确保了任何一个状态都可以被它的边界来抽象，且不会丢失信息（见定理 4.1.7）。

1.1.8 推测函数和前提。知识空间可以被认为是拟序关系的一个推广（亦即反射和传递关系；见 1.6.3、1.6.4 和 1.6.6）。实际上，根据伯克霍夫（Birkhoff, 1937）的经典结论，在并集和交集下闭包的任何一个集合族都可以被认为是一个拟序关系，反之亦然。更重要的是，是一一对应的（参见定理 3.8.3）。只在并集下闭包的集合族也可以用类似的方法来表示，但是不能用拟序，甚至是二元关系来表示。但是，有一个函数 σ 把 Q 里的每一个元素 q 与 Q 的子集的族 $\sigma(q)$ 联系在了一起。族 $\sigma(q)$ 有如下含义：如果一个学生已经掌握了问题 q，那么该生至少已经掌握了 $\sigma(q)$ 里的一个集合。也许有人会想到 $\sigma(q)$ 里的一个特定元素应该是学习 q 的一个可能的先决条件。这与掌握任何一个特定问题 q 的路径并不是唯一一致的。这一含义促使我们再给函数 σ 加上一些自然条件，使之成为一个"推测函数"。对于某个特定问题 q 的 $\sigma(q)$ 中的元素，将其称之为 q 的"前提"，或者称之为 q 的"背景"或者"基础"，如图 1.1 所示。掌握问题 d 的被试必须至少已经掌握了问题 a，或 b 或 c。所以掌握问题 d 必须具备两个条件，即

$$\sigma(d) = \{\{a, d\}, \{b, c, d\}\}.$$

注意到 d 的两个条件都把 d 自身包含在里面。我们约定，任何一个元素的条件都包含它自身。也就是说，任何一个问题都是它自己的先决条件。这一属性推广了偏序关系的反射性。在第 5.1.2 节，我们还会讨论推广传递性的推测函数的一个条件。

在那些状态族既满足并集下闭包又满足交集下闭包的特殊情况下，任何一个问题都有唯一的一个条件。这时候，推测函数 σ 实际上就是一个拟序关系（也就是说，在简单变换一下符号之后，就成为了一个拟序关系）：这个问题 q 唯一的条件包含它自身，再加上那些与 q 等价的问题，或者拟序关系中 q 之前的问题。

1.1.9 蕴含关系和人类专家。我们还会使用另一种方法来表示知识空间，这在实际运用时也有很重要的作用。人类专家（比如一线教师）会对可能在某

些实际情况中出现的知识状态提出批评。然而，我们无法直接请他们列出一张可能的知识状态的完整清单，且希望获得有用的回答[29]。幸运的是，记录知识空间概念不仅是可行的，还是一个更富有成果的方法。试想一下像这样询问一位教师：

[Q1] 假设学生已经答错了问题 $q_1, ..., q_n$。你认为学生还会答错问题 q_{n+1} 吗？你可以假定学生答题时不会出现偶然因素，比如正好猜对或者粗心犯错，即假定学生的答题反映了其真实的掌握程度。

（我们把记号 [Q0] 留给 $n = 1$ 的情况，见第 7 章。）

对上述 **所有** 问题的肯定回答形成了一个集合，在某个给定的域 Q 中，该集合用 Q 的元素把 Q 的子集进行了配对。这种配对定义了一个二元关系 $\mathcal{P}$。对于问题 [Q1] 的肯定回答可以采用如下形式进行编码：

$$\{q_1, ..., q_n\} \mathcal{P} q_{n+1}.$$

如果关系 $\mathcal{P}$ 满足了某种自然条件，那么它会唯一确定一个特定的知识空间。关系 $\mathcal{P}$ 就称为"蕴含"。我们已经写好了基于这种关系的算法，它们能够帮助我们询问专家。其中，用得最多的就是"QUERY"程序。在运用这些算法的时候，应该是专家依靠一个隐藏的知识空间去回答类似 [Q1] 那样的问题。算法的输出就是专家个人的知识空间。我们将在第 15 和 16 章讨论询问的过程。

1.1.10 几点说明 。a) 明显地，如果 n 很大，甚至即使 $n = 1$，一个教师对诸如 [Q1] 那样的问题的回答都未必可靠。为了避免这一问题，Cosyn 和 Thiery (2000)（还可参见 Heller，2004）开发了一个"QUERY"程序的提高版，称之为"PS-QUERY"。PS 的含义是"未决状态（pending status）"，即当专家的反应因难以判定而出现延迟时，就一直等到后一个响应得到确认以后再予以判定。如果第二个反应与前一个冲突，则两者都丢弃。

b) 在实践中，形如 [Q1] 那样的问题只有一小部分必须提出。提问的过程通常在 $n \leq 5$ 之前就终止了。实际上，即使就是 $n = 1$，上述过程也能获得知识空间的所有状态。然而，当该过程在某个点停下时，许多假想的状态会被后来的提问否定。随之产生的知识空间届时必须用基于学生数据的统计分析来修剪，例如删去那些可能性较低的状态，或者通过其他的方法（参见第 15 章）。

---

[29] 另外，正如以前提到的，在某些情况下，会存在数百万个状态。

c) "QUERY" 及其类似程序，无论有无学生数据的统计分析辅助，都只能保证会获得一个知识空间，这个知识空间不一定是一个学习空间[30]。由于通常以获取学习空间为目标，对于 **QUERY** 过程所作的适应性修改请见第 **16** 章。这个修改后的版本只执行将会产生学习空间的 **QUERY** 响应。对于这个意图，还提供了一些高效的工具来测试。另外一个创建学习空间的方法来自于 Eppstein、Falmagne 和 Uzun（2009），也在那一章进行了简要的讨论。思路是先创建一个知识空间，然后仔细地挑选额外的状态，将其转变成学习空间。

正如第 **1.1.2** 节中提到的那样，在现实中，被试在完全掌握的情况下有时还是有可能答错，或者在根本不懂的情况下居然完全答对。也就是说，知识状态并非可以直接观测。解决上述难题的方法是概率论。

1.1.11 似然知识结构 。本理论会在两个方面引入概率。我们首先假设每个知识状态 K 都对应一个数字 $P(K)$，可以认为是在参考人群中的一个随机的样本中找到处于状态 K 的被试的概率。其知识结构 $(Q, \mathcal{K}, P)$ 被称为"似然知识结构"，其中 Q 是域，$\mathcal{K}$ 是状态集合。其次，我们将对域 Q 中任何一个子集 R 和任何一个 $\mathcal{K}$ 中的状态 K，引入一个条件概率 $r(R, K)$。它表示处于状态 K 的被试答对且只答对 R 中的全部问题的概率。任何一个域 Q 中的子集 R 都是一个"响应模式"。观察出某个响应模式 R 的全概率 $\rho(R)$，可以用加权的方式计算出来：

$$\rho(R) = \sum_{K \in \mathcal{K}} r(R, K) P(K).$$

第 11 和 12 章将对上述概率概念进行规范的定义，还会研究函数 P 和 r 的具体形式，以及实证测试的结果。

1.1.12 评估过程 。知识状态、（似然）结构和学习空间为一系列评估算法打下了基础。该算法的目的是通过询问某个域内的问题，尽可能高效地揭示学生的知识状态。第 13 章讨论了用得最多的算法，该算法为所有状态的集合设置了一个 **先验** 似然函数。该似然函数在每次学生响应之后，被一个贝叶斯算子更新。下一个问题的选择依赖于当前的似然函数。评估算法的输出是一个能最好地呈现该生在该领域能力的知识状态。正如第 1.1.5 节所述的那样，这个结果可能会特别冗长。最终这个结果将会转换为其知识状态的边界。

---

[30] 当 [Q1] 中限定 $n=1$ 时，是一个例外。正如前文所述，这会引起很多假想状态的出现。

第 1.3 节介绍了基于本书概念所创建的自动化系统在实际运用中的一个例子。

1.2 可能的局限

知识状态的概念，作为我们工作的核心，有时被批评为淡化了一个重要思想。在某些批评者眼中，这一概念应该包含更多的内容，而不仅仅是一个学生所完全掌握的问题。它应该包含与学生当前理解材料有关的许多其他特征，例如他很有可能犯的错误类型。Van Lehn（1988）的工作经常被用作这方面的参考文献。

总体上，这些批评源于对我们提出的"知识状态"的误解。我们工作的一个重要组成部分是提出一种规范的语言来讨论和操作知识评估。"知识状态"是这种语言中一个定义好的概念。我们并没有声称"知识状态"这一概念囊括了所有的认知特征，以致仅仅在一个单词上面人们就能联想到除了拓扑联系以外的内容，比如压缩集的概念包含了全部与形容词"压缩的"有关的物理知识。据我们所知，知识状态的概念从没有在关于计算机辅助学习的文献中被正式地定义过。据此我们详细地在这里给它一个专门的定义无伤大雅。另一方面，如果某些明确而牢固的信息可以精细地反映学生的能力，这些信息毫无疑义地应该纳入评估之中。许多方法可以达此目的。

第一个例子是 Van Lehn（1998）提出的出错机制类型。假设对某些或者所有问题，这些出错机制都能阐述。也就是说，错误的响应都是蕴含信息的，都能被归结于某个具体的出错规律。一种可行性是分析或者重新设计我们的域（问题的基本集合），使得知识状态本身就能触发对出错机制的诊断。毕竟，如果一个学生总是在某一个方面出错，这个出错的规律应该会反映在对某个特别挑选的问题的回答模式上。这时，知识状态的描述就可以包含这样的出错机制。

更一般的，对于知识状态的精细描述可以通过给问题贴上准确而详细的标签来实现。例如，可以给域中的每个问题都列出一个详细的信息特征条目清单，如该问题属于该域的哪个分支（如微积分、导数；几何、直角三角形）、问题类型（文字题、计算题、逻辑推理）、该问题应该在哪个年级学、是在问题形成时就要用到的概念还是在问题解决时才会用到的概念、最常见的概念错误类型，等等。

当评估算法揭示了某个学生的状态之后，这些标签就能够用在自然语言中，来帮助教师全面地描述学生的状态。第 6 章给出了关于这个想法的数学推导。

1.3 一个实际应用：ALEKS 系统

计算机辅助教学系统 ALEKS 已经上线了[31]，用双语（英语、西班牙语）提供了一个两模块的教学环境：一个 **评估模块**，一个自我调节的提供许多工具的 **学习模块**。"ALEKS" 是知识空间的评估和学习（Assessment and Learning in Knowledge Spaces）的简称。评估模块就是基于这本专著开发的。它还实现了第 13 章所讲的一个连续马尔科夫过程。它所需的知识结构是用第 7、15 和 16 章的技术创建的，在充分分析了学生数据之后，利用分析的结果完善之。该系统目前[32]涵盖了 3—12 年级的数学，包括微积分初步和几何，还有初等化学、会计和大学统计。在覆盖该课题的全部可能的问题这个意义上，该项评估是全面的。一个"答案编辑"允许学生像使用纸和笔那样输入回答。与绝大多数标准化测试不同，几乎所有的问题都是开放的[33]。在评估结束后，系统输出一份详细的学生绩效报告、针对未来学习的建议、直接转到系统的学习模块。

在使用学习模块的时候，学生可以请求系统"解释"一下提出的问题。学习模块还在线提供一个功能强大的计算器和数学词典。该词典解释所有的专业术语，支持划译。系统提供的报告和学习模块都是可编程的，这样它们就能满足美国每个州的教学标准。当前默认的系统标准是加利福尼亚州的标准。如果有必要的话，一个用户友好的工具允许教师修改这些标准。

在本书提出的知识结构和知识状态概念基础上，还诞生了一些其他的系统，它们还受到了 ALEKS 系统的启发。例如 Cornerlia Dowling 和她的同事（参见 Dowling,Hockemeyer 和 Ludwig,1996）开发的系统。Dietrich Albert 和他的团队，还有项目伙伴一起，开发了多个类似的系统。它们是：RATH（Hockemeyer, Held 和 Albert, 1998), APeLS (Conlan, Hockemeyer, Wade 和 Albert, 2002), iClass (Albert, Nussbaumer 和 Steiner, 2008), ELEKTRA (Kickmeier-Rust, Marte, Linek, Lalonde 和 Albert, 2008) 和 MedCAP (Hockemeyer, Nussbaumer, Lovquist, Aboulafia, Breen, Shorten 和 Albert, 2009)。其他有关的参考文献是 Albert (1994); Albert 和 Held (1994); Albert 和 Hockemeyer (1997); Albert 和 Lukas (1999);

---

[31] 见 www.aleks.com。

[32] 2010 年春天。

[33] 出现多项选择的情况是比较少的，向学生提供的备选项很多。

Desmarais 和 Pu（2005）；Desmarais, Fu, and Pu（2005）；Pilato, Pirrone, 和 Rizzo（2008）。

1.4 其他领域的潜在应用

即使我们的理论研究最初是由教育领域的实际应用驱动的，知识结构、知识空间和学习空间却是非常通用的概念，在许多看起来完全不同的领域具有潜在的应用价值。以下举例说明。

1.4.1 故障分析。假如有一个复杂的设备，例如电话交换机（或者一台计算机，或者一个核工厂）。在某种情况下，设备会发生故障。系统管理员（或者专家团队）会实施一系列的测试来排查故障点。这里，域就是可观测信号的集合，状态就是所有可能出故障的地方发出的信号组成的子集。

1.4.2 医疗诊断。一位医师检查一位病人。为了查明病情，医师要检查出现的症状。正如前面那个例子所讲到的，这种检查过程将是一系列仔细设计的测试。这时，系统是病人，状态是指向他病情的症状子集。早期的计算机辅助医疗诊断系统参见 Shortliffe 和 Buchana（1975）或者 Shortliffe（1976）。网络搜索显示，这方面的文献正在急剧增加。

1.4.3 模式识别。一个进行模式识别的视觉成像装置在许多种可能的模式中识别其中一种，每一种都被一个具体的特征集定义。考虑这样一种情况：一个一个串行地排查出现的特征，直到一个模式被以可接受的差错率识别出来。在这种情形中，系统就是视觉成像装置，可能的模式就是它的状态。Duda 和 Hart（1973）以及 Fu（1974）的著作是这方面的早期的参考文献之一。

1.4.4 公理化系统。令 E 是一个用某种语言写成的、规范的表达集合。还假设我们有一个固定的变化规则集。考虑 $\mathfrak{J}$ 是定义在 E 的所有子集集合上的关系，且具有如下含义：如果 B 中所有表达都可以从 A 中的所有表达中通过运用变化规则来得到，那么我们记 $A\mathfrak{J}B$。如果只要 $A \subseteq K$ 且 $A\mathfrak{J}B$，那么我们称对于任意一个 $K \subseteq E$，其是 $\mathfrak{J}$ 的一个 **状态**。容易知道所有状态的集合 $\mathcal{L}$ 在交集下是闭包的；也就是说，对于任意的 $\mathcal{F} \subseteq \mathcal{L}$，都有 $\cap \mathcal{F} \in \mathcal{L}$（见第 3 章问题 2）。请注意这一约束条件正是定义一个知识空间的对偶，即集合

$$\overline{\mathcal{L}} = \{Z \in 2^E | \overline{Z} \in \mathcal{L}\}$$

在并集下是闭包的。

1.5 本书的内容和组织

本章的下一节会阐述一些基本、规范的数学概念和符号，例如，"二元关系""偏序""链""Hausdorff 最大准则"，等等。在写此书时，我们知道数学专业对于没有数学背景的读者来说，存在理解上的困难，例如三个学期的微积分、两门代数课和两门概率与统计课等。但是，如果仅仅只上过上述几门课还是会觉得本书很难读。对此，读者还需要具有相当的耐心和决心。为了帮助所有的读者，每章最后都配有习题。

第 2—10 章阐述本理论的代数方面。这九章涵盖了主要概念、学习空间、知识空间和一些辅助主题，例如推测函数、蕴含关系和评估语言的概念（第9章）。学习空间的公设与组合数学中用来定义一个"反拟阵"的那些公设是一样的。我们用第 2 章的一部分来阐述学习空间和（并集闭包）反拟阵[34]的联系。第 10 章讨论了学习空间和被称为"媒介"的变换半群之间的关系。

第 11 和 12 章涉及似然知识结构。这两章提出若干随机学习模型，以描述随着时间发生在知识状态之间的连续转移。第 13 和 14 章涉及评估知识的各种随机算法。第 15 和 16 章阐述在实际情况下，构建知识空间和学习空间的一些步骤。第 17 章在一个非常大的数据集的基础上，阐述了对 ALEKS 系统所生成的评估报告的有效性和可靠性所进行的分析。我们用一个比较有意思的开放问题清单结束了第 18 章。为了方便参考，我们在本书的末尾给出了标准数学符号的定义和本书中介绍的新概念汇总，可以在那里找到绝大部分的概念和定义。

章下设节和子节，采用单一序号标识。"1.4 其他领域的潜在应用"表示第 1 章的第 4 节。该节又划分为 4 个小节。第 1.4 节的第 1 个小节的题目是"1.4.1 故障分析"。

因此，当使用"n.m.p"表示子节时，"n"表示章，"m"和"p"分别表示那一章下的节和子节。子节中最常用的标题是"例子""定义""注释"。[35]少数结果有时会以评论的形式出现。在某些特别难的章节中，小节和练习都

---

[34] 组合数学的研究文献中出现了两个互为对偶的反拟阵概念：并集闭包与交集闭包。

[35] 本章导论的风格不是全书的典型风格。

会用星号表示。在本书中的某些部分，星号还表示为了避免思维中断，第一次阅读时可以省略。

还有一些记法需要事先说明。当某个词汇取它的技术涵义而又没有提前定义时，我们用引号把它括起来（只在其第一次出现时这样做）。如果一个词语或者词组出现了，但是没有详细解释，我们也会把它用引号括起来（但并不适用于数学符号）。倾斜字体表示引用、定义和定理或者引理的内容。这些记法在前面的内容中已经有所体现。

1.6 基本数学概念和符号

1.6.1 集合理论、关系和映射。本书将会大量使用标准的集合理论符号。我们有时会用 + 号表示不相交的并集。集合包含用 ⊆ 表示，严格包含用 ⊂ 表示。集合的大小、势或者集合 Q 元素的个数用 $|Q|$ 表示。Q 的所有子集的集合，或称 **幂集**，记作 2^Q。笛卡尔乘积 $X \times Y$ 中的元素 (x, y) 常缩写为 xy。从集合 X 到集合 Y 的 **关系** $\mathcal{R}$ 是 $X \times Y$ 的一个子集。$\mathcal{R}$ 的 **补集**（**相对于** $X \times Y$）记作关系 $\overline{\mathcal{R}} = (X \times Y) \backslash \mathcal{R}$，仍是从 X 指向 Y。如果没有歧义的话，"相对于 $X \times Y$" 这几个字还可以省掉，有时还缩写成 "w.r.t."（with respect to）。同理，"l.h.s." 和 "r.h.s." 分别是方程或者逻辑表达式左边（left hand side）、右边（right hand side）的简写。$\mathcal{R}$ 的 **逆** 写作关系

$$\mathcal{R}^{-1} = \{yx \in Y \times X | x\mathcal{R}y\}$$

从 Y 指向 X。

一个 **映射**，或者一个函数，f 是从集合 X 到集合 Y 的关系，是指对于任意一个 $x \in X$，有且只有一个 $y \in Y$。我们将这种关系记作 xfy；或者写成 $y = f(x)$。对于所有的 $x, x' \in X$，如果 $f(x) = f(x')$ 就能推出 $x = x'$，那么这种映射就叫 **单射**。如果对于任意的 $y \in Y$，都存在 $x \in X$，使得 $y = f(x)$，那么这种映射就叫 **满射**。最后，如果 f 既是单射又是满射，那么它就是 **双射**，或者称作一一对应，通常简写为 1-1。相反的双射称为 **逆**。

详细阐述关系的文献可以参考 Suppes（1960）或者 Roberts（1979, 1984）。基本事实和概念会在后面的小节中再现。

1.6.2 关系的乘积。两个关系 R 和 S 的 **乘积** 这样定义：

$$\mathcal{R}\mathcal{S} = \{xy | \exists z: x\mathcal{R}z \wedge z\mathcal{S}y\}.$$

其中，∃ 表示存在。当 $\mathcal{R}$ 和 $\mathcal{S}$ 被分别确定为从 X 到 Y 和从 Z 到 W 上的关系时，上述公式中的 z 从 $Y \cap Z$ 中选取，关系 $\mathcal{R}\mathcal{S}$ 就是从 X 到 W。容易知道乘积运算满足结合律：对于任意三个关系 $\mathcal{R}$、$\mathcal{S}$ 和 $\mathcal{I}$，我们有：$(\mathcal{R}\mathcal{S})\mathcal{I} = \mathcal{R}(\mathcal{S}\mathcal{I})$。所以，括号并不起任何作用。相应地，我们把 k 个关系 $\mathcal{R}_1, \mathcal{R}_2, ..., \mathcal{R}_k$ 的乘积写成 $\mathcal{R}_1 \mathcal{R}_2 ... \mathcal{R}_k$。对于任何指向集合 X 自身的关系 $\mathcal{R}$ 和任何正整数 n，我们把关系 $\mathcal{R}$ 的自乘 n 次写成 $\mathcal{R}^n$，也就是说：

$$\mathcal{R}^n = \underbrace{\mathcal{R}\mathcal{R}...\mathcal{R}}_{n \text{次}}$$

通常，$\mathcal{R}^0$ 表示集合 X 的 **自身关系**，即总是呈现它自己。对于从 X 到 Y 的关系 $\mathcal{R}$，我们定义：$\mathcal{R}^0 = \{xx \mid x \in X \cup Y\}$。

1.6.3 关系的属性。符号 $\neg$ 读作"非"，表示逻辑否。集合 X 的关系 $\mathcal{R}$ 是：

    自反 的，如果对于所有的 $x \in X$，都有 $x\mathcal{R}x$；

    对称 的，如果对于所有的 $x, y \in X$，都有当 $x\mathcal{R}y$ 时 $y\mathcal{R}x$ 也成立；

    不对称 的，如果对于所有的 $x, y \in X$，都有当 $x\mathcal{R}y$ 时，$\neg(y\mathcal{R}x)$ 也成立；

    反对称 的，如果对于所有的 $x, y \in X$，都有当 $x\mathcal{R}y$ 且 $y\mathcal{R}x$ 时，$x = y$ 也成立。

1.6.4 传递闭包。如果只要 $x\mathcal{R}y$ 和 $y\mathcal{R}z$ 成立，$x\mathcal{R}z$ 也成立，那么关系 $\mathcal{R}$ 就具有可传递性。在第 1.6.2 节的关系乘积记号中，如果 $\mathcal{R}^2 \subseteq \mathcal{R}$，那么 $\mathcal{R}$ 显然也具有可传递性。$\mathcal{R}$ 的传递闭包（或者更精确地说是自反传递闭包）$t(\mathcal{R})$ 的定义如下：

$$t(\mathcal{R}) = \mathcal{R}^0 \cup \mathcal{R}^1 \cup ... \cup \mathcal{R}^k \cup ... = \bigcup_{k=0}^{\infty} \mathcal{R}^k.$$

1.6.5 等价关系和集合划分。X 集合上的 **等价关系** R 是一个 X 上的自反、传递和对称关系。它恰好对应于 X 上的一个 **划分**，也就是说，X 的非空子集族里的任何一对集合都不相交，但是其并集都是 X。这些子集，或者 R 的等价关系 **类**，都是 X 的子集，且以这样的形式存在：对于某些 $z \in X$，$\{x \in X \mid x\mathcal{R}z\}$。

1.6.6 拟序和偏序。在集合 X 上任何具有传递性和自反性的关系都是 **拟序关系**，例如，在所有实数集上的关系 $\leq$。具有拟序关系的集合是 **准有序** 的。一个反对称的拟序关系就是 **偏序关系**。一个在集合 X 上的 **严格偏序关系** 就是一个在 X 上非自反且传递的关系。

任何一个 X 上的拟序关系 $\mathcal{P}$ 都会产生一个等价关系 $\mathcal{P} \cap \mathcal{P}^{-1}$。如果对于某些（而且因此对于所有）$C$ 中的 c 和 C' 中的 c' 都有 $c\mathcal{P}c'$，那么通过设置 $C\mathcal{P}^*C'$，在所有等价类的集合 X^* 上就获得了一个偏序 $\mathcal{P}^*$。偏序集 $(X^*, \mathcal{P}^*)$ 称为拟序集 $(X, \mathcal{P})$ 的 **简化**。如果对于所有的 $y \in X$，当 $x\mathcal{P}y$ 能够推出 $y\mathcal{P}x$ 时，那么该元素 x 就是拟序集 (X, P) 中 **最大** 的。如果它是最大的，且对于所有的 $y \in X$ 都有 $y\mathcal{P}x$，那么它就是 **最大值**。**最小** 的元素和 **最小值** 的定义也类似。偏序集至多有一个最大值和一个最小值（问题 12）。

1.6.7 弱序关系，线序关系

X 上的 **弱序** $\mathcal{P}$ 是一个 X 上的拟序，而且是 **完全** 的，意味着对于所有的 $x, y \in X$，我们有 $x\mathcal{P}y$ 或者 $y\mathcal{P}x$。弱序关系的简化就是一个 **线性**，或者 **简单**，或者是一个 **全序关系**。

1.6.8 覆盖关系，哈斯图

在拟序集 $(X, \mathcal{P})$ 中，如果 $x\mathcal{P}y$ 且 $x \neq y$，同时，$x\mathcal{P}t\mathcal{P}y$ 会推出 $x = t$ 或者 $t = y$，那么元素 x 被元素 y **覆盖**。$(X, \mathcal{P})$ 的 **覆盖关系** 或者 **哈斯图** 是包含了所有 xy 对且 y 覆盖 x 的关系 $\check{\mathcal{P}}$。当 X 无限时，即使 $\mathcal{P}$ 自身非空，$(X, \mathcal{P})$ 的哈斯图也有可能是空的。当 X 有限时，在 $(X, \mathcal{P})$ 的哈斯图的传递闭包等于 $\mathcal{P}$ 这个意义上，$(X, \mathcal{P})$ 的哈斯图提供了 $\mathcal{P}$ 的全部摘要。事实上，$(X, \mathcal{P})$ 的哈斯图是传递闭包等于 $\mathcal{P}$ 的最小关系（参见问题 13）。

1.6.9 图

当偏序 $(X, \mathcal{P})$ 的集合 X 比较小时，$\mathcal{P}$ 的哈斯图可以很方便地用一个"图"画出来。具体的规则是这样的：用纸面上的一个点表示 X 中的元素。用从 x 指向 y 的 **箭头** 表示 x 被 y 覆盖。这样的图称为 **有向图**，因为图的边有方向[36]。哈斯图 $\check{\mathcal{P}}$ 和它所表示的所有（有向）**边** 的集合是一一对应的关系。图中的点称为 **顶点**。有向图中的边有时被称为 **弧**。

更一般的，关系语言与这样的图有相同的外延。图用几何方法表示。

1.6.10 链、Hausdorff 最大准则

假设 X 的任何一个子集 C，对于所有的 $c, c' \in C$，都有 $c\mathcal{P}c'$ 或者 $c'\mathcal{P}c$ 成立，那么 C 就是偏序集 $(X, \mathcal{P})$ 上的一个链（换言之，在 C 上由 $\mathcal{P}$ 引出的序是线性的）。在标有星号的若干证明中，Hausdorff 最大准则用于确定一个偏序集合中最大的元素是否存在。该准则与 Zorn 的推论等价，即：当它所有的链都具有上界时，一个拟序集 $(X, \mathcal{P})$ 具有一个最大的元素。亦即，对于 X 中的任何一个链 C，存在 X 中的元

---

[36] 为了方便起见，有些图不是从下往上画，而是从左往右画。

素 b，对于所有的 $c \in C$，都有 $c \mathcal{P} b$。Hausdorff 最大准则和有关条件，参见 Dugundji（1966）或者 Suppes（1960）。

1.6.11 基本数集 。

$\mathbb{N}$，自然数集合（包括 0）；

$\mathbb{Z}$，整数集合；

$\mathbb{Q}$，有理数集合；

$\mathbb{R}$，实数集合；

$\mathbb{R}^+$，（严格）正实数集合。

如果存在单射函数 $S \to \mathbb{N}$（该函数有可能还是满射），那么，集合 S 是 **可数** 集合。

我们记 $]x,y[= \{z \in \mathbb{R} | x < z < y\}$ 是一个实的开区间，$]x,y]$，$[x,y[$ 和 $[x,y]$ 分别是半开空间和闭空间。

1.6.12 度量空间 。对于所有的 $x,y,z \in X$，如果满足如下三个条件，那么映射 $d : X \times X \to \mathbb{R}$ 被称作 X 上的距离。

（1）$d(x,y) \geq 0$，当且仅当 $d(x,y) = 0$ 时，$x = y$（即 d **非负** ）；

（2）$d(x,y) = d(y,x)$（即 d 具有 **对称性** ）；

（3）$d(x,y) \leq d(x,z) + d(z,y)$（**三角不等式** ）。

度量空间 是定义了距离的集合。例如，设 E 为任一有限集。在 E 的幂集中的 $A, B \in 2^E$ 之间的 **对称差分距离** 或者 **经典的距离** 由下式定义（参见问题 7）：

$$d(A,B) = |A \triangle B| \tag{1.2}$$

这里，$A \triangle B = (A \backslash B) \cup (B \backslash A)$ 表示集合 A 和 B 的 **对称差分** 。

1.6.13 概率和统计概念 。一旦需要，我们将采用概率论、随机过程和统计分析的标准方法。符号 $\mathbb{P}$ 表示概率空间上的概率测度。第 11 章会简要介绍需要用到拟合检验的统计方法。

1.7　原始资料和主要文献

为知识结构研发一个数学理论最早见于 Doignon 和 Falmagne（1985）的工作。后续更偏技术一些的文章是 Doignon 和 Falmagne（1988）。该理论的随机部分最初是由 Falmagne 和 Doignon（1988a,b）提出的。Falmagne,

Koppen、Villano、Doignon 和 Johannesen（1990）为非数学专业的读者全面地介绍了我们的程序。Doignon 和 Falmagne（1987）以及 Falmagne（1989b）中涵盖了对知识空间理论的简单介绍。更详细的介绍见于 Doignon（1994a）。

在学校和大学中的应用大约始于 1999 年，基于互联网的 ALEKS 软件为后来的研发又增添了动力，特别是以统计分析学生数据的形式。结果主要体现在 Falmagne、Cosyn、Doignon 和 Thiery（2006a）及 Cosyn、Doble、Falmagne、Lenoble、Thiery 和 Uzun（2010）中。这些工作都可以被认为是本课题最新的且不涉及技术细节的介绍。在实际运用中，发生了一次重要的理论变化，这在我们的前言和本章的前述部分已经提到过。最初，系统的公设是有限并集下的闭包：如果 K 和 L 是知识状态，则 $K \cup L$ 也是。在有限的知识结构框架下，这个假设定义了一个知识空间。尽管采取这样一个规则可以使人认为能够站得住脚，但是从教学方法论上来看，该规则并未在 **一开始** 就占据压倒性优势[37]。另外，上述理论视角发生变化还有一个非常不同的原因：在评估结束之时方便（合理、富有启发性）描述学生的知识状态。在这方面，Doignon 和 Falmagne（1997）发现级配性是一个关键概念，因为它允许用边界来描述任何一个知识状态。一个知识状态可能包括很多问题。向用户（例如一位教师）列出一个完整的清单未必有用，而且以有意义的方法概括如此之大的问题集合也是一项挑战。这些想法说明并集闭包的公设还不是太有说服力，这促使 Falmagne 提出以学习空间的形式再次公理化（参见第 1.1.4 节），这样一来，从教学方法论的角度就更加鲜明，从而形成了现在的核心概念。在学习空间中，任何一个知识状态都由它的边界唯一概括（参见第 1.1.5 节）。"边界"的定义和有关定理参见第 4.1.6 节和第 4.1.7 节。最近，Cosyn 和 Uzun（2009）已经证明，当且仅当一个知识空间满足"级配良好"这一条件时，知识结构就是学习空间。这一工作在第 2 章讨论和展开。

1985 年这项工作开始时，关于知识空间和学习空间的研究就吸引了许多其他学者，他们也在这个领域作出了自己的贡献。他们包括：奥地利的 Dietrich Albert 及其团队，德国的 Cornelia Dowling、Ivo Duntsch、Gunther Gediga、Jurgen Heller 和 Ali Unlu，荷兰的 Mathieu Koppen，还有意大利帕多瓦大学的 Francesca Cristante、Luca Stefanutti 和他们的同事。与我们工作有关的更多具体的文献将在每一章的最后一节给出。有关知识

---

[37]理由是如果两个学生，不论他们各自的知识状态是什么，他们在学习的时候紧密合作，那么其中一个学生有可能最终会全部掌握原来由另一个学生掌握的知识。

空间的包含成百上千个题目的数据库是由格拉茨大学的 Cord Hockemeyer 维护的（参见 Hockemeyer, 2001）: http://wundt.uni-graz.at/kst.php[38]。

正如第 1.4.1 节到第 1.4.4 节所述，我们的成果还可以用在其他方面，例如计算机辅助诊断、模式识别或者可能的符号理论（后者请参见第 3 章问题 14）。

计算机辅助的医疗诊断方面的文献正在急剧增加。这里我们只提及早期的文献 Shortliffe 和 Buchanan（1975）及 Shortliffe（1976）。对于模式识别，我们推荐 Duda 和 Hart（1973）及 Fu（1974）。对于符号理论，读者可以参考 Jameson（1992）。

本书介绍的学习空间的框架中的知识评估与心理测量里的"定制测试"有明显相似的地方。在两者中，被试都需要面对一系列仔细挑选的问题，而目的则是为了尽可能精确而高效地判定他们对某个领域的掌握程度。但是，两者在理论方面还存在本质的区别。在心理测量理论中，对问题的回答主要反映被试某些方面的智力，多数情况下，就是某一个方面。在出题目的时候，心理测量学家要把其他方面对被试的影响降到最小，例如学历、文化或者这本书里所讲的知识。事实上，这样的心理测量就是要用数字来测量被试的能力。这方面用得最多的就是智商测验。相应地，"定制测试"过程背后的模型是比较简单的数字结构。被试的能力用实数表示[39]。心理测量的模型要么以**经典测验理论**（Classical Test Thoery, CTT）的形式来研究 [该领域的研究目前还是以 Lord 和 Novick（1974）的研究为经典，但也可参见 Wainer 和 Messick（1983）]，要么以最新的项目反应理论（Item Response Theory, IRT）为形式来研究（例如，参见 Nunnally 和 Bernstein, 1994）。对于定制测试，读者可以参阅 Lord（1974），Weiss（1983），或者 Wainer, Dorans, Eignor, Flaugher, Green, Mislevy, Steinberg 和 Thissen（2000）。一些作者已经提出摆脱经典"定制测试"中的单维束缚。例如，Durnin 和 Scandura（1973）假设被试面对经过精心设计的需要运用一定算法才能完成的任务，在此基础上，设计了一些测试。

第 1.4.4 小节提供了在交集下闭包的子集族。在精确定义的定义 2.2.2，这些族是知识空间的对偶。涉及"闭包空间""抽象凸"和一些其他术语等与这些族有关的更一般的研究就更多了。

每章后面的参考资料一节都附有与我们工作有关的文献调研。

---

[38]译者注：翻译时已失效。有效链接更改为：http://www.uni-graz.at/cord.hockemeyer/ KST_Bibliographie/kst-bib.html（2014 年 12 月仍有效）。

[39]或者是少数维度下的一个向量。

问题

如果没有使用正式的术语，比如在其后几章中出现的定义、公理等，下面开始的那几个问题无法在严格意义上得到解决。读者需要在本章所介绍的学习空间基础上，用直观概念来分析这些问题并尝试将其规范化。我们认为这样的练习对于理解阅读本书的后面内容是非常有益的一种准备工作。

其他习题是为了帮助读者回忆第 1.6 节所述的概念和符号。如果做题有困难，请学习 Suppes（1960）或者 Roberts（1979，1984）里的基本内容。

1. 下列各项，是否构成（i）知识结构、（ii）知识空间、（iii）学习空间。

   a) $(\{a, b, c, d\}, \{\{a\}, \{a, b\}, \{a, b, c\}, \{a, b, c, d\}\})$；

   b) $(\{a, b, c, d\}, \{\varnothing, \{a\}, \{a, b\}, \{a, b, c\}, \{a, b, c, d\}\})$；

   c) $(\{a, b, c, d\}, \{\varnothing, \{a\}, \{b\}, \{a, b\}, \{a, b, c\}, \{a, b, c, d\}\})$；

   d) $(\{a, b, c, d\}, \{\varnothing, \{a\}, \{c\}, \{a, b\}, \{c, d\}, \{a, b, c\}, \{b, c, d\}, \{a, b, c, d\}\})$；

   e) $(\{a, b, c, d\}, \{\varnothing, \{a\}, \{c\}, \{a, b\}, \{a, c\}, \{c, d\}, \{a, b, c\}, \{b, c, d\}, \{a, b, c, d\}\})$；

   f) $(\{a, b, c, d\}, \{\varnothing, \{a\}, \{c\}, \{a, b\}, \{c, d\}, \{a, b, c\}, \{a, c, d\}, \{b, c, d\}, \{a, b, c, d\}\})$。

2. 下列各项，是否构成（i）知识结构、（ii）知识空间、（iii）学习空间。n 和 k 是两个自然数，$0 \le k \le n$，且集合 Q 的大小是 n。本题考虑 k 和 n 如下几种可能不同的值。

   a) $(Q, \{\varnothing, Q\})$；

   b) $(Q, \{K \in 2^Q \mid |K| \le k\} \cup \{Q\})$；

   c) $(Q, \{K \in 2^Q \mid |K| \ge k\} \cup \{\varnothing\})$；

   d) $(Q, \{K \in 2^Q \mid |K| \text{ 是偶数}\}\{Q\})$。

3. 本题涉及学习空间的学习平滑性公设（参见第 1.1.4 节）。如果两个状态 K 和 L 满足 $K \subset L$，那么它们两者之间的状态数目是有限的。试问：一个学习空间有可能是无限的吗？

4. 知识空间会不是学习空间吗？如果你认为有可能，请举一反例。

5. 假设一个知识结构 $\mathcal{K}$ 的每一个状态都被它的边界决定（即：$\mathcal{K}$ 中没有两个状态具有相同的边界），那么 $\mathcal{K}$ 必然就是一个学习空间或者知识空间吗？请用规范的推理或者反例证明之（可参阅 Doignon 和 Falmagne，1997，或者本书中的第 4.1.8 节）。

6. （续上）你能想出一种属性，使得知识空间的状态能唯一被它们的边界确定吗？（如果想不出，可参阅第 4.1.8 节）。

7. 验证两个有限集 X 和 Y 的对称差分 $|X \triangle Y|$ 距离满足定义 1.6.12 的条件（1）、（2）和（3）。

8. 证明：如果 R，S，T 和 M 都是关系，那么下面两式成立：

$$S \subseteq M \Longrightarrow RST \subseteq RMT \qquad (1.3)$$

$$R(S \cup T) \subseteq RS \cup RT \qquad (1.4)$$

9. 运用式 (1.3)，简单地证明一下两个具有传递性的关系的乘积仍具有传递性。

10. 证明：在一个给定有限集上的所有偏序关系的集合 $\mathfrak{P}$ 是交集闭包。也就是说：如果 $\mathcal{P}$ 和 $\mathcal{Q}$ 都在 $\mathfrak{P}$ 里，那么 $\mathcal{P} \cap \mathcal{Q}$ 也是。

11. 说出介于（自反性）偏序和非自反的偏序之间的关系。

12. 证明偏序关系最多只有一个最大的元素。试举一例，证明存在既无最大又无最小的元素的集合。

13. $\mathcal{P}$ 是有限集上的一个严格偏序关系。假设 $\mathcal{H}$ 是一个关系，且其传递闭包 $t(\mathcal{H})$ 等于 $\mathcal{P}$。证明：$\mathcal{H} \supseteq \breve{\mathcal{P}}$，且 $\breve{\mathcal{P}}$ 包含关系 $\mathcal{P}$[即 $(X, \mathcal{P})$ 的哈斯图是传递闭包等于 $\mathcal{P}'$ 的最小关系]。

14. 令 $\breve{\mathcal{P}}$ 是偏序关系 $\mathcal{P}$ 的哈斯图。这样的命题是否成立：当且仅当 $\mathcal{P}$ 是可数的，$\breve{\mathcal{P}}$ 就是可数的。

15. 非空偏序集合的哈斯图什么时候会是空的？无限偏序集是否具有非空的哈斯图？如果该偏序集合是不可数的，会怎样？

16. 假设在一个相同的有限集 Q 上，$\mathcal{P}$ 和 $\mathcal{Q}$ 都是偏序关系，$d(\breve{\mathcal{P}}, \breve{\mathcal{Q}}) = n$，其中，$d$ 是 (1.2) 定义的对称差分距离。Q 是否存在一个偏序关系的序列，比如 $\mathcal{P} = \mathcal{P}_0, \mathcal{P}_1, ..., \mathcal{P}_n = \mathcal{Q}$，使得 $d(\breve{\mathcal{P}}_{j-1}, \breve{\mathcal{P}}_j) = 1$，其中 $j = 1, ..., n$？证明或者给出反例。（也就是说，在第 1.1.7 节中，Q 的所有哈斯图的集合是否构成一个级配良好的族？）

2　知识结构和学习空间

假定一个专家评估某个复杂的系统，检查某些标志性的特征是否出现。最终，系统的状态都是由特征子集（取自一个可能更大的集合）来描述，由专家负责排查。这样的概念比较通俗，但在某些领域，一旦赋予具体的假设，就会变得十分有用。我们从支撑理论排列组合说起。

2.1　基本概念

2.1.1 例子（教育中的知识结构）。一位教师正在评估一位学生，以弄清这位学生可以开始学习哪门数学课程，或者该生是否可以毕业。教师一个接一个地，并根据学生的回答来问问题。几个来回之后，学生的知识状态就呈现出来，甚至比课程考试还精确。我们这里所说的"知识状态"是指在理想条件[40]下，学生能够解决的所有问题的集合。下面是一些更严格的定义。

2.1.2 定义。一个 **知识空间**、一个知识结构是一个 $(Q, \mathcal{K})$ 对，Q 是非空集合，$\mathcal{K}$ 是 Q 的一族子集，至少包含 Q 和空集 $\varnothing$。集合 Q 称之为知识结构的 **域**。它的元素称为 **问题** 或者 **项目**。族 $\mathcal{K}$ 里的子集称为 **（知识）状态**。当我们称 $\mathcal{K}$ 是集合 Q 上的 **知识结构** 时，就是指 $(Q, \mathcal{K})$ 是一个知识结构。域的具体内容可以在不发生歧义的前提下省略，因为我们有 $\cup \mathcal{K} = Q$。

2.1.3 例子。考虑域 $U = \{a, b, c, d, e, f\}$ 上的知识结构是

$$\mathcal{H} = \{\varnothing, \{d\}, \{a, c\}, \{e, f\}, \{a, b, c\}, \{a, c, d\}, \{d, e, f\},$$
$$\{a, b, c, d\}, \{a, c, e, f\}, \{a, c, d, e, f\}, U\}. \tag{2.1}$$

在这个例子中，我们并不假定域中所有的子集都是状态。知识状态 $\mathcal{H}$ 包含了 U 中 64 个可能子集中的 11 个。

2.1.4 定义。令 $\mathcal{F}$ 是集合族。我们记 $\mathcal{F}_q$ 是所有包含元素 q 的 $\mathcal{F}$ 里集合的群集。在例 2.1.3 的知识结构 $\mathcal{H}$ 中，我们有：

$$\mathcal{H}_a = \{\{a, c\}, \{a, b, c\}, \{a, c, d\}, \{a, b, c, d\}, \{a, c, e, f\}, \{a, c, d, e, f\}, U\},$$

---

[40] 我们假设不会出现因粗心而犯错或者不知道却正好猜中的情况。

$$\mathcal{H}_e = \{\{e, f\}, \{d, e, f\}, \{a, c, e, f\}, \{a, c, d, e, f\}, U\}.$$

问题 a 和问题 c 对于 $\mathcal{H}$ 而言，承载了相同的信息，也就是说它们总是成对出现在某个状态中：任何包含 a 的状态也包含了 c，反之亦然。换句话说：我们有 $\mathcal{H}_a = \mathcal{H}_c$。从实践来看，只要某个学生的状态包含了问题 a，该生也就必然掌握了问题 c，反之亦然。因此，为了测验被试掌握的知识，这两个问题只要问其中一个就可以了。相似地，我们有 $\mathcal{H}_e = \mathcal{H}_f$。

2.1.5 定义 。在知识结构 $(Q, \mathcal{K})$ 中，与元素 q 一起总是出现在相同的状态中的所有的元素组成的集合称为 q^*，并称之为一个 **概念** 。因此我们有：

$$q^* = \{r \in Q | \mathcal{K}_q = \mathcal{K}_r\}.$$

所有概念的集合 Q^* 称之为集合 Q 中元素里的一个划分。当两个元素属于同一个概念时，我们有时称它们具有 **同等的信息** 。在这种情况下，这两个元素在 Q 及其划分 Q^* 上组成了一个等价对。

在例 2.1.3 中，我们有 4 个概念

$$a^* = \{a, c\}, \ b^* = \{b\}, \ d^* = \{d\}, \ e^* = \{e, f\}$$

形成了一个划分 $U^* = \{\{a, c\}, \{b\}, \{d\}, \{e, f\}\}$。

如果知识结构中的所有概念都只包含一个元素，那么该知识结构称为 **可识别的** 。一个可识别的知识结构总是可以从任何一个知识结构 $(Q, \mathcal{K})$ 制造出来。制造方法是构造概念，且将 Q^* 上的 $\mathcal{K}$ 引入，继而构造出知识结构 $\mathcal{K}^*$。定义如下：

$$K^* = \{q^* | q \in K\}(K \in \mathcal{K})$$

$$\mathcal{K}^* = \{K^* | K \in \mathcal{K}\}.$$

注意到 $\varnothing$，$Q \in \mathcal{K}$ 且 $\varnothing^* = \varnothing$，我们有 $\varnothing$，$Q^* \in \mathcal{K}^*$。

知识结构 $(Q^*, \mathcal{K}^*)$ 称作 $(Q, \mathcal{K})$ 的 **可识别的简化** 。因为这种构造是直接的，所以我们常常需要把事情简化并假定当前考虑的某个具体的知识结构是可识别的。

2.1.6 例子 。我们通过如下的方法将例 2.1.3 中的知识结构 $(U, \mathcal{H})$ 简化成可

识别的形式：

$$a^* = \{a, c\}, \quad b^* = \{b\}, \quad d^* = \{d\}, \quad e^* = \{e, f\};$$
$$U^* = \{a^*, b^*, d^*, e^*\};$$
$$\mathcal{H}^* = \{\varnothing, \{d^*\}, \{a^*\}, \{e^*\}, \{a^*, b^*\}, \{a^*, d^*\}, \{d^*, e^*\},$$
$$\{a^*, b^*, d^*\}, \{a^*, e^*\}, \{a^*, d^*, e^*\}, U^*\}.$$

因此，$(U^*, \mathcal{H}^*)$ 是通过聚合 U 中具有同等信息的元素形成的。可识别的简化 $\mathcal{H}^*$ 的图示见图 2.1（第 1.1.3 节介绍了知识结构图）。

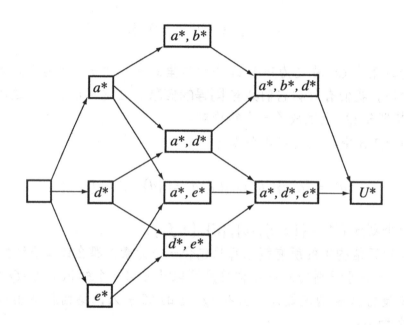

图 2.1: 对式 (2.1) 的知识结构 $\mathcal{H}$ 所进行的可识别的简化。

2.1.7 定义 。当 Q（或者 $\mathcal{K}$）有限时，知识结构 $(Q, \mathcal{K})$ 就是 **有限** 的（或称 **实质上有限** ）。类似的关于 **可数** 的定义（或称 **实质上可数** ）对于知识结构也成立。

通常，教育领域中遇到的知识结构都是实质上有限的。有些概念会包含无穷多个具有同等信息的问题，这会让有些知识结构看起来似乎是无限的。问题 3 和 4 会要求读者证明：如果知识结构 $\mathcal{K}$ 与它的可识别的简化 $\mathcal{K}^*$ 的势相同时，当且仅当 Q^* 有限时，知识结构 $(Q, \mathcal{K})$ 也是实质上有限的。

正如起初的那些定义所介绍的那样,我们对术语的选择主要受例 2.1.1 的引导。该例还启发了我们许多的理论思考。当然,正如例 1.4.1 至例 1.4.4 所示的那样,我们的成果还能用在非常不同的领域。

一个非常重要而特殊的知识结构是学习空间。

2.2 学习空间的公设

2.2.1 定义 。如果知识结构 $(Q, \mathcal{K})$ 满足 以下两个条件,就被称之为 **学习空间** 。

[L1] 学习平滑性。对于任何两个状态 K、L,且 $K \subset L$,如果存在一个有限的状态链,使得

$$K = K_0 \subset K_1 \subset ... \subset K_p = L \tag{2.2}$$

且对于 $1 \leq i \leq p$,有 $|K_i \backslash K_{i-1}| = 1$,从而 $|L \backslash K| = p$。

用教学方法论的语言来说,即:**如果状态 K 还包含在某个其他的状态 L 中,那么处于状态 K 的学生可以通过一次学习一个尚未掌握的问题达到状态 L** 。在后续内容中,以一个从 K 到 L 的 L1-链来指代链 (2.2)。

[L2] 学习一致性。如果两个状态 K, L 满足 $K \subset L$ 且 q 是一个问题,而且 $K + \{q\} \in \mathcal{K}$,那么 $L \cup \{q\} \in \mathcal{K}$。

简言之,**知道得越多与学得越多不矛盾** 。注意任何学习空间都是有限的。确实,条件 [L1] 对两个状态 $\varnothing$ 和 Q 都适用,这意味着 Q 是有限集。

从教学方法论来看例 2.1.1,这两条公设都是符合实际情况的。但是,这一数学表述还曾出现在其他领域。在组合数学文献中,学习空间有时被称作反拟阵,用于其定义的公设与此不同(但等价),参见 Korte,Loveasz 和 Schrader (1991)。正如我们在定义 2.2.2 中看到的,此结构是并集闭包下的集合族,且满足一个特殊的"访问"条件。最初,"反拟阵"是指它们的对偶结构,也就是说,交集闭包下的族(见 Edelman 和 Jamison,1985;Welsh,1995;Bjorner, Las Vergnas, Sturmfels, White 和 Ziegler,1999)。正如最后两篇文献所示,这一对偶的称谓沿用至今。有关"反拟阵"概念的溯源和流变,读者可参考 Monjardet(1985)。

我们下面将总结由 [L1] 和 [L2] 衍生出来的各项性质。我们将重提以前说的两个概念:并集下的闭包和级配(参见第 1.1.6 和 1.1.7 节)。另外一个是"并集闭包的反拟阵"。定理 2.2.4 讲述了这些概念之间的关系。

2.2.2 定义 只要 $\mathcal{F} \subseteq \mathcal{K}$，就有 $\cup\mathcal{F} \in \mathcal{K}$，那么集合族 $\mathcal{K}$ 就是 **并集下的闭包**。根据此定义，有 $\varnothing \in \mathcal{K}$，因为空集的子集合族的并集仍是空集。当一个族在并集下是闭包的时候，我们有时简称它是 **并集闭包**，或者 **∪-闭包**。当知识空间 $(Q, \mathcal{K})$ 的族 $\mathcal{K}$ 是并集闭包时，我们称 $(Q, \mathcal{K})$ 是一个 **知识空间**；或者等价地，称 $\mathcal{K}$ 是一个 **知识空间**。

我们偶尔也会使用 **"有限并集下的闭包"** 这一术语。用在族 $\mathcal{K}$ 上，它意味着对于 $\mathcal{K}$ 中任意的集合 K 和 L，集合 $K \cup L$ 也在 $\mathcal{K}$ 里面。请注意在这种情况下，空集不一定非要在族 $\mathcal{K}$ 里。

Q 上的知识结构 $\mathcal{K}$ 的 **对偶** $\overline{\mathcal{K}}$ 是包含了所有 $\mathcal{K}$ 中状态的补集的知识结构。也就是说，族满足：

$$\overline{\mathcal{K}} = \{K \in 2^Q | Q \backslash K \in \mathcal{K}\}.$$

因此，$\mathcal{K}$ 和 $\overline{\mathcal{K}}$ 具有相同的域。如果 $\mathcal{K}$ 是知识结构，那么 $\overline{\mathcal{K}}$ 就是一个 **交集闭合** 的知识结构。也就是说，只要 $\mathcal{F} \subseteq \overline{\mathcal{K}}$，那么 $\cap\mathcal{F} \in \overline{\mathcal{K}}$，且 $\varnothing, Q \in \overline{\mathcal{K}}$。

回忆起（第 1.6.12 节），两个有限集 A 和 B 的经典距离 d 用它们的对称差分 $A \triangle B$ 中元素的个数来定义：

$$d(A, B) = |A \triangle B| = |(A \backslash B) \cup (B \backslash A)| \tag{2.3}$$

满足如下条件时，称集合族 $\mathcal{F}$ 是 **级配良好** 的，或者称 **"级配良好"** 族：对于任何两个不同的集合 $K, L \in \mathcal{F}$，如果 $K = K_0, K_1, ..., K_p = L$，对于 $1 \le i \le p = d(K, L)$，都有 $d(K_{i-1}, K_i) = 1$。我们还称集合 (K_i) 序列是从 K 到 L 的一个 **紧路径**。显然，级配良好的知识结构是有限的和可识别的（问题 2）。

当其在并集下闭合，且满足如下公设时，有限集 $Q = \cup\mathcal{K}$ 的子集族 $\mathcal{K}$ 是一个 **反拟阵**。

[MA] 如果 Q 的非空子集 K 属于族 $\mathcal{K}$，那么存在一个 Q 中的元素 q，使得 $K \backslash \{q\} \in \mathcal{K}$。

我们称 $\mathcal{K}$ 中的集合是状态，也把 $(Q, \mathcal{K})$ 对叫作反拟阵。显然，$(Q, \mathcal{K})$ 是一个可识别的知识结构。满足公设 [MA] 的族 $\mathcal{K}$ 称作 **可访问** 的或者 **可降级** 的（后者参见 Doble, Doignon, Falmagne 和 Fishburn, 2001）。

下面我们证明一些引理或者定理。

2.2.3 引理。 如下命题与 "集合族 $\mathcal{K}$ 是 ∪-闭包的" 等价:

(i) $\mathcal{K}$ 是级配良好的;

(ii) 对于任意两个集合 K 和 L,且 $K \subset L$,存在一条从 K 到 L 的紧路径。

证明。显然 (i) 能推出 (ii)。假设 (ii) 成立。对于任何两个不同的集合 K 和 L,存在一条紧路径 $K = K_0 \subset K_1 \subset K_q = K \cup L$,和另外一条紧路径 $L = L_0 \subset L_1 \subset L_p = K \cup L$。如果令 $K_{q+1} = L_{p-1}, K_{q+2} = L_{p-2}, ..., K_{q+p} = L = L_0$,即把上面那个路径反过来,我们就找到了一条从 $K = K_0, K_1, ..., K_{q+p} = L$ 的路径,且 $|K \triangle L| = q + p$。

将其应用于知识结构时,级配属性就成为了 [L1] 的加强:任何一个 L1 链都是一个特殊的紧路径。

定义 2.2.2 中介绍的三个条件:∪-闭包,级配良好和可访问性,在任何学习空间中都成立。事实上,我们有如下结论。

2.2.4 定理。 对于任何一个知识空间 $(Q, \mathcal{K})$,下面三个命题彼此等价:

(i) $(Q, \mathcal{K})$ 是一个学习空间。

(ii) $(Q, \mathcal{K})$ 是反拟阵。

(iii) $(Q, \mathcal{K})$ 是一个级配良好的知识空间。

(i) 和 (iii) 的等价关系是 Cosyn 和 Uzun (2009) 建立的。显然,上述三个命题下,知识结构 $(Q, \mathcal{K})$ 都可识别。请注意,上述结论在比 [MA] 公设弱的条件下依然成立(参见定理 5.4.1 的条件 (iii))。[41]

证明。(i) $\Longrightarrow$ (ii)。假设 $(Q, \mathcal{K})$ 是一个学习空间。因此,Q 必然是有限的。公设 [MA] 可以直接推出:对于任何一个状态 K,都有一个从 $\varnothing$ 到 K 的 L1-链。至于 ∪-闭包,我们假设 K 和 L 是 $\mathcal{K}$ 中既非空又不互相包含的两个任意状态(否则直接导出 ∪-闭包)。既然 $\varnothing \subset L$,根据公设 [L1],存在一个 L1-链,使得 $\varnothing \subset \{q_1\} ... \{q_1, ..., q_n\} = L$。

令 $j \in \{1, 2, ..., n\}$,且是第一个使 $q_j \notin K$ 的下标。如果 $j > 1$,我们有

$$\{q_1, ..., q_{j-1}\} \subset K, 且 \{q_1, ..., q_{j-1}\} + \{q_j\} \in \mathcal{K} \tag{2.4}$$

通过运用公设 [L2] 和 $q_j \in L$,我们有 $K + \{q_j\} \in \mathcal{K}$ 且 $K + \{q_j\} \subseteq K \cup L$。当 $j = 1$ 时,相同的推理可以运用到式 (2.4) 的 $\varnothing \subset K$ 上。运用归纳法可得:$K \cup L \in \mathcal{K}$。

---

[41] 我们在定理 11.5.3 中给出学习空间的另外一个特征。

(ii) ⟹ (iii)。只有需要建立级配。我们采用引理 2.2.3。选取任意两个状态 K、L，满足 $K \subset L$（允许 $K = \varnothing$）。反复对 L 运用公设 [MA]，将带来一系列的状态 $L_0 = L, L_1, ..., L_k = \varnothing$，其中 $q_{i-1} \in L_{i-1}$ 且对于 $i = 1, ..., k$，有 $L_i = L_{i-1} \backslash \{q_{i-1}\}$。令 j 是使 $q_j \notin K$ 的最大下标（必然存在，因为 $K \in L$），我们有 $K \subset K \cup \{q_j\} = K \cup L_j \subseteq L$。用 $K\{q_j\}$ 替换 K，代入引理 2.2.3 的条件中，能够满足。$(Q, \mathcal{K})$ 的级配良好也是如此（证明）。

(iii) ⟹ (i)。公设 [L1] 源自级配良好条件。假设对于两个状态 K 和 L，且 $K \subset L$，$K + \{q\}$ 也是一个状态。根据 ∪-闭包，$(K + \{q\}) \cup L = L \cup \{q\}$ 也是一个状态。所以 [L2] 成立。 □

2.2.5 注释。Falmagne 和 Doignon（1988b）研究了级配良好的知识空间的概念。早期，知识空间是我们研究的核心。从教学方法论的角度，提出它们是受到了以下思考的启发。

假设两个学生在一起互相学习很久了，他们在某个领域中的最初的知识状态分别是 K 和 L。在某个时候，其中一个肯定可以掌握他们两个各自的知识。这个学生的知识状态将是 $K \cup L$。显然，这种情况并不会一定发生。但是，要求该结构中存在这一状态来覆盖上述情况的确是合理的。

有些人可能还不是那么确信这一点。对于级配良好条件，它的**极端**重要性并非显而易见。然而，这两个条件是和 [L1]-[L2] 等价的。实际上，闭包和级配良好条件确实非常关键，但是它们在教学方法论方面的影响却并不突出。我们在第 3 章时会看到 ∪-闭包条件可以用知识空间的"基"[42]来概括地表征知识空间，那是一个比知识空间小得多的子族。当实际中遇到非常大的知识结构时，这一特征将会弥足珍贵，因为它有利于计算。级配良好条件则确保任一状态可以忠实地由它的两个边界表征，这也是两个相当相当小的集合（参见定理 4.1.7）[43]。

我们将在第 3 章和第 4 章分别详细讨论知识空间和级配良好的知识空间。

为了下一章做准备，先稍微介绍一下新概念。

2.2.6 定义。如果一个非空集合 Q 的子集族 $\mathcal{F}$ 包含集合 $Q = \cup\mathcal{F}$，那么 $\mathcal{F}$ 就是**偏序知识结构**。定义 2.1.5 中介绍的可识别的概念也适用于偏序情形。我

---

[42] 在第 3.4 节中会定义和阐述。

[43] 在学习空间概念的实际运用中，用边界表征（不丢失信息）一个知识状态会比用一个完整清单来表示学生所掌握的知识更有意义得多。

们并未假设 $|F| \geq 2$。我们还把 $\mathcal{F}$ 中的集合称作 **状态** 。当 **偏序知识状态** $\mathcal{F}$ 满足公设 [L1] 和 [L2] 时，它就是一个 **偏序学习空间** 。如果对于 $\mathcal{F}$ 的任何非空子集 $\mathcal{G}$，我们有 $\cup \mathcal{G} \in \mathcal{F}$，那么称 $\mathcal{F}$ 是偏序 $\cup$-闭包（与 $\cup$-闭包条件相反的是，偏序 $\cup$-闭包并不意味着空集属于这个族）。如果偏序知识结构是偏序 $\cup$-闭包的，那么它就是一个 **偏序知识空间** $\mathcal{F}$。

当涉及偏序结构时，定理 2.2.4 中的 (i) $\Longleftrightarrow$ (iii) 等价关系就不存在了。但是，我们有如下结论。

2.2.7 引理。任何级配良好的偏序 $\cup$-闭包族是一个偏序学习空间。逆命题不成立。

证明。令 $\mathcal{K}$ 是一个级配良好的偏序 $\cup$-闭包族。公设 [L1] 是级配良好条件的特殊情况。如果对于 $\mathcal{K}$ 中的两个集合 K 和 L，$K \subset L$，且 $K + \{q\}$ 也在 $\mathcal{K}$ 中，那么，根据偏序 $\cup$-闭包，集合 $(K + \{q\}) \cup L = L \cup \{q\}$ 在 $\mathcal{K}$ 中，同理 [L2] 也成立。下面的例子说明逆命题不成立。

2.2.8 例子 。集合族

$$L = \{\{a\}, \{c\}, \{a, b\}, \{b, c\}, \{a, b, c\}\}$$

是一个偏序学习空间。它是两个链的并：

$$\{a\} \subset \{a, b\} \subset \{a, b, c\}, \{c\} \subset \{b, c\} \subset \{a, b, c\}.$$

$\cup L$ 是唯一的共同状态。然而，$\mathcal{L}$ 既非 $\cup$-闭包又不是级配良好。知识结构 $\mathcal{L}' = \{\varnothing\} \cup \mathcal{L}$ 不满足 [L1]，因为我们有 $\varnothing \subset \{a\}$ 且 $\varnothing + \{c\}$ 是 $\mathcal{L}'$ 的一个状态，但 $\{a\} \cup \{c\}$ 则不是。

2.3　不可识别的情况 *

前面针对学习空间和级配良好的知识空间的公设都意味着它们的模型总是可识别的知识结构（见定义 2.1.5）。可以把这些公设直接拿过来覆盖不可识别的结构。我们在这里将公设稍作修改，然后介绍一下修改后的变化，但不详细展开。

2.3.1 定义 。当结构不可识别的时候，我们需要修改结构中两个状态之间距离的概念。不同于计算两个集合差别元素的个数，我们计算概念的个数。注

意到第 2.1.5 节中 q^* 表示包含元素 q 的概念。对于任何一个状态 K，我们令 $K^* = \{q^* | q \in K\}$。

假设 $(Q, \mathcal{K})$ 是一个实质上有限的知识结构。令 K 和 L 是 $(Q, \mathcal{K})$ 的两个状态。K 和 L 的 **实质距离** 是：

$$e(K, L) = |K^* \triangle L^*|.$$

我们可以验证函数 $e : \mathcal{K} \times \mathcal{K} \to \mathbb{R}$ 是一个一般意义上的距离（参见第 1.6.12 节）。

2.3.2 定义。一个知识空间 $(Q, \mathcal{K})$ 在满足如下两个条件时会被称作 **拟序学习空间**。

[L1*] 拟学习平滑。对于任意两个状态 K、L，且 $K \subset L$，存在一条 $1 + p$ 的状态链。

$$K = K_0 \subset K_1 \subset ... \subset K_p = L \tag{2.5}$$

且 $p = e(K, L)$，对于某 $q_i \in Q$，$1 \leq i \leq p$，$K_i = K_{i-1} + \{q_i^*\}$。

在后文中，我们称链 (2.5) 为从 K 到 L 的一个 **拟 L1-链**。

[L2*] 拟学习一致。如果两个状态 K 和 L 满足 $K \subset L$，q 是一个元素，且 $K + \{q^*\} \in K$，那么 $L \cup \{q^*\} \in K$。

我们的下一个定义介绍一个级配良好条件的不可识别版本。

2.3.3 定义。对于不同的两个 $K, L \in \mathcal{F}$，如果存在一个有限的状态序列 $K = K_0, K_1, ..., K_p = L$，使得 $e(K_{i-1}, K_i) = 1$，$1 \leq i \leq p$，且 $p = e(K, L)$，那么我们称集合族 $\mathcal{F}$ 是 **拟级配良好** 的，或者 qwg 族（quasi well-graded）。我们称集合序列 (K_i) 是一个从 K 到 L 的拟紧路径。一个拟级配良好的知识结构实质上是有限的（问题 16）。

我们将扩展了定理 2.2.4 的 (i) 与 (iii) 的等价关系的结论，留给读者去验证（参见问题 9）。

2.3.4 定理。对于任何一个知识结构 $(Q, \mathcal{K})$，如下两个命题是等价的。

(i) $(Q, \mathcal{K})$ 是拟学习空间。

(ii) $(Q, \mathcal{K})$ 是拟级配知识空间。

我们不再继续赘述不可识别的知识结构了。可识别的简化总会随时使用，以把一个不可识别的结构简化成一个可识别的结构。

2.4 投影

如前所述，实际的学习空间会非常大，具有数百万个状态。本节所讨论的"投影"就是将如此大的结构解析成若干具有实际含义的组件。更重要的是，当学习空间与诸如高中代数这样的课堂教学有关时，投影会给随堂测验的试卷编制带来方便。

关键的思路是如果 $\mathcal{K}$ 是一个在域 Q 上的学习空间，那么 Q 的任一合适子集 Q' 在 Q' 上定义了一个学习空间 $\mathcal{K}_{|Q'}$，这在某种意义上是一个 $\mathcal{K}$ 的辅助。我们称 $\mathcal{K}_{|Q'}$ 是 $\mathcal{K}$ 在 Q' 上的投影。它的意思与 Cavagnaro（2008）及 Eppstein, Falmagne 和 Ovchinnikov（2008）文献中提到的媒体是一致的（我们将在第 10 章讨论媒体和学习空间的关系）。更重要的是，这种处理定义了一个 $\mathcal{K}$ 的划分，从而每个等价类都是满足学习空间两个关键属性（级配良好和 ∪-闭包）的 $\mathcal{K}$ 的子族。实际上，可以做到选出这样一个 Q' 来：每个类实质上（通过一般的转换）要么是与 $\mathcal{K}$ 一致的学习空间，要么就是一个单独的 $\{\varnothing\}$。这些结论，绝大多数反映在 Falmagne（2008）中，将在本章中重述。

2.4.1 定义。假设 $(Q, \mathcal{K})$ 是一个偏序知识结构，且 $|Q| \leq 2$。令 Q' 是 Q 的任一合适的非空子集。定义 $\mathcal{K}$ 上的一个关系 $\sim_{Q'}$：

$$K \sim_{Q'} L \quad \Longleftrightarrow \quad K \cap Q' = L \cap Q' \tag{2.6}$$

$$\Longleftrightarrow \quad K \triangle L \subseteq Q \setminus Q'. \tag{2.7}$$

因此，$\sim_{Q'}$ 是 $\mathcal{K}$ 上的一个等价关系。当充实了子集 Q' 的具体内容之后，在后文中，我们有时使用缩写 $\sim$ 来指代 $\sim_{Q'}$。容易证明式 (2.6) 和 (2.7) 的右边等价（参见问题 11）。我们将包含了 $[K]$ 的 $\sim$ 的等价类记作 $[K]$，由 $\sim$ 引入的 $\mathcal{K}$ 的划分记作 $\mathcal{K}_\sim = \{[K] | K \in \mathcal{K}\}$。我们还把这样一种划分称为集合 Q' 的引入。后文中，我们都假设 $|Q| \geq 2$，这样 $|Q'| \geq 1$。

2.4.2 定义。令 $(Q, \mathcal{K})$ 是一个偏序知识结构，取 Q 中任何一个合适的非空子集 Q'。族

$$\mathcal{K}_{|Q'} = \{W \subset Q' | W = K \cap Q', \text{ 对于某个 } K \in \mathcal{K}\} \tag{2.8}$$

被称作 $\mathcal{K}$ 在 Q' 上的投影。我们因此有 $\mathcal{K}_{|Q'} \subseteq 2^{Q'}$。在内容上，我们也把 $\mathcal{K}_{|Q'}$ 称作 $\mathcal{K}$ 的子结构。每个集合 $W = K \cap Q'$ 且 $K \in \mathcal{K}$，是在 Q' 上状态

K 的 **迹**。例子 2.4.3 表明在 $\mathcal{K}_{|Q'}$ 中的集合不一定是 $\mathcal{K}$ 的集合。对于 $\mathcal{K}$ 中任一状态 K 和 2.4.1 中定义的 $[K]$，我们定义族

$$\mathcal{K}_{[K]} = \{M \subseteq Q \mid M = L \setminus \cap [K], \text{对于某些} L \sim K\} \tag{2.9}$$

（如果 $\varnothing \in \mathcal{K}$，我们因此有 $\mathcal{K}_{[\varnothing]} = [\varnothing]$）。族 $\mathcal{K}_{[K]}$ 称为 Q'- **子**，或者在集合 Q' 已经明确的情况下，就是 $\mathcal{K}$ 的 **子**。正如我们下一个例子所要示出的，$\mathcal{K}$ 的子会以单一 $\{\varnothing\}$ 的形式存在，而且即使 $K \not\sim L$，$\mathcal{K}_{[K]} = \mathcal{K}_{[L]}$ 也有可能成立。集合 $\{\varnothing\}$ 被称为 **平凡子**，而 $\mathcal{K}$ 则称 **父** 结构。

2.4.3 例子。考虑学习空间

$$\begin{aligned}
F = \{&\varnothing, \{b\}, \{c\}, \{a,b\}, \{a,c\}, \{b,c\}, \{b,d\}, \{a,b,c\}, \{a,b,d\}, \{b,c,d\}, \{b,c,e\},\\
&\{b,d,f\}, \{a,b,c,d\}, \{a,b,c,e\}, \{b,c,d,e\}, \{b,c,d,f\}, \{b,c,e,f\},\\
&\{a,b,d,f\}, \{a,b,c,d,e\}, \{a,b,c,d,f\}, \{a,b,c,e,f\}, \{b,c,d,e,f\},\\
&\{a,b,c,d,e,f\}, \{a,b,c,d,e,f,g\}\} \tag{2.10}
\end{aligned}$$

学习空间的域是集合 $Q = \{a,b,c,d,e,f\}$。$\mathcal{F}$ 的包含图在图 2.2 中用灰色示出。

图中 8 个黑色椭圆标记的集合表示 $\mathcal{F}$ 在集合 $\{a,d,f\}$ 上的投影 $\mathcal{F}_{|\{a,d,f\}}$。显然，$\mathcal{F}_{|\{a,d,f\}}$ 是一个学习空间[44]。每个圈住了包含子图的椭圆都对应一个划分 $\mathcal{F}_\sim$ 的等价类。这种 $\mathcal{F}_\sim$ 和 $\mathcal{F}_{|\{a,d,f\}}$ 之间的一一对应关系，与后文引理 2.4.5(ii) 是一致的。在本例中，"学习空间"属性传递给了子代。不仅 $\mathcal{F}_{|\{a,d,f\}}$ 是一个学习空间，而且任何 $\mathcal{F}$ 子都是一个学习空间或者一个偏序学习空间。而且，我们有：

$$\mathcal{F}_{[\{b,c,e\}]} = \{\varnothing, \{b\}, \{c\}, \{b,c\}, \{b,c,e\}\},$$

$$\mathcal{F}_{[\{a,b,c,e\}]} = \{\{b\}, \{c\}, \{b,c\}, \{b,c,e\}\},$$

$$\mathcal{F}_{[\{b,c,d,e\}]} = \mathcal{F}_{[\{b,c,d,e,f\}]} = \mathcal{F}_{[\{a,b,c,d,e\}]} = \{\varnothing, \{c\}, \{c,e\}\},$$

$$\mathcal{F}_{[\{a,b,c,d,e,f,g\}]} = \{\varnothing, \{c\}, \{c,e\}, \{c,e,g\}\},$$

$$\mathcal{F}_{[\{b,c,e,f\}]} = \mathcal{F}_{[\{a,b,c,e,f\}]} = \{\varnothing\}.$$

---

[44] 这个属性一般情况下也成立。请注意，我们这里的情况比较特殊。$F_{|\{a,d,f\}}$ 是 $\{a,d,f\}$ 的幂集。然而，并非对于任何一个学习空间，当 $Q' \subset Q$ 时，我们都有 $\mathcal{K}_{|Q'} = 2^{Q'}$。

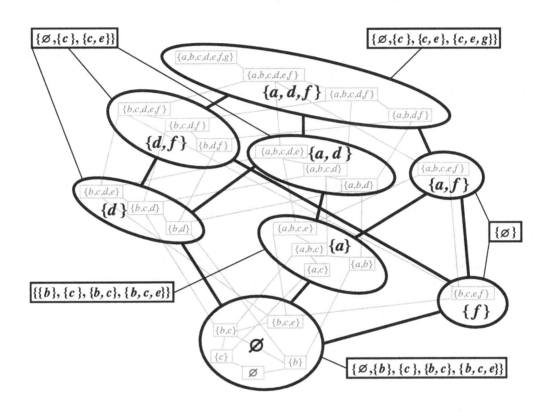

图 2.2: 灰色部分示出的是式 (2.10) 所示的学习空间的包含图。每个椭圆圈出一个等价类 $[K]$（灰色）和 $\mathcal{F}$ 在 $Q' = \{a, d, f\}$ 上的投影 $\mathcal{F}_{|\{a,d,f\}}$ 一个具体状态（黑色），标明一一对应的状态 $\mathcal{F}_{\sim} \to \mathcal{F}_{|\{a,d,f\}}$（参见引理 2.4.5(ii)）。通过定义式 (2.9)，8 个等价类产生了 5 个 $\mathcal{F}$ 子。它们被用 5 个黑色长框分别圈出来。其中有一个是单独 $\{\varnothing\}$（即平凡子）。其他是学习空间或者偏序学习空间（参见投影定理 2.4.8 和 2.4.12）。

上述 5 个"子"分别用 5 个黑色长框在图 2.2 中示出。

定理 2.4.8 表明了级配性被学习空间的子代所继承。这些子代也是偏序 ∪-闭包的。具体在这个例子中，仅仅把空集 ∅ 添加到尚未包含其的子代中，即 $\mathcal{F}_{|\{a,b,c,e\}}$，会得出所有的子代要么是学习空间要么平凡的结论。这 **并非** 总是正确的。定理 2.4.12 对此予以了澄清。

2.4.4 注释。学习空间的投影概念与 Cavagnaro（2008）提出的媒体概念非常接近。定理 2.4.8 和 2.4.12 的投影定理是这一章的主要定理。从与媒介投影 [参见 Eppstein 等（2008）的定理 2.11.6] 非常相近的结论出发，可以推出这两个定理。但这种思路有些绕。如下的思路比较直接。

从下面两个引理出发，我们可以推出定义 2.4.2 的一系列衍生结论。

2.4.5 引理。对于任何一个偏序知识结构 $(Q, \mathcal{K})$，下面两个命题成立。

(i) 投影 $\mathcal{K}_{|Q'}$ 且 $Q' \subset Q$，是一个偏序知识结构。如果 $(Q, \mathcal{K})$ 是一个知识结构，那么 $\mathcal{K}_{|Q'}$ 也是。

(ii) 函数 $h : [K] \mapsto K \cap Q'$ 是一个 $\mathcal{K}_{|Q'}$ 上定义良好的双射 $\mathcal{K}_\sim$。

证明。(i) 两个命题都从 $\varnothing \cap Q' = \varnothing$ 和 $Q \cap Q' = Q'$ 而来。

(ii) 根据式 (2.6)，h 是一个定义良好的函数。显然，根据 h 和 $\mathcal{K}_{|Q'}$ 的定义，$h(\mathcal{K}_\sim) = \mathcal{K}_{|Q'}$。假设对于某些 $[K]$, $[L] \in \mathcal{K}_\sim$，我们有 $h([K]) = K \cap Q' = h([L]) = L \cap Q' = X$。无论是否有 $X = \varnothing$，都蕴含 $K \sim L$，因此也就有 $[K] = [L]$。 □

2.4.6 引理。$\mathcal{K}$ 是一个任意的 ∪-闭包族，且 $Q = \cup\mathcal{K}$，并不必须属于 $\mathcal{K}$，取任一个 $Q' \subset Q$。下列三个命题都成立。

(i) 对于任何的 $K \in \mathcal{K}$，$K \sim_{Q'} \cup[K]$。

(ii) $\mathcal{K}_{|Q'}$ 是一个 ∪-闭包的族。如果 $\mathcal{K}$ 是一个知识空间，那么 $\mathcal{K}_{|Q'}$ 也是。

(iii) $\mathcal{K}$ 的子代也是偏序 ∪-闭包的。

对于知识空间，Doignon 和 Falmagne 发现了引理 2.4.6(ii)[1999 年，第 25 页上的定理 1.16，那时用的是"子结构（substructure）"，而不是"投影（projection）"]。

证明。(i) $\cup[K]$ 是 $\mathcal{K}$ 的状态的并集，我们有 $\cup[K] \in \mathcal{K}$。因为 $K \cap Q' = L \cap Q'$，对于所有的 $L \in [K]$，我们有 $K \cap Q' = (\cup[K]) \cap Q'$；因此，$K \sim \cup[K]$ 也成立。

(ii) 任何一个子族 $\mathcal{H}' \subseteq \mathcal{K}_{|Q'}$ 与这样的族有联系：

$$\mathcal{H} = \{H \in \mathcal{K} | \text{对于某} H' \in \mathcal{H}', H' = H' \cap Q'\}.$$

$\mathcal{K}$ 是 $\cup$-闭包的，我们有 $\cup \mathcal{H} \in \mathcal{K}$，从而产生 $Q' \cap (\cup \mathcal{H}) = \cup \mathcal{H}' \in \mathcal{K}_{|Q'}$。如果 $\mathcal{K}$ 是一个知识空间，那么 $Q \in \mathcal{K}$，意味着 $Q' \in \mathcal{K}_{|Q'}$。因此，$\mathcal{K}_{|Q'}$ 是一个知识空间。

(iii) 任意取 $K \in \mathcal{K}$。我们知道 $\mathcal{K}_{[K]}$ 是 $\cup$-闭包的。对于任何一个 $\mathcal{H} \subseteq \mathcal{K}_{[K]}$。我们定义一个有关的族：

$$\mathcal{H}^\dagger = \{H^\dagger \in \mathcal{K} | H^\dagger \sim K, H^\dagger \backslash \cap [K] \in \mathcal{H}\}.$$

所以，$\mathcal{H}^\dagger \subseteq [K]$，因此，对于 $L \in \mathcal{H}^\dagger$，$L \cap Q' = K \cap Q'$。既然 $\mathcal{K}$ 是 $\cup$-闭包的，我们有 $\cup \mathcal{H}^\dagger \in \mathcal{K}$。我们因此得到：$(\cup \mathcal{H}^\dagger) \cap Q' = K \cap Q'$ 且 $\cup \mathcal{H}^\dagger \sim K$。

$\mathcal{K}_{[K]}$ 的 $\cup$-闭包满足如下等式：

$$\cup \mathcal{H} = \cup_{H^\dagger \in \mathcal{H}^\dagger}(H^\dagger \backslash \cap [K]) = \cup_{H^\dagger \in \mathcal{H}^\dagger}(H^\dagger \cap (\overline{\cap [K]})) = (\cup_{H^\dagger \in \mathcal{H}^\dagger} H^\dagger) \backslash \cap [K].$$

这将导出 $\cup \mathcal{H} \in \mathcal{K}_{[K]}$，因为 $K \sim \cup \mathcal{H}^\dagger \in \mathcal{K}$。

例 2.4.7 表明 (ii) 和 (iii) 的逆命题不成立。 $\square$

2.4.7 例子 。考虑这样一个知识结构在子集 $\{c\}$ 上的投影

$$\mathcal{G} = \{\varnothing, \{a\}, \{b\}, \{c\}, \{a,b\}, \{a,c\}, \{a,b,c\}\}.$$

我们有两个等价类 $[\{a,b\}]$ 和 $[\{a,b,c\}]$，且投影 $\mathcal{G}_{|\{c\}} = \{\varnothing, \{c\}\}$。这两个 $\{c\}$ 子是 $\mathcal{G}_{[\varnothing]} = \{\varnothing, \{a\}, \{b\}, \{a,b\}\}$ 和 $\mathcal{G}_{[\{c\}]} = \{\varnothing, \{b\}\}$。$\mathcal{G}_{[\varnothing]}$ 和 $\mathcal{G}_{[\{c\}]}$ 是级配良好的，且 $\cup$-闭包，$\mathcal{G}_{|\{c\}}$ 也是。然而，$\mathcal{G}$ 不是 $\cup$-闭包，因为 $\{b,c\}$ 不是一个状态。

下面我们陈述两个投影定理的第一个。

2.4.8 定理。 令 $(Q, \mathcal{K})$ 是一个学习空间，且 $|Q| = |\cup K| \geq 2$。**以下两个属性**对于任意 Q 的非空合适的子集 Q' 都成立：

(i) $\mathcal{K}$ 在 Q' 上的投影 $\mathcal{K}_{|Q'}$ 是一个学习空间。

(ii) $\mathcal{K}$ 的子代是级配良好和偏序 $\cup$-闭包的族。

注意，我们在 (ii) 中有 $\mathcal{K}_{[K]} = \{\varnothing\}$ （参见例 2.4.3）。

证明。(i) 既然是一个学习空间，根据推论 2.4.5(i)，$\mathcal{K}_{|Q'}$ 是一个知识结构。我们证明对于 $\mathcal{K}_{|Q'}$，公设 [L1] 成立。假设 K，有 $L \in \mathcal{K}_{|Q'}$ 且 $K \subset L$。那么，$\mathcal{K}$ 中存在 $\tilde{K}$ 和 $\tilde{L}$，使得 $K = \tilde{K} \cap Q'$ 且 $L = \tilde{L} \cap Q'$。由于 $\mathcal{K}$ 是一个学习空间，存在一条从 $\tilde{K}$ 到 $\tilde{K} \cup \tilde{L}$ 的 L1-链，记作 $\tilde{K} = K_0, K_1, ..., K_q = \tilde{K} \cup \tilde{L}$。那么 $K = K_0 \cap Q', K_1 \cap Q', ..., K_q \cap Q' = L$ 就是一个在 $\mathcal{K}_{[K]}$ 中删去任何一个与前面集合一致的集合序列而产生的从 K 到 L 的 L1-链。对于 $\mathcal{K}_{|Q'}$，公设 [L2] 也成立。取 $K, L \in \mathcal{K}_{|Q'}$，且 $q \in Q'$，$K \subset L$，$K \cup \{q\} \in \mathcal{K}_{|Q'}$。$\mathcal{K}$ 中存在 $\tilde{K}$，$\tilde{L}$，M，有：$K = \tilde{K} \cap Q'$，$L = \tilde{L} \cap Q'$，和 $K \cup \{q\} = M \cap Q'$。这样，我们有 $L \cup \{q\} = (\tilde{L} \cup M) \cap Q'$，因此，$L \cup \{q\} \in \mathcal{K}_{|Q'}$。

(ii) 取 K 中的任一子 $\mathcal{K}_{[K]}$。根据引理 2.4.6(iii)，$\mathcal{K}_{[K]}$ 是偏序 ∪-闭包族。公设 [L1] 和引理 2.2.3 的证明能够说明 $[K]$ 是级配良好的。易证 $\mathcal{K}_{[K]}$ 的级配良好。 □

2.4.9 注释 。在例 2.4.3 中，我们遇到这样一个情况：学习空间的非平凡子代要么自己就是学习空间，要么加上 $\{\varnothing\}$ 后就成为学习空间。当且仅当域的子集 Q' 所定义的投影满足下一个定义中的条件时，上述情况才会发生。

2.4.10 例子 。取学习空间

$$\mathcal{K} = \{\varnothing, \{a\}, \{d\}, \{a,b\}, \{a,d\}, \{c,d\},$$
$$\{a,b,c\}, \{a,b,d\}, \{a,c,d\}, \{b,c,d\}, \{a,b,c,d\}\}.$$

域 $Q = \{a,b,c,d\}$。我们设 $Q' = \{c\}$ 且 $K = \{c,d\}$。那么

$$[K] = \{\{c,d\}, \{a,b,c\}, \{a,c,d\}, \{b,c,d\}, \{a,b,c,d\}\},$$

当然 $\cap[K] = \{c\}$，

$$\mathcal{K}_{[K]} = \{\{d\}, \{a,b\}, \{a,d\}, \{b,d\}, \{a,b,d\}\}.$$

显然，子 $\mathcal{K}_{[K]}$ 不是一个学习空间，即使 $\mathcal{K}_{[K]} \cup \{\varnothing\}$ 也不是。例如，从 $\varnothing$ 到 $\{a,b\}$ 没有紧路径。问题出在 $[K]$ 的一个特征上：$\{a,b,c\}$ 是能覆盖 $\cup[K]$ 的最小的 $[K]$ 的元素之一，可是 $\{a,b,c\} \backslash \cap[K]$ 里包含的元素多于 1 个。

2.4.11 定义 。假设 $(Q, \mathcal{K})$ 是一个偏序知识结构，且 $|Q| \geq 2$。如果 $\mathcal{K}$ 的任何一个状态 L，是包含它的某等价类 $[K]$ 中最小的一个，那么我们称子集

$Q' \subset Q$ 是 **生出** 的, 我们有 $|L \setminus \cap [K]| \leq 1$。我们注意到 $[K]$ 是由 Q' 引入的 $\mathcal{K}$ 的一个划分中包含 K 的等价类 (参见定义 2.4.1)。对于 $\mathcal{K}$ 的任何非平凡的子 $\mathcal{K}_{[K]}$, 我们称 $\mathcal{K}_{[K]}^+ = \mathcal{K}_{[K]} \cup \{\varnothing\}$ 是 $\mathcal{K}$ 的 **正子**。

2.4.12 定理。假设 $(Q, \mathcal{K})$ 是一个偏序知识结构, 且 $|Q| \geq 2$。令 Q' 是 Q 的一个合适的非空子集。下列两个命题等价。

(i) 集合 Q' 是生出的。

(ii) $\mathcal{K}$ 的所有正子都是学习空间[45]。

问题 13 要求作者推导任何一个学习空间是否总是存在至少一个非平凡子。

证明。(i) $\Rightarrow$ (ii)。通过引理 2.4.6(iii), 我们知道任何一个非空平凡子 $\mathcal{K}_{[K]}$ 是 $\cup$-闭包的。这意味着有联系的正子 $\mathcal{K}_{[K]}^+$ 是一个知识结构。我们运用推论 2.2.3 来证明这样一个正子也是级配良好的。假设 L 和 M 是 $\mathcal{K}_{[K]}^+$ 的状态, 且 $\varnothing \subseteq L \subset M$, 且对于某正整数 n, $d(L, M) = n$。我们有两种情况。

情况 1。假设 $L \neq \varnothing$, 那么 L 和 M 都是在 $\mathcal{K}_{[K]}$ 中。根据定理 2.4.8(ii), $\mathcal{K}_{[K]}$ 是级配良好的, 所以存在一条紧路径:

$$L = L_0 \subset L_1 \subset ... \subset L_n = M.$$

既然 $\varnothing \subset L_0$, 这一紧路径完全包含在正子 $\mathcal{K}_{[K]}^+$ 之中。

情况 2。假设 $L = \varnothing$。在我们刚才证明的结论中, 我们只用证明, 对于任何非空 $M \in \mathcal{K}_{[K]}^+$, 存在一个单独的集合 $\{q\} \in \mathcal{K}_{[K]}$ 且 $q \in M$。根据 $\mathcal{K}_{[K]}^+$ 的定义, 对于某 $M^\dagger \in [K]$, 我们有 $M = M^\dagger \cap [K]$。取 $[K]$ 中最小的状态 N, 使得 $N \subseteq M^\dagger$, 且 $N \setminus [K] \subseteq M$。既然 Q' 是生出的, 我们有 $|N \setminus \cap [K]| \leq 1$。如果 $|N \setminus \cap [K]| = 1$, 那么对某个 $q \in Q$ 且 $\{q\} \in \mathcal{K}_{[K]}$, 有 $N \setminus \cap [K] = \{q\} \subseteq M$。假设 $|N \setminus \cap [K]| = 0$, 那么 $N \setminus \cap [K] = \varnothing$, 且 N 一定是 $[K]$ 的最小集合, 这意味着 $\cap [K] = N$。根据 $\mathcal{K}$ 的级配良好性, 存在 $q \in M^\dagger$, 使得 $M^\dagger \supseteq N + \{q\} \in \mathcal{K}$。因为 $q \in M \setminus N$ 意味着 $N \cap Q' = (N + \{q\}) \cap Q'$, 我们有 $N + \{q\} \in [K]$。因此:

$$(N + \{q\}) \setminus \cap [K] = (N + \{q\}) \setminus N = \{q\} \subseteq N, \text{ 且 } \{q\} \in \mathcal{K}_{[K]}^+.$$

我们已经证明了在上述两种情况中, 存在从 L 到 M 的紧路径。正子 $\mathcal{K}_{[K]}^+$ 是级配良好的。运用定理 2.2.4, 我们知道 $\mathcal{K}_{[K]}^+$ 是一个学习空间。

---

[45] 注意我们有 $\varnothing \in \mathcal{K}_{[K]}$, 这时, $\mathcal{K}_{[K]}^+ = \mathcal{K}_{[K]}$ (参见例子 2.4.3)。

(ii) ⇒ (i)。令 L 是等价类 $[K]$ 中一个最小的元素，其中 $K \in \mathcal{K}$。但 $\cap[K] \subseteq L$。如果等号成立，我们有 $|L \setminus \cap[K]| = 0$。如果 $\cap[K] \subset L$ 成立，那么 $\varnothing$ 和 $L \setminus \cap[K]$ 是正子 $\mathcal{K}^{+}_{[K]}$ 中不同的元素。根据 $\mathcal{K}^{+}_{[K]}$ 的级配良好，在 $\mathcal{K}^{+}_{[K]}$ 中存在一个从 $\varnothing$ 到 $L \setminus [K]$ 的紧路径。因为 L 是 $[K]$ 的最小值，与 $\cap[K]$ 不同，我们可以发现 $L \setminus \cap[K]$ 一定是一个单一元素集。因此 $|L \setminus \cap[K]| = 1$。 □

2.4.13 注释。学习空间理论给各种知识评估算法打下了组合数学的基础。正如我们在第 1.1.12 节中讨论的那样，评估算法的目的是为了通过一系列精心选择的问题来揭示一个学生的知识状态。第 13 和 14 章分别阐述了两个相当不同的类。然而，实际中构造的学习空间都太大了，知识状态以百万计。直接运用评估算法并非总是可行的。在这种情况下，本章的结论就会比较有用。例如，当 K 非常大时，它们将能在上述情况下运用的方法分成了学习空间 $(Q, \mathcal{K})$ 的两步评估。第一步，采用合适的投影 $\mathcal{K}_{|Q'}$，特别是生出了子集 $Q' \subset Q$。这一步结束时，会获得投影 $\mathcal{K}_{|Q'}$ 的状态 $W \subseteq Q'$，且对于某个 $K \subseteq \mathcal{K}$ 有 $W = K \cap Q'$。第二步是评估 $\mathcal{K}$ 的 Q' 子 $\mathcal{K}_{[K]}$，对于某个 $\mathcal{K}$ 的状态 L，导出 $\mathcal{K}_{[K]}$ 的某个状态 $M = L \setminus \cap[K]$。状态 L 可以作为评估用的最后状态。如果学习空间 $\mathcal{K}$ 特别大，原则上，沿着上述思路的 n 步评估也是可行的。

上述过程的批评意见之一便是它没有一个允许在第 2 步中针对第 1 步中可能出现的评估出错进行纠错的机制。第 1 步中选择的状态 $W = K \cap Q'$ 是理所当然的，且定义了子 $\mathcal{K}_{[K]}$。空间 $\mathcal{K}_{[K]}$ 中的评估只是在那些 $\sim_{Q'}$ 的状态中选出与 K 等价的一个。第 13.7 节[46] 讨论了更具有伸缩性的过程。

2.5 文献和相关工作

正如第 1 章所述，知识空间理论最初是由 Doignon 和 Falmagne（1985）提出的。早期的大多数工作都集中在有限情况下的并集下闭包的公设中。从教学方法论的角度，这种方法存在一些不足。首先，U-闭包条件并不会**首先**得到教师的认可。其次，从知识空间中获得的状态评估的表达方式，对于教师或者学生来说，理解起来并不方便。

级配良好条件是由 Falmagne 和 Doignon（1988b）提出的，目的就是为了弥补上述不足。在这一条件下，任何一个知识状态都能以两个"边界"状态（见定义 4.1.6）确定并以可被人类理解的方式表示出来。外部边界明确

---

[46] 另一种方法是同时开展两个或两个以上的评估，而不是顺序开展，这中间可能有些相互作用。尽管这种方法非常有意思，但是我们在这里并没有展开。

了学生准备学习的内容，内部边界包含了学生状态中所有的"高分"项。但是，级配良好的知识空间的概念，尽管在数学上没有问题，但是尚缺乏教学方法论的支持。

公设 [L1] 和 [L2] 是后来由 Falmagne 向 Eric Cosyn 和 Hasan Uzun 提出的，为该理论增添了一项更为扎实的基础。在最近的论文中，Cosyn 和 Uzun（2009）证明了对于一个知识结构 $\mathcal{K}$，条件 [L1] 和 [L2] 事实上与假设 $\mathcal{K}$ 是一个级配良好的知识空间等价。这一结论体现在定理 2.2.4 中 (i)$\Longleftrightarrow$(iii) 的等价关系。

投影的概念在我们最初的专著《知识空间》中知识结构的"子结构"已经有所体现了（见 Doignon 和 Falmagne，1999，定理 1.16 和定义 1.17）。第 2.4 节，紧跟 Falmagne（2008），是新写的[47]，且扩展了学习空间的结论。更重要的是第 2.4.2 节中阐述的知识空间 K 的投影 $\mathcal{K}_{|Q'}$ 及其以 $\mathcal{K}_{[K]}$ 子形式出现的相关概念。这些概念扩展了 Cosyn（2002）的工作。该项工作定义了一个知识结构的划分，被称为"粗化"。然而，他的划分是任意的，且没有通过域的子集 Q' 得出式 (2.6) 定义的等价关系。相反，Cavagnaro（2008）给出的投影定义在概念上与我们的非常相近，但是用在了媒介上。这是变换半群，而不是集合族。正如我们在第 2.4.4 节的说明中所述，在媒介和学习空间中存在一个准确的联系，将在第 10 章中予以阐述。

问题

1. 构造一个知识结构的可识别的简化。

$$\mathcal{K} = \{\varnothing, \{a, c, d\}, \{b, e, f\}, \{a, c, d, e, f\}, \{a, b, c, d, e, f\}\}.$$

2. 验证任何级配良好的知识结构都是可识别的。为何一个级配良好的集合族不一定是可识别的？

3. 对于任何一个知识结构 $\mathcal{K}$，是否都有 $|\mathcal{K}| = |\mathcal{K}^*|$？证明你的结论（"$*$"的含义与定义 2.1.4 一致）。

4. 证明当且仅当 Q^* 有限时，知识结构 $(Q, \mathcal{K})$ 实质上有限。

5. 构造一个图，像图 2.1 展示例 2.1.6 那样的样式，展示例 2.1.3 中的知识结构 $\mathcal{H}$。

---

[47] 除了用"投影"代替"子结构"以外。

6. 考虑下述公设推广并集下闭包。

[JS] 对于一个知识结构 $(Q, \mathcal{K})$ 里任何一个状态子族 $\mathcal{F}$，存在一个唯一的最小状态 $K \in \mathcal{K}$，使得 $\cup \mathcal{F} \subseteq K$（在这一公设下，$\mathcal{K}$ 是一个相对于包含的"联合半格"）。构造一个有限的、不满足上述公设的例子。

7. 如果在一个级配良好的族中，有一个集合是有限的，那么这个族里的其他集合是否也是有限的？证明之或给出反例。

8. 证明：如果一个知识结构 $(Q, \mathcal{K})$ 是可识别的，那么在子集 $Q' \subseteq Q$ 上的投影 $\mathcal{K}_{|Q'}$ 也是。但反过来不成立。

9. 证明定理 2.3.4。

10. 考虑对知识结构 $(Q, \mathcal{K})$ 公设 [L1] 的修改：

[L1'] 如果 $K \subset L \neq Q$，且 K 和 L 是两个状态，那么存在一个状态链：对于 $1 \leq i \leq n$ 且 $|L \setminus K| = n$；有 $K = K_0 \subset K_1 \subset ... \subset K_n = L$ 且 $K_i = K_{i-1} + \{q_i\}$。

假设 $(Q, \mathcal{K})$ 满足 [L1'] 和 [L2]。那么域 Q 是不可数的吗？证明之。

11. 令 $(Q, \mathcal{K})$ 是一个知识结构，且 Q' 是任何合适的 Q 的子集。用 2.4.1 中定义的等价类 $[K]$，证明如下两个命题：

$$K \triangle L \subseteq Q \setminus Q' \iff K \cap Q' = L \cap Q' \tag{2.11}$$

$$(\cap [K]) \cap Q' = K \cap Q'. \tag{2.12}$$

12. 以图 2.2 所示之例，描述其中的 $\mathcal{F}_{[\{a,b\}]}$ 和 $\mathcal{F}_{[\varnothing]}$。

13. 任何一个学习空间至少有一个非平凡子，或者是 (i) 域中的某个子集，或者是 (ii) 域中给定的一个子集，这一论断是否正确（参见定理 2.4.12）？

14. 如果存在一个一一对应的映射 $f: Q \to Q^{\dagger}$ 使得对于所有的 $K \subseteq Q$，当且仅当 $f(K) \in \mathcal{K}^{\dagger}$，我们有 $K \in \mathcal{K}$，那么两个知识结构 $(Q, \mathcal{K})$ 和 $(Q^{\dagger}, \mathcal{K}^{\dagger})$ 是 **同态** 的。证明：当且仅当 $(Q^{\dagger}, \mathcal{K}^{\dagger})$ 是一个学习空间（知识空间）的时候，$(Q, \mathcal{K})$ 是一个学习空间（知识空间）。

15. 偏序学习空间一定有限吗？偏序知识空间呢？

16. 证明一个拟序级配良好的知识结构实质上是有限的（参见第 2.3.3 节）。

17. 通过两个反例证明公设 [L1] 和 [L2] 是独立的。

18. 什么样的知识结构既满足 [L1] 又是 ∪-闭包的？

3 知识空间

3.1 提纲

我们从定理 2.2.4 了解到任何学习空间都是知识空间，也就是说，它是一个在并集下闭包的知识结构。U-闭包的性质十分关键。理由如下：某些知识空间，特别是有限的那些，能够用它们状态的子族如实地表征。也就是说，知识空间的任何一个状态都能通过其子族中某些状态的并集的形式来生成。如果这样一个子族存在，并且它是最小包含的，那么它是唯一的，而且被称为知识空间的"基"。在某些情况下，基比知识空间小得多。这对于计算机的内存而言是非常实惠的。极端情况是一个 n 元素集合的幂集，2^n 个知识状态被归入 n 个独元素集的子集里。从第 3.4 到第 3.6 节中的"基"和"原子"开始，上述性质是本章绝大部分内容的基础。当然，本章中涉及的知识空间的其他特征也同样重要。

在下一节里，我们会提出构造知识空间过程中间的实际问题。核心思想是对一个结构的信息进行编码。这个结构的存在形式是一个定义在域的幂集上的关系 $\mathcal{R}$。这个关系意味着：如果 A 中所有的元素都不满足某个条件，那么 B 中所有的元素也都不满足这个条件。当这一命题成立时，记作 $A\mathcal{R}B$ 成立。这样一个关系定义了一个特殊的知识空间。它既可以通过询问专家获得，又可以通过统计评估获得。第 7、15 和 16 章系统地扩展了这一课题。

任何一个知识空间 $\mathcal{K}$ 都对应它的"偶"，亦即，所有 $\mathcal{K}$ 的状态的补集。这种相互作用是非常有意思的，因为知识空间的对偶属于数学结构里的一个重要族，称之为"闭合空间"。关于"闭合空间"已经研究得比较多了，在我们的场景中也很有用，会在第 3.3 节中介绍。

本章还介绍了两种情形。在这两种情形中，一个特殊的定义在域上的拟序关系起着非常重要的作用。在第 3.7 节中，我们引入了"猜测关系"。这是一个拟序关系，也被称为"位次关系"。当掌握 r 可以从掌握 q 中推出来时，r 与 q 之间的关系就是位次关系。在这种情形下，拟序就是从知识结构（不需要是一个知识空间）中建立的。在第二种情形里（会在第 3.8 节中讨论），定义在域上的拟序是出发点。然后定义了一个特殊的知识空间种类：状态族在交集下也是闭合的。与此有关的定理 3.8.3 源于 **Birkhoff**（1937）。定理 5.2.5 拓展了一般知识空间。

3.2 通过询问专家生成知识空间

一个与知识空间类似的，但是在数学上非常不同的概念在第 1.1.9 节中介绍过，名字是"蕴涵"。那里我们曾提到可以通过询问专家的方法，用蕴涵来构建一个知识空间，而不必请他写下一个列出所有知识状态的清单。回顾第 1 章的有关内容，设想一位富有经验的教师被问到的问题是这样子的：

[Q1] 假设一个参加考试的学生对于所有的问题 $q_1,...,q_n$ 都回答错误，那么该生在回答问题 q_{n+1} 时也会出错吗？我们假设没有出现粗心或者蒙对的情况[48]。

对诸如此类问题的回答定义了一个在 $2^Q \setminus \{\varnothing\}$ 上的关系 $\mathcal{R}$。它的含义如下：对于任何两个非空的问题集合 A 和 B，我们有

$$A\mathcal{R}B \text{当且仅当} \begin{cases} A\text{中所有的问题都答错，} \\ \text{能够推出}B\text{中所有的问题也答错。} \end{cases} \tag{3.1}$$

上式说明任何一个在 $2^Q \setminus \{\varnothing\}$ 上的关系 $\mathcal{R}$，都确定了一个独特的知识空间。下面的定理定义了它的状态，还讨论了任意集合的势。

3.2.1 定理。假设 Q 是一个非空集合，$\mathcal{R}$ 是 $2^Q \setminus \{\varnothing\}$ 上的关系。令 $\mathcal{S}$ 是 Q 的所有子集 K 的族。如果满足以下条件：

$$K \in \mathcal{S} \Longleftrightarrow (\forall (A,B) \in \mathcal{R} : A \cap K = \varnothing \Longrightarrow B \cap K = \varnothing) \tag{3.2}$$

那么，$\mathcal{S}$ 包含 $\varnothing$ 和 Q，而且在并集下闭合。

证明。取 $\mathcal{F} \subseteq \mathcal{S}$ 且假设 $A\mathcal{R}B$，其中，$A \cap (\cup\mathcal{F}) = \varnothing$。我们有：对于 $\mathcal{F}$ 里所有的 K，$A \cap K = \varnothing$。依据 (3.2)，我们还推出对于 $\mathcal{F}$ 里所有的 K，有：$B \cap K = \varnothing$。于是，$B \cap (\cup\mathcal{F}) = \varnothing$，且因此 $\cup\mathcal{F} \in \mathcal{S}$。因为 (3.2) 的右边对于 $\varnothing$ 和 Q 都是平凡满足的，所以它们都一定在 $\mathcal{S}$ 之中。□

定理 3.2.1 中的知识空间 $(Q,\mathcal{S})$ 在交集下不一定闭合（见下一个例子）。不论想通过人类专家还是通过统计学生数据来产生本质上都是同一种的信息（见注 3.2.3），关系 $\mathcal{R}$ 都是在实际中构造知识空间的有力工具。第 7 和第 15 章还会专门论及此内容。定理 7.1.5 建立了同一个集合上的蕴涵关系集与知识空间集之间的一一对应关系。第 16 章将会谈到关系 $\mathcal{R}$ 还能被用来构造学习空间。

---

[48] 在实践中，我们还假设 n 比较小，例如 $n \leq 5$。第 15 章会用实证验明这个假设。另外，标签 [Q0] 是专门为 $n = 1$ 这个特殊情况而保留的标签。

3.2.2 例子。 有 $Q = \{a, b, c\}$，假设 $\mathcal{R}$ 就是一个单对 $(\{a, b\}, \{c\})$。因此，$\{a, c\}$ 和 $\{b, c\}$ 是知识空间 $(Q, \mathcal{S})$ 中的知识状态；但是，它们的交集 $\{c\}$ 不是一个知识状态。

3.2.3 注。 人类专家并非运用定理 3.2.1 构造知识空间的唯一途径。当学生数据集的规模合适时，还可以依靠答错的条件概率来解决一些问题。特别是，(3.1) 示出的关系 $\mathcal{R}$ 可以通过如下公式来构造。

$$A \mathcal{R} B \Longleftrightarrow \mathbb{P}(B \text{中所有问题皆答错}|A \text{中所有问题皆答错}) > \alpha$$

其中，$\mathbb{P}$ 是概率测度，α 是适当选取的一个参数。可以从计算学生数据中得到的相对频率来估计这个概率。正如上页脚注 48 所述，在实际应用时，集合 B 的规模并不大，所以这条途径是可行的。

但是，由于我们的目标是学习空间，所以构建知识空间只完成了这其中的一部分工作。我们如何通过增加精心选择的缺失状态或者采用其他技术，去优化一个不是学习空间的知识空间的级配性？要解决这一问题，需要一些新的工具和结论，我们会将这一部分推迟到第 4.5 节和第 16.3 节中去回答。

3.3 闭合空间

回顾第 2.2.2 小节，我们知道知识空间的对偶 $(Q, \mathcal{K})$ 是一个知识结构 $\overline{\mathcal{K}}$，它包含了 $\mathcal{K}$ 中所有的状态的补集，也就是说，

$$\overline{\mathcal{K}} = \{K \in 2^Q | Q \backslash K \in \overline{\mathcal{K}}\}$$

因此，$\mathcal{K}$ 和 $\overline{\mathcal{K}}$ 拥有相同的域。

3.3.1 定义。 Q 上的群集是指域 Q 上的子集族 $\mathcal{K}$。我们常用 $(Q, \mathcal{K})$ 来表示这种群集。注意，群集有可能是空的。当 $\mathcal{L}$ 包含 Q 且在交集下闭合时，群集 $(Q, \mathcal{L})$ 是一个闭合空间。当 $\varnothing$ 在 $\mathcal{L}$ 中时，闭合空间是简单的。因此，当且仅当对偶结构 $\overline{\mathcal{K}}$ 是一个简单的闭合空间时，域 Q 的子集的群集 $\mathcal{K}$ 是一个知识空间。

闭合空间的例子在数学中比比皆是。

3.3.2 例子。 令 $\mathbb{R}^3$ 是一个三维欧氏空间所有点的集合。令 $\mathcal{L}$ 是所有仿射子空间的集合（即：空集、所有的单元素集合、线、面和 $\mathbb{R}^3$ 自身）。那么，$\mathcal{L}$ 在交集下闭合。另一个例子是 $\mathbb{R}^3$ 的所有凸子集的族。

这两个闭合空间的例子带有普遍性：可以用任何一个有序的反称域之上的仿射空间替换三维欧氏空间。几乎在每一个数学分支里都能找到这样的例子（例如，选取向量空间的子空间、一个群的子群、环论、拓扑空间的闭合子集）。下一个例子来自另外一个领域。

3.3.3 例子。 在例 1.4.4 中，我们考虑由某个正规语言的所有规范表达组成的群集 $\mathcal{L}$。该群集包括变化规则的固定集和 $\mathcal{L}$ 所有子集的集合上的关系 $\mathcal{J}$。$A\mathcal{J}B$ 的定义是：B 中所有的表达是通过对 A 中的表达运用变化规则获得的。如果只要 $A \subseteq K$ 且 $A\mathcal{J}B$ 时，就有 $B\mathcal{J}K$ 成立，那么就可以把任何一个 $K \subseteq \mathcal{L}$ 称为 $\mathcal{J}$ 的一个状态。知识结构就是这样获得的。容易证明：所有状态的群集 $\mathcal{L}$ 在交集下是闭合的，也就是说，对于任何 $\mathcal{F} \subseteq \mathcal{L}$，都有 $\cap\mathcal{F} \in \mathcal{L}$（见问题 2）。

闭合空间有时被称为"凸结构[49]"。显式构造如下所示。

3.3.4 定理。 令 $(Q, \mathcal{L})$ 是一个闭合空间。那么 Q 里的任何一个子集 A 都包含在 $\mathcal{L}$ 的一个独特元素中，记作 A'，这是 L 的最小包含；对于 $A, B \in 2^Q$，我们有：

(i) $A \subseteq A'$；

(ii) 当 $A \subseteq B$ 时，$A' \subseteq B'$；

(iii) $A'' = A'$。

反过来，满足条件 (i) 到 (iii) 的任何映射 $2^Q \to 2^Q : A \mapsto A'$ 可以从 Q 上的一个独特的闭合空间获得。该定理建立了上述映射和 Q 上闭合空间之间一一对应的关系。当然，当且仅当 $\varnothing \in \mathcal{L}$ 时，$\varnothing' = \varnothing$。

证明。$\mathcal{L}$ 的所有元素的交集所包含的某个 $A \in 2^Q$，是 $\mathcal{L}$ 的一个元素。而且，这个交集是包含 A 的 $\mathcal{L}$ 的最小可能元素（根据定义，Q 自身也是 $\mathcal{L}$ 的一个元素，而且包含 A）。从条件 (i) 到条件 (iii) 的证明比较直接，将留给读者（问题 11）。相反，给定一个映射 $2^Q \to 2^Q : A \mapsto A'$ 满足条件 (i) 到 (iii)，我们设定 $L = A \in 2^Q | A' = A$，容易证明 $\mathcal{L}$ 在交集下是闭合的。而且通过上述构造，可以从 $\mathcal{L}$ 中获得映射 $A \mapsto A'$。现在，容易证明上述命题中的一一对应关系了；我们也把这个工作留给读者。   □

---

[49] 参见本章第 3.9 节的文献。

3.3.5 定义。 在定理 3.3.4 的符号中，A' 被称作集合 A 的闭包 [在闭合空间 $(Q, \mathcal{L})$ 中]。

3.4 基和原子

3.4.1 定义。 集合族 $\mathcal{G}$ 的生成空间是 $\mathcal{G}'$。它所包含的任何一个集合是 $\mathcal{G}$ 的某个子族的并集。在这种情况下，我们记 $\mathbb{S}(\mathcal{G}) = \mathcal{G}'$，并说 $\mathcal{G}$ 生成了 $\mathcal{G}'$。根据定义，$\mathbb{S}(\mathcal{G})$ 是 $\cup$-闭合的。一个 $\cup$-闭合的族 $\mathcal{F}$ 的基是生成 $\mathcal{F}$ 的最小子族 $\mathcal{B}$["最小"是针对集合包含而言：对于某个 $\mathcal{H} \subseteq \mathcal{B}$，如果 $\mathbb{S}(\mathcal{H}) = \mathcal{F}$，那么 $\mathcal{H} = \mathcal{B}$]。习惯上，空集是 $\mathcal{B}$ 的空子族的并集。因此，既然基是最小的，空集从不属于基。

明显地，属于某个基 $\mathcal{B}$ 的状态 K，不可能是 $\mathcal{B}$ 中其他元素的并集。而且，只有当它是一个知识空间时，其知识结构才会有基。

3.4.2 定理。 令 $\mathcal{B}$ 是知识空间 $(Q, \mathcal{K})$ 的基。那么对于生成 $\mathcal{K}$ 的任何一个子族 $\mathcal{F}$ 的状态：$\mathcal{B} \subseteq \mathcal{F}$。结果，一个知识空间最多有一个基。

证明。令 $\mathcal{B}$ 和 $\mathcal{F}$ 的定义与上述命题中的假设一致，并且假定 $K \in \mathcal{B} \setminus \mathcal{F}$，那么，对于某些 $\mathcal{H} \subseteq \mathcal{F}$，有：$K = \cup \mathcal{H}$。既然 $\mathcal{B}$ 是基，那么，$\mathcal{H}$ 中任何一个状态是 $\mathcal{B}$ 中某些状态的并。这意味着 K 是 $\mathcal{B} \setminus \{K\}$ 中某些集合的并，这与基的最小属性矛盾。因此基的唯一性就显而易见了。□

有些知识空间没有基。

3.4.3 例子。 $\mathbb{R}$ 中所有的开集的群集 $\mathcal{O}$ 是一个知识空间。它由两个族生成：一个是所有以有理数为端点的开区间的族 $\mathcal{J}_1$；另一个是所有以无理数为端点的开区间的族 $\mathcal{J}_2$。如果 $\mathcal{O}$ 有基 $\mathcal{B}$，定理 3.4.2 会得出 $\mathcal{B} \subseteq \mathcal{J}_1 \cap \mathcal{J}_2 = \varnothing$，这是荒唐的。因此，$\mathcal{O}$ 没有基（在定义 3.4.1 的意义上）。但是，在有限情形下，基总是存在的。

3.4.4 定理。 任何一个本质上有限的知识空间都有一个基。

既然状态的数量是有限的，那么一定存在一个状态的最小生成子族，也就是说，一个基。

当基存在时，下面的定义可以帮助确定基。注意，我们并没有把情形限定在本质上有限。

3.4.5 定义。令 $\mathcal{F}$ 是一个非空的集合族。对于任意 $q \in \cup\mathcal{F}$，位于 q 的 **原子** 是一个包含 q 的 $\mathcal{F}$ 的最小集合。如果对于某些 $q \in \cup\mathcal{F}$，X 是位于 q 的原子，那么称集合 $X \in \mathcal{F}$ 是原子。

注意，术语"原子"与格论中的同名术语（参见 Birkhoff, 1967; Davey 和 Priestley, 1990）含义不同。

3.4.6 例子。在空间 $\mathcal{K} = \{\varnothing, \{a\}, \{a, b\}, \{b, c\}, \{a, b, c\}\}$，状态 $\{b, c\}$ 是位于 b 的原子，也是位于 c 的原子。位于 b 的原子有两个，分别是 $\{a, b\}$ 和 $\{b, c\}$。位于 a 的原子只有一个：$\{a\}$（尽管 a 也属于原子 $\{a, b\}$，但是状态 $\{a, b\}$ 并不是一个位于 a 的原子）。

例子 3.4.3 中的知识空间没有原子。另一方面，在本质上有限的知识结构中，每个问题至少有一个原子。

下面给出知识空间中的原子的特征。

3.4.7 定理。**对于 $K \in \mathcal{F}$，当且仅当任一状态子族 $\mathcal{F}$ 都满足 $K = \cup\mathcal{F}$ 的时候，知识空间 $(Q, \mathcal{K})$ 中的状态 K 是一个原子。**

证明。（必要性。）假设 K 是位于 q 的一个原子，而且对于某些状态子族 $\mathcal{F}$，有 $K = \cup\mathcal{F}$ 成立。因此，q 必定属于某个 $K' \in \mathcal{F}$，且必然有 $K' \subseteq K$。由于 K 已经是包含 q 的最小状态，所以 $K = K'$。因此，$K \in \mathcal{F}$。

（充分性。）如果 K 不是一个原子，对于每一个 $q \in K$，必然存在某个状态 $K'(q)$，使得 $q \in K'(q) \subset K$。选择 $\mathcal{F} = \{K'(q) | q \in K\}$，我们有 $K = \cup\mathcal{F}$，且 $K \notin \mathcal{F}$。　　　　　□

3.4.8 定理。**假设知识空间有一个基。那么这个基是所有原子的群集。**

证明。令 $\mathcal{B}$ 是知识空间 $(Q, \mathcal{K})$ 的基，又令 $\mathcal{A}$ 是所有原子的群集（我们并没有假定每个问题都有一个原子）。我们要证明的是 $\mathcal{A} = \mathcal{B}$。如果某个 $K \in \mathcal{B}$ 不是原子，那么对于每个 $q \in K$，存在一个状态 $K'(q)$，使得 $q \in K'(q) \subset K$。但是，$K = \cup_{q \in K} K'(q)$，且我们没有 $K \in \mathcal{B}$[既然每个 $K'(q)$ 是 $\mathcal{B}$ 里状态的并，我们由此认为 K 是 $\mathcal{B}$ 里其他状态的并]。因此，K 一定是至少一个问题的原子。这样，基中每个元素都是一个原子，所以我们有 $\mathcal{B} \subseteq \mathcal{A}$。反过来，选取任一 $K \in \mathcal{A}$，那么，对于某个 $\mathcal{F} \subseteq \mathcal{B}$，有 $K = \cup\mathcal{F}$。根据定理 3.4.7，我们有 $K \in \mathcal{F} \subseteq \mathcal{B}$。因此，$\mathcal{A} = \mathcal{B}$。　　　　　□

即使基存在，也不一定每个问题都有一个原子。

3.4.9 例子。定义 $\mathcal{G} = \{[0, \frac{1}{n}] | n \in \mathbb{N}\} \cup \{\varnothing\}$。那么 $([0,1], \mathcal{G})$ 是一个知识空间，它的基由除了 $\varnothing$ 以外所有的状态组成；每个问题都有一个原子，除了 0。注意，$([0,1], \mathcal{G})$ 是没有鉴别力的。但是它的具有鉴别力的还原 $([0,1]^*, \mathcal{G})$（参见定义 2.1.5）提供了一个类似的反例（它有基但是没有位于 0^* 的原子）。

作为知识空间表征的浓缩，基的重要性不言而喻。由此促使我们寻找构造基的高效算法和从基上生成状态的高效算法。这两种算法将在下面两节中分别阐述。

3.5 构造基的一个算法

我们假设知识空间的域 Q 是有限的，且 $|Q| = m$，$|\mathcal{K}| = n$。根据定理 3.4.8，知识空间的基是由所有原子组成的。回忆定义 3.4.5，位于 q 的原子就是包含 q 的最小状态。构造基的一个简单算法：就是建立在原子的定义之上。它来自于 Dowling（1993b），如下所示。

3.5.1 算法流程。将各个问题列为 $q_1, ..., q_m$。将各个状态列为 $K_1, ..., K_n$，并按照这样的顺序：$K_i \subset K_k$，且 $i < k$，对于 $i, k \in 1, ..., n$（也就是说，将状态按照其大小非减的顺序进行排列，相同大小的则不分先后）。用一个 $n \times m$ 的矩阵 $T = (T_{ij})$ 的行与列表示状态和问题；行的编号从 1 到 n，列的编号从 1 到 m。在算法的任何一步，T 的一个元素都包含一个符号："*""＋"或者"一"。在开始的时候，如果状态 K_i 包含问题 q_j，就把 T_{ij} 设置成 *；否则就把 T_{ij} 设置成一。然后，算法扫描每一行 $i = 1, ..., n$，只要发现：存在一个下标 p，当 $1 \le p < i$ 时，状态 K_p 包含问题 q_j，且 $K_p \subset K_i$，就把处于位置 (i, j) 的 * 置换为＋。当这一过程结束时，原子就是那些至少还剩一个 * 的第 i 行所对应的状态 K_i。

3.5.2 例子。选取来自例 3.4.6 的空间 $\mathcal{K} = \{\varnothing, \{a\}, \{a, b\}, \{b, c\}, \{a, b, c\}\}$。表 3.1 的左边示出了 T 的初始值，右边是其最终值，结论是基为 $\{\{a\}, \{a, b\}, \{b, c\}\}$。

容易验证：当给出的是一个生成族而不是空间本身时，算法 3.5.1 一样能够起作用（见问题 4）。

该算法用一个 $n \times m$ 矩阵中的元素 (i, j) 来表示状态 K_i 是否包含问题 q_j。这实际上是对空间或者生成族的编码。在一种新的空间编码情形下，重新设计一个原子的搜索方法，并非难事（比如，列出状态，然后每一个状态又是一列问题）。

表 3.1: 例 3.5.2 中矩阵 T 的初始值和最终值。

	a	b	c
$\varnothing$	—	—	—
$\{a\}$	*	—	—
$\{a,b\}$	*	*	—
$\{b,c\}$	—	*	*
$\{a,b,c\}$	*	*	*

	a	b	c
$\varnothing$	—	—	—
$\{a\}$	*	—	—
$\{a,b\}$	+	*	—
$\{b,c\}$	—	*	*
$\{a,b,c\}$	+	+	+

3.5.3 从基上生成一个空间的算法。 下面的方法受到了 Dowling(1993b) 很多的启发。但是，通过澄清一些隐含的想法，我们改进了思路并提高了效率。

设定一个基 $\mathcal{B}$，它包含 p 个状态：$\mathcal{B} = \{\mathcal{B}_1, ..., \mathcal{B}_p\}$。思路是：逐步增加基的子族，通过一个连续的过程来构造出与之对应的知识空间的状态。我们设 $\mathcal{G}_0 = \{\varnothing\}$，且对于 $i = 1, ..., p$，我们定义 $\mathcal{G}_i$ 是由 $\mathcal{G}_{i-1} \cup \{\mathcal{B}_i\}$ 生成的空间。这是一个大致的框架，但是还需要确保效率。显然，在该算法的第 i 步，通过 $\mathcal{G}_{i-1} \cup \{\mathcal{B}_i\}$ 生成的新状态都具有 $G \cup \mathcal{B}_i$ 这样的形式，其中 $G \in \mathcal{G}_{i-1}$。但是，某些 $\mathcal{G}_{i-1}$ 的状态在与 $\mathcal{B}_i$ 并之后所产生的状态可能已经存在于 $\mathcal{G}_i$ 之中。如果直接应用这一框架，需要检查一下每个新生成的状态是否以前就有了。状态个数 n 会随着 p 的增加而呈指数增长，从而使这种检查变得不可能。相应地，我们希望只有在能够产生以前没有的状态的时候（不论是当前这一步，还是更早），$G \cup \mathcal{B}_i$ 才会形成。关键点是：使从 $\mathcal{G}_{i-1}$ 中产生的所有状态 G，都分别对应一个状态 $K = G \cup \mathcal{B}_i$，我们把其中最大的那一个记作 M。因此有：$K = M \cup \mathcal{B}_i$。而且，对于 $G \in \mathcal{G}_{i-1}$，有 $K = G \cup \mathcal{B}_i$，这个意味着 $G \subseteq M$。M 的存在性和唯一性来自于 $\mathcal{G}_{i-1}$ 在并集下是闭合的。下面结论的条件 (ii) 提供了状态 M 的一个比较好操作的特征，这是这个算法的核心部分。在这个定理中，我们考虑这样一个情况：域 Q 的任何一个子集 B 被加入 Q 上知识空间 $\mathcal{G}$ 的基 $\mathcal{D}$。

3.5.4 定理。 设知识空间 $(Q, \mathcal{G})$ 的基是 $\mathcal{D}$，且 $M \in \mathcal{G}$，$B \in 2^Q$。以下两个命题等价：

(i)　$\forall G \in \mathcal{G}: M \cup B = G \cup B \implies G \subseteq M$；

(ii)　$\forall D \in \mathcal{D}: D \subseteq M \cup B \implies M$。

证明。(i) $\Longrightarrow$ (ii)。如果对于某个 $D \in \mathcal{D}$, $D \subseteq M \cup B$, 那么我们有 $M \cup B = (M \cup D) \cup B$。由于 $M \cup D \in \mathcal{G}$, 我们的假设意味着 $M \cup D \subseteq M$, 即 $D \subseteq M$。

(ii) $\Longrightarrow$ (i)。如果 $M \cup B = G \cup B$ 且 $G \in \mathcal{G}$, 那么存在一个 $\mathcal{D}$ 的子族 $\mathcal{E}$, 使得 $G = \cup \mathcal{E}$。对于 $D \in \mathcal{E}$, 根据我们的假设 $D \subseteq M$, 我们有 $D \subseteq M \cup B$。因此，我们得出：$G \subseteq M$。 $\qquad\square$

回到我们讨论的算法。我们现在有这样一种产生的方法，在主步骤 i, 只有新的元素 $G \cup B_i$: 当来自 $\mathcal{G}_{i-1}$ 的 G 满足如下条件时，该步骤才纳入这样的并集。

$$\forall D \in \{B_1, ..., B_{i-1}\}: \ D \subseteq G \cup B_i \Longrightarrow D \subseteq G \qquad (3.3)$$

我们还必须避免生成的状态 $G \cup B_i$ 属于 $\mathcal{G}_{i-1}$（也就是说，曾在以前某个主要步骤中产生过了）。为达此目的，注意到对于满足 (3.3) 的 $G \in \mathcal{G}_{i-1}$, 我们有当且仅当 $B_i \subseteq G$ 时，$G \cup B_i \in \mathcal{G}_{i-1}$。

3.5.5 算法流程。设本算法需要生成的在 Q 上的知识空间 $\mathcal{K}$ 的基是 $\mathcal{B} = \{B_1, ..., B_p\}$。$\mathcal{G}$ 的初始值是 $\varnothing$。在每一步 $i = 1, 2, ..., p$, 进行如下操作：

(1) 初始化 $\mathcal{H}$ 为 $\varnothing$。

(2) 对于每一个 $G \in \mathcal{G}$, 检查
$B_i \not\subseteq G$ 且 $\forall D \in \{B_1, ..., B_{i-1}\}: D \subseteq G \cup B_i \Longrightarrow D \subseteq G$。
如果上述条件成立，把 $G \cup B_i$ 加入到 $\mathcal{H}$ 中。

(3) 当所有来自 $\mathcal{G}$ 的 G 都检查过了，就用 $\mathcal{G} \cup \mathcal{H}$ 替换 $\mathcal{G}$（第 i 步终止）。

第 p 步以后获得的族 $\mathcal{G}$ 就是期望的空间 $\mathcal{K}$。

3.5.6 例子。对于基 $\mathcal{B} = \{\{a\}, \{a, b\}, \{b, c\}\}$, 表 3.2 示出了 $\mathcal{G}$ 值的连续变化。

3.5.7 例子。这里有另外一个例子，$\mathcal{B} = \{\{a\}, \{b, d\}, \{a, b, c\}, \{b, c, e\}\}$。表 3.3 的每一行只示出了当前主要步骤所考虑的基元素及其产生的新增状态。

表 3.2: 例 3.5.6 中 $\mathcal{G}$ 值的连续变化。

主要步骤	基元素	$\mathcal{G}$ 的状态
初始化		$\varnothing$
1	$\{a\}$	$\varnothing$, $\{a\}$
2	$\{a,b\}$	$\varnothing$, $\{a\}$, $\{a,b\}$
3	$\{b,c\}$	$\varnothing$, $\{a\}$, $\{a,b\}$, $\{b,c\}$, $\{a,b,c\}$

表 3.3: 例 3.5.7 中 $\mathcal{H}$ 值的连续变化。

基元素	$\mathcal{H}$ 的状态
初始化	$\varnothing$
$\{a\}$	$\{a\}$
$\{b,d\}$	$\{b,d\}$, $\{a,b,d\}$
$\{a,b,c\}$	$\{a,b,c\}$, $\{a,b,c,d\}$
$\{b,c,e\}$	$\{b,c,e\}$, $\{b,c,d,e\}$, $\{a,b,c,e\}$, $\{a,b,c,d,e\}$

3.5.8 注释。 a) 可以在知识空间 $\mathcal{K}$ 的任何一个生成子族 $\mathcal{F}$ 上运用算法 3.5.5 来生成这个空间（见问题 5）。如果生成子族 $\mathcal{F}$ 不是基，那么我们推荐先在 $\mathcal{F}$ 上运用算法 3.5.1 构造出 $\mathcal{F}$ 的基 $\mathcal{B}$ 来。然后对 $\mathcal{B}$ 运用算法 3.5.5 生成 $\mathcal{K}$。

b) 关于算法 3.5.5 的效率。实验表明实现该算法的计算机程序的执行时间会受到基状态（或生成状态）规模的影响。似乎没有一个最佳的方法来摸索出一个基状态的最优编码。另一方面，许多数据集都通过运行算法 3.5.5 在效率上得到了提高。在每一步 i，构造所有的 B_j 的并集 U，且 $0 < j < i$，$B_j \subset B_i$。当考虑 $G \in \mathcal{G}$ 的时候，首先检查是否满足 $U \subset G$。如果 $U \nsubseteq G$，那么可以跳过算法 3.5.5 中步骤 (2) 的验证，因为运行条件不成立。Dowling 最初的算法严重依赖这样的并集 U。该算法对于选择的顺序也比较敏感。我们修改后的算法通常会快 10% 到 30%。

c) 在理论方面，算法 3.5.5 的复杂度 [在 Garey 和 Johnson（1979）的定义下] 还不错。设一个具有 m 个问题的域 Q，它的基 $\mathcal{B}$ 包含了 p 个状态。由它生成的集合族 $\mathcal{K}$ 的势是 n，那么 n 会随着 p 的增加而指数增长。我们将用 m，p 和 n 来分析算法复杂度。算法 3.5.5 的时间复杂度是 $O(n \cdot p^2 \cdot m)$，也就是说，存在一个正实数 c，该算法在域的大小 $m \geq m_0$，基的大小 $p \geq p_0$，生成的空间大小 $n \geq n_0$ 这样的情形下运行时，所花费的步骤总是小于 $c \cdot n \cdot p^2 \cdot m$

步（见问题 12）。

3.6 基和原子：无限情形 *

在本质上是有限的知识结构中，基和原子的结论都比较明朗。如例子 3.4.3 所展示的那样，无法确保无限情形下一定有原子存在。有一种无限结构，它的基总是存在。这种情形在下文中被称作"有穷"。这一术语来自闭合空间理论（参见本章最后第 3.9 节的文献）。

3.6.1 定义。 当 $\mathcal{K}$ 的任何一个状态链的交集是一个状态时，知识结构 $\mathcal{K}$ 是 **有穷** 的。如果对于任何包含了某个问题 q 的状态 K，存在一个位于 q 的原子也被包含在 K 中，那么我们称 $\mathcal{K}$ 是 **粒状** 的。显然，任何一个本质上是有限的知识结构既是有穷的，又是粒状的。下面给出另外一个例子。

3.6.2 例子。 设 $(V, \mathcal{S})$ 是一个知识结构，V 是一个实数向量空间，$\mathcal{S}$ 是 V 所有子空间的族。那么它的对偶知识结构 $(V, \bar{\mathcal{S}})$ 是有穷且粒状的知识空间。

3.6.3 定理。 **任何一个有穷的知识结构都是粒状的。反过来不成立，即使是知识空间。**

证明。考虑包含了一个问题 q 且被包含于状态 K 的状态群集 $\mathcal{F}$，用包含关系来排序。根据 Hausdorff 的最大准则，$\mathcal{F}$ 应该至少包含一个最大的链 $\mathcal{C}$（参见 1.6.10）。如果知识结构是有穷的，那么 $\cap \mathcal{C}$ 是一个状态且是位于 q 的原子。例 3.6.5 印证了第二个命题。 □

作为中间结果，我们有：

3.6.4 推论。 **一个有穷的知识结构 $\mathcal{K}$ 的所有原子的族 $\mathcal{A}$ 生成的空间必然包含 $\mathcal{K}$。**

下一个例子印证了一个粒度的知识空间不是有穷的。

3.6.5 例子。 考虑 $[0, 2]$ 的如下子集：

$$\{0\} \cup \left[\frac{1}{k}, \frac{2}{k}\right], k \in \mathbb{N}$$

由于这些子集互相之间都不包括彼此，它们的群集组成了一个粒度知识空间 $\mathcal{K}$ 的基 $\mathcal{B}$（在这种情形下，基里的任何一个状态都是一个原子，该原子位于它所包含的每一个问题）。另一方面，$\mathcal{K}$ 不是有穷的。因为 $[0, \frac{2}{k}] = \{0\} \cup (\bigcup_{j=k}^{\infty} [\frac{1}{j}, \frac{2}{j}])$，区间 $[0, \frac{2}{k}]$ 组成的群集，$k \in \mathbb{N}$，组成了 $\mathcal{K}$ 的一个链，交集 $\{0\}$ 不在 $\mathcal{K}$ 中。

与定理 3.6.3 一起，下面的结论证明了任何有穷的知识空间都有一个基。

3.6.6 定理。任何一个粒状的知识空间都有基。

证明。设粒状的知识空间 $(Q, \mathcal{K})$ 的所有原子的群集是 $\mathcal{B}$。根据定义 3.6.1，$\mathcal{K}$ 中任何一个知识状态都是它所包含的所有原子的并。因此，族 $\mathcal{B}$ 生成了 $\mathcal{K}$，而且根据其属性，其显然是最小的。 □

知识空间可能有基，但不是粒状。这种情况出现在例子 3.4.9 中：没有位于 0 的原子。

我们现在从知识空间原子的角度出发，研究交集下闭合的条件。

3.6.7 定理。一个在交集下闭合的知识空间 $\mathcal{K}$，在每个问题 q 上恰有一个原子，由 $\cap \mathcal{K}_q$ 决定。另外，如果一个粒状的知识空间 $\mathcal{K}$ 在每个问题 q 上恰有一个原子，那么它必然在交集下闭合。

证明。第一句的推断是显而易见的。假设知识空间 $\mathcal{K}$ 在每个问题 q 上恰有一个原子，并设 $\mathcal{K}$ 的子族是 $\mathcal{F}$。如果 $\cap \mathcal{F} = \varnothing$，那么 $\cap \mathcal{F}$ 就是一个状态。否则，任取 $q \in \cap \mathcal{F}$，并令 $K(q)$ 是位于 q 的唯一原子。对于任何 $K \in \mathcal{F}$，我们一定有 $K(q) \subseteq K$，因为根据粒度，存在一个位于 q 的原子，被 K 包含。因此，$K(q) \subseteq \cap \mathcal{F}$，又 $\mathcal{K}$ 是一个知识空间，我们有 $\cap \mathcal{F} = \bigcup_{q \in \cap \mathcal{F}} K(q) \in \mathcal{K}$。□

下面的例子表明粒度假设不能从定理 3.6.7 中的第二个命题中删除。

3.6.8 例子。选取 $\mathbb{R}$ 上的知识空间 $\mathcal{K}$，其基是

$$\left\{ \left[0, \frac{1}{n}\right] \mid n \in \mathbb{N} \right\} \cup \{] - \infty, 0], \mathbb{R} \}$$

那么，对于每一个 $r \in \mathbb{R}$，存在一个位于 r 的唯一原子。然而，状态的交集 $]-\infty, 0] \cap [0, 1] = \{0\}$ 不属于 $\mathcal{K}$。

3.6.9 推论。 当且仅当每个问题上恰有一个原子时，粒状的知识空间 $\mathcal{K}$ 在交集下闭合。

下一节将对交集下闭合的知识空间进行系统的研究。

3.7 推测关系

本书中一个重要部分就是在知识结构的框架下分析学习域 Q 材料的可行性。这很自然地促使我们研究某个问题的"前身"这一概念。直觉上，问题 r 是问题 q 的前身，意指出于逻辑或者历史的原因，r 不可能在 q 之后掌握。下面的定义将上述直觉进行了规范化，即：某个问题 q 的"前身"是那些被包含在 **所有** 囊括了 q 的状态中的问题。

3.7.1 定义。 设 $(Q, \mathcal{K})$ 是一个知识结构，设 Q 上的关系 $\precsim$ 由下式定义。

$$\precsim \Longleftrightarrow r \in \cap \mathcal{K}_q \tag{3.4}$$

关系 $\precsim$ 被称作推测关系，有时被称作知识结构的 **位次** 关系（两种术语的使用见第 3.7.3 注释中的讨论）。当 $r \precsim q$ 成立时，我们说 r 是可以从 q 推测出来的，或者 r **先于** q。如果 $q \precsim r$ 不成立，那么我们记 $r \prec q$，并说 r **严格先于** q。

注意以下等价式：

$$r \precsim q \Longleftrightarrow \mathcal{K}_r \supseteq \mathcal{K}_q \tag{3.5}$$

在域内，对于任何一个知识结构 $\mathcal{K}$ 和任何问题 q、r，上式都成立。我们把证明的过程留给读者（参见问题 6）。等价式 (3.5) 会立即得出如下结论。

3.7.2 定理。 知识结构的推测关系是一个拟序关系。当知识结构具有鉴别力时，拟序关系是一个偏序关系。

为了避免赘述，我们有时会用到知识结构 $\mathcal{K}$ 的哈森图，来指代具有鉴别力的还原 $\mathcal{K}^* = \{K^* | K \in \mathcal{K}\}$ 的推测关系的哈森图（参见 2.1.4）。

3.7.3 注释。 关于关系 $\precsim$ 需要说两点。一点是推论：如果 $r \precsim q$，那么掌握 r 可以从 q 中推测出来。另一点是学习：$r \precsim q$ 意味着 r 总是要先于或者与 q

同时掌握，要么是出于逻辑，要么是出于大众的习惯。例如，考虑如下两个欧洲历史中的问题：

问题q：　**二战前谁是英国首相？**
问题r：　**二战时谁是英国首相？**

现在，任何人都知道问题 q 的答案是"内维尔·张伯伦"，还知道他的下一任是温斯顿·丘吉尔。在我们的术语中，这意味着任何包含 q 的状态也包含 r，即 $r \precsim q$。显然，在这样的依赖关系中，逻辑并不起作用。它只依赖于状态群集的结构，是当前所考虑的众人的一般反映[50]。在许多情形里，特别是数学或者科学，公式 $r \precsim q$ 意味着：在逻辑上，r 必须先于或者与 q 同时掌握。

在第 5 章中，我们会讨论推测关系这一概念的推广，并将如下自然想法规范化：为了让学生掌握 q，结构中的任一问题 q 都与可能的学习背景（也就是问题集）联系在一起。

我们举例来说明推测关系。

3.7.4 例子。考虑知识结构

$$\mathcal{G} = \{\varnothing, \{a\}, \{b\}, \{a,b\}, \{b,c\}, \{a,b,c\}, \{b,c,e\},$$
$$\{a,b,c,e\}, \{a,b,c,d\}, \{a,b,c,d,e\}\}. \tag{3.6}$$

容易证明 $\mathcal{G}$ 是一个具有鉴别力的知识空间（参见 2.1.4 和 2.2.2）。因此 $\mathcal{G}$ 的推测关系 $\precsim$ 是拟序关系。图 3.1 给出了 $\precsim$ 的哈森图。我们把从知识结构 $\mathcal{G}$ 中构造出 $\precsim$ 的细节留给读者去完成。

在上例中，注意到

$$c \in \{a,b,c,d\} \cap \{a,b,c,d,e\} = \cap \mathcal{G}_d$$

而且

$$c \precsim d$$

另一方面，$a \notin \{b,c,e\}$。因此 $a \notin \mathcal{G}_e$，于是有 $\neg(a \precsim e)$：在哈森图中，没有从 e 到 a 的虚线。

---

[50] 在这样的人群中，很有可能找到这样的人：知道问题 q 的答案却不知道问题 r 的答案；也就是说，这种可能性被忽略了。

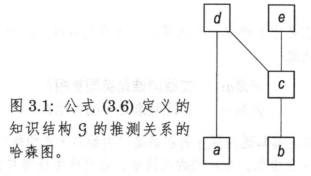

图 3.1: 公式 (3.6) 定义的知识结构 $\mathcal{G}$ 的推测关系的哈森图。

推测关系是知识结构所包含信息的简化表达，尤其是域有限且元素数目少的时候。应该可以从推测关系中恢复知识结构，但是，可能还缺乏一些信息：不同的知识结构可能具有相同的推测关系。

例如，知识结构 $\mathcal{G}' = \mathcal{G} \setminus \{\{b, c\}\}$ 具有和 $\mathcal{G}$ 相同的推测关系。这就带来一个问题：什么时候知识结构可以由它的推测关系完全描述？一个众所周知的结论是 Birkhoff（1937），下一节的定理 3.8.3 回答了这一问题。

3.8 拟序空间

3.8.1 定义。 交集下闭合的知识空间称之为 **拟序空间** 。以此来命名的主要原因是在这种情形下，知识结构的特征是拟序关系，或者说推测关系（见定理 3.8.3）。一个具有鉴别力的拟序空间是一个 **(偏) 序空间** 。这种空间的推测关系就是一个偏序空间。很明显，拟序空间是有穷的（见定义 3.6.1）。

3.8.2 定理。 设 $\mathcal{K}$ 和 $\mathcal{K}'$ 是同一个域 Q 上的两个拟序空间。那么

$$(\forall q, s \in Q : \mathcal{K}_q \subseteq \mathcal{K}_s \Longleftrightarrow \mathcal{K}'_q \subseteq \mathcal{K}'_s) \Longleftrightarrow \mathcal{K} = \mathcal{K}' \tag{3.7}$$

证明。从右到左的证明是平凡的。为了证明从左到右的命题，假设 $K \in \mathcal{K}$。对于某状态 $K' \in \mathcal{K}'$，我们有

$$K \subseteq \bigcup_{q \in K} (\cap \mathcal{K}'_q) = K' \tag{3.8}$$

我们证明，事实上，$K = K'$。选取任一 $s \in K'$。一定存在某个 $q \in K$，满足 $s \in \cap \mathcal{K}'_q$。因此，$\mathcal{K}'_q \subseteq \mathcal{K}'_s$，根据 (3.7) 的左边，这意味着 $\mathcal{K}_q \subseteq \mathcal{K}_s$。我们有 $s \in \cap \mathcal{K}_q$，随之有 $s \in K$。这就得出 $K' \subseteq K$，且根据 (3.8)，$K = K'$。我们得出 $\mathcal{K} \subseteq \mathcal{K}'$，根据对称性，$\mathcal{K} = \mathcal{K}'$。 □

3.8.3 定理。(Birkhoff, 1937) 在域 Q 上所有拟序空间 $\mathcal{K}$ 的群集与所有拟序 Ω 的群集之间存在一个一一对应的关系。这种对应由下面两个等价式决定。

$$p\Omega q \Longleftrightarrow (\forall K \in \mathcal{K} : q \in K \Longrightarrow p \in K) \tag{3.9}$$

$$K \in \mathcal{K} \Longleftrightarrow (\forall (p,q) \in \Omega : q \in K \Longrightarrow p \in K) \tag{3.10}$$

在这种对应关系下，序空间被映射到偏序上。

注意到等价式 (3.9) 可以写得更加紧凑：

$$p\Omega q \Longleftrightarrow \mathcal{K}_p \supseteq \mathcal{K}_q \tag{3.11}$$

因此，根据 (3.5)，在知识空间 $\mathcal{K}$ 上由 (3.11) 定义的拟序 Ω，就是 $\mathcal{K}$ 的推测关系。

证明。等价式 (3.9) 显然定义了一个 Q 上的拟序（参见定理 3.7.2）。反过来，对于任何一个 Q 上的拟序 Ω，等价式 (3.10) 定义了一个 Q 上的子集族 $\mathcal{K}$。我们研究该族的有关性质。首先，由于对任何 $(p,q) \in \Omega$，逻辑表达式 $q \in \varnothing \Longrightarrow p \in \varnothing$ 是显然成立的，所以族 $\mathcal{K}$ 一定包括了 Q 和 $\varnothing$。因此，$\mathcal{K}$ 是一个知识空间。我们再证明 $\mathcal{K}$ 在交集下是闭合的。任取 $K, K' \in \mathcal{K}$，假设 $p\Omega q$，且 $q \in K \cap K'$。我们知道 $q \in K$，$q \in K'$，根据 (3.10)，$p \in K$，$p \in K'$，随之有 $p \in K \cap K'$。因此，$K \cap K' \in \mathcal{K}$。类似地，任何 $\mathcal{K}$ 的子族的交集也属于 $\mathcal{K}$。同理可证 $\mathcal{K}$ 在并集下也是闭合的。

现在还需要证明等式 (3.9) 和 (3.10) 定义了一个双射。我们用 $\mathfrak{K}^{so}$ 表示域 Q 上所有拟序空间 $\mathcal{K}$ 的群集，用 $\mathfrak{R}^o$ 表示域 Q 上所有拟序 Ω 的群集。如果下面两个分别由 (3.9) 和 (3.10) 的映射是互逆的，那么结论就成立。

$$f : \mathfrak{K}^{so} \to \mathfrak{R}^o : \mathcal{K} \mapsto f(\mathcal{K}) = \Omega$$

$$g : \mathfrak{R}^o \to \mathfrak{K}^{so} : \Omega \mapsto g(\Omega) = \mathcal{K}$$

根据等价式 (3.11) 和定理 3.8.2，f 是一个单射。设 Ω 是 Q 上的任一拟序，且 $\mathcal{K} = g(\Omega)$，$f(\mathcal{K}) = \Omega'$。依据式 (3.10)，$p\Omega q$ 表示对于所有的 $K \in \mathcal{K}, q \in K \Longrightarrow p \in K$，根据式 (3.9)，随之有 $p\Omega' q$。

更重要的是，如果 $p\Omega' q$，我们设 $K = \{x \in Q | x\Omega q\}$：既然 $K \in \mathcal{K}$ 且 $q \in K$，我们有 $p \in K$，所以 $p\Omega q$。因此，$\Omega = \Omega'$。那么，任一拟序 Ω 都在函数 f 的范围内。我们从而得出 f 和 g 是互逆函数的结论。

关于序空间的最后一个命题是显而易见成立的。   □

3.8.4 定义。 关于定理 3.8.3 中描述的对应关系，我们说拟序空间 $g(\Omega)$ 是从拟序 Ω 中派生的。类似地，我们说拟序 $f(\mathcal{K})$ 是从拟序知识结构 $\mathcal{K}$ 上派生的。

在后面引用时，我们认为可以用等价式 (3.10) 从任一关系 Q 中派生出一个知识空间。下面一个定理的证明作为问题 7 留下。

3.8.5 定理。设 Ω 是域 Q 上的任何一个关系，根据下面的等价式定义了一个 Q 子集的群集 $\mathcal{K}$：

$$K \in \mathcal{K} \Longleftrightarrow (\forall (p,q) \in \Omega : q \in K \Longrightarrow p \in K) \tag{3.10}$$

那么，$\mathcal{K}$ 是 Q 上的一个拟序知识空间。

3.8.6 定义。 根据定理 3.8.5，我们说拟序空间 $\mathcal{K}$ 是从关系 Ω 中派生的。

我们将下面定理的证明作为问题 15 留下。

3.8.7 定理。任何一个有限的序空间都是一个学习空间。

3.9 渊源与相关工作

我们早期的绝大多数文献（Doignon and Falmagne, 1985）只局限在有限情形下。第 1.7 节提到了其他相关文献。本章提出的无限情形下的结论，曾经在 Doignon 和 Falmagne（1999）中出现过。例如，那些粒状知识结构的有关概念。但是，请注意：在 Van de Vel（1993）的意义下，粒状知识空间只是"凸结构"的对偶。

Dowling（1993b）的一篇文章包含两个算法。一个构建有限知识空间的基；另一个产生有限集合族生成的空间。对于第二个任务，我们在第 3.5.5 节中提出了另外一个本质上相似但更容易掌握的算法。平均而言，效率也较高。还有一个不同的算法，出自 Ganter（1984，1987，参见 Ganter 和 Wille，1996）。该算法是在"格"这个概念的框架下提出的，也能用于完成第二个任务。它理论上的效率也比较高，但是可以不必存储以前产生的状态。

在我们的术语中，Birkhoff 的定理[51]与拟序空间有关。第 5 章介绍了知识空间一个变种的一般情况。我们在例 3.3.2 中介绍了交集下闭合的集合族的几个数学例子。一个闭合空间（定义 3.3.1）也常被称作一个"凸空间"。

---

[51] 我们的定理 3.8.3。

前面那个术语曾被 Birkhoff（1967）和 Buekenhout（1967）使用过，后面那个术语曾被 Sierksma（1981）使用过。Birkhoff（1967）还把交集下闭合的子集族称作"摩尔族"。Van de Vel（1993）的杰作是关于"凸结构"的（也被 Jamison-Waldner 称作"排列空间"，1982）。这些结构对于有穷知识空间（参见定义 3.6.1）来说，都是对偶的。"有穷"被用来修饰这样的闭合空间 [Buekenhout（1967）称之为"空间有限的封闭"]。它来自于如下结论（常被视为"有穷闭合空间的定义"）：**当且仅当 Q 的任一子集 A 的闭包是 A 的有穷子集所有闭包的并时，闭合空间 $(Q, \mathcal{L})$ 是有穷的**（见问题 13）。第 8 章将闭包概念扩展到拟序的一般情况。

问题

1. 例子 2.1.3 的知识结构 $\mathcal{H}$ 的对偶有多少个状态？举出一些。

2. 证明例子 3.3.3 中状态群集 $\mathcal{L}$ 在交集下闭合。解释该结论与定理 3.2.1 的关系。

3. 如果 $\mathcal{R}$ 是一个 2^Q 上的关系，那么定理 3.2.1 还成立吗？如果你的回答是否定的，请举一个反例。

4. 说明当给定一个生成族而不是空间本身时，算法 3.5.1 依旧能够正确地生成空间。

5. 说明当给定一个生成族而不是空间本身时，算法 3.5.5 依旧能够正确地生成空间。

6. 证明定义 3.7.1 中的公式 (3.5)。

7. 证明定理 3.8.5。

8. 如果一个知识空间是有序的（或者拟序），那么它的任何一个投影和子空间也是有序的（或者拟序）吗？

9. 假设一个知识空间 $\mathcal{K}$ 的所有投影都是空间（或者具有鉴别力的结构、闭合空间），那么 $\mathcal{K}$ 自身就一定是空间（或者具有鉴别力的结构、闭合空间）吗？

10. 对于知识结构的下列属性，检查以下其对偶结构是否也具有相同的属性：

    (a) 是一个空间；

    (b) 是一个拟序；

    (c) 是一个序。

11. 证明定理 3.3.4 中的 (i)、(ii) 和 (iii)。证明命题中提到的对应关系是一一对应。

12. 证明注释 3.5.8 中算法 3.5.5 的运行时间 (c)。

13. (**有穷闭合空间**)。如定义 3.3.1 和 3.3.5 那样，设 $(Q, \mathcal{L})$ 是一个闭合空间，A' 是 Q 的子集 A 的闭包。与定义 3.6.1 形成对偶的是，我们说 $(Q, \mathcal{L})$ 是 $\cap$- **有穷** 的，如果它满足以下条件：对于任一 $p \in Q$ 且 $A \subseteq Q$，我们有 $p \in A'$，当且仅当对于某个 **有限** 的 A 的子集 F，$p \in F'$。反过来也成立，但是证明起来会更难（参见例子 Cohn,1965；Van de Vel, 1993）。

14. (**可行的符号**) 并非任何一个符号集（或者字母表）都适合通信。在构造可接受的符号集 S 时，需要考虑冲突。一方面，S 中的任何一个符号，原则上，都应该方便识别。这意味着这些符号能与某个更大的集合中的符号区别开来。另一方面，这些符号之间也应该能鉴别（见 Jameson, 1992）。例如，下面的集合看上去可以，但实际上不能作为一个合适的符号集，尽管它的两个子集 $\{\spadesuit, \heartsuit, \diamondsuit, \clubsuit\}$ 和 $\{0, 1, ..., 9\}$ 都很合适。

$$\{\spadesuit, \heartsuit, \diamondsuit, \clubsuit, 0, 1, ..., 9\} \tag{3.12}$$

从规范的角度来看，这种情况与例 3.3.3 相似。考虑符号集 C 形成了一个对话世界。也就是说，只有集合 C 里的符号才可以考虑 [式 (3.12) 里的集合就是这种集合 S 的一个例子]。很明显，C 的若干子集可以成为可接受的符号。以例 3.3.3 的形式讨论这个例子（试着运用定理 3.2.1）。

15. 证明定理 3.8.7。

4 级配良好的知识结构

定义 2.2.2 中介绍的级配性是定义了学习空间（参见第 2.2 节）的两条公设 [L1] 和 [L2] 所蕴含的重要性质。正如定理 2.2.4 所述，任何一个级配良好的知识空间事实上都是学习空间，反之亦然。本章中，我们专门研究级配性。我们定义一些新概念，得到一些重要的结论，然后介绍一些与教育截然不同的应用。本章的结论将应用于本书的其他章节。例如，第 9 和第 12 章里学习理论的组合骨架，还有第 13 和第 14 章介绍的一些评估过程。为了避免赘述，我们只考虑可识别的结构。

4.1 学习路径、层次和边界

一个人的知识状态会随着时间而改变。例如，下面的学习策略是合理的。一个初学者的状态为空，什么都不知道。然后，掌握了一个或多个问题；接着，学会了另一组，等等；最终掌握了知识结构的全部内容。当然，还会有许多学习序列。还有可能出现遗忘。更一般地，有很多途径去遍历一个知识结构，从一个状态到另一个与之非常接近的状态这样一步步地演化，而且这种演化背后的原因也非常多。

4.1.1 定义。 一个知识结构 $(Q, \mathcal{K})$（有限或者无限）的**学习路径**是偏序集 $(\mathcal{K}, \subseteq)$ 中一个最大的链 $\mathcal{C}$。根据 **1.6.10** 中关于"链"的定义，我们有：对于所有的 $C, C' \in \mathcal{C}$，$C \subseteq C'$ 或者 $C' \subseteq C$。称链 $\mathcal{C}$ 最大是指，对于某个状态链 $\mathcal{C}'$，只要 $\mathcal{C} \subseteq \mathcal{C}'$，都有 $\mathcal{C} = \mathcal{C}'$。因此，一个最大链必然包含 $\varnothing$ 和 Q。

在某些情况下，学生会一次掌握一个问题。例如，当有限域 Q 包含 m 个元素时，一条学习路径的形式可能是这样：

$$\varnothing \subset \{q_1\} \subset \{q_1, q_2\} \subset ... \subset \{q_1, q_2, ..., q_m\} = Q \tag{4.1}$$

以此来表示域 Q 中元素的某个特定顺序：$q_1, q_2, ..., q_m$。我们称这样一条学习路径是一个"层次"（参见定义 4.1.3）。注意到表达式 (4.1) 只有当一个知识结构是可识别的时候才存在。对于任何两个问题，式 (4.1) 中表示的层次中必须有一个状态包含其中一个，而不包含另一个。因此，这两个问题是不能在信息上完全等价的（参见定义 2.1.5）。这意味着每一个记号只包含一个单一的问题。也就是说，该知识结构是可识别的。另一方面，一个可识别的结构中的学习路径不一定是有层次的。事实上，某些可识别的结构没有层次。

4.1.2 例子。 设域 Q 包含的元素多于两个。设 $\mathcal{F}$ 是包含 $\varnothing$ 和 Q 的族，所有 Q 的子集都恰包含两个元素。那么，$\mathcal{F}$ 是一个可识别的知识结构，而所有的学习路径的形式都是：$\varnothing \subset \{q,r\} \subset Q$，且 $q \neq r$。

我们介绍本章的基本工具。

4.1.3 定义。 设 $(Q, \mathcal{K})$ 是一个有限的知识结构。当任何一个 $K \in \mathcal{C}\backslash\{Q\}$，存在一个 $q \in Q\backslash K$，使得 $K \cup \{q\} \in \mathcal{C}$ 时（或者等价地：当任何一个 $K \in \mathcal{C}\backslash\{\varnothing\}$，存在一个 $q \in K$，使得 $K\backslash\{q\} \in \mathcal{C}$），则称 $\mathcal{K}$ 中的一条学习路径 $\mathcal{C}$ 是一个层次。

回顾（见第 1.6.12 节）d 是集合间的经典距离：$d(K, L) = |K \triangle L|$。我们从第 2.2.2 节知道两个状态 K 和 L 之间的紧路径是序列：

$$K_0 = K, K_1, ..., K_n = L \tag{4.2}$$

且满足

$$d(K_i, K_{i+1}) = 1 \quad (0 \leq i \leq n-1) \tag{4.3}$$

和

$$d(K, L) = n \tag{4.4}$$

如果满足 (4.3) 但不一定满足 (4.4)，那么称序列 (4.2) 是一个逐步路径。

如果任意两个（不同的）状态之间存在一条逐步路径，我们称 $(Q, \mathcal{K})$ 是 **1- 连通的**。注意到在第 2.2.2 节中，如果任何两个状态之间存在一个紧路径，那么 $(Q, \mathcal{K})$ 是级配良好的。

即使对于一个可识别的空间，1-连通性与级配性并不等价。

4.1.4 例子。 设 $\mathcal{K}$ 是一个知识空间，基是

$$\{\{c\}, \{a,b\}, \{b,c\}, \{c,d\}, \{d,e\}\}$$

由于从任何一个状态到 $\cup \mathcal{K} = \{a,b,c,d,e\}$ 都存在一个逐步路径，所以空间 $\mathcal{K}$ 是 1-连通的。然而，它并不是级配良好的：两个状态 $\{a,b\}$ 和 $\{d,e\}$ 之间没有紧路径。

定理 4.1.7 是本章的主要结论，它体现了级配良好的知识结构的许多特征。它的提出还需要一些其他概念的铺垫，为此，我们将通过下面的例子来阐述。

4.1.5 例子。 考虑知识结构

$$\mathcal{H} = \{\varnothing, \{b\}, \{e\}, \{d,e\}, \{a,b,c\}, \{a,c,d\}, \{a,b,c,d\}, U\}$$

且它的域是 $U = \{a,b,c,d,e\}$。恰有三个状态与状态 $\{a,b,c,d\}$ 的距离是 **1**；它们是：

$$
\begin{aligned}
\{a,c,d\} &= \{a,b,c,d\}\backslash\{b\}, \\
\{a,b,c\} &= \{a,b,c,d\}\backslash\{d\}, \\
U &= \{a,b,c,d\} \cup \{e\}.
\end{aligned}
$$

前面两个状态是从状态 $\{a,b,c,d\}$ 中移出元素 b 或者 d 得到的。我们称集合 $\{b,d\}$ 形成了状态 $\{a,b,c,d\}$ 的 "内部边界"。类似地，状态 U 是把元素 e 加入 $\{a,b,c,d\}$ 中得到的。我们称集合 $\{e\}$ 形成了状态 $\{a,b,c,d\}$ 的外部边界。

4.1.6 定义。 可识别的状态结构 $(Q, \mathcal{K})$ 中状态 K 的 **内部边界** 是元素的子集

$$K^{\eth} = \{q \in K | K\backslash\{q\} \in \mathcal{K}\}$$

上述可识别的状态结构中状态 K 的 **外部边界** 是子集

$$K^{\mathcal{O}} = \{q \in Q\backslash K | K \cup \{q\} \in \mathcal{K}\}$$

K 的 **边界** 就是内部和外部边界的并

$$K^{\mathcal{F}} = K^{\eth} \cup K^{\mathcal{O}}$$

设 $\mathcal{N}(K,h)$ 是所有与 K 的距离在 h 以内的状态，则

$$\mathcal{N}(K,h) = \{L \in \mathcal{K} | d(K,L) \leq h\} \tag{4.5}$$

那么我们有 $K^{\mathcal{F}} = (\cup \mathcal{N}(K,1))\backslash(\cap \mathcal{N}(K,1))$（参见问题 14）。据此，我们称 $\mathcal{N}(K,h)$ 是 K 的 **h-邻居**，或者有时也称作球心在状态 K 的半径为 h 的球[52]。

---

[52] 显然，在不可识别结构的情形下，这些概念需要重新定义。

4.1.7 定理。对于被称作状态的有限集合的任一族 $\mathcal{K}$，下面五个命题等价：

(i) $\mathcal{K}$ 是级配良好的；

(ii) 对于任何两个状态 K 和 L，存在一个逐步路径 $K = K_0, K_1, ..., K_n = L$ 满足

$$K_j \cap L \subseteq K_{j+1} \subseteq K_j \cup L \quad (0 \le j \le n-1) \tag{4.6}$$

(iii) 任何两个不同的状态 K 和 L，我们有：

$$(K \triangle L) \cap K_{\mathcal{F}} \ne \varnothing \tag{4.7}$$

(iv) $\mathcal{K}$ 中任何两个状态 K 和 L，如果满足 $K^\partial \subseteq L$ 和 $K^\mathcal{O} \subseteq \overline{L}$，那么它们是相同的两个状态；

(v) $\mathcal{K}$ 中任何两个状态 K 和 L，如果满足 $K^\partial \subseteq L$ 和 $K^\mathcal{O} \subseteq \overline{L}$，$L^\partial \subseteq K$，$L^\mathcal{O} \subseteq \overline{K}$，那么它们是相同的两个状态。

注意：上述结论也适用于不可数的族，例如，$\mathbb{R}$ 的所有有限子集的族。

证明。我们证明 (i) $\Rightarrow$ (ii) $\Rightarrow$ (iii) $\Rightarrow$ (iv) $\Rightarrow$ (v) $\Rightarrow$ (i)。

(i) $\Rightarrow$ (ii)。选取任意两个 K 和 L，且 $d(K, L) = h$。根据第 2.2.2 节级配性的定义，存在一条从 K 到 L 的紧路径。任何一条紧路径都显然是一个逐步路径。我们把证明任一连接 K 和 L 的紧路径满足 (4.6) 中两个包含属性的任务留给读者（问题 5）。

(ii) $\Rightarrow$ (iii)。选取任意两个 $K \le L$，且设 $(K_j)_{0 \le j \le n}$ 是命题 (ii) 中陈述的一条逐步路径。那么 K 和 K_1 只差一个元素 q，我们还有 $K \cap L \subseteq K_1 \subseteq K \cup L$。$q$ 要么属于 K，要么属于 L，但不能都属于。因此，q 属于 $(K \triangle L) \cap K^{\mathcal{F}}$。

(iii) $\Rightarrow$ (iv)。我们用反证法。假设 K 和 L 是满足 $K^\partial \subseteq L$ 和 $K^\mathcal{O} \subseteq \overline{L}$ 的两个不同状态。选取任一 $q \in (K \triangle L) \cap K^{\mathcal{F}}$。如果 $q \in K$，那么 $q \in K^\partial \subseteq L$，与 $q \in K \triangle L$ 矛盾。因此 $q \notin K$，但是 $q \in L \cap K^\mathcal{O}$，且可以得到 $q \in L$ 和 $q \in K^\mathcal{O} \subseteq \overline{L}$，还是矛盾。

(iv) $\Rightarrow$ (v)。这是显然的。

(v) $\Rightarrow$ (i)。设 K 和 L 是满足 $d(K, L) = h > 0$ 的 $\mathcal{K}$ 中的两个不同状态。我们构造一个紧路径 $(K_j)_{0 \le j \le h}$，且 $K = K_0$，$K_n = L$。由于 $K \ne L$，命题 (v) 意味着：

$$(K^\partial \not\subseteq L) \text{ 或 } (K^\mathcal{O} \not\subseteq \overline{L}) \text{ 或 } (L^\partial \not\subseteq K) \text{ 或 } (L^\mathcal{O} \not\subseteq \overline{K})$$

所以，一定存在某个元素 q 满足：

$$q \in (K^\partial \backslash L) \cup (K^\mathcal{O} \cap L) \cup (L^\partial \backslash K) \cup (L^\mathcal{O} \cap K)$$

如果 $q \in K^{\partial} \backslash L$，我们设 $K_1 = K \backslash \{q\}$。在另外三个情形里，我们设 $K_1 = K \cup \{q\}$ 或者 $K_{h-1} = L \backslash \{q\}$ 或者 $K_{h-1} = L \cup \{q\}$。我们有或者 $d(K_1, L) = h - 1$（在前两种情况下），或者 $d(K, K_{h-1}) = h - 1$（在后两种情况下）。可以用归纳法证明。 □

4.1.8 注释。a) 定理 4.1.7 的命题 (i) 和 (iv) 的等价性，在教育方面有着重要的应用。该结论告诉我们，在一个级配良好的知识结构 $\mathcal{K}$ 中，在下式所表达的意义下，一个状态完全由它的两个边界唯一确定。

$$\forall K, L \in \mathcal{K} : (K^{\partial} = L^{\partial} \text{ 且 } K^{\mathcal{O}} = L^{\mathcal{O}}) \Longleftrightarrow K = L. \tag{4.8}$$

在实际应用中，以采用了学习空间理论的教育软件 **ALEKS** 为例。根据定理 2.2.4，学习空间是级配良好的，所以等价式 (4.8) 就可以应用在其中。该等价式意味着，在评估结束时，学生的知识状态可以精确地用两个非常短的清单来表示：一个上面是学生状态的内部边界的全部问题，另一个则全是外部边界的问题。这种表示方法的重要性并不仅仅在于十分简便。上述两个边界对于学生和教师来说也具有教学方法论方面的含义。内部边界标志着学生状态的高点。它们是学生只是最近才掌握的问题，这种掌握可能是不牢固的。外部边界则更有用：它包含着学生准备学习的问题。外部边界是后续学习的窗口。

b) 关于定理 4.1.7(ii) 中的逐步路径 $(K_j)_{0 \le j \le h}$，我们强调 K_{i+1} 或者是从 K_i 中拿走一个属于 $K_i \backslash L$ 的元素而得来的，或者是向 K_i 中加入一个属于 $L \backslash K_i$ 的元素而得来的。

c) 即使一个知识结构里所有的学习路径都是有层次的，也不一定就是级配良好的。例如，考虑如下知识结构。

$$\{\varnothing, \{a\}, \{c\}, \{a, b\}, \{b, c\}, \{a, b, d\}, \{b, c, d\}, \{a, b, c, d\}\}.$$

该结构有两条学习路径，都是有层次的，但是并不是级配良好的：两个状态 $\{a, b\}$ 和 $\{b, c\}$ 具有相同的内部边界 b 和外部边界 d，但是这两个状态并不相同，与定理 4.1.7 的命题 (iv) 和等价式 (4.8) 矛盾。而且，这两个状态之间并没有紧路径相连。事实上，我们有：

$$(\{a, b\} \bigtriangleup \{b, c\}) \cap \{a, b\}^{\mathcal{F}} = \{a, c\} \cap \{b, d\} = \varnothing.$$

我们阐述从定理 4.1.7 推出的一个引论，以此说明第 2.2.1 节中公设 [L1] 的含义。

4.1.9 定理。 对于任一个知识空间 $(Q, \mathcal{K})$，下面三个命题等价：

      (i)$(Q, \mathcal{K})$是级配良好的；

      (ii)$(Q, \mathcal{K})$是有限的且所有的学习路径都有层次；

      (iii)公设$[L1]$成立。

证明。(i)$\Rightarrow$(ii)。注意到任何一个级配良好的知识结构必须是有限的（参见第 2.2.2 节）。设 $\mathcal{C}$ 是任一条学习路径，在 $\mathcal{C}\,\{Q\}$ 中任取一 K。用 L 表示在 $\mathcal{C}$ 中紧随 K 之后的那个状态。根据定理 4.1.7，(ii)$\Rightarrow$(iii)，存在某个 q 属于 $(K \triangle L) \cap K^{\mathcal{J}}$。因此，$K + \{q\}$ 是一个被 L 包含的状态。由于 $\mathcal{C}$ 是最大的，我们就有 $K + \{q\} = L \in \mathcal{C}$。这表示 $\mathcal{C}$ 是一个层次。

(ii)$\Rightarrow$(iii)。我们把这个部分的证明作为问题 6 留给读者。

(iii)$\Rightarrow$(i)。这个从推论 2.2.3 中可以得出。   □

第 11 章介绍了有限、可识别的、级配良好的知识空间的其他两个特征（定理 11.5.3 和 11.5.4）。

4.1.10 定理。 任何一个有限序空间 $(Q, \mathcal{K})$ 都是级配良好的。

在定理 4.3.5 中，我们把这一结论推广到所有序空间（对于第 4.3.3 节中定义的无限结构，建立在 "∞-级配良好" 的概念上）。

证明。根据定理 2.2.4，我们只需证明公设 **[MA]** 成立，也就是说，任何一个状态 K 包含一个元素 q，使得 $K \backslash \{q\} \in \mathcal{K}$。对于从 $\mathcal{K}$ 中派生出的偏序关系，它满足 q 是 K 中最大的一个元素。显然，$K \backslash \{q\}$ 也是一个状态。   □

4.2   一个级配良好的关系族：双序 *

序关系理论中有一个关于级配良好结构的有趣例子：名字叫 "双序"。事实上，一些有名的关系族——被认为是关于对的集合——可以在定义 2.2.2 的意义上呈现出级配良好的特征。我们干脆在这一节里把本书的主要领域放在一边，谈谈序关系理论在其他方面的应用。我们只讨论有限结构的情况。

4.2.1 定义。 设 X 和 Y 是两个简单有限的、非空的集合，且 Y 不一定与 X 毫无交集。依照 1.6.1 节的惯例，我们把二元组 $(x, y) \in X \times Y$ 缩写成 xy。如果对于所有的 $x, x' \in X$ 和 $y, y' \in Y$，我们有

    [BO] $(xRy, \neq (x'Ry)$且$x'Ry') \Rightarrow xRy'$

则称从 X 到 Y 的关系 R，亦即 $R \subseteq X \times Y$，为一个双序。

采用 1.6.2 中介绍的有关（关系）积的缩写方法，命题 [BO] 可以写成如下公式：

[BO′] $R\bar{R}^{-1}R \subseteq R.$

容易验证双序的补集 $\bar{R}$ 本身也是一个双序。相应地，[BO′] 与下式等价：

[BO″] $\bar{R}R^{-1}\bar{R} \subseteq \bar{R}.$

关注双序部分地源于其数字表达。Ducamp 和 Falmagne（1969）已经证明对于有限集 X 和 Y，命题 [BO] 对于确保两个函数的存在是充分且必要的。这两个函数是：$f : X \to \mathbb{R}$ 和 $g : Y \to \mathbb{R}$，它们满足

$$xRy \iff f(x) > g(y). \tag{4.9}$$

术语"双序"是由 Doignon、Ducamp 和 Falmagne（1984）提出的。他们还把这种表示扩展到无限集合 X 和 Y。这一概念在心理测量学中起着重要作用。其中，X 和 Y 分别表示一群被试和一些能力测试的题目。记号 xRy 表示的事实是被试 x 已经解决了问题 y。等价式 (4.9) 的右边所表达的含义是：被试 x 的能力 $f(x)$ 已经超过了问题 y 的难度 $g(y)$。在这种情况下，关系 R 可以用一个 0-1 矩阵来表示，也被称为 Guttman 量表（来自 Guttman1944 年的一篇著名论文）。命题 [BO] 表示这种 0-1 矩阵不可能包括如表 4.1 示出的那种子块。

表 4.1: 在表示双序时不允许出现的一个 0-1 子块。

	y	y'
x	1	0
x'	0	1

命题 [BO] 触及诸如间隔顺序和半序等在测量理论与效用理论中出现的其他标准序关系。半序是由 Luce（1956）（还可参见 Scott 和 Suppes，1958）提出的。间隔顺序是由 Fishburn（1970，1985）提出的。有关背景和文献，可参见本章末尾的参考文献一节。

在本章的余下部分中，我们把从 X 到 Y 的所有双序的全族看作一个简单的有限集合 $Q = X \times Y$ 的子集的族。因此，每一个双序都被认为是一个关

于对的集合。我们将会证明如下结论。该结论是 Doignon 和 Falmagne 在 1997 年提出的。

4.2.2 定理。族 $\mathcal{B}$ 是两个有限集合 X 和 Y 之间所有双序的集合。它是一个级配良好的、可识别的知识结构。更重要的是，$\mathcal{B}$ 中的任何一个关系 R 的内部和外部边界（参见 4.1.6）由下面两个式子定义：

$$R^{\jmath} = R \backslash R\bar{R}^{-1}R, \tag{4.10}$$

$$R^{\mathcal{O}} = \bar{R} \backslash \bar{R}R^{-1}\bar{R}. \tag{4.11}$$

显然，$\varnothing$ 和 $X \times Y$ 都是双序。因此，$\mathcal{B}$ 是一个知识结构，而且还是可识别的。因为对于所有的 $x \in X$ 和 $y \in Y$，$\{xy\}$ 是双序。容易验证 (4.10) 和 (4.11) 中内部与外部边界成立，验证工作留给读者（参见问题 7）。对于由两个有限集合 X 和 Y 之间所有双序构成的族 $\mathcal{B}$，为了使得它满足级配良好的要求，我们需要运用定理 4.1.7 中的条件 (iv)。4.2.5 中给出的证明还需要一些结论来铺垫。

注意到对于任何关系 R，乘积 $R\bar{R}^{-1}$ 和 $\bar{R}^{-1}R$ 是非反射关系。更重要的是，如果 R 是一个双序，那么对于任何一个正整数 n，乘积 $R\bar{R}^{-1}$ 的 n 次方 $(R\bar{R}^{-1})^n$ 也是非反射的。我们需要使用以下推论：

4.2.3 推论。如果 R 是一个从有限集 X 到有限集 Y 上的双序，那么我们必然有：

$$R = \bigcup_{k=0}^{\infty} (R\bar{R}^{-1})^k R = \bigcup_{k=0}^{\infty} (R^{\jmath}(R^{\mathcal{O}})^{-1})^k R^{\jmath}.$$

证明。我们证明以下包含关系成立：

$$R \subseteq \cup_{k=0}^{\infty} (R\bar{R}^{-1})^k R \subseteq \cup_{k=0}^{\infty} (R^{\jmath}(R^{\mathcal{O}})^{-1})^k R^{\jmath} \subseteq R.$$

第一个包含关系显然成立：取 $k = 0$，且使用 1.6.2 节中用到的说法，$R\bar{R}^{-1}$ 是一个 X 上的关系，我们采用 $(R\bar{R}^{-1})^0$ 来记这个 X 上的关系。为了证明第二个包含关系，我们假设对于某个 $k \geq 0$ 时，$xy \in (R\bar{R}^{-1})^k R$。因为对于任何一个正整数 n，$(R\bar{R}^{-1})^n$ 是非反射的，而且 X 是有限的，不失一般性，我们假设 k 是最大的。这意味着：表达式 $(R\bar{R}^{-1})^k R$ 中 $(k+1)$ 个 R 中的每一个因子都可以用 R^J 来替换，而且将 xy 留在全积中。如果不是这样，像这样一种因子 R 可以被 $R\bar{R}^{-1}R$ 来替代，然后我们就会发现 $xy \in (R\bar{R}^{-1})^{k+1}R$，

与 k 是最大的相互矛盾。类似地，表达式 $(R\bar{R}^{-1})^k R$ 中 k 个 $\bar{R}^{-1}$ 的每一个因子也都可以用 $(R^O)^{-1}$ 来替换。我们得出第二个包含关系也成立。

第三个包含关系成立的理由是双序包含 $R\bar{R}^{-1}R \subseteq R$，且 $R^{\partial} \subseteq R$ 和 $R^O \subseteq \bar{R}$。 □

4.2.4 定理。设 R 和 S 是从 X 到 Y 的两个双序。那么

$$(R^{\partial} \subseteq S \text{和} R^O \subseteq \bar{S}) \Longrightarrow R = S.$$

证明。包含关系 $R \subseteq S$ 成立的原因如下：

$$
\begin{aligned}
xy \in R \quad &\Rightarrow \quad x(R^{\partial}(R^O)^{-1})^k R^{\partial} y \quad \text{对于某些} k \geq 0 \text{(根据推论 4.2.3)} \\
&\Rightarrow \quad x(S\bar{S}^{-1})^k S y \qquad \text{(根据假设，} R^J \subseteq S \text{且} R^O \subseteq \bar{S}\text{)} \\
&\Rightarrow \quad xy \in S \qquad\qquad \text{(根据推论 4.2.3)}
\end{aligned}
$$

为了证明反过来的包含关系，注意到 $\bar{R}$ 和 $\bar{S}$ 本身都是双序。还有，$(\bar{R})^{\partial} = R^O$ 和 $(\bar{R})^O = R^{\partial}$。这意味着我们的假设可以被改写成 $\bar{R}^J \subseteq \bar{S}$ 和 $(\bar{R})^O \subseteq \overline{(\bar{S})}$。由此推出 $\bar{R} \subseteq \bar{S}$，也就是 $S \subseteq R$。 □

4.2.5 定理 4.2.2 的证明。 在上述讨论之后，只剩下 $\mathcal{B}$ 是级配良好的。这可以从定理 4.2.4 推出来，它证明了定理 4.1.7 的命题 (iv)。 □

4.2.6 注释。a) 定理 4.2.2 中双序族 $\mathcal{B}$ 既不是知识空间，也不是闭合空间（根据定义 2.2.2 和 3.3.1）。因为，设 $a \neq b$ 且 $a' \neq b'$，四种关系的每一种：$\{ab\}$，$\{a'b'\}$，$\{ab, a'b, a'b'\}$，$\{ab, ab', a'b'\}$ 是从 $\{a, b\}$ 到 $\{a', b'\}$ 的双序，但是

$$\{ab\} \cup \{a'b'\} = \{ab, a'b, a'b'\} \cap \{ab, ab', a'b'\} = \{ab, a'b'\} \notin \mathcal{B}.$$

（事实上，$\{ab, a'b'\}$ 是由表 4.1 定义的、用 0-1 矩阵表示的、不允许出现的子关系的一种）

b) 如前文所述，在不要求知识结构的域是一个状态的宽松前提下，关于序关系的其他族的级配性，也具有类似的结论。比如偏序、间隔顺序和半序（Doignon 和 Falmagne，1997，见问题 8 至 11）。

4.3 无限的级配良好性 *

我们现在把级配良好推广到这样一种情形：层次中的一个状态是某些状态的"极限"，这些状态被它包含在这个层次中。因此，距离的概念不再适

用。为简单起见，我们限定在可识别的知识结构范围内[53]。

4.3.1 定义。 一个可识别的知识结构 $(Q, \mathcal{K})$ 中的一个 ∞-层次是一个学习路径 $\mathcal{C}$，且对于任一个 $K \in \mathcal{C} \backslash \{K\}$，满足：

$$\text{要么} K = K' \cup \{q\}, \text{对于某个} q \in K \text{且} K' \in \mathcal{C} \backslash \{K\} \tag{4.12}$$

$$\text{要么} K = \bigcup \{L \in \mathcal{C} | L \subset K\}. \tag{4.13}$$

当知识结构 $(Q, \mathcal{K})$ 有限时，式 (4.13) 所描述的"有限"情况不会发生。而 ∞-层次只是定义 4.1.3 意义上的层次。

4.3.2 例子。 正如 3.4.3 所示，令 $\mathcal{O}$ 是由所有 $\mathbb{R}$ 的开子集的群集形成的知识空间。那么 $\mathcal{O}$ 中的任两个状态 O、O'，且 $O \subset O'$ 属于一个 ∞-层次。事实上，任何一个包含 O 和 O' 的最大的状态链 $\mathcal{C}$ 都是一个 ∞-层次（根据 **Hausdorff** 最大准则，参见 1.6.10，至少存在一个这样的最大链）。而且，可以假设 $\mathcal{C}$ 中的某一个 K 不满足式 (4.13)。选取集合 $K \backslash \bigcup \{L \in \mathcal{C} | L \subset K\}$ 的某个元素 q。由于 $\bigcup \{L \in \mathcal{C} | L \subset K\} \subset K' \subset K$，且 $K = K' \cup \{q\}$，K 满足式 (4.12)，那么 $K \backslash \{q\} = K' \in \mathcal{C}$。

在无限的情形下定义级配良好的结构需要比 2.2.2 中的有限序列更强大的工具。一个合适的措施是定理 4.1.7(iii)[参见 4.1.8(b)]。我们从推广连接两个状态之间的路径这个概念开始。

4.3.3 定义。 如果一个知识结构 $(Q, \mathcal{K})$ 中的状态族 $\mathcal{D}$ 包含状态 K 和 L，且以下三个条件成立，那么称它是一个连接状态 K 和 L 的受限路径。对于 $\mathcal{D}$ 中所有不同的 D 和 E：

(1) $K \cap L \subseteq D \subseteq K \cup L$

(2) 要么 $D \backslash L \subseteq E \backslash L$ 和 $D \backslash K \supseteq E \backslash K$

　　　要么 $D \backslash L \supseteq E \backslash L$ 和 $D \backslash K \subseteq E \backslash K$

(3) 要么 (a) $\exists F \in \mathcal{D} \backslash \{D\}, \exists q \in D \backslash F : F \cup \{q\} = D$

　　要么 (b) $\begin{cases} D \backslash K = \cup \{G \backslash K | G \in \mathcal{D}, G \backslash K \subset D \backslash K\} \\ \text{和} \\ D \backslash L = \cup \{G \backslash L | G \in \mathcal{D}, G \backslash L \subset D \backslash L\} \end{cases}$

---

[53] 将下述概念和结论推广到不可识别的结构中是比较直接的，参见问题 12。

如果任何两个状态都是由一条受限路径连接的，那么知识结构是 ∞-**级配良好** 的。当知识结构有限时，级配良好的定义就与 2.2.2 一致了：条件 (3)(b) 不会出现，而运用定理 4.1.7(ii)。

4.3.4 例子。 受限路径的例子比较容易构造。由 $\mathbb{R}$ 的开子集组成的知识空间（参见 4.3.2）中，考虑两个状态 $]a,b[$ 和 $]c,d[$，且 $a < c < b < d$。定义连接这两个状态的受限路径 $\mathcal{A}$ 如下：

$$\mathcal{A} = \{]a,b[,]c,d[\} \cup \{A(x)|x \in \mathbb{R}\}$$

它包含所有的开区间

$$A(x) =]g(x)(c-a)+a, g(x)(d-b)+b[,$$

其中，$g: \mathbb{R} \to]0,1[$ 是一个连续的、严格递增的函数，满足

$$\lim_{x \to -\infty} g(x) = 0, \quad \lim_{x \to +\infty} g(x) = 1.$$

[以 $g(x) = (1 + e^{-x})^{-1}$ 为例。] 族 $\mathcal{A}$ 是一个连接 $]a,b[$ 和 $]c,d[$ 受限的路径。我们有

$$a < g(x)(c-a)+a < c < b < g(x)(d-b)+b < d.$$

验证 4.3.3 的条件 (1)。注意到我们还有

$$A(x)\backslash]c,d[=]g(x)(c-a)+a, c[,$$

$$A(x)\backslash]a,b[= [b, g(x)(d-b)+b[.$$

对于任何 $x \leq y$

$$A(y)\backslash]c,d[\subseteq A(x)\backslash]c,d[\text{ 且} A(y)\backslash]a,b[\supseteq A(x)\backslash]a,b[,$$

4.3.3 中的条件 (2) 得到验证。最后，我们发现

$$A(x)\backslash]a,b[= \cup_{z<x}(A(z)\backslash]a,b[),$$

$$A(x)\backslash]c,d[= \cup_{x<z}(A(z)\backslash]c,d[),$$

条件 (3) 得以建立。

在可能的无限知识空间情形下，作为定理 4.1.9 的拓展，我们有：

4.3.5 定理。对于任何一个可识别的知识空间 $(Q, \mathcal{K})$，以下两个命题等价：

(i)$(Q, \mathcal{K})$是 ∞- 级配良好的；

(ii)$(Q, \mathcal{K})$所有的学习路径是 ∞- 层次的。

更进一步，命题 (i) 和 (ii) 由下面的命题推出来：

(iii)对于任何两个不同的状态 K 和 L，我们有

$$(K \triangle L) \cap K^{\mathcal{I}} \neq \varnothing.$$

证明。(i) $\Rightarrow$ (ii)。设 $\mathcal{C}$ 是一条学习路径，取 $\mathcal{C} \backslash \{\varnothing\}$ 中的任何一个状态 K。定义 $U = \cup \{L \in \mathcal{C} | L \subset K\}$，并假设 $U \neq K$。依据 $\mathcal{K}$ 在并集下闭包和 $\mathcal{C}$ 的最大属性，我们可以得出 $U \in \mathcal{C}$。根据 (i)，存在一条从 U 到 K 的受限路径 $\mathcal{D}$。既然 $U \subset K$，对于所有的 $D \in \mathcal{D}$，我们有 $U \subseteq D \subseteq K$。假设 $\mathcal{D}$ 中存在某个 D，使得 $U \subset D \subset K$。那么 $\mathcal{C} \cup \{D\}$ 就不可能是一个链，因为 $\mathcal{C}$ 已经是最大的了。因此 $\mathcal{D} = \{U, K\}$。由于 $\mathcal{D}$ 是一个受限的路径，我们可以推出：存在一个 $q \in K$，使得 $U \cup \{q\} = K$。这证明了 $\mathcal{C}$ 是 ∞-层次的。

(ii)$\Rightarrow$(i)。设 $K, L \in \mathcal{K}$，而且 $K \cup L \in \mathcal{K}$。取一条包含 K 和 $K \cup L$ 的学习路径 $\mathcal{C}_1$，以及包含 L 和 $K \cup L$ 的另一条学习路径 $\mathcal{C}_2$。那么，

$$\{D \in \mathcal{C}_1 | K \subseteq D \subseteq K \cup L\} \cup \{E \in \mathcal{C}_2 | L \subseteq E \subseteq K \cup L\}$$

是一个从 K 到 L 的受限路径。

(iii)$\Rightarrow$(ii)。再次假设 $\mathcal{C}$ 是一个学习路径，$K \in \mathcal{C} \backslash \{\varnothing\}$，而且 $U = \cup \{L \in \mathcal{C} | L \subset K\} \neq K$。因此，$U \in \mathcal{K}$ 且 $U \in \mathcal{C}$。根据 (iii)，存在一个 q 属于 $(K \backslash U) \cap U^{\mathcal{I}}$。那么，$U \cup \{q\}$ 是一个必然等于 K 的状态。这表明 $\mathcal{C}$ 是 ∞-层次的。 $\square$

例子 4.3.2 说明对于可识别的空间，定理 4.3.5 中的命题 (iii) 不能从命题 (i) 或 (ii) 中推出来（因为在这种情况下，$\mathbb{R}$ 的任何开区间的外部边界都是空集）。类似地，还有一些序空间可以作为反例，比如按照既有顺序排列的 $\mathbb{R}$ 的实数。

4.3.6 定理。任何一个序空间 $(Q, \mathcal{K})$ 是 ∞-级配良好的。

证明。我们援引定理 4.3.5 的命题 (ii)。设 K 是 $(Q, \mathcal{K})$ 中某个学习路径 $\mathcal{C}$ 里的一个状态。那么 $U = \cup \{L \in \mathcal{C} | L \subset K\}$ 是 $\mathcal{C}$ 的一个状态。可以证明

$K \setminus U$ 最多包含一个元素。如果 p 和 q 是 $K \setminus U$ 中的两个不同元素，那么我们可以找到一个状态 M，使得要么 $p \in M$ 且 $q \notin M$，要么 $q \in M$ 且 $p \notin M$。这与状态 $U \cup (M \cap K)$ 是矛盾的。

4.4 有限的可学性

4.4.1 例子。 考虑这样一个可识别的知识结构

$$\mathcal{J} = \{\varnothing, \{a\}, \{a,b,c\}, \{a,b,d\}, \{a,c,d\}, \{a,b,c,d,e\}\} \tag{4.14}$$

假设处于状态 $\{a\}$ 的某个学生希望掌握问题 d。由于在 $\{a\}$ 和 $\{a,b,d\}$ 或 $\{a,c,d\}$ 之间没有中间状态，要达此目的，只有同时掌握 b 和 d，或者 c 和 d。

可是，在如下知识结构中，这种情形就不会出现

$$\mathcal{J} \cup \{\{a,b\}\},$$

在这样一个知识结构里，该生可以通过每次掌握一个新问题的方式，从状态 $\{a\}$ 开始，到达包含 d 的状态。在学习空间中，也就是有限结构中，这一途径由公设 **[L1]** 保证。也就是说，问题要能够做到一次学习一个。我们在这里考虑更一般的情形。下面的定义适用于任何一个可识别的知识结构，不论有限还是无限。这就能够允许学生可以同时学习若干个问题。但是像这样的问题必须是有限且有界的。

4.4.2 定义。 一个可识别的结构在这样的情况下是有限可学的：如果存在一个正整数 l，使得对于任何一个状态 K 和任何一个元素 $q \notin K$，存在一个正整数 h 和一个状态链 $K = K_0 \subset K_1 \subset ... \subset K_h$ 满足

(i) $q \in K_h$；
(ii) $d(K_i, K_{i+1}) \leq l, 0 \leq i \leq h-1$。

一个有限可学的知识结构 $(Q, \mathcal{K})$ 必然具有一个最小的 l 满足上述条件，它被称为 $(Q, \mathcal{K})$ 的 **学习步伐**。我们写作

$$\mathrm{lst}(\mathcal{K}) = l.$$

在 (4.14) 中定义的 $\mathcal{J}$，我们有：

$$\mathrm{lst}(\mathcal{K} \cup \{\{a,b\}\}) = 2.$$

还有，从状态 $\{a,b,d\}$ 开始，问题 e 必须与 c 同时掌握。注意任何一个级配良好的结构的学习步伐都是 1（见问题 16）。

4.4.3 注释。a) 显然，任何一个有限的知识结构都是有限可学的。然而，一些无限的知识结构同样是有限可学的。例如，对于每一个无限集合 Q，我们明显有 $\mathrm{lst}(2^Q) = 1$。对于任何一个集合 $K \subset Q$ 和 $q \in Q \backslash K$，我们有 $K \subset K_h = K \cup \{q\}$ 且 $h = l = 1$。

b) 从按照既有顺序排列的实数中推出（在定义 3.8.4 的意义上）来的 $\mathbb{R}$ 上的序空间，不是有限可学的。

c) 一个有限知识空间 $(Q, \mathcal{K})$ 可以满足 $\mathrm{lst}(\mathcal{K}) = 1$，而不必是级配良好的。例如：

$$\mathcal{K} = \{\varnothing, \{a\}, \{a,b\}, \{a,b,c\}, \{a,c,d\}, \{a,b,c,d\}\},$$

在上例中，$\{a\}$ 和 $\{a,c,d\}$ 之间就没有紧路径。

4.5　对一个 ∪-闭包的族验证其级配良好性

在 3.2 节中，我们引入了能够忠实反映域 Q 上一个特殊知识空间的关系概念。这个关系是定义在 $2^Q \backslash \{\varnothing\}$ 上的关系 $\mathcal{R}$。在实践中，这种关系 $\mathcal{R}$ 可以通过与专家教师进行面谈而构建，或者通过评估统计（参见第 3.2.3 节的讨论）。第 15 章专门陈述了一种有关的算法，称之为 **QUERY**。它是由一步一步地构建关系 $\mathcal{R}$ 完成的，最终获得由 $\mathcal{R}$ 定义的知识空间（见定理 3.2.1）。但是，我们的目标是获得一个学习空间，而不仅仅是一个知识空间，更何况经过上述过程构造出来的知识空间不能保证一定是级配良好的。

解决这个问题有两个办法。一个是修改 **QUERY**，使其在每一步时只构造学习空间。我们在 16.2 节中讨论了这种可能性。在该节中，展示了这样一种算法。

而另一个非常不同的方法依赖于先构建一个知识空间 $\mathcal{S}$，例如先直接运用 **QUERY**。如果 $\mathcal{S}$ 不是级配良好的，我们就用另外一个确保了级配良好的、具有最小数目的状态来修正它（同时保有 ∪-闭包）。由于任何一个知识空间都由它的基确定，一个特别小的集合，这让我们很自然地想起对 $\mathcal{S}$ 的基进行扩展。然而，理论研究发现这种方法的价值需要评估，然后再扩展。16.3 节专门讨论了这个问题。这里，我们考虑一个更一般的情况。在这种情况下，产生的子族不一定是基。为了囊括更一般的结果，我们介绍生成（*span*）的严格概念（曾经在 3.4.1 节中定义过）。

4.5.1 定义。 集合族 $\mathcal{G}$ 的 $span^+$ 是所有集合 X 的群集 $\mathcal{F}$。这里的 $X = \cup \mathcal{H}$，对于某个非空的 $\mathcal{H} \subseteq \mathcal{G}$。我们写作 $\mathbb{S}^+(\mathcal{G}) = \mathcal{F}$，我们说 $\mathcal{G}$ $spans^+$ $\mathcal{F}$。

注意，尽管 $\mathbb{S}(\mathcal{G})$ 总是一个知识空间，但是只有当 $\varnothing \in \mathcal{G}$ 时，$\mathbb{S}^+(\mathcal{G})$ 才是一个知识空间。

4.5.2 四个问题。

A. 找到使得 $\mathcal{G}$ 生成一个级配良好的、偏序的 $\cup$-闭包（参见 2.2.6 节）的集合族的充分必要条件。

B. 找到使得生成的族是学习空间的条件（这些条件比问题 A 容易）。

C. 提出高效的算法来测试问题 A 和问题 B 中发现的族 $\mathcal{G}$ 是否满足相应的条件。

D. 假设某个族 $\mathcal{G}$ 不满足问题 A 和问题 B 中的某些条件，提出算法修改 $\mathcal{G}$，使得在某种最优的意义上，能够产生一个族 $\mathcal{G}'$ 满足这些条件。

本章解决问题 A 和 B。第 16.3 节解决问题 C 和 D。本章除了若干其他结果外，大都与 Eppstein, Falmagne 和 Uzun(2009) 相近。

下面的推论将允许我们从基或者任何一个生成子族中推导出一个级配良好的族。

4.5.3 推论。一个有限的级配良好的族的 $span^+$ 是级配良好的。

证明。设 $\mathbb{S}^+(\mathcal{G})$ 是某个有限的 **wg**-族 $\mathcal{G}$ 的 $span^+$。如推论 2.2.3 的思路一样，我们只需证明存在一个从 K 到 L 的紧路径，$K, L \in \mathbb{S}^+(\mathcal{G})$，满足 $K \subset L$。根据 $span^+$ 的定义，存在一个非空的 $\mathcal{K}, \mathcal{L} \subseteq \mathcal{G}$ 使得 $K = \cup \mathcal{K}$ 和 $L = \cup \mathcal{L}$。请注意 $K \triangle L$ 是有限的（K 和 L 之间的距离也是有限的）。这样，$\mathcal{G}$ 也是有限的，K 和 L 是 $\mathcal{G}$ 中有限元素的并。由于 $\mathcal{G}$ 是级配良好的，它的任何两个元素之间的距离是有限的。第二，选取 $\mathcal{K}$ 的一个元素 K' 和 $\mathcal{L}$ 中的元素 L'，且 $L' \backslash K \neq \varnothing$。存在某个从 K' 到 L' 的紧路径，例如 $K' = K'_0, K'_1, ..., K'_h = L'$。设 K'_j 是包含元素 $L \backslash K$ 的序列的第一个元素。那么 $K'_j \backslash K$ 由 L 中的一个元素组成。设 $K_1 = K \cup K'_1$，我们在 $\mathbb{S}^+(\mathcal{G})$ 中构造一个从 K 到 L 的紧路径。

可以用归纳法完成证明。□

容易证明类似的结论对于生成一个级配良好的族，一般是不成立的。更重要的是，推论 4.5.3 中的有限性假设不能免除，如下例所示。

4.5.4 例子。 选取一个空集和 $\mathbb{N}$ 中的每一个单元素子集构成了一个族 $\mathcal{G}$。$\mathcal{G}$ 的

span 和 *span*⁺ 都等于 $\mathbb{N}$ 的所有子集的群集。注意到族 $\mathcal{G}$ 是级配良好的，而 $\mathbb{S}^+(\mathcal{G})$ 却不是。

下面我们提出那些级配良好的族的生成的一个特征。这是本节的两个主要结论之一，也是 4.5.2 中问题 B 的结论。

4.5.5 定理。假设 $\mathcal{G}$ 是一个有限的集合族，并设 $\mathbb{S}(\mathcal{G})$ 是它的生成。那么下面两个条件等价：

(i)$\mathbb{S}(\mathcal{G})$是级配良好的族；

(ii)对于 $\cup\mathcal{G}$ 的每一个元素q，和$\mathcal{G}$中的每一个集合G（包含q的最小集合），集合$G\backslash\{q\}$是$\mathcal{G}$中某些子集的并。

定理 4.5.5 来自 Koppen(1998) 的一个结论。我们在定理 5.4.1 中给出了无限情况下 Koppen 结论的衍生版本[54]。注意：如果我们把定理 4.5.5 中的 *span* 替换成 *span*⁺，并且假设族 $\mathcal{G}$ 并不包含空集（参见反例 5.4.2），那么该定理就不成立了。

证明：(i) $\Rightarrow$ (ii)。假设 $\mathbb{S}(\mathcal{G})$ 是级配良好的，设 $q\in\cup\mathcal{G}$，$G\in\mathcal{G}$（如 (ii) 那样）。根据假设，$\mathbb{S}(\mathcal{G})$ 中存在一条从 $\varnothing$ 到 G 的紧路径 $K_0, K_1, ..., K_h$。由于 G 的最小性，我们有 $K_{h-1} = G\backslash\{q\}$。因此 $G\backslash\{q\}$ 是 $\mathcal{G}$ 中元素的并。

(ii) $\Rightarrow$ (i)。从推论 2.2.3 的角度来看，我们只需考虑 $\mathbb{S}(\mathcal{G})$ 里的元素 K 和 L，且 $K\subset L$，证明 $\mathbb{S}(\mathcal{G})$ 中存在一条从 K 到 L 的紧路径即可。在 $L\backslash K$ 中选取 q。$\mathcal{G}$ 中至少存在一个集合 G，满足 $q\in G\subseteq L$。根据 $\mathcal{G}$ 的有限性，我们可以假设根据这些性质，G 是最小的。这意味着 $G\backslash\{q\}$ 属于 $\mathbb{S}(\mathcal{G})$。我们会有 $K\subset K\cup G\subseteq L$，且 $|K\cup G| = |K|+1$ 或者 $K\subset K\cup(G\backslash\{q\})\subseteq L$。根据归纳，存在一条从 K 到 L 的紧路径。 $\square$

一个级配良好的知识空间的基不一定是级配良好的。

4.5.6 例子。级配良好的知识空间

$$\mathcal{F} = \{\varnothing, \{a\}, \{b\}, \{c\}, \{a,b\}, \{a,c\}, \{b,c\}, \{c,d\}, \{a,b,c\},$$
$$\{a,c,d\}, \{b,c,d\}, \{a,b,c,d\}, \{a,b,c,d,e\}\} \tag{4.15}$$

的基是 $\{\{a\}, \{b\}, \{c\}, \{c,d\}, \{a,b,c,d,e\}\}$，它并不是级配良好的。还有，$\mathcal{F}$ 还

---

[54] Koppen 的结论是定理 5.4.1 中 (i) 与 (ii) 的等价性。

有两个不同的最小的级配良好的子族，可以生成 $\mathcal{F}$：

$$\{\{a\}, \{b\}, \{c\}, \{a,b\}, \{a,c\}, \{b,c\}, \{c,d\}, \{a,b,c\},$$
$$\{a,c,d\}, \{a,b,c,d\}, \{a,b,c,d,e\}\} \tag{4.16}$$

$$\{\{a\}, \{b\}, \{c\}, \{a,b\}, \{a,c\}, \{b,c\}, \{c,d\}, \{a,b,c\},$$
$$\{b,c,d\}, \{a,b,c,d\}, \{a,b,c,d,e\}\} \tag{4.17}$$

可以生成 $\mathcal{F}$ 的其他最小级配良好的子族，可以通过先把 $\varnothing$ 加入基，然后再加入其他子集得到。

4.5.7 例子。 在交集下闭包的知识空间的基，不必然是级配良好的。例如，考虑如下知识空间

$$\mathcal{F} = \{\varnothing, \{a\}, \{b\}, \{d\}, \{a,b\}, \{a,d\}, \{b,d\}, \{a,b,c\}, \{a,b,d\},$$
$$\{a,b,c,d\}, \{a,b,c,d,e\}\}$$

它的基是 $\{\{a\}, \{b\}, \{d\}, \{a,b,c\}, \{a,b,c,d,e\}\}$。

我们现在介绍本节的第二个主要结论。依据推论 4.5.3，我们找到其 $spans^+$ 是级配良好的族的特征。

4.5.8 定理。 设 $\mathcal{F}$ 是由某个有限族 $\mathcal{G}$ 生成的偏序 $\cup$-闭包族。当且仅当对于 $\mathcal{G}$ 中任何两个不同的族 G 和 H，$\mathcal{F}$ 都存在一条从 G 到 $G \cup H$ 的紧路径时，$\mathcal{F}$ 是一个 wg-族。如果 $\mathcal{G}$ 包含空集，那么当且仅当对于 $\mathcal{G}$ 中任何一个 $\mathcal{H}$，$\mathcal{F}$ 都存在一条从 $\varnothing$ 到 H 的紧路径时，$\mathcal{F}$ 是级配良好的。

这一结论给 4.5.2 中的问题 A 和 B 带来了另外一种解法。这种解法并不理想，但是，它提出了在 $span^+$ 生成的族 $\mathcal{F}$ 里的一条紧路径。而且所涉及的 $G \cup H$ 并非一定要属于 $span^+$ 生成的族 $\mathcal{G}$（与此相关的内容参见第 18 章里的开放问题 18.2.4）。

证明。由于 $\mathcal{F}$ 是级配良好的，而且包含 $\mathcal{G}$，所以两个命题的必要性是清楚的。为了证明第一个命题里的充分性，我们注意到推论 2.2.3 中的证明过程也适用于偏序并-闭合的族。亦即，我们考虑 $\mathcal{F}$ 中的 K 和 L，只在 $K \subset L$ 的假设下，证明从 K 到 L 存在一条紧路径。$\mathcal{G}$ 中存在子族 $\mathcal{F}$ 和 $\mathcal{L}$，且 $K = \cup \mathcal{K}$ 和 $L = \cup \mathcal{L}$。即使 $H \not\subset K$，在 $\mathcal{K}$ 中任选一个 G 和在 $\mathcal{L}$ 中任选一个 H。根据我们

的假设，$\mathcal{F}$ 中存在一条从 G 到 $G \cup H$ 的紧路径 $G = G_0, G_1, ..., G_k = G \cup H$。设 j 是满足 $G_j \backslash K \neq \varnothing$ 的最小下标。那么，对于 $\cup \mathcal{G}$ 中的某个 q，有 $G_j \backslash K = \{q\}$。我们有 $K \subset K \cup \{q\} \subseteq L$，且 $K \cup \{q\} \in \mathcal{F}$。归纳法可以证明 $\mathcal{F}$ 是级配良好的。

我们现在证明如果 $\varnothing \in \mathcal{G}$ 和 $\mathcal{G}$ 满足该命题的后面一个条件，那么对于 $\mathcal{G}$ 中任何两个不同的族 G 和 H，$\mathcal{F}$ 都存在一条从 G 到 $G \cup H$ 的紧路径。因此，第二个命题的充分性可以从第一个命题中推出来。也就是说，设 $H_0 = \varnothing, H_1, ..., H_h = H$ 是 $\mathcal{F}$ 的一条紧路径。容易看出，移除可能出现的相同元素，$G \cup H_0 = G, G \cup H_1, ..., G \cup H_h = G \cup H$ 是 $\mathcal{F}$ 中从 G 到 $G \cup H$ 的一条紧路径。□

4.6 文献和相关工作

学习路径和级配良好的知识结构的概念是由 Falmagne 和 Doignon (1988b) 在有限情形下提出的。本书前面（定义 2.2.1 后面的说明）已经提到，在 Edelman 和 Jamison(1985) 的意义上，学习空间是与所谓的"（交集）反拟阵"或者"凸几何"相对偶的。具体来说，当它的对偶 $(Q, \mathcal{K})$ 是一个所有学习路径都是层次[55]的知识空间之时，一个有限的闭包空间就是一个凸几何。定义 4.3.3 把级配良好的性质推广到无限情形下。在教育领域，这一定义在知识结构的背景下是很自然的，但是对于抽象的凸却并不适用。

这本书中级配良好这一概念的铺陈方式与 Doignon 和 Falmagne(1999) 有一些不同之处。后者还注意到了不可识别的情形，使用的是"记号"（参见定义 2.1.5），而我们在这里用的是元素。

把级配良好这一概念运用到关系族上，特别是双序和半序，取自于 Doignon 和 Falmagne(1997)（还可以参见 Falmagne 和 Doignon, 1997）。Ovchinnikov(1983) 是偏序这一特殊情况的先行者。双序以其他名称出现在文献中：Guttman 量表 (Guttman, 1944)，Ferrers 关系[56](Riguet, 1951;Cogis, 1982)，双准系列 (Ducamp 和 Falmagne,1969)。在更新一些的文献里，有 Doignon，Ducamp 和 Falmagne(1984)（该文用的是"双序"），以及 Doignon，Monjardet，Roubens 和 Vincke(1986)。双序的两个重要特殊情形是 Luce(1956) 提出的半序[57]（参见 Scott 和 Suppes, 1958）和 Fish-

---

[55] 有限、级配良好的知识空间的其他性质参见 Edelman 和 Jamison(1985)。
[56] 即 Norman Macleod Ferrers，19 世纪英国数学家。
[57] 我们在问题 9 中定义了这些关系。

burn(1970) 提出的间隔关系。对于这些概念的介绍以及它们在社会科学中的应用，读者参见 Roberts(1979)，Roubens 和 Vincke(1985)，Suppes, Krantz, Luce 和 Tversky(1989)，或者 Pirlot 和 Vincke(1997)。纯数学解释参见 Fishburn(1985) 和 Trotter(1992) 等专著。

第 4.5 节的思路与 Eppstein, Falmagne 和 Uzun(2009) 的一致（还有一些其他的）。这篇论文受到了在实践中构造学习空间时所遇问题的启发。基于定理 3.2.1 开发的通过询问专家或者评估统计来构造知识空间的技术，已经投入实际运用有一段时间了。但是，正如第 3.1 节论证的那样，获得这样一个知识空间并非一定是最后一步。它还必须经受级配良好的检验，如果检验没有通过，还需要进行一些最优化的修正。这就引出了 4.5.2 中的四个问题。第 4.5 节解决了前两个，第 16.3 节解决后两个。第 11 章，特别是第 15 章和第 16 章，考虑了在实践中构造一个知识空间或者学习空间的问题。

问题

1. 如果把并集下闭包的公设替换为第 2 章问题 6 里的公设 [JS]，那么定理 4.1.9 里三个命题之间的等价关系是否依旧成立？证明你的想法。

2. 假设知识结构是级配良好的（或者 1-连结，1-可学，也就是说学习步伐等于 1）。这是否意味着它的对偶结构也是级配良好的（或者 1-连结，1-可学）？

3. 定义：如果一个知识结构的所有子代也满足知识结构的性质，那么我们称这个性质是可遗传的。现在，级配良好、1-连结、升级和降级都是可遗传的性质吗？

4. 设 $\mathcal{K}$ 是集合族（不论是无限还是有限，不论是只包含有限子集还是不仅如此），在定义 2.2.2（或者 4.1.3）的意义上是级配良好的。证明当且仅当 $|\cap \mathcal{K}| \leq 1$ 时，$\mathcal{K}$ 是可识别的。是否有与某个族会是 ∞-级配良好类似的结论（定义 4.3.3）？

5. 证明定理 4.1.7 中的 (i) $\Longrightarrow$ (ii)。

6. 证明定理 4.1.9 中的 (i) $\Longrightarrow$ (ii)。

7. 证明在两个有限集合 X 和 Y 之间的所有双序族里的一个双序 R 中的内部边界和外部边界是由式 (4.10) 和 (4.11) 决定的。

8. 考虑在一个有限集合 X 上的所有偏序（参见 1.6.1）的群集 $\mathcal{P}$，可看作集合对。陈述 X 上的任何一个偏序的内部和外部边界。证明 $\mathcal{P}$ 是级配良好的。

9. 集合 X 上的半序是在 X 和 Y 上的一个非对称关系 R，且满足如下条件：[S] $RR\bar{R}^{-1} \subseteq R$。在有限集合 X 上运用所有半序的群集 $\mathcal{S}$，可以看作集合对，计算 X 上给定的半序的内部和外部边界（参见 Doignon 和 Falmagne，1997）。

10. （续，难。）证明 $\mathcal{S}$ 是级配良好的（参见 Doignon 和 Falmagne，1997）。

11. 如果我们去掉问题 8 和 10 里对 X 有限的要求，有关级配良好的结论还成立吗？证明之。

12. 在无限情形下，对于不一定可识别的结构（参见 4.3 节），定义并推导之。

13. 对于例子 4.3.4 中的知识空间 $\mathcal{O}$，构造一个受限的路径，连接两个状态 $\{x \mid a < x < b \text{或者} c < x < d\}$ 与 $]e, f[$，这里：$a < e < b < f < c < d$。

14. 证明知识结构 $(Q, \mathcal{K})$（参见定义 4.1.6）中的状态 K 的边界与下式等价。

$$K^{\mathcal{F}} = (\cup \mathcal{N}(K, 1)) \backslash (\cap \mathcal{N}(K, 1))$$

15. 一个可识别的知识结构 $(Q, \mathcal{K})$ 中的一个层次 $\mathcal{C}$ 是否一定具有如下性质？对于 $K \in \mathcal{C} \backslash \{Q\}$，(i) 或者 (ii) 必然成立，即

    (i) $K = K' \backslash \{q\}$，对于某个 $K' \in \mathcal{C}$ 且 $q \in K'$

    (ii) $K = \cap \{L \in \mathcal{C} \mid K \subset L\}$

16. 证明一个级配良好的知识结构的学习步伐必然等于 1。

5 推测系统

当一个知识结构是一个拟序空间时，它可以用它的推测关系（参见定理 3.8.3）如实地反映出来。事实上，正如例 3.7.4 所示的那样，一个有限的序空间可以从推测关系的哈斯图中完整地恢复出来。然而，对于一般的知识结构，甚至是知识空间，推测关系提供的信息未必足够。在本章中，我们研究"推测系统"，一个推广了推测关系的概念，并且允许存在多个可能的"学习基础"[58]来掌握一个问题[59]。本章的两个重要结论之一是定理 5.2.5。该定理以定理 3.8.3 的样式，为拟序空间在知识空间和推测系统之间建立了一个一一对应的关系。

推测系统与人工智能中遇到的 AND/OR 图很相关。本章中的一节专门澄清了这两个概念之间的关系。本章还以定理 5.4.1 的形式，陈述了级配良好的知识空间和一个特殊的推测系统之间的关系。这是本章中第二个重要结论。其他内容还包括：哈斯图概念的推广和一个关于比较难以处理的"周期"基础的研究。该研究让我们找到了得以排除这种情况的条件。

5.1 基本概念

5.1.1 例子 考虑在域 $Q = \{a, b, c, d, e\}$ 上的知识结构

$$\mathcal{H} = \{\varnothing, \{a\}, \{b, d\}, \{a, b, c\}, \{b, c, e\}, \{a, b, d\},$$
$$\{a, b, c, d\}, \{a, b, c, e\}, \{b, c, d, e\}, \{a, b, c, d, e\}\} \quad (5.1)$$

上述知识结构是一个可识别的知识空间，具有如图 5.1 所示的推测（或者前导）关系 $\precsim$（在 3.7.1 中定义）。该关系是用它的哈斯图表示的。

注意到 $\{q \in Q | q \precsim b\} = \{b\}$：在 Q 中没有在 b 之前必须掌握的元素。这一结论对当前情况是一种扭曲。检查式 (5.1) 发现，只有同时掌握 d 或者 a 和 c 或者 c 和 e，才能学到 b。事实上，

$$\{b, d\}, \ \{a, b, c\}, \ \{b, c, e\}$$

---

[58] 我们还使用"掌握一个问题的条件"或者"问题背景"作为"掌握一个问题的基础"的同义语。

[59] 推测关系只允许任何一个问题 q 只有一个基础，该基础由推测关系中位于 q 之前的所有问题组成。

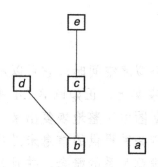

图 5.1: 式 (5.1) 表示的知识结构 $\mathcal{H}$ 的推测关系的哈斯图。

是三个位于 b 的原子，也就是说 $\mathcal{H}$ 的三个最小状态包含 b。

在具有推测关系 $\precsim$ 的拟序空间 $\mathcal{K}$ 中，情况就简单一些。对于任何一个元素 q，总是恰有一个位于 q 的元素，称为 $\cap\mathcal{K}_q$。它包含了 $\precsim$ 中 q 的所有前导（参见定理 3.6.7 和定义 3.8.1）。事实上，考虑等价关系 $r \precsim q \Leftrightarrow r \in \cap\mathcal{K}_q$，有关拟序空间的所有信息都可以从列举位于每个问题 q 的独特原子 $\cap\mathcal{K}_q$ 中获得。但是，在一般知识空间的情况下，一个问题可能存在多个原子，还有可能没有原子（如例 3.4.3 或 3.4.9）。式 (5.1) 的知识空间 $\mathcal{H}$ 就展现了这种情况。表 5.1 列出了每个元素的原子。元素 b 与元素 c 分别有三个和两个原子。

表 5.1: 式 (5.1) 的知识空间的元素和它们的原子。

元素	原子
a	$\{a\}$
b	$\{b,d\}, \{a,b,c\}, \{b,c,e\}$
c	$\{a,b,c\}, \{b,c,e\}$
d	$\{b,d\}$
e	$\{b,c,e\}$

这个例子促使我们把推测关系推广到"推测函数"，把一个域 Q 中的每个元素 q，和 Q 中子集的群集（称为 q 的"条件"）联系起来。这些条件中的

每一个都代表掌握问题 q 的可能基础。推测函数的概念由四个条件组成。依次是：第一，对于每个元素，至少存在一个条件。第二，一个元素的每个条件都包含它自己。第三，一个元素的条件 C 中的每一个元素都有一个条件被包含在 C 中（我们在图 5.3 中给出这一公设的图示）。最后，同一元素的不同条件都与集合包含具有本质的不同。

我们将在下面的定义中介绍推测函数的概念和它的条件。注意我们并没有假设知识结构的存在。但是，事实会证明任何一个推测函数都会唯一确定一个有粒度的知识空间（参见定理 5.2.5）。定义 3.6.1 已经说明了当 $\mathcal{K}$ 中的每一个状态 K 和 K 中的每一个元素 q，存在一个位于 q 的原子 A，且 $q \in A \subseteq K$ 时，知识空间 $\mathcal{K}$ 是有粒度的。

5.1.2 定义。设 Q 是一个非空集合，设 σ 是一个把 Q 映射到 2^{2^Q} 上的关系。因此，σ 的每一个值都是 Q 子集的族。如果该族总是非空，且具备以下条件时，我们称 σ 是集合 Q 的 **属性（函数）**：

(i) 如果 $q \in Q$，那么 $\sigma(q) \neq \varnothing$；

对于每一个 $q \in Q$，任何一个 $C \in \sigma(q)$ 都被称为 q 的一个 **条件** 或者 q（在 σ 中）的 **基础**。我们提出另外三个条件：对于所有的 $q, q' \in Q$，且 $C, C' \subseteq Q$，

(ii) 如果 $C \in \sigma(q)$，那么 $q \in C$；

(iii) 如果 $q' \in C \in \sigma(q)$，那么对于某个 $C' \in \sigma(q')$，$C' \subseteq C$；

(iv) 如果 $C, C' \in \sigma(q)$ 且 $C' \subseteq C$，那么 $C = C'$。

当上述四个条件都满足时，(Q, σ) 对就是一个推测系统，而且函数 σ 被称为 Q 上的推测函数。如果对于某个 $q, q' \in Q$，只要 $\sigma(q) = \sigma(q')$，就有 $q = q'$，那么这个推测系统 (Q, σ) 就是可识别的。在这种情形下，推测函数 σ 也被称为可识别的。

5.1.3 注释。从概念本身的含义来看，命题 (i) 是有道理的，但是请注意我们允许 $\sigma(q) = \{\varnothing\}$（见问题 1）。命题 (ii) 是为了方便而引入的，且作用不大。如果元素 q 的条件被解释成掌握 q 的可能最小的基础，那么命题 (iii) 是很自然的：如果 q' 在 q 的条件 C 中，那么 C 中一定存在一条通往掌握 q' 的路径，所以 C 一定包含了 q' 的基础。命题 (iv) 保证了这些条件形成的概念性的基础不是多余的：假设 C 是 q 的基础，而 C' 也是 q 的条件，且 C' 包含于 C，那么 C' 必然等于 C，否则 C 就不是 q 的最小基础。

推测函数推广了拟序。特别地，命题 (ii) 和 (iii) 分别对应于反射性与传递性。实际上，除去编码里的一点变化，任何一个二元关系都是一个属性的特殊情形。

5.1.4 定义 设 $\mathcal{R}$ 是非空集合 Q 上的任何一个二元关系。下面的式子定义了一个属性：对于 Q 中的每一个元素 q，恰有一个条件。

$$\sigma(q) = \big\{\{r \in Q \mid r\mathcal{R}q\}\big\}.$$

我们说 $\mathcal{R}$ 被 **转换** 成属性 σ。注意到 σ 和 $\mathcal{R}$ 恰包含一致的信息。容易知道

(i) $\mathcal{R}$ 是反射的，当且仅当 σ 满足一个推测函数的命题 (ii)；

(ii) $\mathcal{R}$ 是传递的，当且仅当 σ 满足一个推测函数的命题 (iii) [60]。

因此，Q 上所有推测函数的群集包括 Q 上所有拟序的群集。而且，Q 上所有属性的群集包括 Q 上所有二元关系的群集。

5.1.5 例子 为了展示一个小的、有限的集合 Q 上的属性，我们推广了二元关系图的表示习惯。例如，图 5.2 显示了 $Q = \{a, b, c, d, e\}$ 上的属性 σ。

$$\sigma(a) = \{\{a, b, c\}, \{c, d\}\}, \qquad \sigma(b) = \{\{e\}\},$$
$$\sigma(c) = \{\{c\}\}, \qquad \sigma(d) = \{\{d\}\}, \qquad \sigma(e) = \{\{a, d\}, \{b\}\}.$$

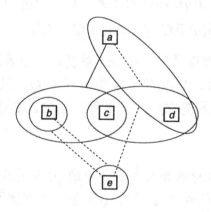

图 5.2: 例 5.1.5 中的属性图。

画图的规则如下。考虑 Q 中的某个元素 q 的一个条件 C，假设 C 包含 q，而且至少还有一个元素 $q' \neq q$。那么 C 就用一个环绕 C 中 **除 q 之外** 所有

元素的椭圆形表示，并用一段实线将其与 q 连接起来。图 5.2 中环绕点 b 和 c 的椭圆，并将其用实线与点 a 连接起来，就是这样一种做法。在属性 σ 中，$\{a,b,c\}$ 确实是 a 的一个条件。如果 C 是 q 的一个条件，但不包含 q，但是包含某个 $q' \neq q$，条件的表示都是一样的，但是把 q 与椭圆连接起来的线是虚的。图 5.2 中给出了 4 个这样的例子。最后，如果 q 的条件只包含 q，那么就不画椭圆，像图中的 c 点那样，因为 $\sigma(c) = \{\{c\}\}$。注意在表示推测函数时，没有虚线。因为定义 5.1.2 中的命题 (ii) 是这样说的：对于任何一个元素 q，q 的任何一个条件 C 都包含 q。

这些图会变得错综复杂[61]。另一方面，某个偏序关系可以用一种效率最低的方式（哈斯图）来编码。这样一来，推测函数既推广了拟序关系又推广了偏序关系。这就引出一个"哈斯系统"的潜在概念，它能够如实地概括一个推测系统中的信息。第 5.5 节会专门为这个概念下一个精确的定义，并讨论它的一些外延。

图 5.3，运用刚刚介绍过的那种表示方法，展现了推测系统定义（见 5.1.2）中的命题 (iii)。

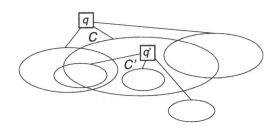

图 5.3: 推测系统定义 5.1.2 中命题 (iii) 的图像呈现。我们有 $q' \in C \in \sigma(q)$ 和 $C' \in \sigma(q')$ 且 $C' \subseteq C$。

5.2 知识空间和推测系统

下面的 4 个定义和例子铺就了知识空间与推测系统之间的基础联系。该联系将在定理 5.2.5 中精确描述。

5.2.1 定义 。设 $(Q, \mathcal{K})$ 是一个有粒度的知识结构（参见 3.6.1）。相应地，任

---

[61]我们邀请读者画出例子 5.1.1 中知识结构的推测函数，表 5.1 给出了它的原子。

何元素 q 至少有一个原子。令 $\sigma : Q \mapsto 2^{2^Q}$ 的函数关系由下面的等价式定义：

$$C \in \sigma(q) \iff C\text{是位于}q\text{的原子,}$$

且 $C \subseteq Q$ 和 $q \in Q$。容易看到 σ 是 Q 上的一个推测函数。我们可以说 σ 是从 $(Q, \mathcal{K})$ 中 **推出** 的在 Q 上的推测函数。

注意到如果一个有粒度的知识结构是 $(Q, \mathcal{K})$ 交集下闭合的，那么从它推出的推测函数 σ 对于每个元素就只有一个条件。所以，存在一个定义在 Q 上的关系 $\mathcal{R}$，使得它在 5.1.4 节的意义上可以转换为 σ。如果知识结构 $(Q, \mathcal{K})$ 是一个拟序空间，这个关系 $\mathcal{R}$ 就是从 $(Q, \mathcal{K})$ 推出的拟序关系（见定义 3.8.4）。

5.2.2 例子 运用定义 5.2.1 来构造式 (5.1) 的知识结构 $\mathcal{H}$，我们从表 5.1 推出推测函数 σ 是：

$$\sigma(a) = \{\{a\}\}, \qquad \sigma(b) = \{\{b,d\}, \{a,b,c\}, \{b,c,e\}\},$$
$$\sigma(c) = \{\{a,b,c\}, \{b,c,e\}\}, \quad \sigma(d) = \{\{b,d\}\}, \quad \sigma(e) = \{\{b,c,e\}\}.$$

5.2.3 定义 集合 Q 上的任何一个属性 σ 定义了一个知识空间 $(Q, \mathcal{K})$，方法如下：

$$K \in \mathcal{K} \iff \forall q \in K, \exists C \in \sigma(q) : C \subseteq K. \tag{5.2}$$

验证 $(Q, \mathcal{K})$ 确实是一个知识空间的任务留给读者（问题 2）。在这种情形下，我们说属性 σ **生成** 了知识空间 $(Q, \mathcal{K})$，或者等价地，$(Q, \mathcal{K})$ **源自** Q 上的属性 σ。

当 (Q, σ) 是推测系统时，源自于它的知识结构总是一个有粒度的知识空间。特别时，一个元素 q 的每一个条件都是 $\mathcal{K}$ 中 q 的一个原子（参见定义 5.1.2）。因此，$\mathcal{K}$ 里的状态是条件的并集，反过来，任何条件的并集也是状态。

从 (Q, σ) 构造 $(Q, \mathcal{K})$ 是推测系统的一个自然结果：对于它的每一个元素 q，当 K 包含一个引导到 q 的最小基础时，问题集合 K 就形成了一个知识状态。

5.2.4 例子。对于例子 5.2.2 中的推测函数。我们证明集合 $K = \{a,b,c,e\}$ 满足等价式 (5.2) 的右边，知识状态也满足。确实，注意到

$$\{a\} \in \sigma(a) \qquad 和 \qquad \{a\} \subseteq \{a, b, c, e\},$$
$$\{a, b, c\} \in \sigma(b) \qquad 和 \qquad \{a, b, c\} \subseteq \{a, b, c, e\},$$
$$\{a, b, c\} \in \sigma(c) \qquad 和 \qquad \{a, b, c\} \subseteq \{a, b, c, e\},$$
$$\{b, c, e\} \in \sigma(e) \qquad 和 \qquad \{b, c, e\} \subseteq \{a, b, c, e\}.$$

（注意到我们其实可以用 $\{b, c, e\}$ 作为 b 的条件。）另一方面，子集 $\{a, c, d, e\}$ 不是一个状态，因为它不包含 e 的一个条件。所有状态的族 $\mathcal{K}$ 容易构造，而且与例子 5.1.1 中的源族 $\mathcal{H}$ 一致。

事实上，定义 5.2.1 中对 σ 的构造和定义 5.2.3 中对 $\mathcal{K}$ 的定义是互逆的。我们有如下的一般结论。

5.2.5 定理。在集合 Q 上的所有有粒度的知识空间的群集和 Q 上所有猜测函数的群集之间存在一一对应的关系。 对于所有有粒度的知识空间 $\mathcal{K}$ 和猜测函数 σ，下面的等价式定义了这种关系。其中，$S \subseteq Q$ 和 $q \in Q$：

$$S 是 \mathcal{K} 内位于 q 的原子 \quad \Longleftrightarrow \quad S 是 \sigma 内对于 q 的条件 \tag{5.3}$$

在这种对应关系下，一个可识别的，有粒度的知识空间的映像就是一个可识别的推测函数。

证明。设 s 是从一个集合 Q 上所有有粒度的知识空间的群集 $\mathcal{K}^g$ 到 Q 上所有推测函数的群集 $\mathcal{F}^s$ 上的函数，由下面的等价式（其中 $\mathcal{K} \in \mathcal{K}^g$ 和 $\sigma \in \mathcal{F}^s$）依据定义 5.2.1 定义。

$$s(\mathcal{K}) = \sigma \quad \Longleftrightarrow \quad \forall q \in Q: \sigma(q) = \{S \in 2^Q | S 是位于 q 的原子\}. \tag{5.4}$$

现在假设 $\mathcal{K}$ 和 $\mathcal{K}'$ 是 Q 上两个不同的有粒度的知识空间，且 $\sigma = s(\mathcal{K})$ 和 $\sigma' = s(\mathcal{K}')$。那么，$\mathcal{K}$ 和 $\mathcal{K}'$ 一定具有不同的基。特别是，一定存在一个元素 q，使得 $\mathcal{K}$ 中位于 q 的所有原子组成的集合与 $\mathcal{K}'$ 中位于 q 的所有原子组成的集合不一样（定理 3.6.6 和定理 3.4.8）。因此，我们有 $\sigma(q) \neq \sigma'(q)$，而且有 $\sigma \neq \sigma'$。我们得出的结论是 s 是一个从 $\mathcal{K}^g$ 到 $\mathcal{F}^s$ 的内射。而映射 s 实际上是 $\mathcal{F}^s$ 的满射。正如定义 5.1.2 提示的那样，对于 $\mathcal{F}^s$ 里的任何一个 σ，σ 的条件不能是其他条件的并集。结果，σ 的所有条件形成了某个有粒度的知识空间 $\mathcal{K}$ 的基，且 $s(\mathcal{K}) = \sigma$。

关于可识别的空间和推测函数的论证是显而易见的。□

定理 5.2.5 显示出知识空间的一个重要性质，以至可以将它作为我们核心概念之一（知识空间）的额外依据。在一个有限集合 Q 的情形下，并集下闭合的公设从所有知识结构中选出这样一些知识状态的族。这些知识状态可以从问题的条件中推出来。

根据定义 5.2.1 和 5.2.3，一个有粒度的空间 $(Q, \mathcal{K})$ 和一个推测系统 (Q, σ)，正如定理 5.2.5 中所关联的那样，可以从一个推出另一个。这一说法与定义 3.8.4 相辅相成。也就是说，定理 5.2.5 中的对应关系推广了 Birkhoff 的定理 3.8.3 中拟序空间和拟序关系之间的对应关系。

5.3 AND/OR 图

我们在这里展示属性是如何被看作一种 AND/OR 图的，以及它们如何产生知识空间。AND/OR 图用于人工智能领域，尽管常常没有一个正式的定义。人们常将任务分解成子任务，例如在解决一个实际问题的时候。这些子任务的每一个可能都还需要其他子任务的某个子集作为其自身解决的前提——或者也许根本没有子任务。这里，（子）任务被称为"OR-点"。如果子任务的完成可以促成其他任务的解决，那么这样的任务被称作"AND-点"。一条从"AND-点"α 指向"OR-点"a 的边意味着子任务的联合 α 是解决任务 a 的一条途径。一条从"OR-点"b 指向"AND-点"α 的边意味着任务 b 包含于任务组合 α 中。为了消除可能的歧义，我们将把一些假设作为公设提出，这些常被隐含在其他地方。AND/OR 图与推测系统的主要差别在于人工智能领域的 AND-点的引入表示子任务的组合；而推测系统中的"AND-点"表示属性环境下的条件（参见定义 5.1.2）。

下面的定义会用例子 5.3.2 和图 5.4 来表示。

5.3.1 定义。一个 **AND/OR 图**是一个有向图 $G = (V, E)$，其中，顶点的非空集合 V 是由两个不相交的子集组成的：**AND-点**的集合 V_{AND} 和 **OR-点**的集合 V_{OR}。集合 E 的元素是一个（有向）**边**，即有序的顶点对。我们还要求：

(i) 要么边的起点属于 V_{AND}，终点属于 V_{OR}，要么相反；

(ii) 每个 AND-点 α 恰属于一条边 (α, a)，其中 $a \in V_{OR}$；

(iii) 每个 OR-点 a 至少属于一条边 (α, a)，其中 $\alpha \in V_{AND}$。

上述三个条件的解释依赖于在定义 5.3.1 之前关于边和顶点的含义。条件 (i) 说的是边恰包含两种含义中的一个。条件 (ii) 要求任何任务的组合都是一个有限的任务。条件 (iii) 强调任何任务都可以通过子任务的组合（含空组合）完成。

5.3.2 例子。假设 $V_{AND} = \{\alpha_1, \alpha_2, \beta_1, \beta_2, \gamma_1, \gamma_2, \delta, \epsilon, \eta, \gamma, \vartheta\}$ 和 $V_{OR} = \{a, b, ..., h\}$。一个具有 21 条边的 AND/OR 图 $V = V_{OR} \cup V_{AND}$ 如图 5.4 所示。我们分别用 $\vee$ 和 $\wedge$ 来标记 OR-点和 AND-点。

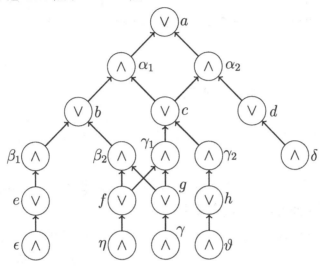

图 5.4: 例子 5.3.2 中用到的 AND/OR 图。

正如本章开头所述，这类图的一般解释是站在由 OR-点表示的任务角度提出的。例如，任务 a 要求（子）任务 b 和 c 在之前完成，或者（子）任务 c 和 d。每个 AND-点意味着一个任务的集合，该集合内所有任务完成之后，才能开始与之相连的独特任务。

定义 5.3.1 中条件 (ii) 的"恰有一个"被有些作者替换为"至少有一个"。我们另外的要求并不严格。它在加入 AND-点而不用修改图的本意就能得到满足。事实上，如果某个 AND-点 α 属于若干边 $(\alpha, b_1), (\alpha, b_2), ..., (\alpha, b_n)$，我们可以用克隆的方法替换 α，每个 b_i 给一个，其中 $i = 1, ..., n$。这样一个克隆的过程在例 5.3.1 中是必需的，如果 AND-点 β_2 和 γ_1 裂开的话。

注意到我们的定义 5.3.1 并没有排除包含子任务"循环"的"错综复杂"的情形。第 5.6 节将分析这些概念。

每个 AND/OR 图产生了一个位于它的 OR-点集合之上的知识空间。这个需要向那些意识到 AND/OR 图和属性之间联系的读者们交代清楚。定理 5.3.4 澄清了这种联系。由于下面定理的证明是显而易见的，所以我们省略了证明。

5.3.3 定理。 设 $G = (V, E)$ 是一个 AND/OR 图。一个 V_{OR} 的子集 K 就是一个 G 的状态，如果它满足条件：对于 K 中的任何一个 a，存在一条边 (α, a) 且 $\alpha \in V_{AND}$，使得对于每一条边 (b, α)，都有 $b \in K$。这时，状态族就是 V_{OR} 上的知识空间。

下面的定理表明如何将一个属性转变成一个 AND/OR 图，方法是把问题看作 OR-点，而把条件看作 AND-点。当出现一个集合是若干个问题的条件时，需要特别注意。为了获得一个 AND/OR 图的定义 5.3.1 中的条件 (ii)，我们把一个问题 q 的一个条件 C 转变成一个 AND-点 (q, C)。

5.3.4 定理。 以下两个构造过程是互逆的，而且建立一个所有属性群集与所有 AND/OR 图之间的一一对应关系。

假设 σ 是一个集合 Q 上的属性。构造一个相应的 AND/OR 图的方法如下：设定 $V_{OR} = Q$，$V_{AND} = \{(q, C) | q \in C \in \sigma(q)\}$，并如下定义边。只要 $q = a \in Q$ 且 C 是 σ 中问题 a 的条件，就声明一条边 $((q, C), a)$。只要 C 是 σ 中 q 的条件且 $b \in C$，就声明一条边 $(b, (q, C))$。

相反地，如果 $G = (V, E)$ 是一个 AND/OR 图，设 $Q = V_{OR}$ 且定义 Q 上的属性 σ 如下：如果存在一条边 (α, q) 且 α 是某个 AND-点，使得 $C = \{b \in V_{OR} | (b, \alpha)$ 是一条边$\}$，那么，Q 的一个子集 C 是问题 q 的一个条件。

定理中陈述的两个构造方法表明 Q 上的属性和 $V_{OR} = Q$ 条件下的 AND/OR 图这两者是同义反复。问题对应于 OR-点，而条件（或者 (C, q)，且问题 q 的条件 C）对应于 AND-点。我们把证明留给读者。

5.4 推测函数和级配良好

正如定理 5.2.5 所示，我们考虑一个推测系统 (Q, σ) 和由它推出的有粒度的知识空间 $(Q, \mathcal{K})$。因此，对于 $K \subseteq Q$，

$$K \in \mathcal{K} \iff \forall q \in K, \exists C \in \sigma(q) : C \subseteq K.$$

记得定理 4.1.9 中空间 $(Q, \mathcal{K})$ 是级配良好的，当且仅当 $(Q, \mathcal{K})$ 是有限的，且它的所有学习路径是有层次的。定理 4.3.5 部分地将这一结论推广到无限情形下，也就是说，∞-级配良好和 ∞-有层次的。

我们现在研究级配良好是如何反映在推测系统 (Q, σ) 中的。

5.4.1 定理。 假设 $\mathcal{K}$ 是一个知识空间，基是 $\mathcal{B}$（根据定理 3.4.8，基因此是由所有原子的群集组成的）。设 σ 是 $\mathcal{K}$ 的推测函数。那么，下面三个条件是等价的：

(i)$\mathcal{K}$ 是 ∞-级配良好的[62]；

(ii)$\mathcal{K}$ 的任何一个原子是只位于一个元素的原子；也就是说，族 $\{\sigma(x) | x \in \cup \mathcal{F}\} \subseteq 2^{\mathcal{B}}$ 是 $\mathcal{B}$ 的一个划分；

(iii) 对于位于任何一个元素 q 的任何一个原子 B，集合 $B \backslash \{q\}$ 是一个状态；也就是说，一个元素的任何一个条件，减去这个元素，就是一个状态。

我们给出这个结论的两个证明。第一个只适用于有限情形，而且专门是为跳过了第 4.3 节 ∞-级配良好的读者准备的。

证明有限情形： (i) $\Rightarrow$ (ii)。对于 $\mathcal{K}$ 中任何一个原子 B，$\mathcal{K}$ 中存在一条从 $\varnothing$ 到 B 的紧路径。不妨设 $\varnothing = K_0, K_1, ..., K_h = B$。那么 $B \backslash K_{h-1}$ 由一个单一元素 q 组成，而且 $K_{h-1} = B \backslash \{q\}$ 是一个状态。这样，B 就是一个只位于元素 q 的原子。这就立即导出 $\{\sigma(x) | x \in \cup \mathcal{F}\} \subseteq 2^{\mathcal{B}}$ 是 $\mathcal{B}$ 的一个划分。

(ii) $\Rightarrow$ (iii)。设 B 是位于元素 q 的一个原子。条件 (ii) 提示：对于任何一个 $r \in B \backslash \{q\}$，存在对于 r 的某个条件 $C(r)$，使得 $r \in C(r) \subset B \backslash \{q\}$。这样 $B \backslash \{q\} = \cup_{r \in B \backslash \{q\}} C(r)$，且 $B \backslash \{q\}$ 是一个状态。

(iii) $\Rightarrow$ (i)。这是定理 4.5.5 的结果。 $\square$

第二个证明适用于有限和无限的情形。

证明： (i) $\Rightarrow$ (ii)。我们用反证法。设 $(Q, \mathcal{K})$ 是级配良好的，不同的问题 q 和 q' 具有相同的条件 C。考虑任何一个学习路径 $\mathcal{L}$ 包含知识状态 C（根据最大准则，这样的学习路径一定存在）。对于 $q \in C$ 来说，由于 C 是一个最小的知识状态，对于任何一个 $\mathcal{L} \backslash \{C\}$ 且问题 $x \neq q$，我们没有 $C = K \cup \{x\}$。类似地，对于 $q' \in C$ 来说，由于 C 也是一个最小的知识状态，对于 $\mathcal{L} \backslash \{C\}$ 里任何一个 K，我们没有 $C = K \cup \{q\}$。基于相同的原因[63]，我们有

$$C \neq \bigcup \{L \in \mathcal{L} | L \subset C\}.$$

---

[62] 在有限域 Q 的情形下，"∞-级配良好"可以用"级配良好"来代替。

[63] 参见第 4.3.1 节，式 (4.12)。

因此，学习路径 $\mathcal{L}$ 不是一个层次，这与 ∞-级配良好的假设是矛盾的。

(ii) $\Rightarrow$ **(iii)**。假设对于某个问题 q 和 q 的某个条件 C，子集 $C\backslash\{q\}$ 不是一个状态。那么 $C\backslash\{q\}$ 必然存在某个 q'，使得 q' 没有条件被包含在 $C\backslash\{q\}$ 中。另一方面，状态 C 中包含了 q' 的某个条件 C'。因此，$q\in C'$。由于 C 对于 $q\in C$ 来说已经是最小的状态了，所以我们有 $C = C'$。这样，我们就得到了 q 和 q' 的一个相同的条件，于是产生了矛盾。

(iii) $\Rightarrow$ **(i)**。假设条件 **(iii)** 成立，还假设空间 $(Q, \mathcal{K})$ 不是级配良好的。因此，根据定理 4.3.5，存在某条学习路径 $\mathcal{L}$，并非有层次：换句话说，我们可以找到 $\mathcal{L}$ 中的某个 K，对于每一个 $q\in K$，既满足 $K \neq \bigcup\{L\in\mathcal{L}|L\subset K\}$，又满足 $K\backslash\{q\} \notin \mathcal{L}$。定义 $K^\circ = \bigcup\{L\in\mathcal{L}|L\subset K\}$，注意到 $K^\circ\in\mathcal{L}$。$K\backslash K^\circ$ 中就一定存在某个问题 r 且 r 的一个条件 C 存在于 K 之中。条件 **(iii)** 意味着 $C\backslash\{r\}\in\mathcal{K}$。设定 $L = K^\circ\cup(C\backslash\{r\})$，我们有 $L\in\mathcal{L}$。因为 $K^\circ\subseteq L\subset K$，$K^\circ$ 的定义意味着 $K^\circ = L\backslash\{r\}$。因此 $L = K\backslash\{r\}$，与我们选择的 K 相反。□

定理 5.4.1 并没有推广到偏序知识空间（在定义 2.2.6 的意义上）。我们在下面用到的记号"$spanned^+$"（"被生成 $^+$"）在定义 4.5.1 中介绍过。

5.4.2 反例。考虑族 $\mathcal{K}$ 被生成 $^+$ 的基是

$$\mathcal{B} = \{\{a,b,c\}, \{b,d\}, \{c,d\}\}.$$

容易验证 $\mathcal{K}$ 是可识别的和级配良好的。然而，定理 5.4.1 中无论 **(ii)** 还是 **(iii)**，都不满足：推测函数

$$\sigma(a) = \{\{a,b,c\}\}, \quad \sigma(b) = \{\{a,b,c\},\{b,d\}\},$$
$$\sigma(c) = \{\{a,b,c\},\{c,d\}\}, \quad \sigma(d) = \{\{b,d\},\{c,d\}\}$$

没有定义一个基 $\mathcal{B}$ 的划分，因为 $\{c,d\}$ 是同时位于 c 和 d 的原子。由于 $\{c,d\}\backslash\{d\}$ 不是一个基的状态的并，所以它不是 $\mathcal{K}$ 的状态。

5.5 哈斯系统

设 $\mathcal{R}$ 是集合 Q 上的一个关系。如果我们在定义 5.1.4 的意义上把 $\mathcal{R}$ 转换成一个属性函数，那么 Q 的一个子集 K 就是 $\mathcal{R}$ 的一个状态，如果它满足

$$\forall(p,q)\in\mathcal{R}: q\in K \Longrightarrow p\in K$$

（参见定义 5.2.3）在关系 $\mathcal{R}$ 是一个拟序关系的情形下，$\mathcal{R}$ 的状态就是在定义 3.8.4 的意义上从 $\mathcal{R}$ 推出的空间状态。在一个有限集合 Q 上的一个偏序 $\mathcal{P}$ 的哈斯图 $\check{P}$ 具有和 $\mathcal{P}$ 一样的状态。更重要的是，$\check{P}$ 恰是具有那些状态的最小关系（这里，"最小"的意思是"最小包含"）。在这种意义下，$\check{P}$ 是对于偏序 $\mathcal{P}$ 最经济的概括。这一节关心的是为推测系统（也为 AND/OR 图，见定理 5.3.4）提出一个与"最经济的概括"相似的概念。我们将把"哈斯系统"定义成一个"经济"的属性，这里，"经济"的准确含义依赖于我们在下一个定义中介绍的属性的比较方法。

5.5.1 定义。 我们用下面的等价式定义一个非空集合 Q 上所有属性的群集 $\mathfrak{F}$ 上的关系 $\precsim$：

$$\sigma' \precsim \sigma \iff \forall q \in Q, \forall C \in \sigma(q), \exists C' \in \sigma'(q) : C' \subseteq C \qquad (\sigma, \sigma' \in \mathfrak{F}). \quad (5.5)$$

关系 $\precsim$ 总是一个拟序关系，但不一定是一个偏序（但是，见问题 6）。它被记作 $\mathfrak{F}$ 上的**属序**。注意到 $\precsim$ 对 Q 上所有关系集合的限制（转换为属性）通常包含关系的比较。

总而言之，可能存在若干属性可以产生一个特定的、有粒度的知识空间 $(Q, \mathcal{K})$ 的状态（在定义 5.2.3 的意义下）。一个属性 σ 之上的、能够经济地描述 $\mathcal{K}$ 的自然条件是 σ 是在所有产生 $\mathcal{K}$ 的属性的子集中最小的一个元素（这里最小是指属序 $\precsim$）。在无限域 Q 的情形下，无法保证至少存在一个这样的最小元素。联想到对于无限的偏序，哈斯图可以是空的（例如，实数集上的线性次序）。

5.5.2 例子。 式 (5.1) 中知识空间 $\mathcal{H}$

$$\mathcal{H} = \{\varnothing, \{a\}, \{b,d\}, \{a,b,c\}, \{b,c,e\}, \{a,b,d\}, \{a,b,c,d\},$$
$$\{a,b,c,e\}, \{b,c,d,e\}, \{a,b,c,d,e\}\},$$

具有一个可以推出的推测函数 σ，在 5.2.2 中的表达是

$$\sigma(a) = \{\{a\}\}, \qquad \sigma(b) = \{\{b,d\}, \{a,b,c\}, \{b,c,e\}\},$$
$$\sigma(c) = \{\{a,b,c\}, \{b,c,e\}\}, \quad \sigma(d) = \{\{b,d\}\}, \quad \sigma(e) = \{\{b,c,e\}\}.$$

属性 σ 不是最小的（对于 $\mathcal{H}$ 而言），由于下面的属性 ϵ 满足 $\epsilon \precsim \sigma$，但

没有 $\sigma \precsim \epsilon$，却有相同的知识状态

$$\epsilon(a) = \{\varnothing\}, \qquad \epsilon(b) = \{\{c\}, \{d\}\},$$
$$\epsilon(c) = \{\{a, b\}, \{b, e\}\}, \quad \epsilon(d) = \{\{b\}\}, \quad \epsilon(e) = \{\{c\}\}.$$

我们把 ϵ **不是** $\mathcal{H}$ 的最小属性的证明留给读者。从一个条件中删除任何一个元素都会改变状态的群集，但是把条件 $\{d, e\}$ 增加到 $\epsilon(c)$ 中就给出了一个严格 "小些" 的属性，在 $\precsim$ 的含义下，还是会产生 $\mathcal{H}$。注意到 $\mathcal{H}$ 的每一个包含了 $\{c\} \cup \{d, e\}$ 的状态都包含了 c 的另外一个条件。因此，添加 $\{d, e\}$ 的条件对于产生 $\mathcal{H}$ 的一个 "经济" 的属性会有些多余。

5.5.3 例子。 如下知识空间是有序的：

$$\mathcal{G} = \{\varnothing, \{a\}, \{a, b\}, \{a, c\}, \{a, b, c\}, \{a, b, c, d\}\},$$

它是从一个偏序转换而来的，因为推测函数 δ 是：

$$\delta(a) = \{\{a\}\}, \qquad\qquad \delta(b) = \{\{b, a\}\},$$
$$\delta(c) = \{\{c, a\}\}, \qquad\qquad \delta(d) = \{\{d, a, b, c\}\}.$$

空间 $\mathcal{G}$ 也是从一个属性 γ 转换而来的：

$$\gamma(a) = \{\varnothing\}, \qquad\qquad \gamma(b) = \{\{a\}, \{c\}\},$$
$$\gamma(c) = \{\{a\}\}, \qquad\qquad \gamma(d) = \{\{b, c\}\}.$$

因此，对于 $\mathcal{G}$ 存在某个最小的属性 μ，且 $\mu \precsim \gamma$ 和 $\{c\} \in \mu(b)$（构造 μ 对于我们的论证来说并不必要）。以 $\mu(b)$ 里的条件 $\{c\}$ 来看，这是一个累赘。这并没有包含在位于 b 的唯一的原子 $\{a, b\}$ 中。更重要的是，包含 $\{b\} \cup \{c\}$ 的每一状态也包含了 b 的条件 $\{a\}$。下面定义的条件排除了这样一种累赘的条件。

5.5.4 定义。 当对于任何一个元素 q 和 q 的任何一个条件 C，存在某个状态 K（在定义 5.2.3 的意义下从 σ 推出的知识空间中），它包含 q 和 C，但不包含 q 的其他条件时，非空集合 Q 上的属性 σ 是紧的。

注意到任何一个转换成属性的关系都是紧的。也就是说，任何一个推测函数都是紧的。

5.5.5 定理。 任何一个 Q 上的属性 σ 是紧的，满足推测系统定义（参见 5.1.2）的条件 (iv)，即

$$\forall q \in Q, \forall C, C' \in \sigma(q) : C \subseteq C' \implies C = C'.$$

证明。 假设 $C, C' \in \sigma(q)$ 且 $C' \subset C$。那么任何一个包含了 q 和 C 的状态都会包含 C'，这与 σ 是紧的相矛盾。 □

5.5.6 定理。 如果一个属性是紧的，产生了一个有粒度的知识空间 $\mathcal{K}$，那么任何一个元素 q 的任何一个条件都被包含在 $\mathcal{K}$ 里某个位于 q 的原子中。

证明。 设 σ 是属性，并假设 $C \in \sigma(q)$。选取包含了 $\{q\} \cup C$ 但没有与 C 不同的 q 的条件的状态 K。根据粒度，存在某个位于 q 的原子 A，且 $A \subseteq K$。既然 $A \in \mathcal{K}$，那么存在某个 q 的条件 D，使得 $D \subseteq A \subseteq K$。从 K 的选择来看，我们一定有 $C = D$。 □

5.5.7 注释。 a) 当 Q 或者 $\mathcal{K}$ 有限时，粒度是自动满足的。当粒度无法保证时，我们认为定理 5.5.6 的结论不成立。我们将其作为第 18 章列出的问题之一（见 18.3.1 的开放问题）。第 8 章讨论了可以产生有粒度的知识空间[64]的属性。

b) 注意到定理 5.5.6 中提到的原子并不唯一，正如例子 5.5.2 中示出的当 $q = b$ 时的属性 ϵ 那样。

我们的准备到此结束。定理 5.5.10 将会表明：下面的定义中提出的"哈斯系统"的概念是一个针对偏序的哈斯图的推广。

5.5.8 定义。 一个有粒度的知识空间 $(Q, \mathcal{K})$ 的一个 **哈斯系统**，或者从它导出的推测系统，在 (5.5) 定义的拟序 $\precsim$ 下，它是 Q 上所有属性组成的集合中最小的一个属性 σ。这些属性是：

(i) 紧的；

(ii) 产生 $\mathcal{K}$。

在这种情形下，我们还说 (Q, σ) 是 $(Q, \mathcal{K})$ 的一个哈斯系统。

在问题 8 中，我们请读者来证明例子 5.5.2 中的属性 ϵ 是不是一个哈斯系统。这里我们举另外一个例子。

---

[64] 见定义 8.5.2。

5.5.9 例子。 考虑例子 5.5.3 中产生了序知识空间 $\mathcal{G}$ 的属性 γ。当 $\alpha \precsim \gamma$ 时，$\mathcal{G}$ 没有哈斯系统 α。（一个都没有，是因为从 b 的条件 $\{c\}$ 来说，γ 不是一个紧属性）另一方面，转换成属性 β 的偏序 δ 的哈斯图导致了哈斯系统

$$\beta(a) = \{\varnothing\}, \quad \beta(b) = \{\{a\}\}, \quad \beta(c) = \{\{a\}\}, \quad \beta(d) = \{\{b, c\}\}.$$

显然，任何有限的知识空间至少存在一个哈斯系统。事实上，产生 $(Q, \mathcal{K})$ 的紧属性的数目是正的且有限的。因此，在属序 $\precsim$ 方面，它们当中一定有一个最小的。任何一个这样的最小元素 (Q, σ) 根据定义就是一个哈斯系统。

5.5.10 定理。任何一个有限的序知识空间 $(Q, \mathcal{K})$ 恰有一个哈斯系统。对于 Q 中的每一个元素 q，该系统都有一个唯一的条件，它以从 $\mathcal{K}$ 推出的 Q 上的偏序包含了 q 覆盖的所有元素。

因此，从 $\mathcal{K}$ 中获得的 Q 上的偏序的哈斯图转换成上述定理中提到的唯一一个哈斯系统。

证明。根据定理之前的论证，我们知道 $(Q, \mathcal{K})$ 中至少存在一个哈斯系统。我们选择一个这样的哈斯系统记作 σ。我们需要论证的是 σ 对于每一个元素 q 恰有一个条件，而且这个条件由 q 覆盖的所有元素组成。而这个 q 在从 $\mathcal{K}$ 获得的 Q 上的偏序 P 中。任选一个 $\sigma(q)$ 里的条件 C（根据属性定义 5.1.2 中的条件 (i)，我们有 $\sigma(q) \neq \varnothing$）。从定理 5.5.6，我们知道 xPq 对于 C 中所有的元素 x 都成立。以 σ 的最小性，与定理 5.5.5 一起，我们有 $q \notin C$。设 K 就是包含 C 的最小状态。容易验证 $K \cup \{q\}$ 也是一个状态。这样，每个被 q 覆盖住的元素 y 都属于 K。更重要的是，这样一个元素 y 必然在 C 里（否则，C 中就会有一个元素 z 满足 $yPzPq$，但是 q 却没有覆盖 y）。我们因此得以证明 q 的每一个条件包含了 q 覆盖的所有元素。再从最小性得到，没有其他元素属于这个条件了。 □

5.5.11 注释。 如果我们没有在哈斯图的定义中主张紧，最后一个定理就不能成立（见例子 5.5.3）。如果一个拟序至少含有三个元素而且多于一个元素共用一个记号，那么它就会有不止一个哈斯系统。以下是两个例子。

5.5.12 例子。 设 $\{(b, a), (b, c), (c, b)\}$ 是一个 $Q = \{a, b, c\}$ 上的关系。这个关系转换成属性 σ，且

$$\sigma(a) = \{\{b\}\}, \quad \sigma(b) = \{\{c\}\}, \quad \sigma(c) = \{\{b\}\}.$$

由此获得的知识空间 $\mathcal{K} = \{\varnothing, \{b, c\}, \{a, b, c\}\}$ 是一个拟序。事实上，σ 是 $\mathcal{K}$ 的一个哈斯系统。不难构造出一个其他的来。

5.5.13 例子。 设 $Q = \{a, b, c\}$，设关系 S 由 $(a, b), (b, c)$ 和 (c, a) 组成。由此产生的拟序空间 $\mathcal{K}$ 只有两个状态。它有多个哈斯系统，其中一个是 S 转换的属性。

我们并不清楚如何高效地描述只有一个哈斯系统的、有粒度的知识空间的特征（见开放问题 18.1.4）。

5.6 可分解性和非周期性

在 **AND/OR** 图的讨论中，我们提到任何一个这样的图都可以解释成一个为完成主要任务（有若干子任务）的、有组织的装置。我们还提到定义 5.3.1 无法排除包含子任务循环这样一种错综复杂的情形。在本节中，我们考虑把这样一种情况排除出去的约束条件。这促使我们介绍"可分解的"属性的概念。在知识评估和学习环境下，要掌握任何一个问题，都需要经过一条或多条学习路径（也就是说，先决条件不是自相矛盾的）。这就排除了像例子 5.5.13 那样的错综复杂的情形，在这个例子中，b 和 c 都互为先决条件。

首先，"可分解性"有两层含义：它可以是局部的（每个单独的问题都可以被掌握），或者全局的（逐渐掌握整个结构的策略是可以设计出来的）。我们从证明有限情形下这两个概念是等价的开始。

请记住下面条件 (ii) 里的记号 $\mathcal{T}^{-1}(x)$ 表示集合 $\{y \in Q \mid y\mathcal{T}x\}$。

5.6.1 定理。 考虑非空集合 Q 上的一个属性 σ 的如下两个条件：

(i) 对于 Q 里的每一个元素 q，存在一个自然数 k 和某个元素序列 $q_1, ..., q_k = q$，使得对于 $\{1, ..., k\}$ 中的每一个 i，

$$\exists C \in \sigma(q_i) : C \subseteq \{q_1, ..., q_i\};$$

(ii) Q 上存在一个线性次序 $\mathcal{T}$，满足 Q 里的每个元素 q：

    (a) $\exists C \in \sigma(q) : C \subseteq \mathcal{T}^{-1}(q)$；

    (b) $\mathcal{T}^{-1}(q)$ 是有限的。

那么 (ii) $\Rightarrow$ (i)，而且如果 q 是有限的，(i) $\Rightarrow$ (ii)。

在条件 (i) 中，设 $i = 1$，我们得到 q_1 的某个条件被包含在 $\{q_1\}$ 中。

证明。(ii) ⇒(i)。设 $\mathcal{T}$ 是条件 (ii) 的线性次序，任取一个元素 $q \in Q$。条件 (i) 的序列 $q_1, ..., q_k$ 由次序 $\mathcal{T}$ 中排在 q 之前或等于 q 的元素组成。

(i) ⇒(ii)，且 Q 有限。考虑 Q 的所有子集 Y，可以用线性次序 $\mathcal{T}$ 来安排，以条件 (ii) 中的 (a) 和 (b) 都能满足的方式，且对于所有的 $q \in Y$ 都是。现在，在这些子集中选择某个最大的子集，还是把它称作 Y，且如上述那样的线性次序 $\mathcal{T}$。我们证明 $Y = Q$。假设存在某个 $q \in Q\backslash Y$，而且取条件 (i) 中的序列 $q_1, ..., q_k$。存在一个最小的下标 j，使得 $q_j \notin Y$。我们可以把 q_j 加到 Y 中去，把 q_j 放到 Y 的元素之后，从而把线性次序 $\mathcal{T}$ 拓展到 $Y \cup \{q_j\}$ 上。由此产生的线性次序集合与 Y 的最大性矛盾。 □

(i)⇒(ii) 在一般情况下是不成立的，如下例所示。选择一个不可数的集合 Q，且属性 σ 由 $\sigma(q) = \varnothing$（对于所有的 $q \in Q$）定义。那么条件 (i) 是满足的（甚至当 $k = 1$ 时），但条件 (ii) 却不行。注意到线性次序集合 $(Q, \mathcal{T})$，$\mathcal{T}$ 满足定理 5.6.1(ii) 的 (b)，必然是与依照通常顺序排列的自然数的子集是同态的。

5.6.2 定义。 当非空集合 Q 上的属性 σ 满足定理 5.6.1 中的条件 (ii) 时，它是可分解的。序 $\mathcal{T}$ 被称作 **解序** 。

5.6.3 定理。 设一个非空集合 Q 上有一个属性 σ，设知识空间 $\mathcal{K}$ 是由 σ 产生的。那么当且仅当 $\mathcal{K}$ 包含的某个链 $\mathcal{C}$ 满足如下条件时，σ 就是可分解的：

(i) $\varnothing \in \mathcal{C}$；

(ii) $\forall K \in \mathcal{C} \backslash \{Q\}, \exists q \in Q \backslash K : K \cup \{q\} \in \mathcal{C}$；

(iii) $\forall K \in \mathcal{C} : K$ 是有限的；

(iv) $\bigcup \mathcal{C} = Q$。

证明。设 $\mathcal{T}$ 对于 σ 而言是解序。空集加上所有的集合 $\mathcal{T}^{-1}(q)$，对于 $q \in Q$，构成了一个满足条件 (i) 到 (iv) 的条件的链 $\mathcal{C}$。反过来，如果我们有了一个满足 (i) 到 (iv) 的链 $\mathcal{C}$，那么序 $\mathcal{T}$ 由下面的等价式定义：

$$q \mathcal{T} r \iff (\forall K \in \mathcal{C} : r \in K \Rightarrow q \in K) \qquad (q, r \in Q).$$ □

5.6.4 结论。 如果两个属性都产生了同一个知识空间，那么要么两个都是可以分解的，要么两个都不能。

5.6.5 定义。 一个知识空间由至少一个可分解的属性产生时，它是可以分解的。

可分解的属性的定义和可分解的知识空间的定义并不特别吸引人，因为它们包含一个在线性次序上的依据存在经验的限量词。我们现在给出可分解性的其他条件。

5.6.6 定理。如果一个有限的、非空集合推出的知识空间级配良好，那么位于其上的属性就是可分解的。

我们把这个证明作为问题 10 留给读者，那里，我们还要求读者证明反过来不成立。

5.6.7 定义。集合 Q 上的关系 $\mathcal{R}$ 是非周期的，当不存在任何一个由 Q 的元素组成的有限序列 $x_1, x_2, ..., x_k$，使得 $x_1\mathcal{R}x_2, x_2\mathcal{R}x_3, ..., x_{k-1}\mathcal{R}x_k, x_k\mathcal{R}x_1 x_1 \neq x_k$。（注意到一个非周期的关系可能是反射的。）

5.6.8 定理。任何有限的偏序集（转换成一个属性）是可分解的。更一般地，有限集合上的关系是可分解的，当且仅当它是非周期的。

证明。下面来自线性次序的证据拓展了一个给定的偏序（Szpilrajn 的理论；见 Szpilrajn 等，1930；Trotter，1992），和一个偏序拓展了一个给定的非周期的关系。 □

5.6.9 例子。例子 5.1.1 的空间 $\mathcal{H}$ 不包含任何层次，所以根据定理 5.6.3，它是不可分解的。我们注意到 $\mathcal{H}$ 的推测或者前导关系 $\precsim$，之前曾被定义为

$$r \precsim q \Longleftrightarrow r \in \cap \mathcal{H}_q \qquad \text{（在定义 3.7.1）}$$
$$r \precsim q \Longleftrightarrow r \in \cap \sigma(q) \qquad \text{（以推测函数 } \sigma \text{ 来看）}$$

前导关系 $\precsim$ 在图 5.1 是用它的哈斯图来表示的。注意到它就是非周期的。第二个特征提示另一个关系 $\mathcal{R}$，是这样定义的：

$$r\mathcal{R}q \Longleftrightarrow r \in \cup\sigma(q). \qquad (5.6)$$

关系 $\mathcal{R}$ 有许多周期。例如既然 $\{b, d\} \in \sigma(b) \cap \sigma(d)$，我们有 $b\mathcal{R}d\mathcal{R}b$。

5.6.10 注释。对于集合 Q 上的一个属性 σ，我们用下面的等价式定义 Q 上的关系 $\mathcal{R}_\sigma$：

$$q\mathcal{R}_\sigma q' \quad \Longleftrightarrow \quad \exists C \in \sigma(q') : q \in C \qquad (q, q' \in Q).$$

我们把下面一个定理的证明作为问题 12 留给读者。

5.6.11 定理。 设 σ 是有限、非空集合 Q 上的属性。考虑到下面三个条件：

(i) 关系 R_σ 是非周期的；

(ii) 由 σ 产生的空间 $\mathcal{K}$ 是可分解的；

(iii) $\mathcal{K}$ 的前导关系是非周期的。

那么 (i) $\Rightarrow$ (ii) $\Rightarrow$ (iii)。

我们将在第 8 章再次讨论非周期性；参见定理 8.5.6，那里用到了下述概念。

5.6.12 定义。 当关系 R_σ 是非周期时，称属性 σ 就是非周期的。

5.7 文献和相关工作

知识空间和推测系统之间的联系曾经在我们的论文（Doignon 和 Falmagne，1985）提出过，那时针对的是有限情形。我们还在定理 5.3.4 中揭示了在属性和 **AND/OR** 图之间存在的紧密关系。对于后面这个概念，读者可以参考人工智能的有关书籍，比如 **Barr** 和 **Feigenbaum**（1981）或者 **Rich**（1983）。

知识空间及其推出的推测系统（定理 5.2.5）之间的对应关系可以重新表述为简单的闭合空间（参见定义 3.3.1）。对于一个非空集合 Q，考虑映射 $\gamma : Q \mapsto 2^{2^Q}$，且作为 Q 子集族的 $\gamma(x)$ 被称作"半空间"或者"位于 x 的共同点"。在实仿射空间的所有凸子集的情况下，一个半空间可以成为一个凸子集，它是所有满足不包括 x 这一特征的子集中最大的那一个。在所有矢量子空间的情况下，位于 x 的半空间可以成为任何一个避开 x 的超平面。我们提出半空间的四个公设，其中 $x, x' \in Q$：

(i) $\gamma(x) \neq \varnothing$；

(ii) 如果 $S \in \gamma(x)$，那么 $x \notin S$；

(iii) 如果 $x' \notin S \in \gamma(x)$，那么对于某个 $S' \in \gamma(x')$，$S' \supseteq S$；

(iv) 如果 $S, S' \in \gamma(x)$ 且 $S' \subseteq S$，那么 $S = S'$。

细心的读者肯定已经注意到上述四个公设的每一条都是定义了推测函数的定义 5.1.2 中相应条件的对偶。满足上述四个公设的 Q 上函数 γ 与 Q 上的简单闭合空间之间的关系是一一对应的。

把知识空间和推测函数联系在一起的定理 5.2.5，还可以从 Falment（1976）中推出来。一个与此有关的结果，用一种非常不同的语言，在一个不同的背景下表述出来，参见 Davey 和 Priestley（1990）。他们的定理 3.38 把我们的术语中的有穷空间（定义 3.6.1）和推测系统的一个变种联系了起来。

把级配良好变换成一个推测系统的属性是 Koppen（1989）（还可以参见 Koppen，1998）在有限情形下获得的。（更准确地说，Koppen 使用了定理 5.4.1 中的条件 (ii)。）与此密切相关的工作出现在"凸几何"的背景下，比如 Edelman 和 Jamison（1985）或者 Van de Vel（1993）。

5.5.8 中给出的哈斯系统的定义依赖于紧性质，而不是 Doignon 和 Falmagne（1985）中的公设 [M]。新定义进一步聚焦于属性的最小性。尽管我们在该领域的第一篇论文里就已经考虑了非周期性，可分解性的概念还是第一次在这里提出。

问题

1. 在定义 5.1.2 中，推测系统 (Q, σ) 的第一个条件是 $\sigma(q)$ 不会是 2^{2^Q} 子集族里的空集。证明移除这一条件对应于放弃要求在一个知识空间 $(Q, \mathcal{K})$ 中 $Q \in \mathcal{K}$。也就是说，描述和证明一个与定理 5.2.5 类似的、修改后的"伪"推测系统和"伪"知识空间这一结论。

2. 设 σ 是一个位于集合 Q 上的属性，设 $\mathcal{R}$ 是一个 Q 上的关系，它的定义是 $r\mathcal{R}q \Leftrightarrow r \in \cup\sigma(q)$。假设对于 Q 中所有的 q，$|\sigma(q)| = 1$。证明关系 $\mathcal{R}$ 是传递的，当且仅当 σ 满足一个推测函数的条件 (ii)（见定义 5.1.2）。

3. 在以下情况中，描述从有粒度的知识空间 $(Q, \mathcal{K})$ 推出的推测系统：

   a) $Q = \{1, ..., 100\}$，且 $\mathcal{K} = \{K \in 2^Q \mid |K| = 0 \text{ 或 } |K| \geq 50\}$；

   b) $Q = \{a, b, ..., z\}$，且 $\mathcal{K} = \{K \in 2^Q \mid K = \varnothing \text{ 或 } a \in K\}$；

   c) $Q = \mathbb{R}^2$，且 $\mathcal{K} = \{K \subseteq \mathbb{R}^2 \mid \mathbb{R}^2 \backslash K \text{ 是一个仿射空间}\}$（一个仿射子空间要么是空集，由单点组成的子集或者一条（直）线，或者整个 $\mathbb{R}^2$）；

   d) $\mathcal{K} = \{\varnothing, Q\}$；

   e) Q 是有限的，而且 $\mathcal{K}$ 是 Q 的子集的链。

4. 假设 $(Q,\mathcal{K})$ 是从推测系统 (Q,σ) 推出的知识空间。以条件 σ 的形式，给出一个充分必要条件，确保 $(Q,\mathcal{K})$ 是可识别的（参见定理 5.2.5 的证明）。

5. 一个集合 Q 上所有的属性函数的群集 $\mathfrak{F}$ 上的关系 $\precsim$（参见定义 5.5.1）是拟序，但不一定是偏序。证明如果把这个关系限制在集合 Q 上所有的推测函数的群集 $\mathfrak{F}^s$ 上，那么就是偏序。是否需要有关推测函数的所有公设来证明这一点？

6. 设 $Q = \{a,b,c,d\}$ 和
$$\mathcal{K} = \{\varnothing, \{a\}, \{c\}, \{a,c\}, \{c,d\}, \{a,b,c\}, \{a,c,d\}, Q\}.$$

这个知识结构 $(Q,\mathcal{K})$ 是由某个属性产生的吗？如果回答是肯定的，那么找到一个产生 $\mathcal{K}$ 的推测函数；这个推测函数是唯一的吗？在下面两个情形下回答前面的问题：

a) $(Q,\mathcal{K}')$，且 $\mathcal{K}' = \mathcal{K} \cup \{\{a,b\}, \{b,c\}, \{b,c,d\}\}$；

b) $(Q,\mathcal{K}'')$，且 $\mathcal{K}'' = \mathcal{K} \cup \{\{b\}, \{b,c\}, \{b,c,d\}\}$。

7. 证明例子 5.5.2 中的属性 ϵ 是一个哈斯系统。

8. 描述下述情形中每个属性 σ 产生的知识空间：

a) $Q = \{1,...,100\}$，且 $\sigma(q) = \{\{q\}\}$；

b) $Q = \mathbb{N}, \sigma(0) = \{\varnothing\}$，且对于 $q \geq 1$，$\sigma(q) = \{\{q-1\}\}$；

c) Q 是无限的，且 $\sigma(q)$ 由 Q 的所有无限子集组成，加上 $\varnothing$；

d) $\sigma(q) = \{Q\}$。

9. 证明定理 5.6.6，而且反过来不成立。

10. 在一个有限的知识结构 $(Q,\mathcal{K})$ 的下列条件中找出所有提示：

a)$(Q,\mathcal{K})$ 的学习步长等于 1（参见定义 4.4.2）；

b)$(Q,\mathcal{K})$ 是级配良好的（参见定义 4.1.3）；

c) $(Q,\mathcal{K})$ 由一个非周期的属性产生（参见定义 5.6.2）。

这些提示在一个无限知识结构 $(Q,\mathcal{K})$ 中还成立吗？

11. 证明定理 5.6.11。反过来也成立吗？如果我们假设属性 σ 是一个推测函数，答案会改变吗？

6 技能图，标签和过滤器

目前为止，对我们所提数学概念的认知学方面的解释局限在一些轻微唤起记忆的单词上，比如"知识状态""学习路径"或者"层次"。这是有原因的，正如例子 1.4.1，1.4.2 和 1.4.3 中启发的那样，我们的许多结论实际上可以用在很多不同领域。但是，必须意识到我们的基本概念与传统心理测量学的解释特征是一致的，比如"技能"或者"潜在特征"（见 Lord 和 Novick，1974；Weiss，1983；Wainer 和 Messick，1983；Wainer，Dorans，Eignor，Flaugher，Green，Mislevy，Steinberg，和 Thissen，2000）。本章介绍知识状态和技能，还有其他元素的特征之间的关系。

6.1 技能

依据 Marshall（1981）和其他（Falmagne，Koppen，Villano，Doignon，和 Johannesen，1990；Albert，Schrepp，和 Held，1992；Lukas 和 Albert，1993），我们假设存在"技能"的某个基本集合 S。这些技能存在于方法、算法或者技巧之中，而且原则上是可以区分的。我们的想法是把域中每个问题 q 和 S 中有用的、可以用来解决这个问题的技能联系起来，并从这种联系中推断其所处的知识状态。我们将用一个例子再具体说明我们的讨论。这个例子是关于测试 Unix 操作系统熟练程度的。

6.1.1 例子。问题 a：文件 lilac 中有多少行包含单词"purple"？（只允许使用一行命令。）

被试只能输入一行 Unix 命令。这个问题可以用许多种方法来解决，其中的三种如下。对于每一个方法，我们用打字机风格的界面呈现，以提示符">."开头。

(1) > grep purple lilac | wc

系统的回应是列出三个数字；第一个数字回答问题（命令"grep"，跟着两个参数"purple"和"liliac"，从文件 lilac 中抽取所有包含了单词"purple"的行；"pipe"命令的"|"把这个输出导入"wc"命令中（word count，单词计数），计算出输出中有多少行，多少个单词和多少个字符。）

(2) > cat lilac | grep purple | wc

得到相同答案，但是效率要低一点的方法。（"cat"命令要求列出文件 lilac，这是不必要的。）

(3) > more lilac | grep purple | wc

这个方法与前面那个类似。

检查上述三个方法提示我们在技能和问题之间的联系存在多个可能的种类，以及相应的构造与这些技能一致的知识空间的方法。一个简单的想法是认为这三种方法中的每一个都是一个技能。技能的全集 S 会包含这三个技能和一些其他的。问题与技能之间的联系就成为了一个函数 $\tau : Q \to 2^S$，它把每个问题 q 与技能的一个子集 $\tau(q)$ 联系起来。特别地，我们有[65]：

$$\tau(a) = \{1, 2, 3\}$$

考虑一个被试具有一个特殊的技能子集 T，包括 $\tau(a)$ 里的一些技能加上一些与其他不同问题有关的技能。例如：

$$T = \{1, 2, s, s'\}$$

这个被试可以解决问题 a，因为 $T \cap \tau(a) = \{1, 2\} \neq \varnothing$。事实上，这位被试的知识状态 K 包含所有的问题，这些问题至少可以被这个被试所拥有的一项技能解决，这就是：

$$K = \{q \in Q | \tau(q) \cap T \neq \varnothing\}$$

下一节研究的技能与状态之间的联系，名字是"选言判断模型"。我们将会看到从选言判断模型中推出的知识结构必然是知识空间。这一结论将由定理 6.2.3 证明。

为了完整，我们还简要考虑了我们称之为"逻辑乘"的模型，它是选言判断模型的对偶。在选言判断模型中，只有一个赋予问题 q 的技能可以解决这个问题。在逻辑乘模型中，赋予该问题的所有技能都是必须的。因此，对于任何一个问题 q，如果存在一个技能集合 T，使得恰当 $\tau(q) \subseteq T$（而不是选言判断模型中的 $\tau(q) \cap T \neq \varnothing$）时，我们有 $q \in K$，那么 K 就是一个状态。逻辑乘模型造成了这样一种局面：对于任何一个问题 q，存在由集合 $\tau(q)$ 表示的唯一解决方法，汇集了所有必需的技能。由此产生的知识结构在交集下闭合（参见定理 6.4.3）。我们把产生在交集和并集下都闭合的知识结构的模型分析留给读者（见问题 1）。

我们还讨论了技能和状态之间的另外一种关系。例子 6.1.1 中尚未充分展开的分析获得了选言判断模型和逻辑乘模型。这两个模型将上述三种方法

---

[65] 在 Unix 系统中有很多方法解决问题 a。我们只列出了其中的三个以简化我们的讨论。

视为技能，即便每种情况还要求多行命令。一个更精细的分析会在把每个命令都看作一个技能之后继续，包括"pipe"的命令"|"。

技能全集 S 的形式是[66]

$$S = \{\text{grep}, \text{wc}, \text{cat}, |, \text{more}, s_1, ..., s_k\}$$

这里，如前述，$s_1, ..., s_k$ 是指所考虑的域中与其他问题有关的技能。为了解决问题 a，会使用 S 的一个恰当的子集。例如，被试具有技能子集

$$R = \{\text{grep}, \text{wc}, |, \text{more}, s_1, s_2\}$$

能够用方法 1 或者方法 3 来解决问题 a。确实，这两个相关的命令集合包含于被试的技能集合 R 中，我们有

$$\{\text{grep}, \text{wc}, |\} \subseteq R,$$
$$\{\text{more}, \text{grep}, \text{wc}, |\} \subseteq R.$$

这个例子启发我们在问题和技能之间还存在更为复杂的联系。我们假设存在一个函数 $\mu : Q \to 2^{2^S}$，把问题 q 与对应了可能解决方案的所有技能子集的群集联系起来。在问题 a 的情况下，我们有

$$\mu(a) = \{\{\text{grep}, |, \text{wc}\}, \{\text{cat}, \text{grep}, |, \text{wc}\}, \{\text{more}, \text{grep}, |, \text{wc}\}\}.$$

总体上，如果 $\mu(q)$ 里至少存在一个 C，使得 $C \subseteq R$，那么一个被试具有某个技能集合 R，就可以解决某个问题 q。$\mu(q)$ 里的每一个子集 C，都可以被称作一个 q 的胜任力。技能和状态之间这一特殊的联系将在"胜任力模型"下予以探讨。我们将会发现这一模型与一般的知识结构是一致的，它在并集或者交集下都不一定闭合（参见定理 6.5.3）。

例子 6.1.1 会让人相信与某个特定领域相联系的技能总是很容易就能被识别出来。事实上，一般情况下，没有证据表明这种分辨会很容易。对于本章中的绝大多数内容，我们不明确技能集合具体是什么，而是留下 S 作为一个抽象集合。我们的重点是针对那些问题、技能和知识状态之间存在的联系进行分析。从认知方面或者教育方面对这些技能进行的解释将会推迟到本章的最后一节。在那里，我们用一种可能的系统化的问题标签，来帮助我们区分技能，以及在更加一般的意义上阐述知识状态自身的内容。

---

[66] 忽略对命令进行排序的技能会引起有些人的反对。但是，可以将这种技能纳入命令 | 中去，该命令的唯一目的就是连接两个命令。

6.2 技能地图：选言判断的模型

6.2.1 定义。一个 **技能地图** 是一个三元组 (Q, S, τ)，其中 Q 是一个非空问题集合，S 是一个非空 **技能** 集合，而 τ 是一个从 Q 到 $2^S \backslash \{\varnothing\}$ 的映射。当集合 Q 和 S 由具体的内容定义时，我们有时直接把 τ 本身称作一个 **技能地图** 。对于 Q 中的任何一个 q，S 的子集 $\tau(q)$ 将被称作 **赋予** q 的技能集合（根据技能地图 τ）。

设 (Q, S, τ) 是一个技能地图，S 的子集是 T。如果

$$K = \{q \in Q | \tau(q) \cap T \neq \varnothing\}$$

那么，我们说 $K \subseteq Q$ 是被 T （**通过选言判断模型**）描绘的知识状态。

注意到非空技能子集描绘了空的知识状态（因为对于每个问题 q，$\tau(q) \neq \varnothing$），而且 S 描绘了 Q。被 S 的子集所描绘的所有知识状态的族是由技能地图 (Q, S, τ) （**通过选言判断模型**）描绘 的知识结构。如果没有特别指明模型，在技能地图的框架下，"描绘"一词总是指"选言判断模型"。如果根据上下文排除了所有歧义，被 S 的子集描绘的状态族偶尔也会指 **被描绘的知识结构** 。

6.2.2 例子。 $Q = \{a, b, c, d, e\}$ 和 $S = \{s, t, u, v\}$，**我们通过下面的式子定义函数** $\tau : Q \to 2^S$

$$\tau(a) = \{t, u\}, \qquad \tau(b) = \{s, u, v\}, \qquad \tau(c) = \{t\},$$
$$\tau(d) = \{t, u\}, \qquad \tau(e) = \{u\}.$$

因此，(Q, S, τ) **是一个技能图。**根据 $T = \{s, t\}$ 描绘的知识状态是 $\{a, b, c, d\}$。**另一方面，**$\{a, b, c\}$ **不是** 一个知识状态，因为它没有被任何一个 S 的子集 R 描绘。确实，这样一个子集 R 必然包含 t（因为问题 c）；因此，被 R 描绘的知识状态也包含 d。这个被描绘的知识结构是

$$\mathcal{K} = \{\varnothing, \{b\}, \{a, c, d\}, \{a, b, c, d\}, \{a, b, d, e\}, Q\}.$$

注意到 $\mathcal{K}$ 是一个知识空间。这不是巧合，我们有以下结论：

6.2.3 定理。任何一个被技能地图（通过选言判断模型）描绘的知识结构都是一个知识空间。反过来，任何一个知识空间都能被至少一个技能地图描绘。

证明。设 (Q, S, τ) 是一个技能地图，设 $(K_i)_{i \in I}$ 是某个被描绘的状态的子群集。如果，对于任何一个 $i \in I$，状态 K_i 是被 S 的一个子集 T_i 描绘的，容易发现 $\bigcup_{i \in I} K_i$ 由 $\bigcup_{i \in I} T_i$ 描绘；也就是说，$\bigcup_{i \in I} K_i$ 也是一个状态。因此，由技能地图描绘的知识结构总是一个空间。

相反地，设 $(Q, \mathcal{K})$ 是一个知识空间。我们建立一个技能地图，设 $S = \mathcal{K}$，对于任何一个 $q \in Q$，设 $\tau(q) = \mathcal{K}_q$（包含 q 的知识状态因此恰是赋于 q 的技能；注意到依据 $q \in Q \in \mathcal{K}$，有 $\tau(q) \neq \varnothing$）。对于 $T \subseteq S = \mathcal{K}$，我们验证被 T 描绘的状态 K 属于 $\mathcal{K}$。确实，我们有

$$
\begin{aligned}
K &= \{q \in Q | \tau(q) \cap T \neq \varnothing\} \\
&= \{q \in Q | \mathcal{K}_q \cap T \neq \varnothing\} \\
&= \{q \in Q | \exists K' \in \mathcal{K} : q \in K' \text{ 且} K' \in T\} \\
&= \{q \in Q | \exists K' \in T : q \in K'\} \\
&= \cup T,
\end{aligned}
$$

因为 $\mathcal{K}$ 是一个空间，产生 $K \in \mathcal{K}$。最后，我们证明 $\mathcal{K}$ 中的任何一个状态 K，都被 S 的某个子集描绘，称作子集 $\{K\}$。设 L 是被子集 $\{K\}$ 描绘的状态，我们得到：

$$
\begin{aligned}
L &= \{q \in Q | \tau(q) \cap \{K\} \neq \varnothing\} \\
&= \{q \in Q | \mathcal{K}_q \cap \{K\} \neq \varnothing\} \\
&= \{q \in Q | K \in \mathcal{K}_q\} \\
&= K.
\end{aligned}
$$

我们推出空间 $\mathcal{K}$ 是被 (Q, S, τ) 描绘的。 □

6.3 最小技能图

在上面的证明中，对于任何一个知识空间，我们构造了一个描绘这个空间的具体的技能地图。从掌握问题所需的技能角度来看，将这种表达视作对于状态群集组织的一种解释，是非常诱人的。在科学上，对于现象的解释通常不是唯一的，偏好"经济"的解释是一种趋势。本节的内容就受到了这种启发。

我们从研究这样一个情况开始：两个不同的技能地图的差别仅仅在于一个技能的重新标记上。毫无疑问，在这种情况下，我们将讨论"同态技能地

图"，而且我们有时还会说这样的技能地图对于任何一个问题 q "在本质上都是一样的技能"。我们将在下一个定义中介绍这种同态的概念。

6.3.1 定义。在两个技能地图 (Q, S, τ) 和 (Q, S', τ')（问题集合 Q 是相同的）中，如果从 S 到 S' 存在一个一一映射的 f，对于任何一个 $q \in Q$，满足如下条件，那么就称这两个地图是同态的。

$$\tau'(q) = f(\tau(q)) = \{f(s) | s \in \tau(q)\}.$$

函数 f 称作 (Q, S, τ) 和 (Q, S', τ') 之间的同态。

定义 6.3.1 定义了相同问题集合上的"技能地图的同态"。问题 2 考虑了一个更一般的情况。

6.3.2 例子。设 $Q = \{a, b, c, d, e\}$ 和 $S' = \{1, 2, 3, 4\}$。定义技能地图 $\tau' : Q \to 2^{S'}$，具体是

$$\tau'(a) = \{1, 4\}, \qquad \tau'(b) = \{2, 3, 4\}, \qquad \tau'(c) = \{1\}$$
$$\tau'(d) = \{1, 4\}, \qquad \tau'(e) = \{4\}.$$

技能地图 (Q, S', τ') 与例子 6.2.2 中给出的是同态的：通过如下设置就能获得同态 $f : S' \to S$。

$$f(1) = t, \qquad f(2) = s, \qquad f(3) = v, \qquad f(4) = u.$$

下面的结论是明显的：

6.3.3 定理。两个同态的技能地图 (Q, S, τ) 和 (Q, S', τ') 描绘的是 Q 上一样的知识空间。

6.3.4 注释。两个技能地图不是同态的，也能描绘相同的知识空间。举例来说，注意到在例子 6.2.2 中，从集合 S 中删除技能 v，然后重新定义 τ，即 $\tau(b) = \{s, u\}$，产生的是同一个被描绘的空间 $\mathcal{K}$。因此，技能 v 对于 $\mathcal{K}$ 的描绘是多余的。回想到本节开头的介绍，在科学界，为被研究的现象找到一个最经济的解释，是一种规范。在我们这里，就是要追求小的、可能是最小的技能集合。具体来说，如果删掉任何一个技能，都会改变被描绘的知识空间，那么这个技能地图就是"最小的"。如果知识空间是有限的，一个最小的

技能地图总是存在，而且具有最小的可能的技能数目。（这一断言来自定理 6.3.3。）在无限情况下，情况稍微有点复杂。因为一个最小的技能地图未必一定存在。然而，描绘空间且具有最小势的技能集合的技能地图总是存在的（因为所有的基数类都是顺序排列的，参见 Dugundji，1966）。需要说明的是这样一个具有最小技能数目的技能地图并不一定是唯一的（即使对于同态而言）（见问题 10）。

6.3.5 例子。 考虑实数的集合 $\mathbb{R}$ 的所有开子集的族 $\mathcal{O}$，设 $\mathcal{I}$ 是生成 $\mathcal{O}$ 的 $\mathbb{R}$ 的开区间的族。对于 $x \in \mathbb{R}$，设 $\tau(x) = \mathcal{I}_x = \{I \in \mathcal{I} | x \in I\}$。技能地图 $(\mathbb{R}, \mathcal{I}, \tau)$ 描绘了空间 $(\mathbb{R}, \mathcal{O})$。确实，$\mathcal{I}$ 的子集 T 描绘了 $\{x \in \mathbb{R} | \mathcal{I}_x \cap T \neq \varnothing\} = \cup T$，而且还有一个开子集 O 是被 $\{I \in \mathcal{I} | I \subseteq O\}$ 描绘的。众所周知，存在可数个族 $\mathcal{I}$ 满足上述条件。注意到这样一个可数的族会产生具有最小数目技能的技能地图，也就是说，一个最小势的技能集合。然而，不存在最小的技能地图。可以证明这个，也可以从定理 6.3.8 中推出来。

考虑到唯一性，最小技能地图描绘了一个给定的知识空间——如果它们存在的话——以一种更好的方式呈现。事实上，它们中的任何两个都是同态的。这将在定理 6.3.8 中得到证明。这一定理还揭示了具有基的知识空间的一个特征（在 3.4.1 的意义上）。那些知识空间恰恰是可以被某个最小技能地图描绘的。

6.3.6 定义。 如果下面的条件成立，那么技能地图 (Q', S', τ') **延长**（或者**严格延长**）了技能地图 (Q, S, τ)：

(i) $Q' = Q$；

(ii) $S' \supseteq S$（或者 $S' \supset S$）；

(iii) $\tau(q) = \tau'(q) \cap S$，对于所有的 $q \in Q$。

如果没有技能地图描绘相同的空间，而被 (Q, S', τ') 严格延长，那么技能地图 (Q, S', τ') 是 **最小** 的。

6.3.7 例子。 删去例子 6.2.2 中技能地图里的技能 v，我们设 $Q = \{a, b, c, d, e\}$，$S = \{s, t, u\}$，且：

$$\tau(a) = \{t, u\}, \qquad \tau(b) = \{s, u\}, \qquad \tau(c) = \{t\},$$
$$\tau(d) = \{t, u\}, \qquad \tau(e) = \{u\}.$$

可以验证 (Q, S, τ) 是一个最小的技能地图。

6.3.8 定理。 当且仅当知识空间有基时，它可以被某个最小的技能地图描绘。在这种情形下，基的势等于技能集合的势。更重要的是，任何两个最小技能地图描绘相同的知识空间是同态的。而且，任何一个技能地图 (Q, S, τ) 描绘的空间 $(Q, \mathcal{K})$ 具有一个基，它延长了描绘相同空间的最小技能地图。

证明：考虑任何一个（不一定是最小的）技能地图 (Q, S, τ)，而且把被描绘的知识空间记作 $(Q, \mathcal{K})$。对于任何一个 $s \in S$，我们把被 $\{s\}$ 描绘的 $\mathcal{K}$ 的状态记作 $K(s)$。我们因此有

$$q \in K(s) \quad \Longleftrightarrow \quad s \in \tau(q). \tag{6.1}$$

任取一个状态 $K \in \mathcal{K}$，且考虑一个描绘了这个状态的技能子集 T。对于任何一个问题 q，我们有

$$
\begin{aligned}
q \in K \quad &\Longleftrightarrow \quad \tau(q) \cap T \neq \varnothing \\
&\Longleftrightarrow \quad \exists s \in T : s \in \tau(q) \\
&\Longleftrightarrow \quad \exists s \in T : q \in K(s) \qquad \text{(根据式 (6.1))} \\
&\Longleftrightarrow \quad q \in \cup_{s \in T} K(s)
\end{aligned}
$$

产生了 $K = \cup_{s \in T} K(s)$。于是，$\mathcal{A} = \{K(s) | s \in S\}$ 生成了 $\mathcal{K}$。如果我们现在假设技能地图 (Q, S, τ) 是最小的，那么生成族 $\mathcal{A}$ 必定是基。确实，如果 $\mathcal{A}$ 不是基，那么某个 $K(S) \in \mathcal{A}$ 就可以被表示成 $\mathcal{A}$ 的其他成员的并。从 S 中删除 s 会导致一个被 (Q, S, τ) 严格延长的技能地图，而且还能描绘 $(Q, \mathcal{K})$。这与 (Q, S, τ) 是最小的推断相矛盾。我们得出结论：任何一个被最小技能地图描绘的知识空间有一个基。而且，基的势等于技能集合的势。（当 (Q, S, τ) 是最小的时候，我们有 $|\mathcal{A}| = |S|$。）

假设空间 $(Q, \mathcal{K})$ 有一个基 $\mathcal{B}$。从定理 6.2.3 来说，我们知道 $(Q, \mathcal{K})$ 至少有一个技能地图，即 (Q, S, τ)。根据定理 3.4.2，$(Q, \mathcal{K})$ 的基 $\mathcal{B}$ 一定被包含在任何一个 $\mathcal{K}$ 的生成子集中。因此，我们有 $\mathcal{B} \subseteq \mathcal{A} = \{K(s) | s \in S\}$，其中再一次地，$K(s)$ 被 $\{s\}$ 描绘。定义 $S' = \{s \in S | \exists B \in \mathcal{B} : K(s) = B\}$ 且 $\tau'(q) = \tau(q) \cap S'$，显然，$(Q, S', \tau')$ 是一个最小的技能地图。

注意到对于一个知识空间的一个最小的技能地图 (Q, S, τ)，它的基 $\mathcal{B}$ 与最小技能地图 $(Q, \mathcal{B}, \psi)$ 同态，且 $\psi(q) = \mathcal{B}_q$。同态是 $s \mapsto K(s) \in \mathcal{B}$，且如上述，$K(s)$ 被 $\{s\}$ 描绘。这两个最小的技能地图因此总是互为同态。

最后，设 (Q, S, τ) 是一个描绘了具有基 $\mathcal{B}$ 的知识空间 $\mathcal{K}$ 的任何一个技能地图。定义 $K(s)$，S' 和 τ' 如前所述，我们得到一个被 (Q, S, τ) 延长的最小技能地图。 □

6.4 技能地图：逻辑乘模型

在逻辑乘模型中，被技能地图描绘的知识结构在定义 3.3.1 的意义上是简单闭包空间（见下面的定理 6.4.3）。由于这些结构是通过选言判断模型描绘的知识空间的对偶，我们就不在这里多说了。

6.4.1 定义。 设 (Q, S, τ) 是一个技能地图，且 T 是 S 的一个子集。**通过逻辑乘模型被 T 描绘的知识状态 K** 由下式决定：

$$K = \{q \in Q | \tau(q) \subseteq T\}.$$

由此产生的所有知识状态的族是 **通过逻辑乘模型被** 技能地图 (Q, S, τ) **描绘** 的知识结构。

6.4.2 例子。 如 6.2.2，设 $Q = \{a, b, c, d, e\}$ 和 $S = \{s, t, u, v\}$，且 $\tau : Q \to S$ 的定义如下

$$\tau(a) = \{t, u\}, \qquad \tau(b) = \{s, u, v\}, \qquad \tau(c) = \{t\},$$
$$\tau(d) = \{t, u\}, \qquad \tau(e) = \{u\}.$$

那么 $T = \{t, u, v\}$ 通过逻辑乘模型描绘了知识状态 $\{a, c, d, e\}$。另一方面，$\{a, b, c\}$ **不是** 一个知识状态。确实，如果 $\{a, b, c\}$ 是一个由 S 的某个子集 T 描绘的状态，那么 T 就包括 $\tau(a) = \{t, u\}$ 和 $\tau(b) = \{s, u, v\}$；因此，d 和 e 就属于被描绘的知识状态。被给定技能地图描绘的知识结构就是

$$\mathcal{L} = \big\{\varnothing, \{c\}, \{e\}, \{b, e\}, \{a, c, d, e\}, Q\big\}.$$

注意到 $\mathcal{L}$ 是一个简单闭合空间（参见 3.3.1）。对偶的知识结构 $\tilde{\mathcal{L}}$ 恰与知识空间 $\mathcal{K}$ 一样都被同一个技能地图通过选言判断模型描绘；例子 6.2.2 得出了这个空间 $\mathcal{K}$。

6.4.3 定理。 通过选言判断模型和逻辑乘模型，由同一个技能地图描绘的知识结构互为对偶。而且，通过逻辑乘模型描绘的知识结构恰好是简单闭包空间。
　对这些简单事实的证明留给读者。

6.4.4 注释。 在有限情形下，定理 6.2.3 和 6.4.3 仅仅是对于已知的关系"Galois 格"的同义反复；对于"Galois 格"，参见第 8 章，特别是定义

8.3.10。 我们可以这样重新定义技能地图 (Q, S, τ)，Q 和 S 都是有限的，集合 Q 和 S 之间的关系 R：对于 $q \in Q$ 和 $s \in S$，我们定义

$$qRs \quad \Longleftrightarrow \quad s \notin \tau(q).$$

那么通过逻辑乘模型，被 S 的子集 T 描绘的知识状态是集合

$$K = \{q \in Q | \forall s \in S \setminus T : qRs\}.$$

这些集合 K 可以被视作关系 R 的 "Galois 格" 的元素。众所周知，有限集合的任何一个有限族，如果在交集下闭合，就可以作为某个关系的 "Galois 格" 的元素获得。定理 6.2.3 和 6.4.3 重述了这一结论，并将其扩展到无限集合[67]。当然，定理 6.3.8 就是针对交集下闭合的集合族的直接模拟。

6.5　技能多图：胜任力模型

后面两节会处理在并集或者交集下闭合的知识结构的描绘。我们还需要讨论一般情况。描绘任何一个知识结构将用技能地图概念的推广来完成。这种推广背后的想法启示非常自然。对于每一个问题 q，我们将其与技能子集的群集 $\mu(q)$ 联系起来。$\mu(q)$ 中任何一个子集 C 可以看作一个方法——在下面的定义中称之为 "胜任力" ——对于解决问题 q 而言。因此，处理这些胜任力中的一个对于解决问题 q 就已经足够了。

6.5.1 定义。 说起 **技能多图**，我们指三元组 $(Q, S; \mu)$，其中 Q 是一个非空的 **问题** 集合，S 是一个非空的 **技能** 集合，而 μ 是一个把任何一个问题 q 和 S 的非空子集的一个非空族 $\mu(q)$ 联系起来的映射。这样，映射 μ 是从集合 Q 到集合 $(2^{2^S \setminus \{\varnothing\}}) \setminus \{\varnothing\}$。我们把任何一个属于 $\mu(q)$ 的集合都称作问题 q 的胜任力。

如果 K 包含了所有的问题，且每个问题至少有一个胜任力包含于 T 中，那么 Q 的一个子集 K 就可以说成是由某个技能子集 T 描绘的；在形式上：

$$q \in K \quad \Longleftrightarrow \quad \exists C \in \mu(q) : C \subseteq T.$$

取 $T = \varnothing$ 和 $T = S$，我们发现 $\varnothing$ 是被技能的空集描绘的，而 Q 是被 S 描绘的。所有被描绘的 Q 的子集的集合 $\mathcal{K}$ 因此形成了一个知识结构。我们这时说知识结构 $(Q, \mathcal{K})$ 被技能多图 $(Q, S; \mu)$ **描绘**。这个模型就是 **胜任力** 模型。

---

[67] 这一扩展是直接的。

6.5.2 例子。 设 $Q = \{a,b,c,d\}$ 且 $S = \{s,t,u\}$，定义映射 $\mu: Q \to 2^S$ 如下，我们列出 Q 中每个问题的胜任力：

$$\mu(a) = \{\{s,t\},\{s,u\}\}, \qquad \mu(b) = \{\{u\},\{s,u\}\},$$
$$\mu(c) = \{\{s\},\{t\},\{s,u\}\}, \qquad \mu(d) = \{\{t\}\}.$$

运用定义 6.5.1，我们发现技能多图描绘了知识结构：

$$\mathcal{K} = \{\varnothing, \{b\}, \{c\}, \{c,d\}, \{a,b,c\}, \{a,c,d\}, \{b,c,d\}, Q\}.$$

注意到 $\mathcal{K}$ 在并集或者交集下都不闭合。

6.5.3 定理。每个知识结构都被至少一个技能多图描绘。

证明。设 $(Q,\mathcal{K})$ 是一个知识结构。一个技能多图被赋值 $S = \mathcal{K}$ 所定义，且对于 $q \in Q$，

$$\mu(q) = \{\mathcal{K} \setminus \{M\} | M \in \mathcal{K}_q\}.$$

因此，对于每个包含问题 q 的知识状态 M，我们为 q 构造一个胜任力 $\mathcal{K} \setminus \{M\}$。注意到 $\mathcal{K} \setminus \{M\}$ 是非空的，因为它有一个作为成员的 Q 的空子集。为了证明 $(Q,S;\mu)$ 描绘了 $\mathcal{K}$，我们运用定义 6.5.1。对于任何一个 $K \in \mathcal{K}$，我们考虑 $\mathcal{K}$ 的子集 $\mathcal{K} \setminus \{K\}$，且计算它所描绘的状态 L：

$$\begin{aligned}
L &= \{q \in Q | \exists M \in \mathcal{K}_q : \mathcal{K} \setminus \{M\} \subseteq \mathcal{K} \setminus \{K\}\} \\
&= \{q \in Q | \exists M \in \mathcal{K}_q : M = K\} \\
&= \{q \in Q | K \in \mathcal{K}_q\} \\
&= K.
\end{aligned}$$

因此，$\mathcal{K}$ 的每个状态由 S 的某个子集描绘。

反过来，如果 $\mathcal{T} \subseteq S = \mathcal{K}$，被 $\mathcal{T}$ 描绘的状态 L 被定义成：

$$L = \{q \in Q | \exists M \in \mathcal{K}_q : \mathcal{K} \setminus \{M\} \subseteq \mathcal{T}\}$$
$$= \begin{cases} Q, & \text{当} \mathcal{T} = \mathcal{K}, \\ K, & \text{当} \mathcal{T} = \mathcal{K} \setminus \{K\} \text{对于} K \in \mathcal{K}, \\ \varnothing, & \text{当} |\mathcal{K} \setminus \mathcal{T}| \geq 2, \end{cases}$$

我们得出 L 属于 $\mathcal{K}$。因此 $\mathcal{K}$ 的确被技能多图 $(Q,S;\mu)$ 描绘。 $\qquad\square$

我们不会继续深入研究技能多图 $(Q, S; \mu)$。在简单的技能地图的情况下，我们可以研究对于一个给定的知识结构，最小的技能多图的存在性和唯一性。还可以想像描绘的其他版本。比如，我们可以这样定义一个知识状态：一个 Q 的子集 K 包含了所有的问题 q，这些问题 q 的胜任力都符合一个特定的 S 的子集（依赖于 K）。这些扩展就留给感兴趣的读者。

6.6 标签和过滤器

任何一个真正知识域的问题，比如算术或者语法，都存在着可以被利用的信息，以此来影响有关的技能以及与之关联的知识结构。这些背景信息还可以用来向家长或者教师解释学生的知识状态。当然，包含学生知识状态的完整清单上面会有成百上千个问题，即使对于专家来说，也难以消化。于是，可以提出一种概括方法，它依赖于这些问题里能够用到的信息，形成该生的知识状态。这种概括也许会覆盖到比学生具有（或缺乏）更多的技能，而且还包括一些特征。这些特征可以用来预测某个未来的测验、推荐的一个学习课程，或者某个用于矫正的任务是否会成功。

本节简要介绍描述问题（打标签）和集成（过滤）包含于知识状态里相应背景信息的程序。我们从例 1.3 中举的 ALEKS 系统中挑出的例子开始。

6.6.1 标签的例子。假设选定了一个大型的问题池，涵盖了某个国家里高中数学课程的全部主要概念。关于每个问题的详细信息可以归拢到"标签"之下，例如

1. 问题名称。

2. 问题的级别。

3. 问题所属的范畴（或者一本教科书的某一节）。

4. 问题呈现的章节（一本教科书）。

5. 问题所属的课程分科。

6. 掌握该问题所涉及的概念和技能。

7. 问题的类型（文字题、计算题、推理题，等等）。

8. 要求回答的类型（文字、语句、公式）。

不用说，上述清单只是一个例子。实际的清单会长得多，而且还需要该领域专家的紧密合作（这里指经验丰富的教师）。表 6.1 示出了带有标签的两个例子。

池里的每个问题都以相同的样式被打上标签。这是为了方便计算机从标签的角度来分析知识状态。换句话说，假定如第 13 和 14 章中描述的那样，某个评估程序已经诊断出一个特定的知识状态 K。与确定这个知识状态有关的问题的标签将传递到"过滤器"的群集中，产生用日常语言从教学概念角度表达的一系列陈述[68]。

6.6.2 通过评估反映的年级水平

假设在一个学年的开始，一位教师希望知道一位刚从国外转学来的学生最适合上哪个年级（比如数学）。已经实施了知识评估，结果是该生的知识状态是 K。一个过滤器群集将会沿着下面的思路来设计。如前所述，我们用 Q 表示域。对于每个年级 n，$1 \leq n \leq 12$，一个过滤器计算 Q 的子集 G_n。Q 包含了在这个年级及其之前的年级所应该掌握的所有问题（上述清单中的标签 2）。

如果教学系统的感觉比较敏锐，那么我们有：

$$G_1 \subset G_2 \subset ... \subset G_{12}.$$

---

[68] 注意人们还可以把这种过滤限制在被发现的状态的边界的问题上。

表 6.1: 两个问题及其分别对应的问题清单。

清单	问题
(1) 测量三角形中第三个角的度数 (2) 7 (3) 平面三角形的内角和 (4) 三角几何 (5) 初等欧式几何 (6) 角的测量、三角形内角和、加、减、演绎法 (7) 计算 (8) 数值	在三角形 ABC 中, 角 A 的度数是 $X°$, 角 B 的度数是 $Y°$。角 C 多少度?
(1) 需要进位的两个十进制数的加减法 (2) 5 (3) 十进制的加、减法 (4) 十进制 (5) 算术 (6) 加、减、十进制、进位、货币 (7) 文字题和计算 (8) 数值	玛丽买了两本书，价格分别是 $\$X$ 和 $\$Y$。她给了收银员 $\$Z$。她会得到多少找零?

我们会发现

$$G_{n-1} \subset K \subset G_n \qquad (6.2)$$

对于某个 n，学生可以被分配到年级 $n-1$。然而，当 $G_n \backslash K$ 很小的时候，这并非一个最好的方案。我们还需要更多的信息。特别是当 (6.2) 对于任何一个 n 都不成立的时候。下面，过滤器计算对于每个年级 n 的标准距离

$|K \triangle G_n|$，得到集合

$$S(K) = \{n_j \mid |K \triangle G_{n_j}| \leq |K \triangle G_n|, 1 \leq n \leq 12\}. \tag{6.3}$$

因此，$S(K)$ 包含了所有到 K 的距离最短的年级。假设 $S(K)$ 只有一个元素 n_j，而且我们有 $G_{n_j} \subset K$。如果我们将该生推荐到年级 $n_j + 1$ 的话，那么看上去会更合理一些。

但是 $S(K)$ 也很有可能包含不止一个元素。我们还需要一些信息。特别是，K 的内容，以及与它最接近的集合 G_{n_j} 的长处和弱点，需要通过某种有用的方法来概括。在没有讨论这种概括的技术细节之前，我们先引用一个报告作为例子。这份报告是系统在这个关头可能产生的：

与学生 X 最匹配的是 5 年级。但是，X 会成为这个年级中一个不同寻常的学生。她在初等几何方面的知识超过了 5 年级的平均水平。例如，X 知道毕达哥拉斯定理，还能在实际运用它。另一方面，X 在算术方面却比较弱。例如，等等。

像这样的描述需要研发一个超越式 (6.3) 中 $S(K)$ 的计算、不同的、新过滤器的群集。更重要的是，系统需要具备通过自然语言产生器来把这样的过滤器的输出转变成符合日程语言语法的句子。我们这里并不讨论这方面的内容。这一段落的目的在于阐述极大扩展了技能概念的、给问题打上标签的举措，如何产出一个可能满足多种目的的、对知识状态的精确描述。

6.7 文献和相关工作

知识空间理论一开始并没有提出过技能地图。正如在本章开头所述，我们原来避开了从认知学的角度对我们的概念进行解释，因为我们相信知识空间的一整套机制在许多实证场景下都有潜在的应用价值，而这些场景却与心理测验具有很大的不同。然而，由于这些测验，特别是在美国的广泛应用，我们不能忽视这些测试结果的传统解释。事实上，时常有人问起能否从一些少量的、"基本的"能力出发来"解释"这些状态（参见 Albert, Schrepp, 和 Held, 1992；Lukas 和 Albert, 1993）。建立这种联系的首次尝试是由 Falmagne, Koppen, Villano, Doignon 和 Johannesen（1990）作出的。关于技能地图的许多细节请参阅 Doignon（1994 b）。关于技能地图的更多结果还可以参阅 Düntsch 和 Gediga（1995a）。目前，没有文献报道标签和过滤在知识空间理论实际应用中的贡献。

问题

1. 集合 Q 上的哪种类型的关系 Ω 能够使得这样的命题成立：存在某个集合 S 和某个映射 $\tau : Q \to 2^S$，使得 $q\Omega r \Longleftrightarrow \tau(q) \subseteq \tau(r)$？

2. 技能地图之间的同态定义 6.3.1 形成于相同问题集合上的两个地图。舍弃这个假设，提出一个更一般的同态技能分配。然后证明依据两个同态技能分配（在新的意义上），根据选言判断模型描绘的知识空间是同态的（第 2 章的问题 14 介绍的结构同态）。

3. 在例子 6.3.5 中，证明如果不参照定理 6.3.8，就没有最小的技能地图存在。

4. 验证例子 6.3.7 中的技能地图是最小的。

5. 给出定理 6.4.3 的证明。

6. 技能多图（定义 6.5.1）需要具备怎样的条件，就能被描绘成一个知识空间结构？构造一个例子。

7. 在交集闭合的知识结构情况下，解决类似的问题。

8. 设计一个合适的过滤器集合，能够列出处于状态 K 的学生还不知道的问题清单，但是已经做好了学习的准备。

9. 找出可以确保一个被描绘的知识空间是可识别的选言判断模型的充分必要条件。

10. 证明注释 6.3.4 最后一句话里面的断言。（提示：在例子 6.3.5 中，采用具有不同性质的两个可数族 $\mathcal{T}$）

7 蕴含和最大网孔

在实践中，我们如何给一个特定的信息领域构造一个知识结构？第一步是选择那些形成一个域 Q 的问题。对于实际的应用来说，我们一般假设这个域是有限的。第二个就是列出一个可以作为知识状态的 Q 的所有子集的清单，并且能够在参考人群中，使得每一个状态都一定能出现。为了确保这样一个清单，我们需要在原则上依赖这个特定信息领域中的一个或者多个专家。然而，如果不对需要考察的结果作任何假设，就只能把所有的子集都送给专家，由他来指出哪些适合作为状态。因为 Q 的子集的数目随着 Q 的大小 $|Q|$ 呈指数增长，即使对于比较小的集合 Q，这种方法也是不可行的。（比如：对于仅仅只有 20 个问题，就会有 $2^{20} - 2 = 1,048,574$ 个子集，对于专家来说，都是需要考虑的潜在状态。）

在实际情况下构造知识结构，我们研究了三种辅助方案。第一个依赖这样的假设：当前考虑的知识结构满足某些条件，并集和／或交集下的闭包就是一个主要的例子。这一假设可以显著地减少那位专家需要问的问题。第 15 章讨论了一个实际的例子。它表明：至少在某些实际领域，这一技术对于 50 个问题是可行的[69]。这一节的第一部分就会专门介绍一些有关的理论上的结论。

本章还介绍了第二个方案。通过组合一些小的知识结构，我们就可以构造一些大的知识结构。假设我们已经获得了——借助专家和第一个解决方案中的方法，例如——最多有 7 个问题的子域上的所有结构。这些子域上的结构可以被视作全域上的某个未知结构的投影（在定义 2.4.2 的意义上）。他们可以组合成一个在整个域 Q 上的全局结构。这里，"组合"表示，Q 上的一个结构是 7 个问题的子集上的所有子结构的父结构，如果可能的话。理论上的结论会区分允许这样构造的情况。还有，我们研究结构的性质如何被构造所保留。

第三个解决方案基于收集大量被试针对该域中的问题所作出的回答。通过对这样的数据进行恰当的统计分析，知识状态可以在原则上被揭示出来。这已经被 Villano（1991）在比较小的领域用实际数据证实了。这项技术还能用到大型领域中，只要在对数据进行统计分析之后，接着对潜在状态的群

---

[69] ALEKS 系统提供了一个更令人信服的例子（见 1.3 节和第 17 章）。它的知识结构在初等代数课程中具有大约 350 个问题。这个知识结构已经由集成了本章所提方法的技术构造出来（参见第 15 章和第 16 章）。

集进行"剪枝"；而这些状态又是通过第一种和／或第二种解决方案得到的（见 Cosyn 和 Thiéry，2000）。这一特殊的技术还依赖于针对知识评估的某些随机过程（如第 13 章和第 14 章所述的那样）的多次运用。这将在第 15 章中陈述。

7.1 蕴含

我们从检查拟序知识空间 $(Q, \mathcal{K})$ 开始。根据 Birkhoff 的定理 3.8.3，我们知道该空间被它的拟序 $\mathcal{Q}$ 完全确定。定义是：

$$p \mathcal{Q} q \quad \Longleftrightarrow \quad (\forall K \in \mathcal{K} : q \in K \Rightarrow p \in K),$$

其中，$p, q \in Q$（参见定义 3.8.4）。在实际运用时，我们会揭示一个拟序空间，它位于一个给定的域，并通过如下方式询问一个（理想的）专家而获得。

[Q0] 假设一位学生没能解决问题 p。你相信该生也解决不了 q 吗？假设偶然因素，比如恰好猜中或者粗心大意不会出现。

假设专家的回答[70]与一个未知的、拟序空间 $(Q, \mathcal{K})$ 一致，我们通过收集所有的 (p, q) 对就能形成一个位于 Q 上的关系 $\mathcal{Q}$。在这里，专家对于 [Q0] 的回答是肯定的。族 $\mathcal{K}$ 由此通过运用定理 3.8.3 获得，因为

$$K \in \mathcal{K} \quad \Longleftrightarrow \quad (\forall (p, q) \in \mathcal{Q} : p \notin K \Rightarrow q \notin K).$$

如果我们放弃假设未知的知识空间 $(Q, \mathcal{K})$ 是拟序的，对于形如 [Q0] 的问题的回答就不能满足构造空间的条件。正如 1.1.9 中解释的那样，我们考虑更加一般的查询类型：

[Q1] 假设学生答不出来问题 $p_1, ..., p_n$。你相信该生还会答不出问题 q 吗？你可以假设偶然因素，例如侥幸猜中和粗心大意，不会影响学生的表现。

类似这样的问题由问题的非空集合 $\{p_1, ..., p_n\}$ 概括，与单独问题 q 配对。这样，所有的对上述问题的肯定回答形成了一个从 2^Q 到 Q 的关系 $\mathcal{P}$。对于 $A \in 2^Q \setminus \{\varnothing\}$ 和 $q \in Q$，当满足下面的等价式时，专家就与该（未知）的知识空间 $(Q, \mathcal{K})$ 一致。

$$A \mathcal{P} q \quad \Longleftrightarrow \quad (\forall K \in \mathcal{K} : A \cap K = \varnothing \Rightarrow q \notin K). \tag{7.1}$$

---

[70]我们注意到对如 [Q0]（或者下面的 [Q1]）这类问题的回答，还可以通过另外一种方式进行，这依赖于对评估数据的统计分析（见注释 3.2.3）。

7.1.1 例子。 对于知识空间 $(Q, \mathcal{K})$，被 $Q = \{a, b, c\}$ 和 $\mathcal{K} = \{\varnothing, \{a, b\}, \{a, c\}, Q\}$，查询 (A, q) 且 $q \notin A$，需要如下列举的肯定答复：

$$(\{a\}, b), \quad (\{a\}, c), \quad (\{a, b\}, c), \quad (\{a, c\}, b), \quad (\{b, c\}, a).$$

7.1.2 例子。 设 $\{k, m \in \mathbb{N}\}$ 和 $k \le m$，考虑知识空间 $(Q, \mathcal{K})$，其中 Q 有 m 个元素，而且 $\mathcal{K}$ 是要么没有要么至少有 k 个元素的 Q 的所有子集的族。对于相应的关系 $\mathcal{P}$，我们有：对于所有的 $A \in 2^Q \setminus \{\varnothing\}$ 和 $q \in Q$，

$$A\mathcal{P}q \iff (q \in A \text{ 或者 } |A| > m - k).$$

我们回到更一般的情况。为了好向专家发问，我们要设计一个高效的流程，我们需要检查从 Q 上所有的知识空间 $\mathcal{K}$ 中通过式 (7.1) 获得的关系 $\mathcal{P}$。

7.1.3 定理。 设 $(Q, \mathcal{K})$ 是一个知识结构，假设 $\mathcal{P}$ 是从 $2^Q \setminus \{\varnothing\}$ 到 Q 由式 (7.1) 定义的关系。那么：

(i) $\mathcal{P}$ 扩展了反过来的成员关系，即如果 $p \in A \subseteq Q$，那么 $A\mathcal{P}p$；

(ii) 如果 $A, B \in 2^Q \{\varnothing\}$ 且 $p \in Q$，那么对于所有的 $b \in B$ 有 $A\mathcal{P}b$，且 $B\mathcal{P}p$ 意味着 $A\mathcal{P}p$。

证明：条件 (i) 是立即成立的。假设 A，B 和 p 就像条件 (ii) 那样，且对于所有的 $b \in B$ 有 $A\mathcal{P}b$，且 $B\mathcal{P}p$。我们必须证明对于所有的 $K \in \mathcal{K}$，$A \cap K = \varnothing$ 意味着 $p \notin K$。选取任何一个 $K \in \mathcal{K}$ 且 $A \cap K = \varnothing$。因此，根据式 (7.1)，对于所有的 $b \in B$，我们有 $b \notin K$。这意味着 $B \cap K = \varnothing$。再次使用 (7.1) 和事实 $B\mathcal{P}p$，我们有 $p \notin K$，由此产生 $A\mathcal{P}p$。 $\square$

下一个定理证明所有满足定理 7.1.3 中的条件 (i) 和 (ii) 的、从 $2^Q \setminus \{\varnothing\}$ 到 Q 的关系都必然可以从某个知识空间中得到。既然这些关系会在后面起到基础性的作用，我们给它一个名称。

7.1.4 定义。 一个对于非空域 Q（可能会是无限的）的 **蕴含** 是一个从 $2^Q \setminus \{\varnothing\}$ 到 Q 的关系，它满足定理 7.1.3 中的条件 (i) 和 (ii)。

7.1.5 定理。 在同一个域 Q 上的所有知识空间 $\mathcal{K}$ 的族，和所有对于 $\mathcal{P}$ 的蕴含族之间，存在一个一一对应的关系。这种对应关系由下面的两个式子定义：

$$A\mathcal{P}q \iff (\forall K \in \mathcal{K} : A \cap K = \varnothing \Rightarrow q \notin K), \tag{7.2}$$
$$K \in \mathcal{K} \iff (\forall (A, p) \in \mathcal{P} : A \cap K = \varnothing \Rightarrow p \notin K). \tag{7.3}$$

证明。对于每一个知识空间 $(Q, \mathcal{K})$，我们通过式 (7.2) 把关系 $\mathcal{P} = f(\mathcal{K})$ 联系起来。$\mathcal{P}$ 是一个蕴含的事实来自于定理 7.1.3 和定义 7.1.4。反过来，设 $\mathcal{P}$ 是 Q 的任何一个蕴含。我们根据式 (7.3) 定义一个 Q 的子集的族 $\mathcal{K} = g(\mathcal{P})$，证明 $\mathcal{K}$ 是一个 Q 上的空间。很明显 $\varnothing, Q \in \mathcal{K}$。假设对于某个索引集合 I 的所有 i，$K_i \in \mathcal{K}$。我们必须证明 $\cup_{i \in I} K_i \in \mathcal{K}$。假设 $A \mathcal{P} p$ 和 $A \cap (\cup_{i \in I} K_i) = \varnothing$。那么，对于所有的 $i \in I$，$A \cap K_i = \varnothing$，因此 $p \notin K_i$。从而有：$p \notin \cup_{i \in I} K_i$。运用式 (7.2)，我们有 $\cup_{i \in I} K_i \in \mathcal{K}$。

我们现在证明 f 和 g 是互逆的。我们分两步走。

（1）我们证明 $(g \circ f)(\mathcal{K}) = \mathcal{K}$。设 $\mathcal{K}$ 在空间 Q 之上，并设 $\mathcal{P} = f(\mathcal{K})$。定义 $\mathcal{L} = g(\mathcal{P})$，我们证明 $\mathcal{L} = \mathcal{K}$。通过定义：

$$L \in \mathcal{L} \iff (\forall A \in 2^Q \setminus \{\varnothing\}, p \in Q : (A \mathcal{P} p \text{ 和 } A \cap L = \varnothing) \Rightarrow p \notin L).$$

从 $\mathcal{K}$ 的角度，在右边明确地写上 $A \mathcal{P} p$，然后忽略掉对 A 和 p 的限定，我们得到：

$$
\begin{aligned}
&L \in \mathcal{L} \\
&\iff \Big(((\forall K \in \mathcal{K} : A \cap K = \varnothing \Rightarrow p \notin K) \text{ 和 } A \cap L = \varnothing) \Rightarrow p \notin L\Big) \quad (7.4) \\
&\Longleftarrow L \in \mathcal{K}.
\end{aligned}
$$

为了证明最后一个推导的逆，假设 $L \in \mathcal{L}$，且 $L \notin \mathcal{K}$。把包含在 L 中的最大的一个状态记作 L°。（因为 $\mathcal{K}$ 是一个空间，L° 是这样定义的：它等于所有包含在 L 中的状态的并。）因为 $L \notin \mathcal{K}$，必然存在某个问题 p，且 $p \in L \backslash L^\circ$。设 $A = Q \backslash L$，对于任何一个 $K \in \mathcal{K}$，我们有：

$$
\begin{aligned}
A \cap K = \varnothing &\Longrightarrow K \subseteq L, \\
&\Longrightarrow K \subseteq L^\circ, \\
&\Longrightarrow p \notin K.
\end{aligned}
$$

由于我们还有 $A \cap L = \varnothing$，(7.4) 的右边给出 $p \notin L$，矛盾。这就完成了证明 $\mathcal{K} = \mathcal{L}$。我们的结论是：对于 Q 上的每个空间 $\mathcal{K}$，都有 $(g \circ f)(\mathcal{K}) = \mathcal{K}$。

（2）我们证明 $(f \circ g)(\mathcal{P}) = \mathcal{P}$。给 Q 选取任何一个蕴含 $\mathcal{P}$，$\mathcal{K} = g(\mathcal{P})$ 且

$\Omega = f(\mathcal{K})$，我们证明 $\Omega = \mathcal{P}$。对于 $A \in 2^Q \setminus \{Q\}$ 且 $p \in Q$，容易验证

$$A\Omega p \iff (\forall K \in \mathcal{K} : A \cap K = \varnothing \Rightarrow p \notin K)$$

$$\iff \Big(\forall K \in 2^Q : ((\forall B \in 2^Q \setminus \{\varnothing\}, \forall q \in Q : (B\mathcal{P}q \text{ 和}$$
$$B \cap K = \varnothing) \Rightarrow q \notin K) \text{ 且 } A \cap K = \varnothing) \Rightarrow p \notin K\Big).$$

把最后一个等价式的右手边记作 X，我们显然有 $A\mathcal{P}p \Rightarrow X$。为了证明我们还有 $X \Rightarrow A\mathcal{P}p$，我们用反证法。假设 X 成立而 $A\mathcal{P}p$ 为假。设 $K = \{q \in Q | \text{非 } A\mathcal{P}q\}$。对于任何一个 $B \in 2^Q \setminus \{\varnothing\}$ 且 $q \in Q$，我们发现 $B\mathcal{P}q$ 且 $B \cap K = \varnothing$ 意味着 $q \notin K$。当然，$B \cap K = \varnothing$ 意味着 $\forall b \in B$, $A\mathcal{P}b$。因为我们还有 $B\mathcal{P}q$，定义 7.1.4 的条件 (ii) 意味着 $A\mathcal{P}q$，因此 $q \notin K$。更重要的是，根据那个定义的条件 (i)，我们有 $A \cap K = \varnothing$。根据 K 的定义，$p \in K$，于是我们得到了与 X 的矛盾。由此我们证明 $\Omega = \mathcal{P}$，这就是 $(f \circ g)(\mathcal{P}) = \mathcal{P}$。

7.1.6 定义。 当 Q 上的蕴含 $\mathcal{P}$ 和 Q 上的一个知识空间 $\mathcal{K}$ 像定理 7.1.5 中的式 (7.2) 和式 (7.3) 那样相互之间一一对应时，我们说它们中的一个是从另一个那里 **推出** 的。

从定理 7.1.5 中获得的对应关系可以用一种直觉的方式表达。从空间 $(Q, \mathcal{K})$ 里开始，可以验证恰当 q 不属于从 A 分离的最大状态 L_A 时，$A\mathcal{P}q$ 成立。也就是说，对于 $A \in 2^Q \setminus \{\varnothing\}$ 且 $q \in Q$，式 (7.2) 与下式等价

$$A\mathcal{P}q \iff q \notin L_A. \tag{7.5}$$

（上述等式的证明作为一部分留给问题。）

从 $\mathcal{K}$ 的闭合空间对偶的角度来看（参见定义 3.3.1），当 p 恰属于 A 的闭包时，$A\mathcal{P}p$ 成立。在另一方面，对于 $K \in 2^Q$，式 (7.3) 与下式等价：

$$K \in \mathcal{K} \iff K = \{p \in Q | \text{非 } (Q \setminus K)\mathcal{P}p\}, \tag{7.6}$$

（见问题 2）。上述等价式是从一下闭合集合的角度（即状态的补集）阐述的：当且仅当 Q 的子集 F 包含所有满足 $F\mathcal{P}p$ 的问题 q 时，F 是闭合的。

7.2 蕴含关系

定理 7.1.3 的条件 (ii) 是蕴含的关键要求。它必须被认为是对于一个关系的传递性条件的一个托辞。为了说明这一点，我们把从 $2^Q \setminus \{\varnothing\}$ 到 Q 的

任何一个关系 $\mathcal{P}$ 和一个在 $2^Q \setminus \{\varnothing\}$ 上的关系 $\mathcal{Q}$ 联系起来, 定义如下:

$$A\mathcal{Q}B \Longleftrightarrow (\forall b \in B : A\mathcal{P}b). \tag{7.7}$$

定理 7.1.3 里针对 $\mathcal{P}$ 的条件 (ii), 可以从 $\mathcal{Q}$ 的角度予以重述, 即

$$(A\mathcal{Q}B \text{ 且 } B\mathcal{Q}\{p\}) \Longrightarrow A\mathcal{Q}\{p\}, \tag{7.8}$$

对于 $A, B \in 2^Q \setminus \{\varnothing\}$ 且 $p \in Q$。在上一个公式中, 我们可以用 Q 的任何一个子集 C 替换这个单独元素集合 $\{p\}$。因此, 式 (7.8) 本质上是说 $\mathcal{Q}$ 具有传递性。下面的定理给出了这种关系 $\mathcal{Q}$ 的特征。(注意式 (7.7) 意味着 $A\mathcal{P}b \Leftrightarrow A\mathcal{Q}\{b\}$。)

7.2.1 定理。 式 (7.7) 在对于 Q 的所有蕴含 $\mathcal{P}$ 族, 和 $2^Q \setminus \{\varnothing\}$ 上的所有关系 $\mathcal{Q}$ 的族之间, 建立了一个一一对应的关系。它满足下面的三个条件:

(i) $\mathcal{Q}$ 扩展了反包含, 即对于 $A, B \in 2^Q \setminus \{\varnothing\}$, 我们有: 当 $A \supseteq B$ 时, $A\mathcal{Q}B$;

(ii) $\mathcal{Q}$ 是一个具有传递性的关系;

(iii) 如果对于某个非空索引集合 I 里的 i, $A, B \in 2^Q \setminus \{\varnothing\}$, 那么对于所有的 $i \in I$, $A\mathcal{P}B_i$ 意味着 $A\mathcal{P}(\cup_{i \in I} B_i)$。

证明留给读者, 还有另外的推断也留给读者 (见问题 3 和 4)。对于作为反包含的传递推广、位于 $2^Q \setminus \{\varnothing\}$ 上的关系 $\mathcal{Q}$, 可以验证上述定理中的条件 (iii) 与下面的两个条件中的任一个等价:

(iv) 对于每个 $A \in 2^Q \setminus \{\varnothing\}$, 存在一个 Q 的最大子集 B, 使得 $A\mathcal{Q}B$ (这里, 最大是指对于包含最大);

(v) 对于所有的 $A, B \in 2^Q \setminus \{\varnothing\}$, 我们有: 当且仅当对于每一个 $b \in B$, $A\mathcal{Q}\{b\}$ 成立时, $A\mathcal{Q}B$ 成立。

在一个有限的域 Q 中, 定理 7.2.1 的条件 (iii) 还与下面的命题等价:

(vi) 对于所有的 $A, B \in 2^Q \setminus \{\varnothing\}$, $A\mathcal{Q}B$ 意味着 $A\mathcal{Q}(A \cup B)$。

7.2.2 定义。 满足定理 7.2.1 中的条件 (i)、(ii) 和 (iii), 在 $2^Q \setminus \{\varnothing\}$ 上的关系 $\mathcal{Q}$, 被称作一个 **对于 Q 的蕴含关系**。

7.3 知识结构的可网孔化

我们现在转到构建知识结构的另外一种方法上。在许多情况下, 确保能从一个具体的专家那里获得一个蕴含关系并由此构造与之有联系的空间的直

接方法是不可行的。无论这位专家多么具有资质，他在很多小时的提问方面也不一定完美，随之产生的空间的很大一部分也会有错[71]。更重要的是，域可能非常大，以至为了获得一个蕴含而需要提出的问题数目变得不可接受。这些障碍需要新的策略来解决。

我们在这里考虑把一些小的结构组合成一个大结构的可行性。这些小的结构可能是从几个不同的专家那里得到的，他们中的每一位都在一个领域的一个小子集里面被询问了一段比较短的时间；或者这些结构来自于对大量被试进行统计分析之后的结果，如 Villano（1991）的工作那样。小结构的起源并不是讨论的重点。我们简单假设某个未知知识结构的一些投影是可用的，然后我们考虑把这些碎片拼成一个连贯的整体所需的方法。在进入这种构造的理论背景之前，我们需要深入考察一下在第 2 章已经提出过的有关投影的记号。我们不做有限的假设，除非提到。

从定义 2.4.2 和定理 2.4.8，我们能够回忆出 Q 的一个非空子集 A 上的知识结构 $(Q, \mathcal{K})$ 的投影是一个知识结构 $(A, \mathcal{H})$，它的特征是：

$$\mathcal{H} = \{H \in 2^A | H = A \cap K \text{对于某个} K \in \mathcal{K}\}. \tag{7.9}$$

我们还说 $\mathcal{H}$ 的状态 $H = A \cap K$ 是子集 A 上的知识状态 K 的迹。知识结构 $\mathcal{H}$ 被称作知识结构 $(Q, \mathcal{K})$ 的投影。术语"子结构"可以被用作"投影"的同义词。注意到一个知识结构的许多性质可以自动地转化为它们的投影，例如一个结构的性质是一个学习空间（参见定理 2.4.8），或者可识别、拟序、序、级配良好，或者 1-连接[72]。与之相对的，当这些性质对于它们的投影是有效的时候，对于整个结构而言，它们并不必然成立。然而，当这些性质对于所有的投影都成立时，其中的有些性质还是能够获得的（参见第 3 章的问题 9）。

我们现在开始研究把有可能重叠的两个集合的两个结构组合成一个在两个集合的并集上的结构。

7.3.1 定义。 如果具备以下特征，知识结构 $(X, \mathcal{K})$ 被称作知识结构 $(Y, \mathcal{F})$ 和 $(Z, \mathcal{G})$ 的**网孔**。

  （i） $X = Y \cup Z$；

---

[71] 有些问题与专家不可靠的可能性有关，这种情况已经被 Cosyn 和 Thiéry（2000）仔细研究过了。第 15 章综述了他们的结论。我们还回忆起注释 3.2.3：用评估统计来代替人类专家的可能性。

[72] 关于这个，请见第 2 章的问题 8 和第 3 章的问题 8。

（ii）$\mathcal{F}$ 和 $\mathcal{G}$ 是 $\mathcal{K}$ 分别在 X 和 Y 上的投影。

正如下面的例子，两个知识结构会有不止一个网孔，或者根本没有网孔。两个知识结构有一个网孔的，叫 **可网孔化**；如果网孔是唯一的，它们是 **唯一可网孔化的**。我们用几个例子来熟悉一下有关网孔的概念。

7.3.2 例子。两个知识结构（都是序空间）

$$\mathcal{F} = \big\{\varnothing, \{a\}, \{a,b\}\big\}, \qquad \mathcal{G} = \big\{\varnothing, \{c\}, \{c,d\}\big\}$$

有两个网孔（也是序空间）

$$\mathcal{K}_1 = \big\{\varnothing, \{a\}, \{a,b\}, \{a,b,c\}, \{a,b,c,d\}\big\},$$
$$\mathcal{K}_2 = \big\{\varnothing, \{a\}, \{a,b\}, \{a,c\}, \{a,b,c\}, \{a,b,c,d\}\big\}.$$

7.3.3 例子 假设 $(\{a,b,c,d\}, \mathcal{K})$ 是两个序知识空间的网孔

$$\mathcal{F} = \big\{\varnothing, \{a\}, \{a,b\}, \{a,b,c\}\big\}, \qquad \mathcal{G} = \big\{\varnothing, \{c\}, \{b,c\}, \{b,c,d\}\big\}.$$

那么，$\mathcal{K}$ 一定包含这样一个状态 K：$K \cap \{b,c,d\} = \{c\} \in \mathcal{G}$。因此，要么 $K = \{a,c\}$ 或者 $K = \{c\}$，因为 $K \subseteq \{a,b,c\}$。要么 $\{a,c\}$ 或者 $\{c\}$ 一定是 $\mathcal{F}$ 的一个状态，但这不成立。因此，$\mathcal{F}$ 和 $\mathcal{G}$ 不是可网孔化的。

7.3.4 例子。两个知识结构

$$\mathcal{F} = \big\{\varnothing, \{a\}, \{a,b\}\big\}, \qquad \mathcal{G} = \big\{\varnothing, \{b\}, \{b,c\}\big\}$$

是唯一可网孔化的。确实，它们具有唯一的网孔：

$$\mathcal{K} = \big\{\varnothing, \{a\}, \{a,b\}, \{a,b,c\}\big\}.$$

（如果一个状态包含 c，它必须既包含 a，又包含 b；如果它包含 b，它就必须包含 a。）注意到在这个例子中，网孔 $\mathcal{K}$ 并不包含两个知识结构 $\mathcal{F}$ 和 $\mathcal{G}$ 的并作为成分，因为 $\{b,c\} \notin \mathcal{K}$。

我们会先研究一下网孔存在的条件。

7.3.5 定义。如果对于任何一个 $F \in \mathcal{F}$，交集 $F \cap Z$ 是 $\mathcal{G}$ 的某个状态 Y 的迹，那么知识结构 $(Y, \mathcal{F})$ 与知识结构 $(Z, \mathcal{G})$ 是 **兼容** 的。当两个知识结构互相兼容，我们就将其简称为它们是 **兼容** 的。

换句话说，两个知识结构 $(Y, \mathcal{F})$ 和 $(Z, \mathcal{G})$ 是兼容的，当且仅当它们引出的是同一个在 $Y \cap Z$ 上的映射。

7.3.6 定理。当且仅当两个知识结构兼容时，它们是可网孔化的。

证明。设 $(Y \cup Z, \mathcal{K})$ 是两个知识结构 $(Y, \mathcal{F})$ 和 $(Z, \mathcal{G})$，并假设 $F \in \mathcal{F}$。根据网孔的定义，存在 $K \in \mathcal{K}$，使得 $K \cap Y = F$。因此，$K \cap Z \in \mathcal{G}$ 和 $(K \cap Z) \cap Y = F \cap Z$。因此，$(Y, \mathcal{F})$ 与 $(Z, \mathcal{G})$ 是兼容的。另外一个例子同理可得。

反过来，假设 $(Y, \mathcal{F})$ 和 $(Z, \mathcal{G})$ 是兼容的。定义

$$\mathcal{K} = \{K \in 2^{Y \cup Z} | K \cap Y \in \mathcal{F}, K \cap Z \in \mathcal{G}\}. \tag{7.10}$$

很明显，$(Y \cup Z, \mathcal{K})$ 是一个知识结构。对于任何一个 $F \in \mathcal{F}$，对某个 $G \in \mathcal{G}$，我们有 $F \cap Z = G \cap Y$。定义 $K = F \cup G$，我们获得 $K \cap Y = F$ 且 $K \cap Z = G$，产生 $K \in \mathcal{K}$。因此，$\mathcal{F}$ 被包含在 $\mathcal{K}$ 在 Y 上的投影。根据定义 $\mathcal{K}$，反包含是平凡的，所以 $\mathcal{F}$ 就是这个投影。另外一个例子还是同理可得。我们的结论是 $\mathcal{K}$ 是 $\mathcal{F}$ 和 $\mathcal{G}$ 的网孔。 □

在上面的证明中曾经用到的网孔，把它构造出来是很有意思的，值得专门研究。

7.4 最大的网孔

7.4.1 定义。设 $(Y, \mathcal{F})$ 和 $(Z, \mathcal{G})$ 是两个兼容的知识结构。知识结构 $(Y \cup Z, \mathcal{F} \star \mathcal{G})$ 的定义如下：

$$\mathcal{F} \star \mathcal{G} = \{K \in 2^{Y \cup Z} | K \cap Y \in \mathcal{F}, K \cap Z \in \mathcal{G}\}$$

这就是 $\mathcal{F}$ 和 $\mathcal{G}$ 最大的网孔。确实，对于任何一个 $\mathcal{F}$ 和 $\mathcal{G}$ 的网孔 $\mathcal{K}$，我们有 $\mathcal{K} \subseteq \mathcal{F} \star \mathcal{G}$。运算符 $\star$ 被称作 **最大网孔运算符**。

$$\mathcal{F} \star \mathcal{G} = \{F \cup G | F \in \mathcal{F}, G \in \mathcal{G} \text{ 且 } F \cap Z = G \cap Y\}.$$

显然，我们恒有 $\mathcal{F} \star \mathcal{G} = \mathcal{G} \star \mathcal{F}$。注意到，如果 $F \in \mathcal{F}$ 和 $F \subseteq Y \backslash Z$，那么 $F \in \mathcal{F} \star \mathcal{G}$。对于这个知识空间 $\mathcal{G}$ 当然存在一个相应的性质。

7.4.2 例子。来自例子 7.3.2 中的两个序知识空间的最大网孔是序空间

$$\mathcal{F} \star \mathcal{G} = \{\varnothing, \{a\}, \{c\}, \{a, b\}, \{a, c\}, \{c, d\}, \{a, b, c\}, \{a, c, d\}, \{a, b, c, d\}\}.$$

7.4.3 定理。如果 $\mathcal{F}$ 和 $\mathcal{G}$ 是兼容的知识结构，那么 $\mathcal{F} \star \mathcal{G}$ 是一个空间（分别是可识别的空间），当且仅当 $\mathcal{F}$ 和 $\mathcal{G}$ 都是空间（分别是可识别的空间）。

证明作为问题 7 留给读者。

如果 $\mathcal{F}$ 和 $\mathcal{G}$ 是兼容的知识结构，$\mathcal{F} \star \mathcal{G}$ 是级配良好的，那么 $\mathcal{F}$ 和 $\mathcal{G}$ 都是级配良好的。级配良好的知识结构的最大网孔，即使是学习空间，也不一定就是级配良好的。下面的反例说明了这一点。

7.4.4 例子。考虑两个学习空间

$$\mathcal{F} = \{\varnothing, \{a\}, \{b\}, \{a,b\}, \{a,c\}, \{b,c\}, \{a,b,c\}\}$$

和

$$\mathcal{G} = \{\varnothing, \{c\}, \{d\}, \{b,c\}, \{b,d\}, \{c,d\}, \{b,c,d\}\}$$

是相互兼容的。它们的最大化网孔（必然是一个空间）

$$\mathcal{F} \star \mathcal{G} = \{\varnothing, \{a\}, \{d\}, \{a,c\}, \{a,d\}, \{b,c\}, \{b,d\}, \{a,b,c\},$$
$$\{b,c,d\}, \{a,b,d\}, \{a,c,d\}, \{a,b,c,d\}\}$$

却不是级配良好的，因为它包含了 $\{b,c\}$，但却既没有包含 $\{b\}$ 也没有包含 $\{c\}$。

7.4.5 定义。对于任何的 $F \in \mathcal{F}$ 和 $G \in \mathcal{G}$，如果 $F \cup G \in \mathcal{K}$，那么两个知识结构 $\mathcal{F}$ 和 $\mathcal{G}$ 的网孔 $\mathcal{K}$ 被称作 **（并集）包**。

7.4.6 定理。在两个知识结构 $(Y, \mathcal{F})$ 和 $(Z, \mathcal{G})$ 上考虑如下三个条件：
    (i) $\mathcal{F}$ 和 $\mathcal{G}$ 是某个包网孔；
    (ii) $\mathcal{F} \star \mathcal{G}$ 是包；
    (iii) $(\forall F \in \mathcal{F}: F \cap Z \in \mathcal{G})$ 和 $(\forall G \in \mathcal{G}: G \cap Y \in \mathcal{F})$。
    那么，(i) ⇔ (ii) ⇒ (iii)。还有，如果 $\mathcal{F}$ 和 $\mathcal{G}$ 是空间，那么 (ii) ⇔ (iii)。

我们把问题（作为问题 8）留给读者。下面的例子说明：一般情况下，条件 (iii) 不能推出条件 (ii)。

7.4.7 例子。a) 考虑 $\mathbb{R}^3$ 及两个族 $\mathcal{F}$ 和 $\mathcal{G}$，其中 $\mathcal{F}$ 包含平面 $y = 0$ 的所有的凸子集，而且 $\mathcal{G}$ 包含平面 $z = 0$ 的所有凸子集。因此可以令 Y 和 Z 分别标

记平面 $y = 0$ 和 $z = 0$。显然，对于在 $\mathcal{F}$ 里的任何一个 F 和在 $\mathcal{G}$ 里的任何一个 G，我们一般地并没有 $F \cup G$ 属于 $\mathcal{F} \star \mathcal{G}$。

　　b) 容易构造一个有限域上的例子。还是在 $\mathbb{R}^3$，取 $Y = \{(0,0,1), (0,0,0), (1,0,0), (2,0,0)\}$ 和 $Z = \{(0,1,0), (0,0,0), (1,0,0),(2,0,0)\}$，还有分别作为 Y 和 Z 各自的凸子集迹的状态。最大化的网孔 $\mathcal{F} \star \mathcal{G}$ 不是包，因为 $\{(0,0,1),(2,0,0)\} \in \mathcal{F}$ 和 $\{(0,0,0)\} \in \mathcal{G}$，但是这两个状态的并却不在 $\mathcal{F} \star \mathcal{G}$ 中。

7.4.8 定理。如果两个状态的 $\mathcal{F}$ 和 $\mathcal{G}$ 的最大网孔 $\mathcal{F} \star \mathcal{G}$ 是包，那么 $\mathcal{F} \cup \mathcal{G} \subseteq \mathcal{F} \star \mathcal{G}$。当 $\mathcal{F}$ 和 $\mathcal{G}$ 都是空间时，$\mathcal{F} \cup \mathcal{G} \subseteq \mathcal{F} \star \mathcal{G}$ 意味着 $\mathcal{F} \star \mathcal{G}$ 是包。

　　我们再一次省略了证明（见问题 9）。例子 7.4.7 证明我们在定理 7.4.8 中把"空间"替换成"结构"。

7.4.9 定理。如果两个有限、兼容、级配良好的知识结构的最大网孔是包，那么它一定是级配良好的。

　　例子 7.3.4 证明对于两个级配良好的知识结构（或者甚至是空间），拥有一个最大网孔而且还是级配良好的，并不需要包这个条件。

　　证明。设 $(Y, \mathcal{F})$ 和 $(Z, \mathcal{G})$ 是两个级配良好的知识结构，并假设 $\mathcal{F} \star \mathcal{G}$ 是包。为了证明 $\mathcal{F} \star \mathcal{G}$ 是级配良好的，我们运用定理 4.1.7(ii)。取 $K, K' \in \mathcal{F} \star \mathcal{G}$。因为 $K \cap Y$ 和 $K' \cap Y$ 是级配良好的知识结构 $\mathcal{F}$ 的两个状态，存在一个正整数 h 和 $\mathcal{F}$ 的某个状态序列

$$K \cap Y = Y_0, Y_1, ..., Y_h = K' \cap Y$$

使得对于 $i = 0, 1, ..., h-1$:

$$|Y_i \triangle Y_{i+1}| = 1 \quad \text{和} \quad Y_i \cap K' \subseteq Y_{i+1} \subseteq Y_i \cup K'.$$

类似地，存在一个正整数 p 和 $\mathcal{G}$ 里的某个状态序列

$$K \cap Z = Z_0, Z_1, ..., Z_p = K' \cap Z$$

使得对于 $i = 0, 1, ..., p-1$:

$$|Z_j \triangle Z_{j+1}| = 1 \quad \text{和} \quad Z_j \cap K' \subseteq Z_{j+1} \subseteq Z_j \cup K'.$$

我们由此形成了序列

$$X_0 = Y_0 \cup (K \cap Z), \quad X_1 = Y_1 \cup (K \cap Z), \quad ...,$$
$$X_h = Y_h \cup (K \cap Z) = (K' \cap Y) \cup Z_o,$$
$$X_{h+1} = (K' \cap Y) \cup Z_1, \quad X_{h+2} = (K' \cap Y) \cup Z_2, \quad ...,$$
$$X_{h+p} = (K' \cap Y) \cup Z_p.$$

显然，$X_0 = K$ 且 $X_{h+p} = K'$。因为 $\mathcal{F} \star \mathcal{G}$ 是包，我们还有 $X_k \in \mathcal{F} \star \mathcal{G}$，对于 $k = 0, 1, ..., h+p$。另一方面，对于 $i = 0, 1, ..., h-1$：

$$X_i \cap K' = (Y_i \cup (K \cap Z)) \cap K'$$
$$\subseteq (Y_i \cap K') \cup (K \cap Z)$$
$$\subseteq Y_{i+1} \cup (K \cap Z)$$
$$= X_{i+1},$$

且

$$X_{i+1} = Y_{i+1} \cup (K \cap Z)$$
$$\subseteq Y_i \cup K' \cup (K \cap Z)$$
$$= X_i \cup K'.$$

类似地，我们证明对于 $j = h, h+1, ..., h+p-1$：

$$X_j \cap K' \subseteq X_{j+1} \subseteq X_j \cup K'.$$

最后，容易证明 $|X_i \triangle X_{i+1}|$。因此，在序列 X_i 中删除重复的子集之后，我们获得了一个像定理 4.1.7(ii) 中那样的序列。

我们还说明一个简单的结果，它对于实际运用很有帮助。

7.4.10 定理。 假设 $(\mathcal{F}, \mathcal{G})$，$(\mathcal{F} \star \mathcal{G}, \mathcal{K})$，$(\mathcal{G}, \mathcal{K})$ 和 $(\mathcal{F}, \mathcal{G} \star \mathcal{K})$ 是四对兼容的知识结构。那么，一定有

$$(\mathcal{F} \star \mathcal{G}) \star \mathcal{K} = \mathcal{F} \star (\mathcal{G} \star \mathcal{K}).$$

证明。设 X，Y 和 Z 分别是 $\mathcal{K}$，$\mathcal{F}$ 和 $\mathcal{G}$ 的域。从下述等价串中可以立即

得出结论。

$$K \in (\mathcal{F} \star \mathcal{G}) \star \mathcal{K}$$

$$\Longleftrightarrow \quad K \cap (Y \cup Z) \in \mathcal{F} \star \mathcal{G} \text{ 和 } K \cap X \in \mathcal{K}$$

$$\Longleftrightarrow \quad K \cap (Y \cup Z) \cap Y \in \mathcal{F} \text{ 且 } K \cap (Y \cup Z) \cap Z \in \mathcal{G} \text{ 且 } K \cap X \in \mathcal{K}$$

$$\Longleftrightarrow \quad K \cap Y \in \mathcal{F} \text{ 且 } K \cap Z \in \mathcal{G} \text{ 且 } K \cap X \in \mathcal{K}. \qquad \Box$$

7.5 文献和相关工作

蕴含关系曾经分别独立地被 Koppen 和 Doignon（1990）及 Müller（1989，使用的名词是"暗示关系"）研究过。这两篇文章的作者都认可了来自 Falmagne（见 Falmagne，Koppen，Villano，Doignon 和 Johannesen，1990）的建议。Müller 得出了定理 7.1.5 的另外一个版本，它是以暗示关系的术语提出的，而我们的用语则依照 Koppen 和 Doignon（1990）。我们从 Bernard Monjardet 那里得知，Armstrong（1974）（参见 Wild，1994）提出了一个非常相似的结论。第 15 和 16 章会以 QUERY 软件包的形式来陈述有关算法的实现。

至于蕴含关系的其他内容，见 Dowling（1994）或者 D'untsch 和 Gediga（1995b）。另一个有趣的问题是：通过它的蕴含的"最小"部分来描述一个知识空间。Guigues 和 Duquenne（1986）在闭合空间和"最大信息暗示"（参见 Ganter，1984）的框架下研究过这个问题。

网孔化的结论来自 Falmagne 和 Doignon（1998）。Heller 和 Repitsch（2008）将这个理论扩展到更错综复杂的情况，提出了许多结论来解决多于两个的结构聚合的问题。

问题

1. 证明式 (7.2) 和 (7.5) 的等价性。

2. 证明式 (7.3) 和 (7.6) 的等价性。

3. 证明定理 7.2.1。

4. 对于 $2^Q \backslash \{\varnothing\}$ 上的关系 Q，如果它式一个反包含的传递性扩展，证明定理 7.2.1 的条件 (iii) 与下面两个条件中的任何一个等价：

(iv) 对于每个 $A \in 2^Q \setminus \{\varnothing\}$，存在一个 Q 的最大子集 B，使得 $A\mathcal{Q}B$（这里，最大是指对于包含最大）；

(v) 对于所有的 $A, B \in 2^Q \setminus \{\varnothing\}$，我们有 $A\mathcal{Q}B$，当且仅当对于所有的 $b \in B$，且域 Q 有限时，$A\mathcal{Q}\{b\}$，还有：

(vi) $A\mathcal{Q}B$ 意味着对于所有的 $A, B \in 2^Q \setminus \{\varnothing\}$，$A\mathcal{Q}(A \cup B)$。

总之，条件 (vi) 能推出条件 (v) 吗？

5. 设 $\mathcal{P}$ 是域 Q 的一个蕴含，设 $\mathcal{K}$ 是 Q 上的一个推出的知识空间。陈述并证明 $\mathcal{P}$ 对于以下几种情况的充分必要条件：

(i) $\mathcal{K}$ 的拟序；

(ii) $\mathcal{K}$ 的级配良好；

(iii) $\mathcal{K}$ 的粒度。

6. 在 Q 上的任何一个知识空间 $\mathcal{K}$ 恰是从 Q 上的一个推测系统 σ 推出的，而且还是恰从一个 Q 上的蕴含推出的。明确地写出 Q 上的推测系统和 Q 上的蕴含之间一一对应的关系。试着考虑把有粒度的知识空间推广到无限的情况。

7. 证明两个兼容的知识空间的最大网孔还是一个空间（参见定理 7.4.3）。如果这两个给定的空间是（拟）序的，那么最大网孔也是（拟）序吗？

8. 证明定理 7.4.6。

9. 证明定理 7.4.8。

10. 设 $\mathcal{B}$ 是两个有限的、兼容的知识空间 $(X, \mathcal{F})$ 和 $(Y, \mathcal{G})$ 的最大网孔 $(X \cup Y, \mathcal{F} \star \mathcal{G})$ 的基。上述两个知识空间的基分别是 $\mathcal{C}$ 和 $\mathcal{D}$。从 $\mathcal{C}$ 和 $\mathcal{D}$ 出发，有一个把 $\mathcal{B}$ 构造出来的简单方法吗（考虑交集 $Y \cap Z$）？

11. 从定理 7.1.5 和 7.2.1 可知，Q 上的知识空间 $\mathcal{K}$ 族和对于 Q 的蕴含关系 $\mathcal{P}$ 族之间存在一个一一对应的关系。明确陈述什么时候 $\mathcal{K}$ 和 $\mathcal{P}$ 一一对应。特别是，对于 $A, B \subseteq Q$，从闭合子集的角度（也就是说 $\mathcal{K}$ 的状态的补集）写出 $A\mathcal{P}B$ 的交集。

8 伽罗瓦连接 *

在前面各章中，数学结构的特定群集之间都具有一些一一对应的关系。例如，Birkhoff 的定理 3.8.3 就证明了在域 Q 上的所有拟序空间的群集和 Q 上所有拟序的群集存在一一对应的关系。我们还会在这里证明所有的这些对应都来自于自然构造。每个版本都可以从应用一个关于"伽罗瓦连接"的一般结论得到。各种群集的记号概要和三种主要的"伽罗瓦连接"会在章节末尾给出，见表 8.3。我们把这一整章都打上了星号，因为它的内容更加抽象，而且对于本书的其他部分并不十分重要。

8.1 三个重要关系举例

表 8.1 概括了三个关系，给出了有关的参考，并重述了或者引入了一些记号。我们在这一章中假设域 Q 是固定的非空集合，也可能无限。表 8.1 的第一行指 Birkhoff 的定理。表里存在的一一对应的关系证明对应的群集具有相同的势。仔细研究这些关系会发现一个有趣的情况。首先，每个对应关系都是典型地从一个构造中推出的。这个构造分别与两个更大的结构群集有关。其次，这些更大的群集以及原来的那些都可以被自然地（拟）排序，而且这种对应关系，还有构造，在（拟）序的集合中都"顺序相反"。

表 8.1: 三个早前提到的一一对应关系的参考、术语和记号。表头的含义如下：

1:	定理编号
2 和 7:	数学结构的名称
3 和 6:	该结构的典型符号
4 和 5:	结构群集的符号

1	2	3	4	5	6	7
3.8.3	拟序空间	$\mathcal{K}$	$\mathcal{K}^{so}$	$\mathfrak{R}^o$	Ω	拟序
5.2.5	有粒度的知识空间	$\mathcal{K}$	$\mathcal{K}^{sg}$	$\mathfrak{F}^s$	σ	推测函数
7.1.5	知识空间	$\mathcal{K}$	$\mathcal{K}^s$	$\mathfrak{E}$	$\mathcal{P}$	蕴含关系

8.1.1 定义。 给定两个拟序集合 $(Y, \mathcal{U})$ 和 $(Z, \mathcal{V})$，当对于所有的 $x, y \in Y$，

$$x \mathcal{U} y \quad \Longrightarrow \quad f(x) \mathcal{V}^{-1} f(y).$$

一个映射 $f: Y \to Z$ 是顺序相反的。

如果它是双射的，而且满足更强的条件，对于所有的 $x, y \in Y$，

$$x \mathcal{U} y \quad \Longleftrightarrow \quad f(x) \mathcal{V}^{-1} f(y).$$

那么映射 f 是 **反同态** 的。

以表 8.1 顶行中的对应关系为例，两个更大的群集是：一个是，固定集合 Q 上所有知识结构的群集；另一个是，Q 上所有关系的族。定义 3.7.1 把任何一个知识结构 $\mathcal{K}$ 与一个特定的关系联系起来，这个关系是推测关系 $\precsim$（恰好是一个拟序，见定理 3.7.2）。对于 $r, q \in Q$，我们有

$$r \precsim q \quad \Longleftrightarrow \quad r \in \cap \mathcal{K}_q.$$

反过来，定理 3.8.5 证明了如何构造，对于 Q 上任何一个给定的关系 $\mathcal{Q}$，Q 上的一个推出的知识结构 $\mathcal{K}$（参见定义 3.8.6）：一个 Q 的子集 K 是这个结构的一个状态，当

$$\forall q \in K, \forall r \in Q: r R q \implies r \in K.$$

可以验证产生的映射都是反包含的。还有，它们形成了一个"伽罗瓦连接"。下面会解释。正如 **Monjardet**（1970）证明的那样：表 8.1 中顶行的一一对应是由这些受到恰当限制的映射组成的。

8.2　闭合运算符和伽罗瓦连接

3.3.1 中把闭合空间定义成在交集下闭合的、在域 Q 上的子集的群集。3.3.2 中给出了典型的例子，例如欧氏空间 $\mathbb{R}^3$，具有所有它的仿射子空间的族，或者所有它的凸子集的族。另外一个例子是：在给定的集合 E 的幂集 2^E，还有 E 上所有的知识空间。确实容易证明 E 上的任何一个空间的族 $(\mathcal{K}_i)_{i \in I}$ 的交集 $\cap_{i \in I} \mathcal{K}_i$ 也是 E 上的一个知识空间，而且 2^E 是一个知识空间（见问题 1）。

对于任何一个闭合空间 $(Q, \mathcal{L})$，我们在定理 3.3.4 中提出了一个映射 $2^Q \to 2^Q: A \mapsto A'$，其中，$A'$ 是 A 的闭包（见定义 3.3.5）。在前面提到的三

个例子中，我们分别获得了仿射闭合、凸闭合和"空间闭合[73]"。在第三个例子中，更明确地，任何在域 E 上的知识结构 $\mathcal{K}$ 都有一个空间闭合。它是 E 上包含 $\mathcal{K}$ 的最小知识空间，或者用定义 3.4.1 的话说，由 $\mathcal{K}$ 生成的空间（见下面的例子 8.2.2(a)）。

上述情况都有一个共同的特点："闭合运算符"（例如 $\mathbb{R}^3$ 的幂集，或者 E 上所有知识结构的族）的域可以用包含来排序，而且随之产生的偏序也与这个运算符紧密地缠绕在一起。给定一个闭合空间 $(Q, \mathcal{L})$，我们记 Q 的子集 A 的闭包是 $h(A) = A'$，并回忆出"闭合运算符" h 的基础性质（参见定理 3.3.4）：对于 2^Q 里的所有 A, B

1. $A \subseteq B$ 意味着 $h(A) \subseteq h(B)$；
2. $A \subseteq h(A)$；
3. $h^2(A) = h(A)$；
4. $A \in \mathcal{L}$ 当且仅当 $A = h(A)$。

我们现在考虑一个相当抽象的场景，取任何一个拟序集 $(X, \precsim)$ 作为"闭合运算符"的域。

8.2.1 定义。 设 $(X, \precsim)$ 是一个拟序集合，令 h 是 X 的一个指向自己的映射。那么，当它满足如下三个条件时，h 是 $(X, \precsim)$ **上的闭合运算符**。对于 X 中的所有 x, y

(i) $x \precsim y$ 意味着 $h(x) \precsim h(y)$；
(ii) $x \precsim h(x)$；
(iii) $h^2(x) = h(x)$。

还有，当 $h(x) = x$ 时，X 中的任何一个 x 是**闭合**的。

8.2.2 例子。a) 设 $\mathfrak{K}$ 是一个集合 Q 上的所有知识结构的集合，且 $\mathfrak{K}$ 由包含关系来排序。对于任何一个 $\mathcal{K} \in \mathfrak{K}$，设 $s(\mathcal{K})$ 是包含 $\mathcal{K}$ 的最小空间，也就是说，被 $\mathcal{K}$ 生成的知识空间。那么 s 是 $(\mathfrak{K}, \subseteq)$ 上的一个闭合运算符，而且闭合元素是空间（问题 1）。

b) 更一般地，假设 $(Q, \mathcal{L})$ 是一个在定义 3.3.1 意义上的闭合空间。对于任何一个 $A \in 2^Q$，设 $h(A) = A'$ 是包含 A 的 $\mathcal{L}$ 的最小元素。容易验证映射 $h : 2^Q \to 2^Q$ 是一个在 $(2^Q, \subseteq)$ 上的闭合运算符。闭合的元素就是 $\mathcal{L}$ 的元素（问题 3）。该例涵盖了数学上的许多基础结构。下面列出了它们中的一些：

---

[73] 见定义 8.5.4。

——一个仿射空间的所有仿射子集（仿射闭包）；

——一个在排序的斜交场之上的仿射空间的所有凸子集（凸闭包）；

——一个给定格的所有子格（产生的子格）；

——一个群的所有子群（产生的子群）；

——一个拓扑空间的所有闭集（拓扑闭合）；

——一个环的理想数（产生的理想数）。

定义 8.4.1 和定义 8.5.4 还包含了两个其他的例子。

我们下一个定义推广了拟序，将其推广到排序集合理论的标准概念（参见 Birkhoff, 1967）。回忆表 8.1 中第二行提到的例子：把在固定域 Q 上所有知识结构的族作为第一个拟序集合，把 Q 上所有关系的族作为第二个拟序集合，这两个集合都根据包含来排序。那么，考虑前面章节提到的映射。

8.2.3 定义。 设 $(Y, \mathcal{U})$ 和 $(Z, \mathcal{V})$ 是两个拟序集合，设 $f : Y \to Z$ 和 $g : Z \to Y$ 是任意两个映射。对于所有的 $y, y' \in Y$ 和所有的 $z, z' \in Z$，如果下面的六个条件成立，那么对 (f, g) 是 $(Y, \mathcal{U})$ 和 $(Z, \mathcal{V})$ 之间的 **伽罗瓦连接**。

(i) $y \mathcal{U} y'$ 且 $y' \mathcal{U} y$ 意味着 $f(y) = f(y')$；

(ii) $z \mathcal{V} z'$ 且 $z' \mathcal{V} z$ 意味着 $g(z) = g(z')$；

(iii) $y \mathcal{U} y'$ 意味着 $f(y) \mathcal{V}^{-1} f(y')$；

(iv) $z \mathcal{V} z'$ 意味着 $g(z) \mathcal{U}^{-1} g(z')$；

(v) $y \mathcal{U} (g \circ f)(y)$；

(vi) $z \mathcal{V} (f \circ g)(z)$。

下面的结论是有用的，而且容易证明。我们将某些证明留给读者（问题 4）。

8.2.4 定理。 设 $(Y, \mathcal{U})$，$(Z, \mathcal{V})$，f 和 g 如定义 8.2.3 中的那样。那么下面的五个性质成立：

(i) $g \circ f$ 和 $f \circ g$ 是分别位于 $(Y, \mathcal{U})$ 和 $(Z, \mathcal{V})$ 上的闭合运算符；

(ii) 在拟序集合 $(Y, \mathcal{U})$（或者 $(Z, \mathcal{V})$）的每一个等价类中至多存在一个闭合元素；

(iii) Y 的所有闭合元素的集合 Y_0（或者 Z_0, Z）被 $\mathcal{U}_0 = \mathcal{U} \cap (Y_0 \times Y_0)$（或者 $\mathcal{V}_0 = \mathcal{V} \cap (Z_0 \times Z_0)$）偏序；

(iv) 如果 $z \in f(Y)$，Z_0 存在一个 z_0，使得 $z \mathcal{V} z_0$ 且 $z_0 \mathcal{V} z$。类似地，如果 $y \in g(Z)$，Y_0 中存在一个 y_0，有 $y \mathcal{U} y_0$ 和 $y_0 \mathcal{U} y$；

(v) f 对于 Y_0 的限制 f_0 是一个在 $(Y_0, \mathcal{U}_0)$ 和 $(Z_0, \mathcal{V}_0)$ 之间的反同态。还有，$f_0^{-1} = g_0$，其中，g_0 是 g 对 Z_0 的限制。

证明。我们只证明 (i)，(ii) 和 (iii)。从对称的观点来看，我们只需要建立关于拟序 $(Y, \mathcal{U})$ 和映射 $g \circ f$ 的事实。

(i) 我们必须证明：在 $\mathcal{U} = \precsim$ 和 $g \circ f = h$ 的前提下，定义 8.2.1 中的条件 (i) 到 (iii) 是满足的。假设 $x \mathcal{U} y$。应用 8.2.3(iii) 和 (iv) 相继产生了 $f(x) \mathcal{V}^{-1} f(y)$ 和 $(g \circ f)(x) \mathcal{U} (g \circ f)(y)$，建立了 8.2.1(i)。仅仅是符号上有一点变化，条件 8.2.3(v) 和 8.2.1(ii) 本质上是一样的。最后，我们还要证明，对于 $x \in Y$，我们有 $h^2(x) = h(x)$，或者明显地

$$g\big((f \circ g \circ f)(x)\big) = g\big(f(x)\big). \tag{8.1}$$

在 8.2.3(ii) 的条件下，如果我们有下面的式子成立，那么式 (8.1) 成立：

$$(f \circ g \circ f)(x) \mathcal{V} f(x) \tag{8.2}$$

$$f(x) \mathcal{V} (f \circ g \circ f)(x). \tag{8.3}$$

上面两个式子都成立。根据 8.2.3(v)，我们有 $x \circ \mathcal{U}(g \circ f)(x)$。应用 8.2.3(iii)，给出式子 (8.2)。从 8.2.3(vi)，我们推出式 (8.3)。我们得出结论：$g \circ f$ 是 $(Y, \mathcal{U})$ 的闭合运算符。

(ii) 和 **(iii)**。假设 x 和 y 是 $(Y, \mathcal{U})$ 的两个等价类。因此，$x \mathcal{U} y$ 和 $y \mathcal{U} x$。根据 8.2.3(i)，这意味着 $f(x) = f(y)$。如果 x 和 y 是闭包元素（对于闭包运算符 $g \circ f$），我们有

$$x = (g \circ f)(x) = (g \circ f)(y) = y.$$

这个式子还证明了 $\mathcal{U}_0 = \mathcal{U} \cap (Y_0 \times Y_0)$ 是反对称的，而且建立了 (iii)。

(iv) 和 **(v)** 的证明留给读者（问题 4）。□

当 Z 上的拟序 $\mathcal{V}$ 恰好是一个偏序时，定理 8.2.4 中的条件 (iv) 的第一部分可以重塑为 $f(Y) = Z_0$。下面的例子证明这种简化在一般情况下是不成立的。

8.2.5 例子。我们建立两个弱序集合 $(Y, \mathcal{U})$ 和 $(Z, \mathcal{V})$，每一个都有两个类，即

$$Y = \{a, b\}, \qquad x \mathcal{U} y \iff (x = a \text{ 或 } y = b),$$
$$Z = \{u, v, w\}, \qquad z \mathcal{V} t \iff (z = u \text{ 或 } t = v \text{ 或 } t = w).$$

定义两个映射 $f: Y \to Z$ 和 $g: Z \to Y$ 如下

$$f(a) = w, \qquad f(b) = v,$$
$$g(u) = g(v) = g(w) = b.$$

对 (f, g) 是 $(Y, \mathcal{U})$ 和 $(Z, \mathcal{V})$ 之间的一个伽罗瓦连接。唯一的闭包元素是 Y 中的 b 和 Z 中的 v。然而，$f(\{a, b\}) = \{v, w\} \neq \{v\}$。

8.3 格和伽罗瓦连接

当位于拟序集合之间的伽罗瓦连接被定义为"格"时，闭包元素的群集自身也是"格"。在陈述有关的定义和结论之前，我们简要地阐述一下伽罗瓦连接在序数据分析领域中的重要应用。设 $\mathcal{R}$ 是一个从集合 X 到集合 Y 的关系。在 $(2^X, \subseteq)$ 和 $(2^Y, \subseteq)$ 之间的伽罗瓦连接 (f, g) 将会从 $\mathcal{R}$ 开始构建起。对于 $A \in 2^X$，我们定义

$$f(A) = \{y \in Y \,|\, \forall a \in A : a\mathcal{R}y\}, \tag{8.4}$$

类似地，对于 $B \in 2^Y$，我们定义：

$$g(B) = \{x \in X \,|\, \forall b \in B : x\mathcal{R}b\}. \tag{8.5}$$

下一个定理会用到下面的概念。

8.3.1 定义。从 X 到 Y 的一个关系 $\mathcal{R}$ 的一个 **最大的长方形** 是一个 X 的子集 A 和 Y 的子集 B 组成的对，且满足：

(i) 对于所有的 $a \in A$，$b \in B$，我们有 $a\mathcal{R}b$；

(ii) 对于 $X \backslash A$ 中的每个 x，存在一个 B 中的 b，没有 $x\mathcal{R}b$ 成立；

(iii) 对于 $Y \backslash B$ 中的每个 y，存在一个 A 中的 a，没有 $a\mathcal{R}y$ 成立。

当 $\mathcal{R}$ 被编码成一个 0-1 矩阵时，术语"最大的长方形"是针对两个有限集合之间的一个关系 $\mathcal{R}$ 的一个自然的长方形；如下例所示。

8.3.2 例子。设 $X = \{a, b, c, d, e\}$ 和 $Y = \{p, q, r, s\}$；从 X 到 Y 的关系 $\mathcal{R}$ 由表 8.2 中的 0-1 矩阵表示。

对于这个具体的关系 $\mathcal{R}$，下面是一些最大的长方形 (A, B)，且

$$A = \{a, b, c\}, \qquad\qquad B = \{p\},$$

或者 $\qquad A = \{b, e\}, \qquad\qquad B = \{r, s\},$

或者 $\qquad A = \{a, b, d, e\}, \qquad\qquad B = \{s\},$

或者 $\qquad A = \varnothing, \qquad\qquad B = \{p, q, r, s\}.$

$\mathcal{R}$ 所有的最大长方形将会在例子 8.3.11 中列出来。

8.3.3 定理。 设 $\mathcal{R}$ 是从 X 到 Y 的一个关系。式 (8.4) 和式 (8.5) 定义的映射 (f, g) 对形成了在排序的集合 $(2^X, \subseteq)$ 和 $(2^Y, \subseteq)$ 之间的一个伽罗瓦连接。(A, B) 对的特点是：A 是一个 2^X 的闭集，B 是一个 2^Y 的闭集，且 $B = f(A)$。而且还有 $A = g(B)$，恰是 $\mathcal{R}$ 的最大的长方形。

证明。定义 8.2.3 中的前面两个要求，对于伽罗瓦连接来说，是自动满足的。因为 f 和 g 的域都是排序的。如果 $A_1, A_2 \in 2^X$，那么 $A_1 \subseteq A_2$ 意味着 $f(A_1) \supseteq f(A_2)$，根据式 (8.4) 中的限定。这就建立起定义 8.2.3 中的条件 (iii)，类似地，条件 (iv) 可以从式 (8.5) 中获得。这里的条件 (v) 意味着：对于所有的 $A \in 2^X$，$A \subseteq g(f(A))$。这是定义 f 和 g 引出的结论，还有条件 (vi)。最后，容易证明相关闭集对恰好是最大的长方形，这一证明留给读者。

$\square$

8.3.4 定义。定理 8.3.3 里建立的伽罗瓦连接被称作关系 $\mathcal{R}$ 的**伽罗瓦连接**。

对于任何一个伽罗瓦连接，闭集的两个排序群集是反同态的（参见定理 8.2.4(v)）。在定理 8.3.3 的情况下，它们还是 "格"（见下面）。回忆这个术语之后，我们得出关于在格之间的伽罗瓦连接的一般结论。

表 8.2: 例子 8.3.2 中的关系 $\mathcal{R}$ 的 0-1 矩阵。

	p	q	r	s
a	1	1	0	1
b	1	0	1	1
c	1	0	0	0
d	0	1	0	1
e	0	0	1	1

8.3.5 定义 如果一个排序集合 $(X, \mathcal{P})$ 的任何两个元素 x, y 有一个"最大的下界"和一个"最小的上界",那么该集合是一个 **格**。这个 x, y **最大的下界** 是 X 里的元素 $x \wedge y$,满足 $(x \wedge y)\mathcal{P}x$,$(x \wedge y)\mathcal{P}y$。对于所有的 $l \in X$,($l\mathcal{P}x$ 和 $l\mathcal{P}y$)意味着 $l\mathcal{P}(x \wedge y)$。类似地,x 和 y 的 **最小上界** 是 X 里的元素 $x \vee y$,使得 $x\mathcal{P}(x \vee y)$,$y\mathcal{P}(x \vee y)$,而且对于所有的 $u \in X$,$(x\mathcal{P}u$ 和 $y\mathcal{P}u)$ 意味着 $(x \vee y)\mathcal{P}u$。

许多格的例子是以下面例子的形式出现的,是这个相当一般的情况的特例。

8.3.6 例子。设 $(Q, \mathcal{L})$ 是一个闭包空间;那么 $(\mathcal{L}, \subseteq)$ 是一个格,对于 $x, y \in \mathcal{L}$,我们有 $x \wedge y = x \cap y$ 和 $x \vee y = h(x \cup y)$($h(z)$ 像以前那样表示 z 的闭包)。这一例子可以推广到下面定理中的任何一个闭包运算符。

8.3.7 定理。假设 h 是格 $(X, \precsim)$ 上的运算符。所有闭包元素的群集 X_0,对于引入的序 $\precsim_0 = \precsim \cap (X_0 \times X_0)$ 而言,自身就是一个格。对于 $x, y \in X_0$,$(X_0, \precsim_0)$ 的最小上界 $x \vee_0 y$ 等于 $h(x \vee y)$,其中 $x \vee y$ 表示 $(X, \precsim)$ 的最小上界;另一方面,$(X_0, \precsim_0)$ 中 x 和 y 的最大下界和 $(X, \precsim)$ 中的一致。

证明。我们会运用针对闭合运算符 h 的公设,但不明确地提到它。设对于 h 而言,x, y 是两个闭合的元素。也就是说 $h(x) = x$ 且 $h(y) = y$。因为 $x \precsim x \vee y$,我们有 $x = h(x) \precsim h(x \vee y)$,类似地,还有 $y = h(y) \precsim h(x \vee y)$。现在,如果 $z \in X_0$ 满足 $x \precsim_0 z$ 且 $y \precsim_0 z$,我们得出 $x \vee y \precsim z$,还有 $h(x \vee y) \precsim_0 h(z) = z$。总之,这证明了 $h(x \vee y)$ 是 x 和 y 的 $X_0, \precsim_0$ 的最大下界。

现在,$x \wedge y \precsim x$ 意味着 $h(x \wedge y) \precsim_0 h(x) = x$;类似地,还有 $h(x \wedge y) \precsim_0 y$,我们推出 $h(x \wedge y) \precsim_0 x \wedge y$。因为我们总有 $x \wedge y \precsim h(x \wedge y)$,我们得出结论 $x \wedge y = h(x \wedge y)$。由此 $x \wedge y$ 是一个闭包元素,因此也是 $(X_0, \precsim_0)$ 的 x 和 y 的最大下界。 $\square$

8.3.8 推论。设 (f, g) 是在格 $(Y, \mathcal{U})$ 和拟序集 $(Z, \mathcal{V})$ 之间的伽罗瓦连接。那么,对于引入的序 $\mathcal{U}_0 = \mathcal{U} \cap (Y_0 \times Y_0)$ 和 $\mathcal{V}_0 = \mathcal{V} \cap (Z_0 \times Z_0)$ 而言,分别在 Y 和 Z 的闭包元素的两个群集 Y_0 和 Z_0 是反同态的格。对于 $x, y \in Y_0$,最小的上界 $x \vee_0 y$ 等于 $(g \circ f)(x \vee y)$,而最大的下界是 $x \wedge y$,其中 $\wedge$ 和 $\vee$ 表示在 Y 中取的界。

证明。因为 $g \circ f$ 是 X 中的闭包元素的集合 $g(Y)$ 上的闭合运算符 $g \circ f$，所以结论就是前面一个定理的直接推论。 □

显然，当 $(Z, \mathcal{V})$ 是格时，存在一个类似的陈述。我们现在回过头去考虑一个关系的伽罗瓦连接。

8.3.9 定理。设 $\mathcal{R}$ 是从集合 X 到集合 Y 的关系。$\mathcal{R}$ 的伽罗瓦连接的闭合元素的反同态排序集合是格。

证明。这是对推论 8.3.8 的直接应用。因为 $(2^X, \subseteq)$ 和 $(2^Y, \subseteq)$ 是格。□

最后一个结论在一类情形中具有重要的应用，这种情形的特点是：数据可以被两个集合之间的关系来表示。为避免赘述，我们指出定理 8.3.9 中获得的 2^X 的闭包元素的格会有一个更吸引人的术语来描述。它的元素可以用关系 $\mathcal{R}$ 的最大长方形来区别。设其中一个长方形是 (A, B)，比另外一个 (C, D) 小（在格的顺序中），当且仅当 $A \subseteq C$，当且仅当 $B \subseteq D$。对于一个特殊的情形，注意到 $\mathcal{R}$ 是一个双序（在定义 4.2.1 的意义下），当且仅当它的格是一个链。

8.3.10 定义。 设 $\mathcal{R}$ 是从集合 X 到集合 Y 的关系。$\mathcal{R}$ 的伽罗瓦连接的 2^X 里的闭包元素的格是**伽罗瓦格或者 $\mathcal{R}$ 的概念格**。

第一个术语出现在 Birkhoff（1967），Matalon（1965），以及 Barbut 和 Monjardet（1970），而第二个则因 Darmstadt 学校而流行起来，见 Ganter 和 Wille（1996）。

8.3.11 例子。回到例子 8.3.2 中的关系 $\mathcal{R}$，我们用图 8.1 来表示 $\mathcal{R}$ 的伽罗瓦格的哈森图。每个点表示一个最大的长方形 (A, B)，由 $X = \{a, b, c, d, e\}$ 中的子集 A 列出的元素，和 $Y = \{p, q, r, s\}$ 中的子集 B 来确定，符号 $-$ 表示缺乏这样的元素。

8.4 知识结构和二元关系

正如推论 8.4.3 中展示的那样，Birkhoff 的定理 3.8.3 是定理 8.2.4 的一种情况。其中，集合 Y 和 Z 分别是在域 Q 上的所有知识结构的集合 $\mathcal{R}$ 和 Q 上所有二元关系的集合 $\mathfrak{R}$。在这种情况下，根据 Monjardet（1970），明确了拟序及其所涉概念之间的对应关系所扮演的特殊角色。

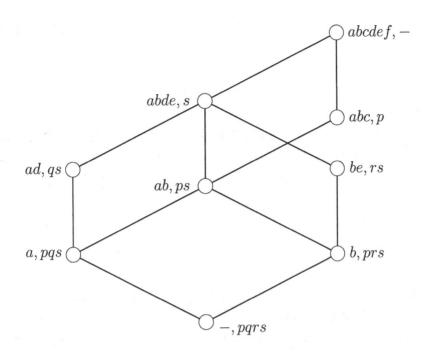

图 8.1: 例子 8.3.11 中的关系 $\mathcal{R}$ 的伽罗瓦格。

8.4.1 定义。考虑集合 Q 上所有二元关系的集合 $\mathfrak{R}$，用包含排序。设 $\mathcal{R} \mapsto t(\mathcal{R})$ 是映射到自己的 $\mathcal{R}$，定义如下：

$$t(\mathcal{R}) = \bigcup_{k=0}^{\infty} \mathcal{R}^k.$$

正如 1.6.4 中定义的，$t(\mathcal{R})$ 是 $\mathcal{R}$（反射）传递的闭包。可以验证 t 是 $(\mathfrak{R}, \subseteq)$ 上的闭包运算符（问题 6）。这些闭包的元素是拟序。映射 t 可以被称作 $(\mathfrak{R}, \subseteq)$ 上的传递闭包运算符。

正如以前介绍的那样，我们记集合 Q 上所有的知识结构集合是 $\mathfrak{K}$。我们把任何一个 $\mathcal{K} \in \mathfrak{K}$ 与包含 $\mathcal{K}$ 的最小拟序空间 $u(\mathcal{K})$ 联系起来。闭包运算符 u 被称之为 $(\mathfrak{K}, \subseteq)$ 上的拟序闭包运算符。闭包元素是拟序空间（见问题 6）。

8.4.2 定理。设非空集合 Q 上所有知识结构集合 $\mathfrak{K}$、Q 上的二元关系集合 $\mathfrak{R}$，都用包含来排序。设 $\mathcal{K} \mapsto r(\mathcal{K})$ 是从 $\mathcal{K}$ 到 $\mathcal{R}$ 的映射。定义如下：

$$p\,r(\mathcal{K})\,q \quad \Longleftrightarrow \quad \mathcal{K}_p \supseteq \mathcal{K}_q \tag{8.6}$$

其中，$p, q \in Q$。对于 $\mathcal{R} \in \mathfrak{R}$，设 $K(\mathcal{R})$ 是 Q 上的知识结构，是通过对 $\mathcal{R}$ 的定义来表示的：

$$K \in k(\mathcal{R}) \quad \Longleftrightarrow \quad (\forall (p, q) \in \mathcal{R} : q \in K \Rightarrow p \in K). \tag{8.7}$$

因此，$\mathcal{R} \mapsto k(\mathcal{R})$ 是一个从 $\mathfrak{R}$ 到 $\mathfrak{K}$ 的映射。那么 (r, k) 对是一个在 $(\mathfrak{K}, \subseteq)$ 和 $(\mathfrak{R}, \subseteq)$ 之间的伽罗瓦连接。还有，$k \circ r$ 是一个在 $(\mathfrak{K}, \subseteq)$ 上的拟序闭包运算符。而 $r \circ k$ 是在 $(\mathfrak{R}, \subseteq)$ 上的传递闭包运算符。闭包元素是分别在 $\mathfrak{K}$ 与 $\mathfrak{R}$ 里的拟序空间和拟序。

8.4.4 给出了这个定理的证明。在这个框架中，下面的推论是对 Birkhoff 的定理 3.8.3 的稍许提高。它证明了一一对应实际上是一个反同态。

8.4.3 推论。 设 (r, k) 是定理 8.4.2 的伽罗瓦连接。那么，r 对于 Q 上所有拟序空间的集合 $\mathfrak{K}^{so}$ 的限制 r_0 是一个从 Q 上所有拟序的格 $(\mathfrak{K}^{so}, \subseteq)$ 到格 $(\mathfrak{R}^o, \subseteq)$ 上的反同态。逆映射 r_0^{-1} 是 k 对 $\mathfrak{R}^o$ 的限制。还有，任何一个序知识空间 $\mathcal{K}$ 的镜像 $r_0(\mathcal{K})$ 是一个偏序。

这可以从定理 8.4.2 和 8.2.4(v)，还有推论 8.3.8（注意到 $(\mathfrak{K}, \subseteq)$ 和 $(\mathfrak{R}, \subseteq)$ 是格）很快得出。

8.4.4 定理 8.4.2 的证明。 我们首先证明 (r, k) 是一个伽罗瓦连接。因为 $(\mathfrak{K}, \subseteq)$ 和 $(\mathfrak{R}, \subseteq)$ 是有序的集合，定义 8.2.3 中条件 (i) 和 (ii) 是平凡成立的。条件 (iii) 至 (vi) 对应于下面的条件 (a) 到 (d)：

(a) $\mathcal{K} \subseteq \mathcal{K}' \implies (\forall p, q \in Q : \mathcal{K}'_p \supseteq \mathcal{K}'_q \Rightarrow \mathcal{K}_p \supseteq \mathcal{K}_q)$;

(b) $\mathcal{R} \subseteq \mathcal{R}' \implies (\forall S \subseteq Q : S \in k(\mathcal{R}') \Rightarrow S \in k(\mathcal{R}))$;

(c) $\mathcal{K} \subseteq (k \circ r)(\mathcal{K})$;

(d) $\mathcal{R} \subseteq (r \circ k)(\mathcal{R})$.

我们证明上述 4 个条件。

(a) 任取 $p, q \in Q$，且假设 $K \in \mathcal{K}_q$，以及 $\mathcal{K} \subseteq \mathcal{K}'$ 和 $\mathcal{K}'_p \subseteq \mathcal{K}'_q$。于是，$K \in \mathcal{K}'$，$K \in \mathcal{K}'_q$（因为 $q \in K$），$K \in \mathcal{K}'_p$，$p \in K$，于是有 $K \in \mathcal{K}_p$（因为 $K \in \mathcal{K}$）。

(b) 假设 $S \in k(\mathcal{R}')$，且 $\mathcal{R} \subseteq \mathcal{R}'$。通过式 (8.7)，$S$ 是 $k(\mathcal{R}')$ 的状态，当且仅当只要 $p\mathcal{R}'q$ 就有 $q \in S \Rightarrow p \in S$。我们必须证明 S 也是一个 $k(\mathcal{R})$ 的状态。

任选 $p, q \in Q$ 且 pRq; 因此 $pR'q$, 这意味着 $q \in S \Rightarrow p \in S$ (因为 S 是 $k(R')$ 的一个状态). 应用式 (8.7), 我们有 $S \in k(R)$.

(c) 连续地,

$$
\begin{aligned}
K \in \mathcal{K} \quad &\Longrightarrow \quad \forall p, q \in Q : (\mathcal{K}_p \supseteq \mathcal{K}_q, \ q \in K) \Rightarrow p \in K \\
&\Longleftrightarrow \quad \forall p, q \in Q : \big(p\,r(\mathcal{K})\,q, \ q \in K\big) \Rightarrow p \in K \qquad \text{[依据式 (8.6)]} \\
&\Longleftrightarrow \quad K \in (k \circ r)(\mathcal{K}). \qquad \text{[依据式 (8.7)]}
\end{aligned}
$$

(d) 对于所有的 $p, q \in Q$,

$$
\begin{aligned}
pRq \quad &\Longrightarrow \quad \forall K \in 2^Q : \big(K \in k(R), \ q \in K\big) \Rightarrow p \in K \qquad \text{[依据式 (8.7)]} \\
&\Longleftrightarrow \quad \forall K \in 2^Q : K \in \big(k(R)\big)_q \Rightarrow K \in \big(k(R)\big)_p \\
&\Longleftrightarrow \quad \big(k(R)\big)_p \supseteq \big(k(R)\big)_q \\
&\Longleftrightarrow \quad p\,(r \circ k)(R)\,q. \qquad \text{[依据式 (8.6)]}
\end{aligned}
$$

因为 (r, k) 是一个伽罗瓦连接, 根据定理 8.2.4(i), $k \circ r$ 和 $r \circ k$ 都分别是 $(\mathcal{K}, \subseteq)$ 和 $(\mathfrak{R}, \subseteq)$ 上的闭包运算符. 下面两个条件从定理 8.2.1(i) 推出来:

(e) $\mathcal{K} \subseteq \mathcal{K}' \Rightarrow (k \circ r)(\mathcal{K}) \subseteq (k \circ r)(\mathcal{K}')$;

(f) $R \subseteq R' \Rightarrow (r \circ k)(R) \subseteq (r \circ k)(R')$.

现在, 从式 (8.6) 出发, 很明显, 对于任何知识结构 $\mathcal{K}$, $r(\mathcal{K})$ 是 Q 上的一个拟序. 根据式 (8.7), 对于任何一个 Q 上的关系 R, $k(R)$ 是一个拟序空间. 特别地, $(k \circ r)(\mathcal{K})$ 是 Q 上的一个拟序空间. 而且, 它是包含 $\mathcal{K}$ 的一个最小的拟序空间. 当然, 对于 Q 上的一个拟序空间 $\mathcal{K}'$, 容易看出 $(k \circ r)(\mathcal{K}') = \mathcal{K}'$. 因此, 如果 $\mathcal{K}'$ 包含 $\mathcal{K}$, 条件 (e) 导出

$$
(k \circ r)(\mathcal{K}) \subseteq (k \circ r)(\mathcal{K}') = \mathcal{K}'.
$$

这里, $k \circ r$ 是一个在 $(\mathfrak{K}, \subseteq)$ 上的拟序闭包.

我们回到闭包运算符 $r \circ k$. 根据条件 (d) 和式 (8.6), $(r \circ k)(R)$ 是包含 R 的传递关系. 为了证明 $r \circ k$ 是在 $(R, \subseteq)$ 上的传递闭包运算符, 我们必须证明, 对于任何 $R \in \mathfrak{R}$ 和任何包含 R 的拟序 R', 我们有

$$
(r \circ k)(R) \subseteq R'.
$$

如果 $\mathcal{R}'$ 是一个拟序，那么 $(r \circ k)(\mathcal{R}') = \mathcal{R}'$（可以容易证明）。因此，$\mathcal{R} \subseteq \mathcal{R}'$ 意味着

$$(r \circ k)(\mathcal{R}) \subseteq (r \circ k)(\mathcal{R}') \qquad \text{[依据条件 (f)]}$$
$$= \mathcal{R}'.$$

最后，从定理 8.2.4(iv) 推出 $\mathfrak{R}^o$ 和 $\mathfrak{K}^{so}$ 分别是 $\mathfrak{R}$ 和 $\mathfrak{K}$ 的闭合元素。 □
我们现在重述定义 3.8.6 和 3.7.1。

8.4.5 定义 。定理 8.4.2 中提到了映射，我们说拟序空间 $k(\mathcal{R})$ 是从关系 $\mathcal{R}$ 中 **推出** 的，而且与此类似地，拟序 $r(\mathcal{K})$ 从知识结构 $\mathcal{K}$ 中 **推出** 来。注意到 $r(\mathcal{K})$ 是一个 $\mathcal{K}$ 的推测关系（或者前导关系）。

8.5 有粒度的知识结构和有粒度的属性

在定理 3.8.3 中，拟序知识空间被放在一个与拟序一一对应的关系。我们刚证明了这种对应可以从伽罗瓦连接中得到（参见推论 8.4.3）。我们在此讨论另外一个伽罗瓦连接，从中我们可以得到这种一一对应的另外一个证明。这种一一对应的关系已经在第 5 章中建立了，即一个集合 Q 上所有有粒度的知识空间的群集 $\mathfrak{R}^{sg}$ 和 Q 上所有推测函数的群集 $\mathfrak{F}^s$（参见定理 5.2.5）之间的关系。

我们从定义 5.2.1 的构造开始。对于任何一个有粒度的知识结构 $(Q, \mathcal{K})$，我们在那里定义了一个推出的推测函数 σ。该函数位于 Q 上，对于 Q 中的任何一个 q，有

$$C \in \sigma(q) \iff C \text{是位于} q \text{的原子}.$$

另一方面，根据定义 5.2.3，非空集合 Q 上的每个属性 σ 产生了一个 Q 上知识状态的推出的群集 $\mathcal{K}$。这个群集 $\mathcal{K}$ 由 Q 的所有子集 K 组成，满足

$$\forall q \in K, \exists C \in \sigma(q): C \subseteq K.$$

但是，由此产生的知识空间并不一定是有粒度的。

8.5.1 例子 。设 Q 是一个元素的无限集合，且设 σ 是一个属性，把每一个元素都映射到 Q 的所有无限子集的群集上。（因此，属性 σ 是定值。）从 σ 推

出的知识空间由 Q 的所有无限子集组成，加上非空集合。该空间没有任何原子。

8.5.2 定义 。当它产生的知识空间是有粒度的时候，属性是**有粒度** 的，我们用 $\mathfrak{F}^g$ 表示非空集合 Q 上的所有粒度的属性的集合。

我们没有直接刻画有粒度的属性（见开放问题 18.3.2）。这种刻画对于下一个伽罗瓦连接是有用的。这种连接发生在 Q 上所有有粒度的知识结构的群集 $\mathfrak{K}^g$ 和 Q 上所有有粒度的属性的群集 $\mathfrak{F}^g$ 之间。伽罗瓦连接的定义（参见 8.2.3）要求这些集合首先具备拟序。这里，$\mathfrak{K}^g$ 选取包含关系。在 $\mathfrak{F}^g$ 上，我们取一个类似于在定义 5.5.1 中介绍的关系 $\precsim$，其中，$\mathfrak{F}^g$ 里的 σ 和 σ' 满足

$$\sigma' \precsim \sigma \iff (\forall q \in Q, \forall C \in \sigma(q), \exists C' \in \sigma'(q) : C' \subseteq C).$$

8.5.3 定理。 某些非空域 Q 上的所有有粒度的知识结构的群集用 $\mathfrak{K}^g$ 表示，Q 上所有有粒度的属性的群集用 $\mathfrak{F}^g$ 表示，考虑到如下定义的两个映射 $a : \mathfrak{K}^g \to \mathfrak{F}^g$ 和 $g : \mathfrak{F}^g \to \mathfrak{K}^g$。一个有粒度的知识结构 $\mathfrak{K}$ 的一个镜像 $a(\mathfrak{K})$ 是一个属性。这个属性把任何一个问题 q 和 $\mathfrak{K}$ 里所有位于 q 的原子集合联系起来。对于任何一个有粒度的属性 σ，这个镜像 $g(\sigma)$ 是一个知识结构。它由 Q 的所有子集 $\mathfrak{K}$ 组成，且

$$\forall q \in K, \exists C \in \sigma(q) : C \subseteq K.$$

那么，(a, g) 对的映射形成了一个伽罗瓦连接，位于拟序集合 $(\mathfrak{K}^g, \subseteq)$ 和 $(\mathfrak{F}^g, \precsim)$ 之间。该伽罗瓦连接的闭包元素分别在有粒度的知识空间 $\mathfrak{K}^g$ 和推测函数 $\mathfrak{F}^g$ 之间。还有，伽罗瓦连接在闭包元素的两个集合之间引入了定理 5.2.5 中所说的一一对应关系。

证明。首先注意到对于 $\mathfrak{K} \in \mathfrak{K}^g$，我们有 $a(\mathfrak{K}) \in \mathfrak{F}^g$（见问题 9）。对于一个伽罗瓦连接，定义 8.2.3 中的所有六个条件很容易建立（问题 10）。也容易直接验证 $\mathfrak{K}^g$ 中所有闭包元素是空间，以及 $\mathfrak{F}^g$ 中所有闭包元素是推测函数。为了证明任何一个有粒度的知识空间 $\mathfrak{K}$ 是 $\mathfrak{K}^g$ 里的闭包元素，我们必须证明 $(g \circ a)(\mathfrak{K}) = \mathfrak{K}$。包含关系 $(g \circ a)(\mathfrak{K}) \supseteq \mathfrak{K}$ 是成立的，因为 (a, g) 是一个伽罗瓦连接。对于反包含，注意到如果 $K \in (g \circ a)(\mathfrak{K})$，那么 K 是 $a(\mathfrak{K})$ 的条件的并集，也是 $\mathfrak{K}$ 的元素（事实上，是原子）的并。因为 $\mathfrak{K}$ 是空间，它必然包含 K。

对于任何推测函数 σ，我们现在证明 $(a \circ g)(\sigma) = \sigma$。如果 $q \in Q$，对于 q 的任何一个 σ-条件 C 是 $g(\sigma)$ 的状态。还有，$g(\sigma)$ 中不存在这样一个元素 K'，使得 $q \in K' \subset C$（因为对于 q，没有 σ-条件被包含于 K'）。因此，$C \in ((a \circ g)(\sigma))(q)$。反过来，如果 $C \in ((a \circ g)(\sigma))(q)$，那么 C 是 $g(\sigma)$ 的一个元素，它对于属性 $q \in C$ 来说是最小的。我们把 $C \in \sigma(q)$ 的验证留给读者。

我们也把上面最后一句话的命题留给读者。 □

8.5.4 定义。在定理 8.5.3 的标记中，$(g \circ a)(\mathcal{K})$ 是有粒度的知识结构 $\mathcal{K}$ 的一个空间闭包，而 $(a \circ g)(\sigma)$ 是有粒度的属性 σ 的推测闭包。注意到 $(g \circ a)(\mathcal{K})$ 恰伴随着 $\mathcal{K}$ 生成的空间。对于关系转换为（必须是有粒度的）属性（参见定义 5.1.4），容易验证一个关系的推测闭包就是这个关系的传递闭包。我们研究具有可分解性或者非周期性的空间闭包的两个属性（在定义 5.6.2 和 5.6.12 的意义上）。下面一个定理的证明留作问题 11。

8.5.5 定理。当且仅当它的推测闭包是可分解时，这个有粒度的属性是可分解的。

8.5.6 定理。如果 σ 是一个在非空、有限集合 Q 上有粒度的、非周期的属性时，它的推测闭包 $(a \circ g)(\sigma)$ 也是非周期的。

证明。设 $\tau = (a \circ g)(\sigma)$，我们假设关系 $\mathcal{R}_\sigma$（参见 5.6.10）是一个非周期的，而且我们用反证法来证明 R_τ 也是非周期的。如果 $x_1, ..., x_k$ 是 R_τ 的一个周期，$\tau(x_{i+1})$ 里存在（根据 R_τ 的定义）一个 C_i，它包含 x_i（对于一个周期索引 i，且 $i = 1, ..., k$）。从这样的存在性中，对于问题 $y_1^i, ..., y_{l_i}^i$ 的每一个值 i，使得

$$x_1 \mathcal{R}_\sigma y_1^1, \quad y_1^1 \mathcal{R}_\sigma y_2^1, \quad ..., \quad y_{l_1}^1 \mathcal{R}_\sigma x_2,$$
$$x_2 \mathcal{R}_\sigma y_1^2, \quad y_1^2 \mathcal{R}_\sigma y_2^2, \quad ..., \quad y_{l_2}^2 \mathcal{R}_\sigma x_3,$$
$$...,$$
$$x_k \mathcal{R}_\sigma y_1^k, \quad y_1^k \mathcal{R}_\sigma y_2^k, \quad ..., \quad y_{l_n}^n \mathcal{R}_\sigma x_1$$

（因为我们这里的 R_σ 的一个周期与我们的假设相矛盾）。

为了构造一个有限的序列 $y_1^i, ..., y_{l_1}^i$，我们先定义 C_i 的某个子集 D 上的映射 η。通过定义 $\tau = (a \circ g)(\sigma)$，$\tau(x_{(i+1)})$ 里的条件 C_i 是 $g(\sigma)$ 里包含 x_{i+1}

元素中最小的一个。具体的，$C_i \setminus \{x_i\}$ 不是一个 σ 的状态。$C_i \setminus \{x_i\}$ 中一定存在某个元素 y，使得 $\sigma(y)$ 中没有条件被包含于 $C_i \setminus \{x_i\}$。另一方面，C_i 是 $g(\sigma)$ 的一个元素，$\sigma(y)$ 中存在某个条件 C_1^i 包含于 C_i。因此 $x_i \in C_1^i$。我们设 $\eta(y) = x_i$。如果 $y = x_{i+1}$，那么 η 的构造就完成了，且 $D = \{x_i, x_{i+1}\}$。如果 $y \neq x_{i+1}$，我们把 D 初始化为 $\{x_i, y\}$。那么 $C_i \setminus D$ 不是一个 σ 的状态，但是包含 x_{i+1}。因为 $C_i \in g(\sigma)$，但是 $C_i \setminus D \notin g(\sigma)$，存在某个元素 y'，使得 y 或 x_i 属于 $\sigma(y')$ 的一个条件。我们把 y' 增加到 D，那么相应地，集合 $\eta(y')$ 等于 y 或者 x_i。像这样构造，不断增加集合 D，直至 D 包含 x_{i+1}（因为 C_i 是有限的，这一情况总会发生）。显然，存在一个序列 $z_1 = \eta(x_{i+1}), z_2 = \eta(z_1), ...,$ $z_l = \eta(z_{l-1})$，且还有 $\eta(z_l) = x_i$。对于 $j = 1, ..., l$，我们设置 $y_j^i = z_{l-j+1}$。

对于周期标签 i 的每一个值，有限序列 $y_1^i, ..., y_{l_i}^i$ 的构造都会运行一遍。

$\square$

下面的例子证明定理 8.5.6 的逆命题不成立。

8.5.7 例子。定义一个在 $Q = \{a, b, c, d\}$ 上的属性 σ，依据：

$$\sigma(a) = \{\{a\}\}, \qquad\qquad \sigma(b) = \{\{a, b\}, \{b, d\}\},$$
$$\sigma(c) = \{\{a, c\}\}, \qquad\qquad \sigma(d) = \{Q\}.$$

关系 $\mathcal{R}_\sigma$ **不**是非周期的（因为 b, d 是一个周期），所以 σ 不是一个非周期的属性。但是，σ 的推测闭包 τ 是非周期的。它由下式给出：

$$\tau(a) = \{\{a\}\}, \qquad\qquad \tau(b) = \{\{a, b\}\},$$
$$\tau(c) = \{\{a, c\}\}, \qquad\qquad \tau(d) = \{Q\}.$$

同一个例子表明附属于一个属性 σ 的推测闭包 τ 的关系 $\mathcal{R}_\tau$ 与关系 $\mathcal{R}_\sigma$ 的传递闭包不相同。

8.6　知识结构和关联

定理 7.1.5 描述了一个 Q 上所有知识空间的群集和 Q 上所有蕴含的群集之间一一对应的关系 α。从后者出发还引出了其与 Q 上蕴含关系之间的另外一个一一对应的关系（定理 7.2.1 和定义 7.2.2）。于是，将上述两个关系组合起来，我们在 Q 上所有知识空间的群集和 Q 上所有蕴含关系的群集之间也有一个一一对应的关系 β。对应关系 α 和 β 中的每一个都可以从一个具体的伽罗瓦连接生成。下面我们研究 α 的情况，把 β 的情况作为问题 12 留给读者。

8.6.1 定义。设 Q 是一个非空集合。定义如下从 Q 上所有知识结构的群集 $\mathfrak{K}$ 到从 2^Q 到 Q 上所有关系的群集 $\mathfrak{E}$ 之间的映射 v，其中，对于 $\mathcal{K} \in \mathfrak{K}$

$$v(\mathcal{K}) = \mathcal{P} \iff$$

$$(\forall A \in 2^Q, \forall q \in Q: A\mathcal{P}q \Leftrightarrow (\forall K \in \mathcal{K}: q \in K \Rightarrow K \cap A \neq \varnothing)). \quad (8.8)$$

从 2^Q 到 Q 上的关系称之为 **关联关系**，或者简称为 **关联**。注意到如果 $\mathcal{K}$ 是一个知识空间，那么 $v(\mathcal{K})$ 恰是它推出的蕴含（参见定义 7.1.6）。当 $\mathcal{K}$ 是一个一般的知识结构时，我们还说 $v(\mathcal{K})$ 是从 $\mathcal{K}$ 中 **推出** 的。

这时，通过设置 $\mathcal{P} \in \mathfrak{E}$ 定义一个映射 $l : \mathfrak{E} \to \mathfrak{K}$:

$$l(\mathcal{P}) = \{K \in 2^Q | \forall r \in Q, \forall B \subseteq Q: (B\mathcal{P}r \text{和} r \in K) \Rightarrow B \cap K \neq \varnothing\}. \quad (8.9)$$

知识结构 $l(\mathcal{P})$ 可以从 $\mathcal{P}$ **推出** 来。定义 7.1.5 的式 (7.3) 中也曾出现过类似的构造。

8.6.2 定理。设 Q 是一个非空集合。如果 $\mathfrak{K}$ 和 $\mathfrak{E}$ 是通过包含排序的，那么映射 $v : \mathfrak{K} \to \mathfrak{E}$ 且 $l : \mathfrak{E} \to \mathfrak{K}$ 形成了一个伽罗瓦连接。$\mathfrak{K}$ 中的闭包元素形成了 Q 上所有知识空间的格 $(\mathfrak{K}^s, \subseteq)$；$\mathfrak{E}$ 里的包含元素形成了所有蕴含的格 $(\mathfrak{E}^e, \subseteq)$。通过在这两个格之间的 v 和 l 引入的反同态提供了定理 7.1.5 中所说的——对应关系。

证明。伽罗瓦连接的定义 8.2.4 中的条件 (i) 和 (ii) 自动满足，因为包含关系，要么在 $\mathfrak{K}$ 或者在 $\mathfrak{E}$ 是一个偏序。其他条件容易从式 (8.8) 和 (8.9) 中的 v 和 l 的定义推出来。

为了证明 $\mathfrak{K}$ 里的闭包元素组成了 Q 上所有知识空间的群集 $\mathfrak{K}^s$，它能够建立 $l(\mathfrak{E}) = \mathfrak{K}^s$。容易获得包含 $l(\mathfrak{E}) \subseteq \mathfrak{K}^s$。反包含来自：对于 Q 上任何一个空间 $\mathcal{K}$，有 $\mathcal{K} = (l \circ v)(\mathcal{K})$。注意到 $\mathcal{K} \subseteq (l \circ v)(\mathcal{K})$ 成立，因为 (v, l) 是一个伽罗瓦连接，而 $(l \circ v)(\mathcal{K}) \subseteq \mathcal{K}$ 的证明如下。如果 $L \in (l \circ v)(\mathcal{K}) \backslash \mathcal{K}$，设 K 是包含于 L 的空间 $\mathcal{K}$ 的最大状态。在 $L \backslash K$ 中的 r，并设 $B = Q \backslash L$，我们有 $Bv(\mathcal{K})r$ 且 $r \in L$，与 $L \in (l \circ v)(\mathcal{K})$ 矛盾。

类似地，为了证明 $\mathfrak{E}$ 中的闭包元素组成了所有蕴含的群集 $\mathfrak{E}^e$，这就可以证明 $v(\mathfrak{K}) = \mathfrak{E}^e$。我们把这个留给读者。

最后，因为 $(\mathfrak{K}^s, \subseteq)$ 显然是一个格，我们还可以运用推论 8.3.8。 □

为了介绍本书中所关注的各种结构而在本章引入的所有伽罗瓦连接，都记录在表 8.3 中。

表 8.3: 三个伽罗瓦连接将表 8.1 中的一一对应关系纳入进来：对于域与闭集的名称和记号。表头如下：

1:	定理编号
2 和 5:	数学结构的名称
3 和 4:	群集的记号

1	2	3	4	5
8.4.2	知识结构	$\mathfrak{K}$	$\mathfrak{R}$	关系
	拟序空间	$\mathfrak{K}^{so}$	$\mathfrak{R}^o$	拟序
8.5.3	有粒度的知识结构	$\mathfrak{K}^g$	$\mathfrak{F}^g$	有粒度的属性
	有粒度的知识空间	$\mathfrak{K}^{sg}$	$\mathfrak{F}^s$	推测函数
8.6.2	知识结构	$\mathfrak{K}$	$\mathfrak{F}$	关联
	知识空间	$\mathfrak{K}^s$	$\mathfrak{C}^e$	蕴含

8.7 文献和相关工作

关于伽罗瓦连接的背景，我们向读者介绍一些，比如 Birkhoff（1967）或者 Barbut 和 Monjardet（1970）。伽罗瓦连接的概念与其中的"剩余映射"非常接近，参见 Blyth 和 Janowitz（1972）。定义 8.2.3 稍微扩展了伽罗瓦连接的概念，允许拟序集合而非排序集合。这一构造来自 Doignon 和 Falmagne（1985）[74]。

从伽罗瓦连接中获取 Birkhoff 定理的想法源于 Monjardet（1970）（参见我们的推论 8.4.3）。伽罗瓦连接理论的其他应用，定理 8.5.3 和 8.6.2，分别来自 Doignon 和 Falmagne（1985，在有限情形下），Koppen 和 Doignon（1990）。我们曾经提到格的概念或者伽罗瓦格。在这个领域中，我们推荐 Matalon（1965）或者 Barbut 和 Monjardet（1970），特别是 Ganter 和 Wille（1996）。Rusch 和 Wille（1996）曾经指出过格的概念和我们研究的知识空间之间的若干联系。另外一个联系在第 1 章的文献那一节提到过，称

---

[74] 注意到 J. Heller 曾经指出过本文先决条件 2.7(iv) 中的一个错误。

为 Dowling（1993b）和 Ganter（1984，1987；还有 Ganter，1991）。为了完成各自的任务，可以在此基础上重新形成算法（见问题 8）。

问题

1. 设 $\mathfrak{K}$ 是在集合 Q 上所有知识结构的集合。证明 $\mathfrak{K}$ 中任何一个知识空间的交集是一个知识空间，而且例子 8.2.2(a) 的映射 s 是一个 $(\mathfrak{K}, \subseteq)$ 上的闭包运算符，知识空间是闭包元素。

2. 如果知识结构在交集下是闭合的，那么它的空间闭包也是这样的吗？

3. 检查例子 8.2.2(b) 中的映射 $h : 2^Q \to 2^Q : A \mapsto h(A) = A'$ 是一个闭包运算符，且 $\mathcal{L}$ 的元素是闭包元素。

4. 完成定理 8.2.4 的证明。

5. 关系的伽罗瓦格可以决定这个关系吗？考虑图 8.1 中那些被标记出来的格元素的情形。

6. 证明定义 8.4.1 的函数 t 是一个闭包运算符，且 Q 上的拟序形成了闭包的元素。证明 u 也是一个闭包运算符，且 Q 上的拟序空间也是一个闭包元素。

7. 构造下列关系的伽罗瓦格：

   a) 从一个集合到其自身的一致性关系；

   b) 从一个集合 Q 到它的幂集 2^Q 的成员关系；

   c) 由下表定义的关系。

表 8.4：问题 7 c）中关系的 0-1 阵列。

	p	q	r	s
a	1	1	0	1
b	1	0	1	1
c	1	0	0	0
d	1	1	0	1

8. 设计一个算法来计算在两个有限集合之间的一个关系的伽罗瓦格。证明这样一个算法可以直接从算法 3.5.5 中获得（从任何一个它生成的族中构造一个知识空间）。

9. 设 a 是一个定理 8.5.3 定义的映射。证明对于任何一个有粒度的知识结构 $\mathcal{K}$，镜像 $a(\mathcal{K})$ 是一个有粒度的属性。

10. 完成定理 8.5.3 的证明。

11. 证明定理 8.5.5。

12. 建立一个在知识结构和蕴含关系之间的伽罗瓦格。这个蕴含关系在定义 8.6.1 之前提到过，是那个一一对应的 β。

13. 证明在有序集合 $Y, \mathcal{U}$ 和 $Z, \mathcal{V}$ 之间的映射 $f : Y \to Z$ 和 $g : Z \to Y$ 形成了一个伽罗瓦格连接，当且仅当对于 Y 中所有的 y 和 Z 中所有的 z：

$$y\,\mathcal{U}\,g(z) \quad \Longleftrightarrow \quad z\,\mathcal{V}\,f(y)$$

（O. Schmidt，见 Birkhoff，1967，第 124 页）。当 $Y, \mathcal{U}$ 和 $Z, \mathcal{V}$ 是拟序集合时，给出针对一般情况的类似结论。运用伽罗瓦格连接的这一另外特征来想出这一章结论的不同证明方法。

14. 一个格 $(L, \precsim)$ 是 **完整** 的，如果 L 的元素的任何一个族（可能是无限的）具有一个最大下界和最小上界（定义这些术语）。定理 8.3.7 可以推广到完全格吗？在本书中研究的群集对象里面找出完全格的例子。

9   描述与评估语言 *

我们如何经济地描述一个知识结构中的状态？这个问题是无法回避的，因为正如以前指出的，实际的状态通常非常多。在这种情况下，通过列举其包含的所有问题不现实。而且还是不必要的：因为许多现实生活中的知识结构存在冗余[75]，一个状态常可以用相当小的一个特征集来表征。这个想法不是新的。在第4章里，我们证明了在一个级配良好的知识结构里的任何一个状态可以用它的内部和外部边界（参见定理4.1.7和注释4.1.8(a)）简单而完整地描述。这里，我们更系统地考虑这个问题。本章对于本书中的其他内容存在某种程度的偏离，第一遍读的时候跳过去完全没有问题。我们从以前曾经举过的一个简单的例子开始，以此阐述主要思路。

9.1   语言和决策树

9.1.1 例子 。考虑在域 $Q = \{a, b, c, d, e\}$ 上的知识结构

$$\mathcal{G} = \{\varnothing, \{a\}, \{b, d\}, \{a, b, c\}, \{b, c, e\}, \{a, b, d\},$$
$$\{a, b, c, d\}, \{a, b, c, e\}, \{b, c, d, e\}, \{a, b, c, d, e\}\} \tag{9.1}$$

这个结构曾经出现在例子5.1.1中，而且还是一个可识别的知识空间。状态 $\{a, b, c, e\}$ 是 $\mathcal{G}$ 中包含 a, e 而不包含 d 的唯一状态。它可以被这样表征：$\{a, b, c, e\}$ 是 $\mathcal{G}$ 中的一个特殊状态，满足

$$a \in K, \quad d \notin K \quad 且 \quad e \in K. \tag{9.2}$$

类似地，状态 $M = \{b, c, d, e\}$ 可以这样描述：

$$a \notin M 且 d, e \in M. \tag{9.3}$$

我们现在运用一个压缩的记号。我们分别用字符串 $a\bar{d}e$ 和 $\bar{a}de$ 表示 (9.2) 与 (9.3)。推广这种记法，我们可以用表 9.1 中示出的字符串来呈现 $\mathcal{G}$ 里所有的状态。

---

[75] 例如，对于 ALEKS 系统中用到的初等代数知识空间的域和第17章中讨论的大约 300 个问题，尽管知识状态的数量还没有超过几百万，是 2^{300}（具有 300 个元素的集合的子集的数目）分之一。

表 9.1: $\mathcal{G}$ 和它的字符串表示。

状态	字符串
$\{a, b, c, d, e\}$	ade
$\{a, b, c, d\}$	$acd\bar{e}$
$\{a, b, c, e\}$	$a\bar{d}e$
$\{a, b, c\}$	$ac\bar{d}\bar{e}$
$\{a, b, d\}$	$a\bar{c}d$
$\{a\}$	$a\bar{b}$
$\{b, c, d, e\}$	$\bar{a}de$
$\{b, c, e\}$	$\bar{a}\bar{d}e$
$\{b, d\}$	$\bar{a}\bar{c}d$
$\varnothing$	$\bar{a}\bar{b}$

这些字符串可以被称作"单词"。单词集合

$$G_1 = \{\, ade, acd\bar{e}, a\bar{d}e, ac\bar{d}\bar{e}, a\bar{c}d, a\bar{b}, \bar{a}de, \bar{a}\bar{d}e, \bar{a}\bar{c}d, \bar{a}\bar{b} \,\}$$

被称作一个（对于 $\mathcal{G}$ 的）"描述语言"。某些描述语言在本书的框架中具有特殊的意义，因为它们把识别状态的过程符号化了。这种语言原则上可以用于评估个体的知识状态。例如，语言

$$G_2 = \{\, acde, acd\bar{e}, ac\bar{d}e, ac\bar{d}\bar{e}, a\bar{c}d, a\bar{c}\bar{d}, \bar{a}ed, \bar{a}e\bar{d}, \bar{a}\bar{e}b, \bar{a}\bar{e}\bar{b} \,\}$$

也明确了 $\mathcal{G}$ 的状态，但是用的单词满足某种规则。注意到 G_2 的每个单词都以 a 或者 $\bar{a}$ 开头。而且，任何以 a 开头的单词，下一个符号不是 c 就是 $\bar{c}$。类似地，如果一个单词以 $\bar{a}$ 开头，下一个符号不是 e 就是 $\bar{e}$，等等。这说明图 9.1 以决策树的形式呈现出一个通用的模式。G_2 的单词则是从树枝的左边往右边读这棵树。每一片叶子对应一个表明状态的单词。这样的树示出了一个知识评估的可能过程。

9.1.2 定义。我们从 2.1.4 可以回忆出如果 $\mathcal{K}$ 是一个知识结构且 q 是任何一个问题，那么 $\mathcal{K}_q = \{K \in \mathcal{K} | q \in K\}$。我们简单地定义

$$\mathcal{K}_{\bar{q}} = \{K \in \mathcal{K} | q \notin K\}. \tag{9.4}$$

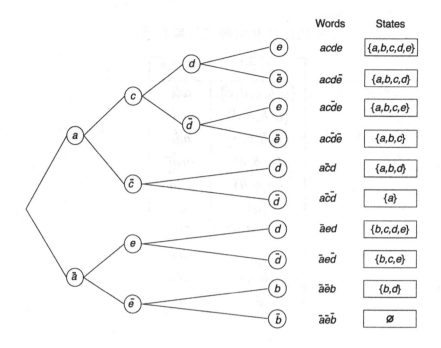

图 9.1: 序列决策树对应于知识结构 $\mathcal{G}$ 的语言 G_2。

我们因此有 $\mathcal{K} = \mathcal{K}_q \cup \mathcal{K}_{\bar{q}}$。

从图 9.1 的树的最左边的节点开始，我们可以通过向被试提出一个问题的方法来检查其知识状态是否包含 a。假设该被试解决了 a。我们这时就已经知道了被试的状态在

$$\mathcal{G}_a = \{\{a\}, \{a,b,c\}, \{a,b,d\}, \{a,b,c,d\}, \{a,b,c,e\}, \{a,b,c,d,e\}\}$$

之中。

提出的下一个问题是 c。假设 c 没有解决，但是被试解决了 d。这种情况下，一个完整的提问序列是单词 $a\bar{c}d$，这就表明了状态 $\{a,b,d\}$，因为

$$\mathcal{G}_a \cap \mathcal{G}_{\bar{c}} \cap \mathcal{G}_d = \{\{a,b,d\}\}.$$

如果一个语言可以被一个决策树表示，像 G_2 那样，那么它就会被称为一个"评估语言"（我们在 9.2.3 中给出精确的定义）。

采用这种确定性的方法在现实生活中评估知识存在两个困难。一个是人的行为在测试条件下常常不可靠：被试也许会暂时忘记他们掌握得还不错的问题，或者在回答的时候粗心大意；他们还有可能在某些情况下猜中一个他

们尚未掌握的问题。这些情况都说明直接运用确定性的决策树在评估知识的时候是不够的。

另一个困难是我们明显希望（在某种意义上）把评估所需的问题最小化，这就带来了决策树的优化问题。至少有两个参数需要最小化。第一个参数就是为了明确任何一个状态所要提出的问题的最大值。在图 9.1 中，**最坏情况**或者 **树的深度**，等于 4（上面附着了 4 个状态）。经常用到的第二个参数是问题数目的平均值，这里 $3.4 = (4 \times 4 + 6 \times 3)/10$。一个 **最优** 树是在某个场景下要么最小化深度要么最小化内部节点的平均数。为手头上的任务设计一个最优决策树在计算机理论上都是一个难题，这里，"难" 指技术上的，即对应的决策问题是 "NP-完全" 的。我们推荐读者阅读 Garey 和 Johnson（1979）的内容，这是一个很好的复杂度理论入门介绍。对于这里所面临的具体问题，我们的参考文献是 Hyafill 和 Rivest（1976）（特别是参见主要结论的证明）。我们在这里不讨论关于构造最优决策树的各种结论。原因是在我们的场景中，确定性的过程（二叉决策树）依赖于一个站不住的假设：学生的答案真实地反映了学生的知识状态。

在第 13 和第 14 章，我们描述了随机评估过程，这就比那些基于决策树的方法鲁莽得多，而且还能在即使被试的行为出现某种不确定性的情况下发现其状态。

但是，在确定性的框架下还是存在一些值得研究的理论问题，而且与知识评估有关。例如，设想一下我们观察一位教师在学生中进行一项口头测验。在理想条件下，我们假设这一观察会持续很长一段时间，同时，我们还能做到收集这位教师问出的所有问题。那么，我们可以推测出这位教师本人所依赖的知识结构吗？我们假设在观测期间，所有潜在的问题序列都暴露出来了，而且在假设 "学生的回答反映了他们的真实的知识状态" 这一点上教师是正确的。本章的结论可以用一个例子来说明：如果一个知识结构已知是有序的（在 3.8.1 的意义上），那么它可以被任何评估语言揭示出来（参见推论 9.3.6）。总之，任何一个结构都不可能在单一评估语言的基础上重构出来。但是我们可以假设已经观察了许多教师很长时间，且所有的评估语言都观察到了。那么相应的结论就是任何一个知识结构都可以从所有可行的评估语言集合中揭示出来（参见 9.4.2）。

我们对结论的陈述依赖于一个基本的术语体系。这个体系包括 "单词" "语言" 和我们下一节要介绍的有关概念。这个术语体系与形式语言理论（例如，参见 Rozenberg 和 Salomaa，1997）[76]是一致的。因此，对于 $q \in Q$，我们有两个字母 q 和 $\bar{q}$。

9.2 术语

9.2.1 定义 。我们从有限集合 Q 开始，我们将其称为 **字母表** 。Q 中任何一个元素被称为 **正字母** 。**负字母** 是用上方有横杠标记的元素。字母表 Q 上的 **字符串** 是任何一个由字母组成的有限的序列 $\alpha_1, \alpha_2, ..., \alpha_n$，记作 $\alpha_1 \alpha_2 ... \alpha_n$。所有字母的集合用 Σ 表示，我们用 Σ^* 表示具有连接连锁运算的所有字符串的集合。

$$(\rho, \rho') \longmapsto \rho\rho' \in \Sigma^* \qquad (\rho, \rho' \in \Sigma^*)$$

因此得到一个半群。没有符号的元素是空字符串，我们用 1 来表示。Σ^* 的任何一个子集 L 被称作 Q 上的一个 **语言** 。语言 L 的一个元素 ω 被称作语言的一个 **单词** 。对于 Σ^* 的某个串 ρ'，如果 $\rho\rho'$（或者 $\rho'\rho$）是一个 L 的单词，那么 Σ^* 的串 ρ 是一个 **前缀** （或者 **后缀** ）。如果存在一个非空字符串 π 使得 $\rho\pi$（或者 $\pi\rho$）是一个单词，那么前缀（或者后缀）ρ 是 **合适** 的。对于任何一个串 ρ 和任何一个语言 L，我们把所有包含形如 $\rho\omega$ 这样的单词的语言记作 ρL，其中 $\omega \in L$。

当字符串、单词、前缀和后缀仅仅由正的（或者负的）字母组成时，它们是 **正的** （或者 **负的** ）。如果 $\rho = \alpha_1 \alpha_2 ... \alpha_n$ 是字母表 Q 上的字符串时，我们设 $\bar{\rho} = \bar{\alpha}_1 \bar{\alpha}_2 ... \bar{\alpha}_n$，且约定对于任何一个字母 $\alpha, \bar{\bar{\alpha}} = \alpha$。

9.2.2 例子 。对于 $Q = \{a, b, c, d, e\}$，我们有 10 个字母。考虑这种情况：语言由所有长度至多为 2 的单词组成。那么这个语言就有 $1 + 10 + 10^2$ 个单词。每个单词有一个前缀和一个后缀。然而，只有 $1 + 10$ 个合适的前缀，和相同数量的合适的后缀。该语言有 $1 + 5 + 5^2$ 个正单词（恰与正前缀一致）和 $1 + 5$ 个正的、合适的前缀。

我们回忆 3.3.1 可以发现域 Q 上的一个群集 $\mathcal{K}$ 是一个 Q 上的子集族。我们还可以用 $(Q, \mathcal{K})$ 标记这个群集，以及把 $\mathcal{K}$ 的元素称之为状态。因此，一个知识结构 $(Q, \mathcal{K})$ 是一个包含 $\varnothing$ 和 Q 的群集 $\mathcal{K}$。注意到群集可以是空的。推广定义 2.4.2，我们把一个群集 $(Q, \mathcal{K})$ 在 Q 的子集 A 上的投影称之为族

---

[76]某些术语在第 10 章里也用到了。

$\mathcal{K}_{|A} = K \cap A | K \in \mathcal{K}$。"迹"、$\mathcal{K}_q$ 和 $\mathcal{K}_{\bar{q}}$ 的含义对于群集和对于结构是一样的（参见定义 2.1.4 和 9.1.2）。

我们假设在这一章里域 Q 是有限的。

9.2.3 定义

群集 $(Q, \mathcal{K})$ 的一个 **评估语言** 是一个在字母表 Q 上的语言 L。当 $|\mathcal{K}| = 0$ 的时候，它是空的；当 $|\mathcal{K}| = 1$ 时，它只有单词 1；否则，对于 Q 中的某个 q，满足 $L = qL_1 \cup \bar{q}L_2$。其中：

[A1] 对于投影 $(\mathcal{K}_q)_{|Q \setminus \{q\}}$，$L_1$ 是一个评估语言；

[A2] 对于在域 $Q \setminus \{q\}$ 上的群集 $\mathcal{K}_{\bar{q}}$，L_2 是一个评估语言。

容易验证：对于 $\mathcal{K}$，一个评估语言 L 的单词与 $\mathcal{K}$ 的状态是一一对应的（参见问题 2）。图 9.1 列出了式 (9.1) 的知识结构的评估语言的单词。

我们还用具体的性质刻画了评估语言。下面的概念能在这方面起到帮助作用。

9.2.4 定义

一个有限的字母表 Q 上的 **二元分类语言** 是满足下面两个条件的语言 L：

[B1] 一个单词里同一个字母不能出现两次及以上；

[B2] 如果 π 是 L 的一个合适的前缀，那么恰存在两个形如 $\pi\alpha$ 和 $\pi\beta$ 的前缀，其中 α 和 β 是字母；还有 $\bar{\alpha} = \beta$。

条件 [B1] 意味着 L 不包含形如 $\pi x \rho x \sigma$ 或者 $\pi x \rho \bar{x} \sigma$，其中 x 是字母，π，ρ，σ 是字符串。这样，一个二元分类语言 L 是有限的。注意到空语言和由单独的单词 1 组成的语言都是两个二元分类语言：它们都平凡地满足条件 [B1] 和 [B2]。

9.2.5 定理

对于一个非空二元分类语言 L 的任何一个合适的前缀 ρ，存在唯一的一个正前缀 ν 和唯一的一个负前缀 μ，$\rho\mu \in L$。特别地，L 恰好有一个正单词和一个负单词。

证明作为问题 4 留下。我们现在证明定义 9.2.4 里的条件给出了评估语言的一个非循环的特征。

9.2.6 定理

任何评估语言是一个二元分类语言。反过来，任何一个二元分类语言是某个群集上的评估语言。

证明。容易验证 Q 上的群集 $\mathcal{K}$ 的评估语言 L 是在字母表 Q 上的二元分类语言。反过来，假设 L 是一个 Q 上的二元分类语言，它包含的单词不止

一个。那么单词1是一个合适的前缀，而且根据定义 9.2.4 中的条件 [B2]，存在一个字母 q，使得所有单词的存在形式是 $q\pi$ 或者 $\bar{q}\sigma$，π 和 σ 是各种字符串。注意到 $L_1 = \{\pi | q\pi \in L\}$ 还是一个二元分类语言，但这次是在字母表 $Q\backslash\{q\}$ 之上。根据推理，我们推出当 L_1 是一个评估语言时，$Q\backslash\{q\}$ 上的群集 $\mathcal{K}_1$ 是存在的。类似的，对于 $Q\backslash\{q\}$ 上的某个群集 $\mathcal{K}_2$ 来说，$L_2 = \{\pi | \bar{q}\pi \in L\}$ 是一个评估语言。容易证明对于群集 $\{K \cup \{q\} | K \in \mathcal{K}_1\} \cup \mathcal{K}_2$。 □

比评估语言限制要小的一类语言，或者相当于二元分类语言，会在下一节用到。接下来，我们对它进行定义。

9.2.7 定义。设 Q 上的群集是 $\mathcal{K}$，设 L 是 Q 上的语言。符号 $\alpha \vdash \omega$ 意味着 α 是单词 ω 的一个字母。如果 K 是满足下述条件仅有的状态，那么单词 ω 描述了状态 K。

$$\text{对于任何一个 } x \in Q : (x \vdash \omega \Rightarrow x \in K) \text{ 且 } (\bar{x} \vdash \omega \Rightarrow x \notin K).$$

当如下两个条件成立时，语言 L 是一个 **描述性的语言**：

[D1] L 的任何一个单词描述了 K 中任何一个状态；

[D2]$\mathcal{K}$ 里的任何一个状态都被至少一个 L 的单词描述。

我们还可以说 L 描述了 $\mathcal{K}$。

每个评估语言是一个描述性的语言。尽管一个群集 $\mathcal{K}$ 的一个评估语言的单词与 $\mathcal{K}$ 的状态一一对应，我们只有从 $\mathcal{K}$ 的描述性语言到 $\mathcal{K}$ 的满射。

我们用 $\mathrm{ASL}(\mathcal{K})$ 和 $\mathrm{DEL}(\mathcal{K})$ 分别表示所有评估语言的群集和 $\mathcal{K}$ 的所有描述性语言。我们还用 $(Q, \overline{\mathcal{K}})$ 表示群集 $(Q, \mathcal{K})$ 的 **对偶** 群集，且 $\overline{\mathcal{K}} = \{Q \backslash K | K \in \mathcal{K}\}$。（这个扩展了在结构这个情况下的定义 2.2.2 中用到的记号和术语。）对于任何一个语言 L，我们定义对应的语言 $\bar{L} = \{\alpha | \bar{\alpha} \in L\}$。（对于任何一个字母 α，如果我们约定 $\bar{\alpha} = \alpha$。）在问题 5 里，我们请读者建立下面两个等价式：

$$L \in ASL(\mathcal{K}) \iff \bar{L} \in ASL(\overline{\mathcal{K}}),$$
$$L \in DEL(\mathcal{K}) \iff \bar{L} \in DEL(\overline{\mathcal{K}}).$$

9.3 恢复有序的知识结构

我们在此证明任何（偏）序空间 $(Q, \mathcal{K})$ 都可以从它的任何一个描述性语言中恢复出来。也可以从它的任何一个评估语言中恢复出来。在这一节里，

我们用 $\mathcal{P}$ 表示 Q 上的一个偏序，从它推出了 $\mathcal{K}$（在定义 3.8.4 的意义上），用 $\mathcal{H}$ 表示覆盖关系或者 $\mathcal{P}$ 的哈斯图（参见 1.6.8）。Q 的元素最大和最小是与 $\mathcal{P}$ 有关的。我们用 $\mathcal{K}(q) = \cap \mathcal{K}_q$ 表示包含元素 q 的最小状态。（在定义 3.4.5 的语言中，$\mathcal{K}(q)$ 因此是一个位于 q 的原子，在这种情况下它是唯一的。）最后，L 表示 $\mathcal{K}$ 的描述性语言。

9.3.1 推论。对于描述了来自 $\mathcal{K}$ 的状态 K 的 L 的任何一个单词 ω，下面的两个命题成立：

    (i) 如果 x 是 K 的最大元素，那么 $x \vdash \omega$；

    (ii) 如果 y 是 $Q \backslash K$ 的最小元素，那么 $\bar{y} \vdash \omega$。

证明。如果 x 是 K 中最大的，那么 $K \backslash \{x\}$ 是 $\mathcal{K}$ 的一个状态。因为 ω 区分了 K 和 $K \backslash \{x\}$，我们推出 $x \vdash \omega$。因为 $K \cup \{y\}$ 也是一个状态，第二个推断与此类似。 □

9.3.2 推论。对于 Q 中的每个 q，语言 L 用了字母 q 和 $\bar{q}$。

证明。包含 q 的最小状态 $\mathcal{K}(q)$ 把 q 作为最大元素。还有，$\mathcal{K}(q) \backslash \{q\}$ 是一个状态，它的补集把 q 作为最小元素。 □

9.3.3 定理。在 Q 上定义一个关系 $\mathcal{S}$，方法是声明 $q \mathcal{S} r$ 满足如下两个条件时成立：

    (i) L 中存在某个单词 ω，使得 $q \vdash \omega$ 和 $\bar{r} \vdash \omega$；

    (ii) L 中没有单词 ρ，使得 $\bar{q} \vdash \rho$ 和 $r \vdash \rho$。

设 $\widehat{\mathcal{P}}$ 表示从 $\mathcal{P}$ 获得的严格偏序，删掉了所有的循环。那么，我们必然有

$$\mathcal{H} \subseteq \mathcal{S} \subseteq \widehat{\mathcal{P}}. \tag{9.5}$$

证明。假设 $q \mathcal{H} r$ 和集合 $K = \mathcal{K}(r) \backslash \{r\}$。那么 K 是一个以 q 为最大元素的状态；而且，r 是 $Q \backslash K$ 最小的元素。根据推论 9.3.1，任何描述 K 的单词 Ω 都能使条件 (i) 成立。还有，条件 (ii) 也成立，因为 $q \mathcal{H} r$ 意味这任何包含 r 的状态也包含 q。这就建立了 $\mathcal{H} \subseteq \mathcal{S}$。

现在假设 $q \mathcal{H} r$。选取用单词 ω 描述的任何一个状态 K，它的存在是由条件 (i) 保障的。因为 $q \in K$ 和 $r \notin K$，我们有 $q \neq r$ 和 $r \mathcal{P} q$ 不成立。只用证明对于 $\mathcal{P}$ 而言，q 和 r 是兼容的。如果不是这样的话，$((q) \backslash \{q\}) \cup \mathcal{K}(r)$ 是一个把 r 作为最大元素的状态 K'；还有，q 是 $Q \backslash K'$ 的最小元素。任何描述 K' 的单词都会与条件 (ii) 冲突。 □

式 9.5 中两个结论的任何一个要么是严格的，要么是均等的，正如下面两个例子示出的那样。

9.3.4 例子 。考虑集合 $Q = \{a, b, c\}$ 的字母表顺序是 $\mathcal{P}$。图 9.2 明确了一个针对对应的序结构 $\mathcal{K}$ 的评估语言；这里我们有 $\mathcal{H} \subset \mathcal{S} = \widehat{\mathcal{P}}$。

9.3.5 例子 。图 9.3 用以前的例子中相同的序知识结构为例，描述了另外一个评估语言。这里，我们有 $\mathcal{H} = \mathcal{S} \subset \widehat{\mathcal{P}}$。

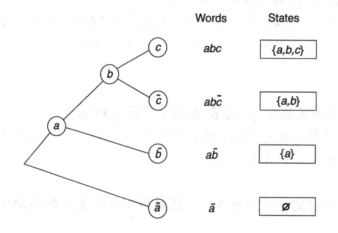

图 9.2: 决策树, 例子 9.3.4 的单词和状态。

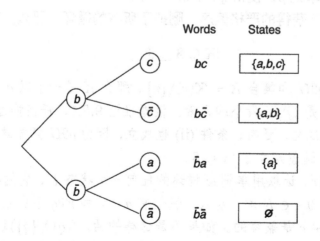

图 9.3: 决策树, 例子 9.3.5 的单词和状态。

9.3.6 推论。如果一个有限的知识结构是有序的，那么它就可以从它的任何一个描述语言恢复出来。

推论 9.3.6 是本节的主要结论。它很容易从定理 9.3.3 中获得：$\mathcal{P}$ 总是 $\mathcal{S}$ 的传递闭包。

9.3.7 注释 。一个语言可以描述两个不同的知识结构，其中只有一个是有序的。图 9.4 展现了这样的情况。

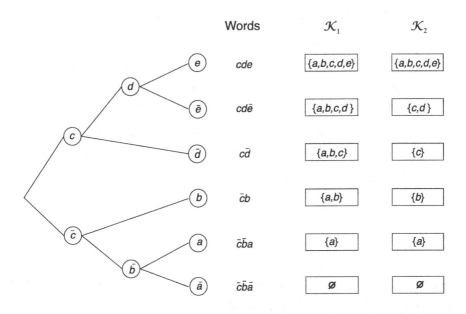

图 9.4: 决策树，两个不同的知识结构的单词和状态，每个都被相同的语言描述。（参见注释 9.3.7）只有 $\mathcal{K}_1$ 是有序的。

9.4 恢复知识结构

如图 9.4 所示的例子，一个知识结构不能只从它的一个评估语言中恢复出来（除非知道它是有序的，参见推论 9.3.6）。我们会在元素的数目上运用归纳法，证明：任何一个状态 $\mathcal{K}$ 可以从它所有的评估语言的 ASL($\mathcal{K}$) 的完全群集中恢复出来。

9.4.1 推论。假设 $A \subseteq Q$ 和设 L_A 是对于投影 $\mathcal{K}_{|A}$ 的一个评估语言。存在一个对于 $\mathcal{K}$ 的评估语言 L，使得

(i) 对于 L 的每个单词，来自 A 的字母在来自 $Q \backslash A$ 的字母之前；

(ii) 把来自 L 的单词截断成来自 A 的字母，可以给出 L_A 中所有的单词（可能重复）。

上述推论作为问题 7 留给读者，我们从 9.4.1 中推出本节的主要结论。

9.4.2 定理。对于任何两个知识结构 $(Q, \mathcal{K})$ 和 $(Q', \mathcal{K}')$，下面的两个陈述等价：

(i) $\text{ASL}(\mathcal{K}) = \text{ASL}(\mathcal{K}')$；

(ii) $\mathcal{K} = \mathcal{K}'$。

证明。(i) $\Rightarrow$ (ii)。假设条件 (i) 成立。如果某个问题 q 属于 Q，但不属于 Q'，我们可以将其作为 $\mathcal{K}$ 的决策树的根。所以，相应的评估语言不会属于 $\text{ASL}(\mathcal{K}')$。这一矛盾说明 $Q \subseteq Q'$，而且对称地，有 $Q' = Q$。

我们现在在 $|Q|$ 上通过归纳法证明如果否定条件 (ii)，将会导致矛盾。如果条件 (ii) 不成立，选取 $\mathcal{K} \triangle \mathcal{K}'$ 中的一个最大元素，比如在 $\mathcal{K} \backslash \mathcal{K}'$ 中的 K。如果 $Q = Q'$，我们必然有 $K \neq Q$。从推论 9.4.1 中，我们有 $\text{ASL}(\mathcal{K}_{|K}) = \text{ASL}(\mathcal{K}'_{|K})$，而且根据归纳，假设 $\mathcal{K}_{|K} = \mathcal{K}'_{|K}$。再次运用推论 9.4.1，我们为 $\mathcal{K}$ 构造一个评估语言。方法是有计划地从 K 中选取那些位于 $Q \backslash K$ 之前的单词。L 中描述 K 的单词 ω 会以下面的形式存在：

$$k_1 k_2 \ldots k_m \bar{y}_1 \bar{y}_2 \ldots \bar{y}_n$$

其中，$k_i \in K$ 和 $y_j \in Q \backslash K$。根据我们的假设 (i)，L 也是一个对于 $\mathcal{K}'$ 的评估语言。单词 ω 描述了 $\mathcal{K}'$ 里的某个状态 K'。从前缀 $k_1 k_2 \ldots k_m$ 和 $\mathcal{K}_{|K} = \mathcal{K}'_{|K}$ 的观点来看，我们有 $K \subseteq K'$。根据 K 的最大性，我们推出 $K' \in \mathcal{K}$。因此，L 的单词 ω 描述了 $\mathcal{K}$ 的两个不同的状态，分别是 K 和 K'，这就矛盾了。

(ii) $\Rightarrow$ (i)。这是平凡的。 $\square$

9.4.3 推论。下面的两个命题是等价的：

(i) $\text{DEL}(\mathcal{K}) = \text{DEL}(\mathcal{K}')$；

(ii) $\mathcal{K} = \mathcal{K}'$。

9.5 文献和相关工作

本章与 Degreef, Doignon, Ducamp 和 Falmagne（1986）密切相关。该文还包含了一些其他的、关于如何用语言恢复知识结构的开放问题。我们将其中之一作为第 18 章的开放问题 18.1.2。

问题

1. 验证例子 **9.2.2** 中的所有数字。

2. 证明对于任何一个群集 $\mathcal{K}$ 和对于 $\mathcal{K}$ 的任何一个评估语言 L，在 $\mathcal{K}$ 的状态和 L 的单词之间存在一个一一对应的关系（参见定义 **9.2.3**）。

3. 对于从一个线性关系推出的有序的知识结构，描述一个最优的决策树。

4. 给出定理 **9.2.5** 的证明。

5. 证明下面的两个等价式（见定义 **9.2.7** 之后）。

$$L \in ASL(\mathcal{K}) \iff \bar{L} \in ASL(\overline{\mathcal{K}}),$$
$$L \in DEL(\mathcal{K}) \iff \bar{L} \in DEL(\overline{\mathcal{K}}).$$

6. 证明如果 L 是一个 $\mathcal{K}$ 的描述性语言，那么通过任意调整 L 中单词的字母顺序而形成的任何一个语言，都是对于 $\mathcal{K}$ 的描述性语言。

7. 证明推论 **9.4.1**。

10 学习空间和媒体

　　一个"媒介"是一个状态集合上的变换的群集，变换的依据是两个具有约束性的公设。术语"媒介"来自一个直觉：当一个系统的结构暴露在爆炸式的信息流面前时，能够以比较细微的方式修改它们中的每一个状态（Falmagne，1997）。例如，系统可以是一个人，处于来自媒体信息的包围之中——也就是说，所有的媒体形式——特别是选举时的候选人们（见 Regenwetter，Falmagne，和 Grofman，1999，就是一个很好的例子）。Falmagne，Hsu，Leite，和 Regenwetter（2007）就是这方面的一个应用。

　　任何一个学习空间都可以用一种特殊的媒介来呈现，在这个意义上，媒体推广了学习空间，称之为"面向源媒介"。但是，反过来则不成立。例如，一个媒介是不可数的，但是一个学习空间却是有限的。媒体和学习空间之间的联系依赖于后者的级配良好性质。当然，作为级配良好的族的集合，媒介的状态具有自身的呈现方式。变换由向集合中添加或者从集合中删除某个元素组成，这种变换就因此形成了另外一个状态。向集合中添加一个元素（一个正变换）与从集合中删除一个元素（一个负变换）的不同促成了面向媒介。

　　更具体地，在都能真实地再现另外一方的意义上，我们会证明可识别的、级配良好的集合族和面向的媒体是隐形的。定理 10.4.11 对此进行了介绍。

　　专著 Eppstein，Falmagne 和 Ovchinnikov（2008）详细介绍了媒体理论。我们在这一章中只涉及级配良好群集（特别是学习空间）和媒体之间的关系。

　　媒体的例子随处可见而且差异巨大。我们在第一节中先介绍若干个。然后我们给出基本定义和关于媒体的两个公设。在下面的章节中，我们推出一些主要结论，然后刻画呈现学习空间的媒体特征。

10.1 媒体理论的主要概念

10.1.1 例子 。a) 一个有限集合 X 上所有偏序集合的族是 $\mathcal{P}$。每个偏序是一个状态，一个变换由向一个偏序中添加或者从一个偏序中删除一个对 xy，只要这个变换引出了族 $\mathcal{P}$ 中的另外一个偏序；否则，该变换返回一个相同的偏序。因此，变换成对出现，其中一个可以撤销另一个的动作。正如第 4 章所示（注释 4.2.6(b) 和问题 8），族 $\mathcal{P}$ 是级配良好的。这意味着，对于 $\mathcal{P}$ 中任何两个状态 P 和 R，存在一个把 P 转换成 R 的最小变换序列。但是，这样的变换序列可能不止一个。媒介是 $(\mathcal{P},\mathcal{T})$，其中 $\mathcal{T}$ 是所有变换的族。

b) $\mathbb{R}$ 是所有有限子集的族 $\mathcal{F}$。这个例子与前面一个例子类似，$\mathcal{F}$ 里的集合是状态，变换由向 $\mathcal{F}$ 的一个集合添加（或从其删除）一个元素组成，而且族 $\mathcal{F}$ 是级配良好的。变换在这里总是有效的[77]，当上例中的族 $\mathcal{P}$ 有限时，$\mathcal{F}$ 是不可数的。但是，两个有限集合之间的对称差异距离（参见 1.6.12）是有限的。这意味着，对于 $\mathcal{F}$ 中两个不同的状态 S 和 T，存在一个从 T 变换到 S 的有限的、最小的序列。

注意到在这个例子和上一个例子中，一定存在把变换群集分为两类的一个自然划分，这两个类分别是"添加"进的元素和被"删除"的元素。在这个意义上，媒介总是与"目标"联系在一起。这个特征并不适用于下面两个例子。

c) $\mathcal{L}$ 是在一个有限集合上所有线性排列的族。这个族不是级配良好的[78]。这些状态是线性排列，而且一个变换由删除 xy 对组成。这个 xy 对是一个线性排列中相邻的元素。将其用反过来的对 yx 代替。我们用 τ_{yx} 表示这样的变换。在集合 $\{1,2,3,4\}$ 上面所有线性排列的群集中，我们这样表示：

$$4312 \xmapsto{\tau_{13}} 4132$$
$$2134 \xmapsto{\tau_{31}} 2314$$
$$3142 \xmapsto{\tau_{24}} 3124.$$

图 10.1 示出了这种媒介，这是从 Eppstein 等（2008，图 1.4）中来的（获得了同意，而且用红线标注了添加的特征）。在相关的文献中，这种图有时被称作 **排列多面体**（参见 Bowman，1972；Gaiha 和 Gupta，1977；Le Conte de Poly-Barbut，1990；Ziegler，1995）。注意到我们略去了循环。

d) 设 $\mathcal{H}$ 是 $\mathbb{R}^n$ 的超平面的一个排列，也就是说，$\mathbb{R}^n$ 的超平面的一个有限群集。集合 $\mathbb{R}^n \setminus \cup \mathcal{H}$ 是被超平面包裹的开凸多面体。图 10.2 示出了在 $\mathbb{R}^2$ 的线排列中的 5 条线。这些多面体的每一块区域都是媒介的一个状态，而且一个变换由穿越 $\mathcal{H}$ 中的一个单一平面组成。更准确地说，$\mathcal{H}$ 中的每一个超平面 H，对应于两个由 H 界定的半空间的有序对 (H_-, H_+) 和 (H_+, H_-)。这些有序对定义了两个变换 τ_{H_-} 和 τ_{H_+}，其中 τ_{H_-} 把 H 界定的 H_- 中的一个状态变换到 H_+ 中一个相邻的状态，而且 τ_{H_+} 具有相反的效应。注意：如果某个多面体区域 $X \subset H_-$ 不是被 H 界定的，那么不论把 τ_{H_+} 还是 τ_{H_-} 运用

---

[77] 除了在空集以外，因为其中已经没有元素可以删除了。
[78] 而是"2-级配良好"的，参见定义 10.3.6。

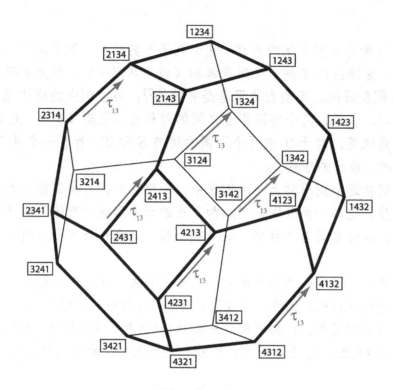

图 10.1: $\{1, 2, 3, 4\}$ 的排列多面体。$\{1, 2, 3, 4\}$ 线性排列集合的媒介图。红线表示变换 τ_{13}。请注意图中 6 个箭头的位置。

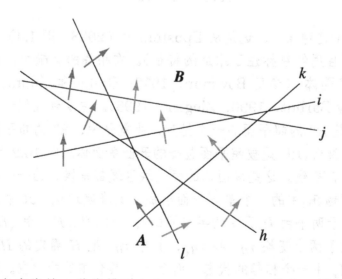

图 10.2: 五条直线的一种线排列 $l, h, i, j,$ 和 k。在 $\mathbb{R}^2$ 中，用 10 对变换界定出了 16 个状态。从状态 A 到 B 中的两个直接路径以两个不同的顺序跨越了五条线：$lhkij$（蓝色）和 $kihjl$（红色）。

到 X 都是没有效果的。因此，尽管 τ_{H_-} 可以撤销 τ_{H_+} 的效应，或者反过来，但是变换不是互逆的。当然，如果一个区域 A 满足 $\tau_{H_+}(A) = B$，且 $A \neq B$，那么我们还有 $\tau_{H_+}(B) = B$，以及映射 τ_{H_+} 不能被反转。

其他的例子参见 Eppstein 等（2008）（和问题 1）。

10.1.2 定义。 设 $\mathcal{S}$ 是一个**状态**的集合。设 $\tau : \mathcal{S} \mapsto \mathcal{S}\tau$ 是一个把 $\mathcal{S}$ 映射到自身的函数。我们因此记作 $\mathcal{S}\tau = \tau(\mathcal{S})$，且对于函数组成，有

$$S\tau_1\tau_2...\tau_n = \tau_n(...\tau_2(\tau_1(S))...)$$

设 $\mathcal{T}$ 是一个在 $\mathcal{S}$ 上这样函数的集合。如果它满足下面的三个条件，$(\mathcal{S}, \mathcal{T})$ 对被称作一个**标记系统**：

1. $|\mathcal{S}| \geq 2$;

2. $\tau \neq \varnothing$;

3. $\mathcal{S}$ 上的标识 τ_0 不属于 $\mathcal{T}$。

$\mathcal{T}$ 里的函数被称作**标记**。因此，$\mathcal{S}$ 的标识不是标记。

对于 $\mathcal{T}$ 里的某个标记 τ，如果 $S \neq V$ 和 $S\tau = V$，那么状态 V 与状态 S 是**相邻**的。如果对于任何两个相邻的状态 S 和 V，下面的等价式成立，那么标记 $\tilde{\tau}$ 是标记 τ 的**逆**。

$$S\tau = V \quad \Longleftrightarrow \quad V\tilde{\tau} = S. \tag{10.1}$$

容易证明一个标记最多有一个逆。如果 τ 的逆 $\tilde{\tau}$ 存在，那么 τ 和 $\tilde{\tau}$ 是互逆的。我们因此有 $\tilde{\tilde{\tau}} = \tau$，而且邻近是 $\mathcal{S}$ 上的一个对称关系（问题 3）。

下面的定义介绍了一个方便的语言。关键的概念是"消息"，它由若干标记组成，可以把一个状态变换到不一定与其相邻的状态。

10.1.3 定义。一个标记系统 $(\mathcal{S}, \mathcal{T})$ 的一个**消息**是来自 $\mathcal{T}$ 的一个标记串（可能为空）。一个非空消息 $m = \tau_1...\tau_n$ 定义了一个函数 $S \mapsto S\tau_1...\tau_n$，这个函数把 $\mathcal{S}$ 映射到其自身。注意：当我们在表示相应的函数组成时，我们也写作 $m = \tau_1...\tau_n$。对于某个状态 S，V 和某个消息 m，有 $Sm = V$ 时，我们说 m 从 S 中**产生**了 V。消息的**内容** $m = \tau_1...\tau_n$ 是它的标签集合 $\mathcal{C}(m) = \{\tau_1, ..., \tau_n\}$。（我们因此有 $|\mathcal{C}(m)| \neq l(m)$。）如果对于相应的函数 $S \mapsto Sm$，$Sm \neq S$（或者 $Sm = S$），那么消息 m 对于状态 S 是**有效**的（或者**无效**的）。如果 $S\tau_1 \cdots \tau_k \neq S\tau_0 \cdots \tau_{k-1}$，$1 \leq k \leq n$，那么 $m = \tau_1...\tau_n$ 对于

S 是 **逐步有效** 的。如果一个消息对于某个状态既是逐步有效的又是无效的，那么称它为 **返回消息** 或者，更简单点儿，**返回**（对于那个状态）。

如果它既包含一个标记又包含它的逆，我们说消息 $m = \tau_1 \cdots \tau_n$ 是 **不一致** 的。如果对于某些不同的下标 i 和 j，有 $\tau_j = \tilde{\tau}_i$，那么它就被称为 **一致** 的。由单个标记组成的消息默认是一致的。如果 mn（或者等价地，nm）是一致的，那么两个消息 m 和 n 是 **联合一致** 的。一个一致的消息，里面的标记不会重复出现。如果对于某个状态 S 是逐步有效的，那么它被称为 **简洁** 的（对于 S）。如果下标的集合 $\{1, \ldots, n\}$ 可以被划分成 $\{i, j\}$ 对，使得 τ_i 和 τ_j 是互逆的，那么 $m = \tau_1 \cdots \tau_n$ 是 **空洞** 的。消息 $m = \tau_1 \cdots \tau_n$ 的逆被定义为 $\tilde{m} = \tilde{\tau}_n \cdots \tilde{\tau}_1$。

为了方便，我们有时说 "m 是 **非空消息**" 是指 $m = \tau_0$，S 上的标识（即使标识不是一个标记）。在这样的情况中，m 是一个可以删掉的占位符，正如"设 mn 是一个消息，m 是一个简洁的消息或者是空的（也就是 $mn = n$）"。

10.1.4 对于媒体的公设。如果下面两个公设能成立，那么标记系统 $(\mathcal{S}, \mathcal{T})$ 被称作一个（在 $\mathcal{S}$ 上的）**媒介**。

[Ma] 对于 $\mathcal{S}$ 中的任何两个不同的状态 S 和 V，存在一个简洁的消息，可以从 S 中产生 V。

[Mb] 任何一个返回消息是空洞的。

如果 $\mathcal{S}$ 是一个有限的集合，那么媒介 $(\mathcal{S}, \mathcal{T})$ 是 **有限** 的。我们把证明这两个公设是独立的任务留给读者（问题 4）。

除了上面所说的，从现在开始，所有的陈述都是关于媒介 $(\mathcal{S}, \mathcal{T})$ 的。因此，公设 [Ma] 和 [Mb] 假设成立。

10.2 一些基本推论

我们省去了对一些显而易见的事实的证明，例如下面的推论（见问题 5）。

10.2.1 推论。(i) **每个标记都有唯一的逆**。

(ii) **如果一个消息 m 对于 S 是逐步有效的，那么 $Sm = V$ 意味着 $V\tilde{m} = S$**。

(iii) **当且仅当 $\tilde{\tau} \in \mathcal{C}(\tilde{m})$ 时，$\tau \in \mathcal{C}(m)$**。

(iv) **如果 m 是一致的，$\tilde{m}$ 也是**。

10.2.2 推论。 假设 $Tn = Vm$，且 m 和 n 是一致的，对于状态 T 和 V 分别是逐步有效的，且 T 不一定与 V 不同。那么 n 和 m 是联合一致的。

证明。如果 $T \neq V$，我们从公设 [Ma] 知道，存在一个简洁的 w，可以从 V 中产生 T。因此，$n\widetilde{m}w$ 是 T 的一个返回，而且根据 [Mb] 一定是空洞的。如果 nm 不是一致的，存在某个 $\tau \in \mathcal{C}(n) \cap \mathcal{C}(\widetilde{m})$。但是因为 $n\widetilde{m}w$ 是空洞的，n 和 m 的每一个都是一致的，标记 $\widetilde{\tau}$ 必然在 w 中至少出现两次，这与 w 是简洁的相矛盾。

如果 $T = V$，消息 $n\widetilde{m}$ 是 T 的一个返回，根据 [Mb]，它必然是空洞的。假设 nm 是不一致的。那就存在某个 τ，既在 n 又在 $\widetilde{m}$ 中出现。因为 $n\widetilde{m}$ 是空洞的，标记 $\widetilde{\tau}$ 一定会在 $n\widetilde{m}$ 中出现。这就是不可能的，因为 n 和 $\widetilde{m}$ 是一致的。 □

10.2.2 推论。 (i) 没有标记与它自己的逆是相同的。

(ii) 对于某个状态，任何一致的、逐步有效的消息，都是简洁的。

(iii) 对于任何两个相邻的状态 S 和 V，恰存在一个标记，可以从 S 中产生 V。

(iv) 令 m 是一个消息。它对于某个状态而言，是简洁的。那么

$$lm = |\mathcal{C}(m)|, \tag{10.2}$$

且

$$\mathcal{C}(m) \cap \mathcal{C}(\widetilde{m}) = \varnothing \tag{10.3}$$

(v) 没有标记 τ 是双射的。但是，如果 $S\tau = V$，且 S, V 是两个不同的状态，那么 $V\tau = V$。

(vi) 假设 m 和 n 分别对于 S 和 V 是逐步有效的，且 $Sm = V$，$Vn = W$。那么，对于 S 而言，mn 是逐步有效的，且 $Smn = W$。

(vii) 任何空洞的消息，如果对于某个状态是逐步有效的，那么它就是那个状态的一个返回[79]。

证明 (i)，(iii)，(iv) 和 (vi) 都比较短，作为问题 6 留下。

证明。(ii) 假设 m 是一致的、逐步有效的消息，从 S 产生了 V，而且某个标记 τ 在 m 中至少出现了两次。因此，对于一些一致的、逐步有效的消息 $n_1\tau$ 和 $n_2\tau n_3$，我们有 $Sm = n_1\tau n_2\tau n_3 = V$。$n_1$，$n_2$ 和 n_3 中的一个或者多个可能会是空的。另一方面，τ 在 m 中可能会出现两次以上。不失一般性，

---

[79] 命题 (vii) 是公设 [Mb] 的一个部分逆命题。

我们可以假设 τ 在 $n_1\tau n_2\tau$ 恰出现了两次。因此，对于某个状态 V'，我们有 $Sn_1\tau n_2\tau = V'$。我们推出：消息 $n_1\tau$ 和 $\tilde{\tau}\tilde{n}_2$ 是一致的、逐步有效的消息，它可以分别从 S 和 V' 中产生 $W = Sn_1\tau = V'\tilde{\tau}\tilde{n}_2$。这两个消息不是联合一致的，与推论 10.2.2 矛盾。

(v) 假设对于某个标记 τ 及两个不同的状态 S 和 V，$S\tau = V$。如果对于某个状态 W，$V\tau = W \neq V$，那么 $V = S\tau = W\tilde{\tau}$，这与推论 10.2.2 矛盾，因为，根据定义，$\tau$ 是一个一致的消息。因此，$S\tau = V\tau = V$，这样 τ 不是一个双射。

(vii) 设 m 是一个空洞消息，它对于某个状态 S 是逐步有效的，且 $Sm = V$。如果 $S \neq V$，那么公设 [Ma] 意味着存在一个简洁的消息 n，可以从 V 产生 S。因此，mn 是一个 S 的返回，根据 [Mb]，它是空洞的。因为 m 是空洞的，n 也一定是空洞的。但是，这是不成立的，因为 n 是简洁的。

在下一节里，我们从产生媒介的一致消息的角度来陈述媒介的状态。这是运用形成某个级配良好的族的集合来呈现媒介状态的第一步。

10.3 状态的内容

10.3.1 定义。对于一个媒介 $(\mathcal{S}, \mathcal{T})$ 里的任何状态 S，我们定义 S 的**内容（标记）**为：被包含在至少一个简洁消息（该消息产生 S）里的所有标记的集合 $\hat{S}$。形式上，我们因此有

$$\hat{S} = \bigcup \{ \mathcal{C}(m) | m \text{ 是产生 } S \text{ 的简洁消息} \}.$$

我们把 $\mathcal{S}$ 里状态的所有内容的族 $\hat{\mathcal{S}}$ 记作媒介 $(\mathcal{S}, \mathcal{T})$ 的**内容族**。

10.3.2 例子。图 10.1 用排列多面体示出了集合 $1, 2, 3, 4$ 上的 4! 个线性排序的群集，这个群集形成了媒介。状态 2134 的内容是变换的集合

$$\widehat{2134} = \{\tau_{21}, \tau_{23}, \tau_{24}, \tau_{13}, \tau_{14}, \tau_{34}\},$$

其中，每个标记对应于线性排序 $2 < 1 < 3 < 4$ 所包含的有序数对中的一个。状态 2143 的内容，与此几乎相同，它在图 10.1 中位于 2134 的附近，即

$$\widehat{2134} = \{\tau_{21}, \tau_{23}, \tau_{24}, \tau_{13}, \tau_{14}, \tau_{34}\}.$$

也就是说，$\widehat{2134}$ 的标记 τ_{34} 被它的逆 τ_{43} 替换了。对于两个相邻的状态，我们因此有

$$d(\widehat{2134}, \widehat{2143}) = 2$$

其中，d 像以前那样表示集合之间的对称距离（参见 1.6.12）。同时注意到 $|\widehat{2134}| = 6$，是本例中所有标记的一半（即，$12 = 4 \cdot 3$）。

我们把下面定理的证明省去了，该定理推广了上述观察结论（见问题 7）。

10.3.3 定理。对于任何一个状态 S 和任何一个标记 τ，我们要么有 $\tau \in \widehat{S}$ 要么有 $\widetilde{\tau} \in \widehat{S}$（但不都成立）。这意味着对于任何两个状态 S 和 V，$|\widehat{S}| = |\widehat{V}|$。还有，如果状态 S 和 T 是相邻的，那么 $d(\widehat{S}, \widehat{T}) = 2$。最后，如果状态 $\mathcal{S}$ 的集合是有限的，那么对于任何 $S \in \mathcal{S}$，$|\widehat{S}| = |\widehat{T}|/2$。下面的结论脉络是一致的，但是考虑的状态却不一定相邻。

10.3.4 定理。对于某个非空、简洁的消息 m（因此 $S \neq V$），如果 $Sm = V$，那么 $\widehat{V} \backslash \widehat{S} = \mathcal{C}(m)$，而且 $\widehat{V} \triangle \widehat{S} = \mathcal{C}(m) + \mathcal{C}(\widetilde{m}) \neq \varnothing$。

证明。因为 $\widehat{V}$ 包含了来自产生 V 的简洁消息里的所有标记，我们必然有 $\mathcal{C}(m) \subseteq \widehat{V}$。因为我们还有 $V\widetilde{m} = S$，相同的推论得出 $\mathcal{C}(\widetilde{m}) \subseteq \widehat{S}$。

回到反包含，对于某个标记 τ，假设 $\tau \in \widehat{V} \backslash \widehat{S}$。因此，$\tau$ 出现在产生了 V 的某个简洁消息中。不失一般性，我们可以假设对于某个状态 W，$W\tau n = V$，且 τn 是简洁的。假设 $W \neq S$，令 q 是一个从 W 中产生 S 的简洁消息。因为消息 $m\widetilde{n}\widetilde{\tau}q$ 对于 S 而言是返回的。根据 [Mb]，它一定是空洞的。因此，我们一定有

$$\tau \in \mathcal{C}(m) \cup \mathcal{C}(\widetilde{n}) \cup \mathcal{C}(q).$$

我们既没有 $\tau \in \mathcal{C}(q)$（因为这意味着 $\tau \in \widehat{S}$），也没有 $\tau \in \mathcal{C}(\widetilde{n})$（因为这会产生 $\tau, \widetilde{\tau} \in \mathcal{C}(\tau n)$），且 τn 简洁，这是矛盾。我们得出结论：$\tau \in \mathcal{C}(m)$，以及 $\widehat{V} \backslash \widehat{S} \subseteq \mathcal{C}(m)$。$W = S$ 的情况是显而易见的。

定理最后一个等式来自推论 10.2.3(iv) 里的 (10.3)。 $\square$

现在容易证明，在一个媒介中，状态的内容定义了状态（问题 9）。

10.3.5 定理。对于任何两个状态 S 和 V，我们有

$$S = V \quad \Longleftrightarrow \quad \widehat{S} = \widehat{V}. \tag{10.4}$$

本节最后的结论需要一个定义。

10.3.6 定义。 如果，对于 $\mathcal{F}$ 中两个不同的集合 S 和 V，存在一个正整数 n 和 $\mathcal{F}$ 中的一个集合序列

$$S_0 = S, S_1, ..., S_n = V$$

使得对于 $1 \leq i \leq n$，我们有 $d(\hat{S}_{i-1}, \hat{S}_i = 2)$，而且 $d(\hat{S}, \hat{V}) = 2n$，那么集合 $\mathcal{F}$ 的族是 2-级配的。

10.3.7 定理。媒介的内容族是 2-级配的。

证明。对于一个媒介中的两个不同状态 S 和 V，根据 [Ma]，存在一个简洁的消息 $m = \tau_1 \tau_2 ... \tau_n$ 可以从 S 中产生 V。我们记作对于 $1 \leq i \leq n$，$S_0 = S$ 和 $S_i = S_{i-1}\tau_i$。注意到 $S_{i-1} \neq S$，因为 m 是逐步有效的。因此，S_{i-1} 和 S_i 是相邻的，而且根据定理 10.3.3，对于 $1 \leq i \leq n$，$d(\hat{S}_{i-1}, \hat{S}_i = 2)$。容易根据定理 10.3.4 中的属性 $\hat{S} \triangle \hat{V} = \mathcal{C}(m) + \mathcal{C}(\tilde{m}) \neq \varnothing$，直接得出结论：$d(\hat{S}_{i-1}, \hat{S}_i = 2n)$。 □

本章的主要目标是用一个特殊的媒介来呈现学习空间，且学习空间的状态对应于媒介的状态。因为学习空间是级配良好的，定理 10.3.7 建议一个可能的设备。媒介的标记以互逆的形式成对出现。这样，我们就可以在每个对子中任选一个标记来表示把一个元素添加到一个（构造的学习空间的）状态中，以及它的逆表示相反的操作。

把这个想法记在脑子里，我们考虑引例 10.1.1(a)。它与有限集合上所有偏序的媒介有关。

10.3.8 例子。 设 $\mathcal{P}_3$ 是 $\{a, b, c\}$ 上的偏序的群集，包括仅有循环组成的偏序 ι。我们选取 $\mathcal{P}_3$ 作为标记系统的状态集，且变换由向/从 $\mathcal{P}_3$ 中的偏序中添加/删除 $\{a, b, c, d\}$ 中的不同元素组成的有序对组成（只要可行，也就是说，只要产生一个偏序）。对于任何偏序 $P \in \mathcal{P}_3$ 和任何不同的 $x, y \in \{a, b, c\}$，我们有

$$P\tau_{xy} = \begin{cases} P \cup \{xy\} & \text{如果} xy \notin P \text{且} P \cup \{xy\} \in \mathcal{P}_3, \\ P & \text{否则；} \end{cases} \tag{10.5}$$

$$P\tilde{\tau}_{xy} = \begin{cases} P \setminus \{xy\} & \text{如果} xy \in P \text{且} P \setminus \{xy\} \in \mathcal{P}_3, \\ P & \text{否则。} \end{cases} \tag{10.6}$$

我们把 $\mathcal{P}_3$ 上所有这样的变换集合写作 $\mathcal{T}_3$。$\mathcal{P}_3, \mathcal{T}_3$ 是一个媒介（参见问题 10）。我们的目标是检查 $\mathcal{P}_3$ 里的状态内容。图 10.3 示出了媒介有向图，用红色离心箭头表示。它们表示给一个偏序添加一对。与箭头对应的变换也用红色标示。

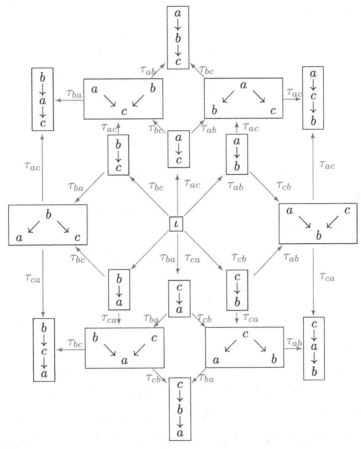

图 10.3: 集合 $\{a, b, c\}$ 上所有偏序的媒介有向图。只标示了离心箭头。每一个标示向一个偏序添加一个对。

画这个图的目的在于把定义加进来，我们称这样的变换为"正"。类似地，一个状态的"正内容"是该状态的内容中的正变换的子集。

图 10.4 示出了一个有向图：状态的内容是这个图里的节点（容易识别的正内容），从正标记里以自然方法推出的箭头。这个有向图与图 10.3 中的有向图是同态的。

这个例子中的状态的正内容的群集可以被认为是级配良好的，考虑：(i) 族 $\mathcal{P}_3$ 的级配良好；(ii) 图 10.3 和 10.4 所表示的有向图之间的同态。它还包

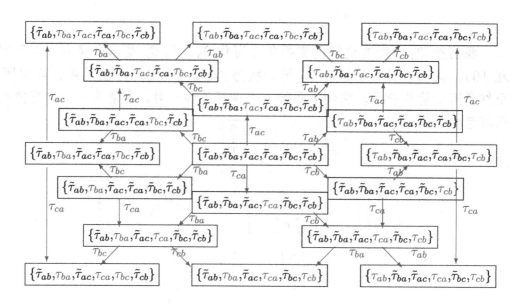

图 10.4: 集合 $\{a, b, c\}$ 上所有偏序的媒介的状态内容的有向图。这个有向图与图 10.3 是同态的。这里，状态的内容用顶点表示。红色标记表示添加一个对子到偏序中（因此，是正变换）。线性关系用向上和向下的箭头表示。

括空集，因为偏序的正内容 ι 是空的。但是，这个群集并不包括所有正内容的并，也就是状态 $\{\tau_{ab}, \tau_{ba}, \tau_{ac}, \tau_{ca}, \tau_{bc}, \tau_{cb}\}$。因此，在并集下不是闭合的，所以也就不是学习空间。

　　这个例子带来了下面的观察。某个媒体的标记的集合可以被划分成两类，分别称作"正"和"负"，当且仅当它的逆是负的时候，标记是正的。因此，这两个类的规模一样。下面的章节提出了相关理论，从构造一个"面向"可识别的、级配良好的族的媒介开始。在本章的结尾，一个更强的结论，在可识别的、级配良好的族和"面向"媒体的群集（定理 10.4.11）之间建立了一个自然的对应关系。第 10.5 节针对学习空间和"面向"媒体的具体子类，推出了类似的结论。

10.4　面向媒体

　　例子 10.3.8 里从偏序族中构造的媒介是由标记的自然属性规定的自然"取向"赋予的。在级配良好的关系族[80]中有许多这样的例子。我们有两个结

---

[80] 它们中的某些出现在问题 11、12 和 13 里。

论推广了这些例子。第一个在下面，它本质上是说：一个媒介可以从任何一个可识别的、级配良好的族中建立起来。第二个（定理 10.4.3）说的是引出的媒介是"面向的"，在下一个定义 10.4.2 的意义上。

注意到当且仅当 $\cap|\mathcal{K}| \leq 1$（见第 4 章的问题 4）时，一个级配良好的族 $\mathcal{K}$ 是可识别的。

10.4.1 定理。 设 $\mathcal{K}$ 是可识别的和级配良好的集合族，且 $|\mathcal{K}| \geq 2$。设 $X = \cup\mathcal{K}\setminus \cap\mathcal{K}$，$\mathcal{S} = \mathcal{K}$，且设 $\mathcal{T}$ 由 $\mathcal{S}$ 的所有变换 τ_q 和 $\tau_{\bar{q}}$ 组成，且对于所有的 $q \in X$，所有的 $K \in \mathcal{S}$ 有

$$K\tau_q = \begin{cases} K \cup \{q\} & \text{如果} q \notin K \text{且} K \cup \{q\} \in \mathcal{K}, \\ K & \text{否则}; \end{cases} \tag{10.7}$$

$$K\tau_{\bar{q}} = \begin{cases} K \setminus \{q\} & \text{如果} q \in K \text{且} K \setminus \{q\} \in \mathcal{K}, \\ K & \text{否则}。 \end{cases} \tag{10.8}$$

这样，$(\mathcal{S},\mathcal{T})$ 是媒介，其中 τ_q 和 $\tau_{\bar{q}}$ 是互逆的；所以，$\tau_{\bar{q}} = \tilde{\tau}_q$。

证明。根据定义，所有的 τ_q 和 $\tau_{\bar{q}}$ 是 $\mathcal{S}$ 上的变换。我们证明它们之中没有一个是标识符。在 X 中任取一个 q。因此 $\mathcal{K}$ 中存在集合 K 和 L，使得 $q \in K$ 且 $q \notin L$。根据假设，存在一个紧路径：$K = K_0, K_1, ..., K_h = L$。设 i 是满足 $q \notin K_i$ 的最小标记。那么 $K_i\tau_q = K_{i-1}$ 且 $K_{i-1}\tau_{\bar{q}} = K_i$。因此 $(\mathcal{S},\mathcal{T})$ 是一个标记系统。现在我们证明 $(\mathcal{S},\mathcal{T})$ 满足媒介的公设（定义 10.1.4）。如果 K, L 是 $\mathcal{S}$ 中不同的状态，根据假设，存在一条紧路径 $K = K_0,K_1,...,K_h = L$。如果 $K_i\Delta K_{i-1} = \{q\}$，我们有 $K_i\tau_q = K_{i-1}$ 或者 $K_i\tau_{\bar{q}} = K_{i-1}$（根据 $q \notin K_i$ 或者 $q \in K_i$）。这样就推出，存在一个从 K 到 L 的简洁消息，且公设 [Ma] 因此成立。为了证明公设 [Mb]，注意到对于某个状态 K 的任何返回消息，对于 X 中给定的元素，都必须添加或者删除相同次数。

下面的定义明确了在一般情况下面向媒体的概念。

10.4.2 定义。 一个媒介的一个 **面向** $\mathcal{M} = (\mathcal{S},\mathcal{T})$ 是它的标记 $\mathcal{T}$ 集合的一个划分。这个划分把它分成两类 $\mathcal{T}^+$ 和 $\mathcal{T}^-$，分别称为 **正的** 和 **负的**，使得对于任何 $\tau \in \mathcal{T}$，我们有

$$\tau \in \mathcal{T}^+ \iff \tilde{\tau} \in \mathcal{T}^-.$$

媒介 $\mathcal{M}$ 因为划分 $\{\mathcal{T}^+,\mathcal{T}^-\}$ 而被称为 **面向**。属于类 $\mathcal{T}^+$（或者 $\mathcal{T}^-$）的标记被称作 **正的**（或者 **负的**）。

一个面向的媒介 $\mathcal{M} = (\mathcal{S}, \mathcal{T})$ 隐含地用 $\{\mathcal{T}^+, \mathcal{T}^-\}$ 表示它的标记。**正的**（或者**负的**）状态的**内容** S 是 $\widehat{S}$ 的正标记集合 $\widehat{S}^+ = \widehat{S} \cap \mathcal{T}^+$（或者负标记集合 $\widehat{S}^- = \widehat{S} \cap \mathcal{T}^-$）。两个族

$$\widehat{\mathcal{S}}^+ = \{\widehat{S}^+ | S \in \mathcal{S}\} \quad \text{和} \quad \widehat{\mathcal{S}}^- = \{\widehat{S}^- | S \in \mathcal{S}\}. \tag{10.9}$$

被分别称作 $\mathcal{M}$ 的 **正内容族** 和 **负内容族**。

注意到任何一个媒介都可以是面向的，而且一个有限的媒介 $((\mathcal{S}, \mathcal{T}))$ 可以给出 $2^{|\mathcal{T}|/2}$ 个不同的面向（问题 15）。

我们现在证明定理 10.4.1 中可识别的、级配良好的族中建立的媒介自然地被赋予了一个面向。我们保留这个定理中用到的记号。

10.4.3 定理。 设 $\mathcal{K}$ 是可识别的、级配良好的集合族，且 $|\mathcal{K} \geq 2|$。在定理 10.4.1 中构造的媒介 $(\mathcal{S}, \mathcal{T})$ 是面向的，划分如下：

$$\mathcal{T}^+ = \{\tau_q \in \mathcal{T} | q \in X\}, \qquad \mathcal{T}^- = \{\tilde{\tau}_q \in \mathcal{T} | q \in X\}. \tag{10.10}$$

证明。 $(\mathcal{S}, \mathcal{T})$ 是 $\mathcal{T}$ 的一个划分，这是明显的。定义 10.4.2 中的其他要求也都明显满足。 $\qquad\square$

我们现在反过来，从一个面向的媒介中构造一个级配良好的族。从定理 10.3.3 和定理 10.3.5 开始推导，我们有：

10.4.4 定理。 对于一个面向的媒介 $(\mathcal{S}, \mathcal{T})$ 的任何两个状态 S 和 V，下面的等价式成立：

$$S = V \quad \Longleftrightarrow \quad \widehat{S}^+ = \widehat{V}^+.$$

根据对称性，对于负的内容，类似的等价式也成立。

证明。必要性是明显成立的。对于充分性，假设 $\widehat{S}^+ = \widehat{V}^+$ 和 $\widehat{S}^- = \widehat{V}^-$ 都成立。因此，我们有

$$\widehat{S} = \widehat{S}^+ + \widehat{S}^- = \widehat{V}^+ + \widehat{V}^- = \widehat{V},$$

根据定理 10.3.5，我们有 $S = V$。能够证明 $\widehat{S}^+ = \widehat{V}^+$，意味着 $\widehat{S}^- = \widehat{V}^-$。假设 $\widehat{S}^+ = \widehat{V}^+$。对于任何一个 $\tau \in \mathcal{T}$，我们有

$$\begin{aligned} \tau \in \widehat{S}^- &\iff \tilde{\tau} \in \mathcal{T}^+ \setminus \widehat{S}^+ \quad \text{（根据定理 10.3.3）} \\ &\iff \tilde{\tau} \in \mathcal{T}^+ \setminus \widehat{V}^+ \quad \text{（因为 } \widehat{S}^+ = \widehat{V}^+\text{）} \\ &\iff \tau \in \widehat{V}^- \quad \text{（根据定理 10.3.3）}. \qquad\square \end{aligned}$$

10.4.5 定理。如果 S 和 V 是一个面向的媒介的两个不同状态，且对于某个正的简洁的消息 m，$Sm = V$，那么 $\widehat{V}^+ = \widehat{S}^+ + \mathcal{C}(m)$。

证明留作问题 16。在某些情况下，一个自然的面向由一个媒介的具体结构来决定。

下面的定义描述了这种面向的组织原则。

10.4.6 定义 。如果产生 R 的任何一个状态 S 的简洁语言都是正的，那么在一个面向的媒介中的状态 R 是 根 。一个具有根的面向的媒介被称作 有根 的。为避免赘述，当面向的媒介具有根，而且 R 是根时，我们会直接说媒介的面向是 有根 的（位于状态 R）。

10.4.7 定理。在一个面向的媒介中，当且仅当 $\widehat{R}^+ = \varnothing$ 时，状态 R 是一个根。一个面向的媒介最多有一个根，而且不一定有。

证明。（充分性。）设 R 是一个空的、正内容的状态，也就是 $\widehat{R}^+ = \varnothing$。假设 m 是一个简洁的消息，满足 $Rm = S$；这意味着 $S\widetilde{m} = R$。根据定理 10.3.4，我们有 $\widehat{R} \setminus \widehat{S} = \mathcal{C}(\widetilde{m})$。这样，如果 $\widetilde{m}$ 包含了一个正的标记，那么 $\widehat{R}^+ \neq \varnothing$。因此，$\widetilde{m}$ 是负的，而且 m 是正的。因此对于任何对 R 有效的消息 m，这是成立的。而状态 R 一定是根。

（必要性。）如果 R 是一个根，那么根据定理 10.4.5 和关于根的定义，我们有对于任何状态 $S \neq R$，$\widehat{R}^+ \subset \widehat{S}^+$。假设 $\widehat{R}^+$ 包含某个正标记 τ。那么 τ 属于所有状态的内容。这意味着 $\widetilde{\tau}$ 对于任何状态是无效的；因此，$\widetilde{\tau}$ 是 τ_0 的标识函数，不是定义 10.1.2 所定义的标记。我们的结论是 $\widehat{R}^+$ 一定是空的。

根据定理 10.3.5，一个状态是由它的内容定义的，一个面向的媒介最多有一个根。我们把构造一个没有根的面向的媒介留给读者（问题 17）。   □

下面定理中的两个结论是明显的。我们省略了证明（问题 18）。

10.4.8 定理。对于任何媒介，下面的命题成立。

(i) 任何状态 R 都可以通过定义一个合适的面向而制造一个根。

(ii) 存在一个面向，可以确保所有状态的正内容是有限集合。特别是，任何一个有根的媒介的状态具有有限的正内容。

10.4.9 定理。一个面向的媒介 $(\mathcal{S}, \mathcal{T})$ 里所有正内容的族 $\widehat{\mathcal{S}}^+$ 是级配良好的，而且满足 $\cup\widehat{\mathcal{S}}^+ = \mathcal{T}^+$ 且 $\cap\widehat{\mathcal{S}}^+ = \varnothing$。因此，$\widehat{\mathcal{S}}^+$ 也是可识别的。

证明。任选两个不同的 $\widehat{S}^+, \widehat{V}^+ \in \mathcal{S}^+$。从定理 10.3.7，我们知道 $(\mathcal{S}, \mathcal{T})$ 的

内容族是 2-级配的。在后面的证明中，如果 $\tau_1...\tau_n$ 是一个简洁消息，可以从 S 中产生 V，且

$$S = S_0,\; S_0\tau_1 = S_1,\; S_1\tau_2 = S_2,\; \ldots,\; S_{n-1}\tau_n = S_n = V, \qquad (10.11)$$

那么

$$\widehat{S}_i \setminus \widehat{S}_{i-1} = \{\tau_i\} \text{ 且 } \widehat{S}_{i-1} \setminus \widehat{S}_i = \{\tilde{\tau}_i\} \qquad 对于 1 \leq i \leq n. \qquad (10.12)$$

还有，我们一定有 $d(\widehat{S}, \widehat{V}) = 2n$。序列 (10.11) 引入了相应的序列 $\widehat{S}^+ = \widehat{S}_0^+, \widehat{S}_1^+, \ldots, \widehat{S}_n^+ = \widehat{V}^+$。根据定理 10.3.3，(10.12) 中的 τ_i 和 $\tilde{\tau}_i$ 恰有一个是正的。我们因此有

$$要么 \quad \widehat{S}_i^+ \setminus \widehat{S}_{i-1}^+ = \{\tau_i\} \subseteq \mathcal{T}^+ \quad 要么 \quad \widehat{S}_{i-1}^+ \setminus \widehat{S}_i^+ = \{\tilde{\tau}_i\} \subseteq \mathcal{T}^+.$$

且 $d(\widehat{S}_i^+, \widehat{S}_{i+1}^+) = 1$，对于 $1 \leq i \leq n$，$d(\widehat{S}^+, \widehat{V}^+) = d(\widehat{S}, \widehat{V})/2 = n$。因此，$\mathcal{S}^+$ 是级配良好的。

对于任何一个 $\tau^+ \in \mathcal{T}^+$，$\mathcal{S}$ 中存在不同的 S 和 T，使得 $S\tau^+ = T$；所以 $\tau^+ \in \widehat{T}$，产生 $\cup \mathcal{S}^+ = \mathcal{T}^+$。可以从关于状态的正内容的定义中，比较容易地推出 $\widehat{\mathcal{S}}^+$ 满足 $\cap \widehat{\mathcal{S}}^+ = \varnothing$。最后，我们把 $\widehat{\mathcal{S}}^+$ 是可识别的证明留给读者（见问题 19）。 □

我们现在开始涉及本章中两个重要结论中的第一个。它告诉我们级配良好的族和面向的媒体具有怎样的隐形结构。这一结论的命题依赖于在下一个定义中介绍的一些简单概念[81]。

10.4.10 定义。两个集合族，如果存在一个如下的双射，那么 $\mathcal{K}$ 和 $\mathcal{L}$ 是**同态**的，记作 $\mathcal{K} \sim \mathcal{L}$。

$$a: (\cup\mathcal{K}) \setminus (\cap\mathcal{K}) \to (\cup\mathcal{L}) \setminus (\cap\mathcal{L})$$

满足

$$a(\{K \setminus \cap\mathcal{K} | K \in \mathcal{K}\}) = \{L \setminus \cap\mathcal{L} | L \in \mathcal{L}\}.$$

如果存在两个如下的双射，那么两个标签系统 $(\mathcal{S}, \mathcal{T})$ 和 $(\mathcal{U}, \mathcal{V})$ 是**同态**的，我们记作 $(\mathcal{S}, \mathcal{T}) \sim (\mathcal{U}, \mathcal{V})$。

$$b: \mathcal{S} \to \mathcal{U} \qquad 且 \qquad c: \mathcal{T} \to \mathcal{V}$$

---

[81] 这些概念没有在本书的其他地方使用过。

使得对于 $\mathcal{S}$ 中所有 S, T 且 $\mathcal{T}$ 中的 τ，有

$$b(S)c(\tau) = b(T) \Longleftrightarrow S\tau = T.$$

最后，如果存在下面的两个双射，两个面向的媒介 $(\mathcal{S}, \mathcal{T})$ 和 $(\mathcal{U}, \mathcal{V})$ 是符号同态的，我们也记作 $(\mathcal{S}, \mathcal{T}) \sim (\mathcal{U}, \mathcal{V})$。

$$b: \mathcal{S} \to \mathcal{U} \qquad 且 \qquad c: \mathcal{T} \to \mathcal{V}$$

使得对于 $\mathcal{S}$ 中所有 S, T 且 $\mathcal{T}$ 中的 τ，有

$$b(S)c(\tau) = b(T) \Longleftrightarrow S\tau = T \qquad 且 \qquad c(\mathcal{T}^+) = \mathcal{V}^+. \tag{10.13}$$

10.4.11 定理。对于任何一个可识别的、级配良好的集合族 $\mathcal{K}$，用定理 10.4.1 和 10.4.3 中构造的面向媒介的 $s(\mathcal{K})$ 来表示。对于任何一个面向的媒介 $(\mathcal{S}, \mathcal{T})$，用所有的正内容形成的可识别的、级配良好的族 $f(\mathcal{S}, \mathcal{T})$ 来表示（参见定理 10.4.9）。我们因此有

$$\mathcal{K} \sim (f \circ s)(\mathcal{K}) \qquad 且 \qquad \mathcal{S} \sim (s \circ f)(\mathcal{S}). \tag{10.14}$$

证明。给定 $\mathcal{K}$，选择某个 $q \in \cup\mathcal{K} \setminus \cap\mathcal{K}$ 和某个 $K \in \mathcal{K}$。注意到 K 既表示 $\mathcal{K}$ 的一个元素，又表示 $s(\mathcal{K})$ 的一个元素，因为这两个集合是相同的。当且仅当 $\tau_q \in \widehat{K}^+$ 时，我们有 $q \in K$。对于 $q \in \cup\mathcal{K} \setminus \cap\mathcal{K}$，面向的媒介 $(\mathcal{S}, \mathcal{T})$ 的正标记的形式是 τ_q，且 $(\mathcal{S}, \mathcal{T}) = s(\mathcal{K})$。而且，$f(\mathcal{S}, \mathcal{T})$ 是 $(\mathcal{S}, \mathcal{T})$ 中所有正内容的族 $\widehat{S}^+$，以及任何一个正的标记 τ 是 $\cup\widehat{S}^+$ 的元素。还有，根据定理 10.4.9，我们有 $\cap\widehat{S}^+ = \varnothing$。式 (10.14) 中的第一个同态公式从下列映射中推出

$$(\cup\mathcal{K}) \setminus (\cap\mathcal{K}) \to \widehat{S}^+ : q \mapsto \tau_q.$$

设 $(\mathcal{S}, \mathcal{T})$ 是一个面向的媒介，用 $(s \circ f)(\mathcal{S}, \mathcal{T})$ 表示 $(\mathcal{S}', \mathcal{T}')$。集合族 $\mathcal{K} = f(\mathcal{S}, \mathcal{T})$ 的元素 K 恰是媒介 $(\mathcal{S}, \mathcal{T})$ 某状态的正内容。媒介 $s(\mathcal{K}) = (\mathcal{S}', \mathcal{T}')$ 是 $\mathcal{K}$ 的一个元素，给定的媒介 $(\mathcal{S}, \mathcal{T})$ 的某个状态 S 的正内容 $\widehat{S}^+$ 也是。根据定理 10.4.9，S 被 $\widehat{S}^+$ 完全决定。我们因此设定 $b(S) = K$，这就给出了一个双射 $b: \mathcal{S} \to \mathcal{S}'$。现在，关于标记 $(\mathcal{S}', \mathcal{T}')$ 会有什么结论呢？根据式 (10.7) 和 (10.8)，一个 $s(\mathcal{K}) = (\mathcal{S}', \mathcal{T}')$ 的标记 τ 的形式要么是 τ_q，要么是 $\tau_{\bar{q}} = \tilde{\tau}_q$，其中 $q \in \cup\mathcal{K} \setminus \cap\mathcal{K}$。定理 10.4.9 告诉我们 $\cup\mathcal{K} = \cup\widehat{S}^+ = \mathcal{T}^+$ 且 $\cap\mathcal{K} = \cap\widehat{S}^+ = \varnothing$。

那么，任何一个 $q \in \cup \mathcal{K} = \mathcal{T}^+$ 都等于给定媒介 $(\mathcal{S}, \mathcal{T})$ 中的某个正标记 $\tau(q)$，反之亦然。这导出双射 $c : \mathcal{T} \to \mathcal{T}'$ 把 $\tau(q)$ 送给 τ_q，以及把 $\widetilde{\tau(q)}$ 送给 $\tau_{\bar{q}}$。我们把验证刚才构造的映射 b 和 c 满足式 (10.13) 的工作留给读者。 $\square$

10.4.12 注释。a) 定理 10.4.11 中引入的映射 s 和 f 把一方面的可识别、级配良好的集合族与另一方面的面向的媒介之间的隐形关系公开地揭示出来了。

b) 在定理 10.4.11 中，我们需要面向的媒介，而不仅仅是媒介。理由如下：设 $(\mathcal{S}, \mathcal{T})$ 是一个面向的媒介，用 $\mathcal{K} = f(\mathcal{S}, \mathcal{T})$ 表示相应的、具有空交集的级配良好的族（f 如定理 10.4.11 所示）。假设我们改变 $(\mathcal{S}, \mathcal{T})$ 的面向。方法是把从 $\mathcal{T}^+$ 到 $\mathcal{T}^-$ 的某个子集 $\mathcal{Y}$ 里的所有标记都删除，还有在 $\tilde{\tau}$ 里的所有标记，其中 $\tau \in \mathcal{Y}$。$\mathcal{K}$ 上的效应如下所示：这次是 $Y = \mathcal{y}$，$\cup \mathcal{K}$ 里的一个子集：$\mathcal{K}$ 里的任何一个集合 K 被集合 $K \triangle Y$ 替换。因此，对于 Y 中的任何一个元素 q 和 $\mathcal{K}$ 中的任何一个 K，q 对于 $\mathcal{K}$ 的成员关系与非成员关系进行了交换。例如 $\mathcal{K}$ 与产生的集合族是 **相联** 的（无论 $\cup \mathcal{K}$ 里的子集 Y 是什么）。因此，一个（非面向的）媒介 $\mathcal{S}, \mathcal{T}$ 对应于集合族的一整个类，里面两个两个地相联。

通过组合以前的定理，我们推出定理 10.4.1 的逆命题，然后建立了媒介与级配良好的集合族之间的封闭联系。在下面的命题中请注意"有限"这个词。

10.4.13 定理。任何媒介都与这样一个媒介同态：该媒介是从包含空集的有限集合的某个可识别、级配良好的族之中，根据定理 10.4.1 构造出来的。

证明。根据定理 10.4.8，任何媒介 $(\mathcal{S}, \mathcal{T})$ 具有一个面向且有根。对于这样一个面向，所有的正内容都是有限的，而且这个根的正内容是空的。定理 10.4.9 指出所有正内容的族 $\mathcal{K}$ 是一个可识别的、级配良好的族。现在，定理 10.4.11 确保了所产生的面向的媒介 $(\mathcal{S}, \mathcal{T})$，对于那些从族 $\mathcal{K}$ 中构造出来的面向的媒介，是符号同态的。这就证明了：给定媒介 $(\mathcal{S}, \mathcal{T})$，对于从包含空集的有限集合的某个可识别、级配良好的族 $\mathcal{K}$（$\varnothing \in \mathcal{K}$），是同态的。 $\square$

10.5 学习空间和闭合的、有根的媒体

学习空间，具体地说，是可识别的和级配良好的族。以定理 10.4.11 的角度来看，它们的背景是一一对应的关系，且具有某个面向的媒体。我们用两个属性来刻画后者，分别是"闭合"和"有根"（见定理 10.5.13）。

10.5.1 定义 。如果任何一个状态 S 和任何两个不同的正[82]标记 τ, τ'，都对 S 有效，如果我们有下式成立，那么一个面向的媒介 $(\mathcal{S}, \mathcal{T})$ 是 **闭合** 的。

$$(S\tau = V, S\tau' = W) \quad \Longrightarrow \quad V\tau' = W\tau. \tag{10.15}$$

显然，一个媒介在一个面向的情况下可以闭合，而在另外一些面向的情况下不会闭合。

10.5.2 定理。 在一个面向的媒介 $(\mathcal{S}, \mathcal{T})$ 中，下面的两个条件是等价的。

(i) $(\mathcal{S}, \mathcal{T})$ 是闭合的。

(ii) 设 $m = \tau_1 ... \tau_n$ 是来自某个状态 S 的正的简洁消息，且 $S_0 = S$，以及对于 $1 \le i \le n$ 有 $S_i = S_{i-1}\tau_i$。如果一个正的标记 $\tau \notin \mathcal{C}(m)$ 对于某个状态 S_i 是有效的，$1 \le i \le n$，它对于任何状态 S_j 也是有效的，$i < j \le n$。

我们把这个定理的证明留作问题 22。这个定理的条件 (ii) 在概念上与学习空间的公设 [L2] 是密切相关的，而且还将指向定理 10.5.12，这是本章的第二个主要结论。这个定理说的是：一个有限的、闭合的、有根的媒介 $(\mathcal{S}, \mathcal{T})$ 的正内容的族 $\widehat{\mathcal{S}}^+$ 是正标记的集合 $\mathcal{T}^+$ 上的学习空间。我们已经在定理 10.4.9 中知道了这样一个族 $\widehat{\mathcal{S}}^+$ 是级配良好的，且 $\mathcal{T}^+ = \cup \widehat{\mathcal{S}}^+$。现在剩下的是要证明它包含空集而且它在并集下是闭合的。下面的推论是我们的第一步。

10.5.3 推论。 设 $n = m\tau_1\tau_2 p$ 是一个来自一个闭合媒介中某个状态 S 的简洁消息，且 τ_1 为负、τ_2 为正，m 和 p 可能是空的。那么 $Sm\tau_1\tau_2 p = Sm\tau_2\tau_1 p$。

换句话说，一个简洁的消息中的两个相邻的标记，第一个负第二个正，可以颠倒顺序，而不改变产生的状态。

证明。设 n 与定理中的定义一样，假设 $T = Sm\tau_1$。那么，一定存在两个不同的状态 W 和 W'，使得 $T\widetilde{\tau_1} = W = Sm$ 和 $T\tau_2 = W'$。因此 $\widetilde{\tau_1}$ 和 τ_2 是正的，而且媒介是闭合的，我们得到 $W\tau_2 = W'\widetilde{tau_1}$，而且还有，

$$Sm\tau_2\tau_1 = W\tau_2\tau_1 = W'\widetilde{\tau_1}\tau_1 = W' = T\tau_2 = Sm\tau_1\tau_2. \qquad \square$$

10.5.4 定义 。假设 $n = mpm'$，且 m 和 m' 是两个可能无效的消息，而 p 是有效的。那么 p 是 n 的一个 **片段** 。如果 m 是空的，那么 p（m 可以省去）是 n 的 **前缀** 或者 **后缀** 。相似地，如果 m' 是空的，那么 p 是 n 的一个 **终端**

---

[82]明显，在负标记下闭合的概念可以类似地定义。

片段 或者 **后缀** 。考虑到某个面向，当一个片段只包含 **正的**（或者 **负的**）标记时，这个片段是 **正的**（或者 **负的**）。

10.5.5 定义 。在一个面向的媒介中，一个简洁的消息 m 从状态 S 中产生了一个状态 V，如果满足以下三个条件中的一个，那么它被称作 **经典** 的。

（i）m 是正的；

（ii）m 是负的；

（iii）$m = nn'$ 且 n 是正的前缀，以及 n' 是负的后缀。

在条件 (iii) 中，简洁消息 $m = nn'$ 被称作 **混合** 的。

10.5.6 定理。在一个闭合的媒介里的任何两个不同状态 S 和 V，存在一个从 S 产生 V 的经典的消息。

证明。我们从公设 [Ma] 知道，对于某个简洁消息 $p = \tau_1 ... \tau_n$，有 $Sp = V$。假设 p 不是经典的。那么存在一个下标 i，满足 τ_i 是负的，而 τ_{i+1} 是正的。根据推论 **10.5.3**，标记 τ_i 和 τ_{i+1} 可以颠倒顺序而不改变生成的状态。通过归纳法可以得出结论。 ☐

10.5.7 推论。假设在一个面向媒介中的状态 V，是被一个混合的经典消息 $m = nn'$ 从状态 S 中产生的，且 $Sn = T$，n 是 m 的一个正的前缀，n' 是 m 的一个负的前缀。这时，我们有 $\hat{S}^+ \cup \hat{V}^+ = \hat{T}^+$。

证明。定理 **10.4.5** 意味着 $\hat{S}^+ \subset \hat{T}^+$。我们还有 $\hat{V}^+ \subset \hat{T}^+$，因为 $\tilde{n}'$ 是正的消息，它对于 V 而言是简洁的，而且从 V 中产生了 T。这就产生了 $\hat{S}^+ \cup \hat{V}^+ \subseteq \hat{T}^+$。我们有

$$\hat{T}^+ \setminus (\hat{S}^+ \cup \hat{V}^+) = (\hat{T}^+ \setminus \hat{S}^+) \cap (\hat{T}^+ \setminus \hat{V}^+) = \mathcal{C}(n) \cap \mathcal{C}(\tilde{n}') = \varnothing$$

从定理 **10.4.5** 的视角来说，第二个等式成立，而最后一个等式成立是因为对于 S 来说，nn' 是简洁的。因此，$\hat{T}^+ \subseteq \hat{S}^+ \cup \hat{V}^+$。结论成立。 ☐

10.5.8 定理。在一个闭合的媒介 $(S, \mathcal{T})$ 里的任何两个状态 S 和 V 中，存在一个独特的状态 T，它的正内容是 S 和 V 中正内容的并。因此，所有正内容的族 $\hat{S}^+$ 在有限并集下是闭合的，而且所有负内容的族 $\hat{S}^-$ 在有限交集下是闭合的。

证明。根据定理 **10.5.6**，存在一个经典消息 p，从 S 产生 V。假设 p 是正的，那么显然 $\hat{S}^+ \subset \hat{V}^+$，同理，$\hat{S}^+ \cup \hat{V}^+ = \hat{V}^+ \in \hat{\mathcal{T}}^+$，产生了 $T = V$。如

果 p 是负的，那么 $\tilde{p}$ 是正的，而且从 V 产生了 S，这是一个类似的结论。当 p 是一个混合经典消息时，这可以从推论 10.5.7 中立即得到。集合 T 是唯一的，因为任何一个状态都被它的正内容定义（定理 10.4.4）。关于负内容的命题可以从对偶中衍生出来。 □

下面的定理和定义完成了我们的准备。

10.5.9 定理。任何有限的闭合媒介 $(\mathcal{S}, \mathcal{T})$ 具有一个唯一的状态 Λ，且只能被正的消息产生。相应地，Λ 的内容与它的正内容是混同的。因此，我们有 $\widehat{\Lambda} = \widehat{\Lambda^+} = \widehat{\mathcal{T}^+}$。

证明。根据有限性和定理 10.5.8，所有正的内容的并集是某个状态的正内容，我们记作 Λ。定理 10.4.9 意味着 $\widehat{\Lambda^+} = \widehat{\mathcal{T}^+}$。这样，根据定理 10.3.3，我们有 $\widehat{\Lambda} = \widehat{\Lambda^+}$。最后，任何一个具有 $\widehat{S} = \widehat{S^+}$ 的状态 S 必然等于 Λ。因为 $\widehat{S} = \widehat{S^+} = \widehat{\mathcal{T}^+}$。所以 $\widehat{S} = \widehat{\Lambda}$，从而 $S = \Lambda$（定理 10.3.5）。 □

10.5.10 注释 。a) 如果没有有效性的假设，定理 10.5.9 就不会成立。举一个反例，取 $\mathbb{R}$ 的所有有限子集的族，包括空的集合。因为这个族是级配良好和可识别的，定理 10.4.3 可以用来构造一个面向的媒介。这个媒介没有只被正消息产生的状态。请注意这个无限的面向的媒介还有一个根。

b) 定理 10.5.9 反过来不成立。这个无限的、具有一个只被正消息产生的状态的媒介，是通过交换正、负消息标记而得到的。这些标记在 (a) 的反例中（Λ 是一个空集）。这个无限的面向的媒介没有根。

10.5.11 定义 。如果 $\widehat{S} = \mathcal{T}^+$，那么在一个面向的媒介 $\mathcal{M} = (\mathcal{S}, \mathcal{T})$ 中的一个状态 S 就被称作 $\mathcal{M}$ 的 **顶点**。因此，定理 10.5.9 中引入的状态 Λ 是有限的、闭合的媒介的顶点。根据定理 10.3.5，任何一个面向的媒介最多有一个顶点。注释 10.5.10(a) 中的无限、闭合媒介没有顶点。

10.5.12 定理。对于一个面向的媒介 $\mathcal{M} = (\mathcal{S}, \mathcal{T})$，下面两个命题是等价的。

（i）$\mathcal{M}$ 是有限的、闭合的和有根的媒介。

（ii）$\mathcal{M}$ 的正的内容族 $\widehat{S^+}$ 是一个学习空间。

证明。(i) $\Rightarrow$ (ii)。我们需要证明 $\mathcal{T}^+$ 和 $\varnothing$ 都在 $\widehat{S^+}$ 中，而且学习空间的两个公设 [L1] 和 [L2] 都能得到满足。根据定理 10.5.9，媒介 $\mathcal{M}$ 的顶点 Λ 满足 $\widehat{\Lambda} = \mathcal{T}^+ \in \widehat{S^+}$。因为 $\mathcal{M}$ 是有根的，根据定理 10.4.7，$\varnothing \in \widehat{S^+}$。根据定理 10.4.9 和 10.5.8，我们知道 $\widehat{S^+}$ 是一个 wg-族，而且是 $\cup$-闭合的。相应地，

根据定理 2.2.4，正内容的群集 $\widehat{S}^+$ 必定是一个学习空间。

(ii) ⇒ (i)。根据定理 10.4.4，一个面向的媒介的任何状态都由它的正内容定义。观察到，如果正的标记 τ 和 μ 对于 $\mathcal{M}$ 的某个状态 S 是有效的，那么

$$\widehat{(S\tau)}^+ = \widehat{S}^+ + \{\tau\} \qquad 且 \qquad \widehat{(S\mu)}^+ = \widehat{S}^+ + \{\mu\}.$$

因为 $\widehat{S}^+$ 是 ∪-闭合的，集合 $\widehat{V}^+ = \widehat{S}^+ + \{\tau\} + \{\mu\}$ 是某个状态 V 的正内容，且必有 $V = S\tau\mu = S\mu\tau$。这样，$\mathcal{M}$ 是闭合的。根据学习空间的定义，我们有一个特殊的知识结构 $\varnothing \in \widehat{S}^+$。因此，$\varnothing$ 是某个状态 R 的一个正的内容，根据定理 10.4.7，该状态是 $\mathcal{M}$ 的一个根。□

我们用一个定理来结束本章。该定理本质上是说学习空间是有限的、闭合的和有根的媒体的隐形。函数 s 和 f 的定义见定理 10.4.11。

10.5.13 定理。假设 $\mathcal{K}$ 是一个可识别的、级配良好的集合族，设 $(\mathcal{S}, \mathcal{T})$ 是相应的面向的媒介，也就是说 $s(\mathcal{K}) = (\mathcal{S}, \mathcal{T})$ 且 $f(\mathcal{S}, \mathcal{T}) = \mathcal{K}$。当且仅当 $(\mathcal{S}, \mathcal{T})$ 是有限的、闭合的和有根的媒介时，$\mathcal{K}$ 是一个学习空间。

证明留作问题 23。

10.6 文献和相关工作

本章所提出的媒介的概念，来自于 Falmagne（1997）的一篇论文，动机是把两个十分不同的探索联合在一起。一个寻找某些关系族的级配良好属性的代数推广，比如有限集上所有偏序的族或者 $\mathbb{R}$ 的所有有限的子集的族。另一个是十分不同的。它来自于实际经验，受到了在选举中对某个潜在的选民的行为进行建模的启发。这个模型中的标记表示在选举期间该选民所收到的信息的许多类型。其中的每一个都可能比较细微、难以观察，但又具有在瞬间改变选民对某位候选人看法的潜力。术语"媒介"就来自于这样一个例子。

David Eppstein 和 Sergei Ovchinnikov 很快表现出对这个课题的兴趣，第一篇论文启发了很多后来的研究者（参见 Ovchinnikov 和 Dukhovny，2000；Eppstein 和 Falmagne，2002；Falmagne 和 Ovchinnikov，2002；Eppstein，2005，2007；Falmagne 和 Ovchinnikov，2009）。

媒介的数学概念与（至少）其他的两个比较相关。第一个是如 Ovchinnikov 和 Dukhovny（2000）所说的那样，是级配良好的族之间的联系，而且媒体是相互的。第二个是：有限的媒体与"偏立方"隐形等价（这里，"偏

立方"是超立方图的一个"等比例"子图);我们建议读者参阅 Imrich 和 Klavzar(2000)中的术语,以及对这个课题的全面探索。媒体是 Eppstein, Falmagne 和 Ovchinnikov(2008)最近一部专著的研究课题。

问题

1. 在组合数学或者现实生活中找到媒体的例子。(例如,想想游戏。)

2. 验证一个有限集合上所有线性关系的群集 $\mathcal{L}$ 可以被看作一个媒介。如果 $\mathcal{L}$ 是无限的,哪条公设会被违反?

3. 验证一个标记系统中的任何一个标记最多有一个逆,而且如果某个标记 τ 的逆 $\tilde{\tau}$ 存在,那么 $\tilde{\tilde{\tau}}$ 存在。构造一个例子:一个标记系统中的某个标记没有逆。

4. 构造两个例子,建立公设 [Ma] 和 [Mb] 的独立性。

5. (推论 10.2.1)证明在一个媒介中:(i)每个标记都有一个唯一的逆;(ii)如果 m 对于 S 是逐步有效的,那么 $Sm = V$ 意味者 $V\tilde{m} = S$;(iii)当且仅当 $\tilde{\tau} \in \mathcal{C}(\tilde{m})$ 时,$\tau \in \mathcal{C}(m)$;(iv)如果 m 是一致的,那么 $\tilde{m}$ 也是。

6. 证明推论 10.2.3 中的如下结论。(i)没有标记与它的逆是相同的。(iii)对于任何两个相邻的状态 S 和 V,恰存在一个标记,可以从 S 中产生 V。(iv)令 m 是一个消息。它对于某个状态而言,是简洁的。那么

$$lm = |\mathcal{C}(m)|, \qquad 且 \qquad \mathcal{C}(m) \cap \mathcal{C}(\tilde{m}) = \varnothing$$

(vi)假设 m 和 n 分别对于 S 和 V 是逐步有效的,且 $Sm = V$,$Vn = W$。那么,对于 S 而言,mn 是逐步有效的,且 $Smn = W$。

7. 证明定理 10.3.3。

8. 在一个媒介中,任何状态的内容是否一定是有限的?证明或者举反例。

9. 证明:在一个媒介中,一个状态由它的内容定义(定理 10.3.5)。

10. 证明例子 10.3.8 中定义的对 $(\mathcal{P}_3, \mathcal{T}_3)$ 满足公设 [Ma] 和 [Mb]。对于 $\mathbb{N}$ 中所有的 n,这个结论可以推广到在 n 个元素上的偏序族吗?

11. 验证一个有限集合上的所有半序关系的族可以被表示成一个媒介。

12. （续。）用例子 10.3.8 中对于偏序的风格，定义在一个有限集合上所有半序的群集的正内容族。（因此，正标记是那些表示其他半序对的标记。）这样的族是否总是一个学习空间？

13. （续。）在一个有限集合上的几乎连接（almost connected，简写为 ac）的序或者 ac-序的群集呢？这里，如果在一个集合 $\mathcal{X}$ 上的关系 R 是不对称的和 2-连接的，那么该关系就是一个 ac-序。也就是说，R 满足 $R^2\bar{R}^{-1} \subseteq R$。（参见例子 Doble 等，2001，和许多与此概念有关的文献。）

14. 验证图 10.4 中正内容的族满足公设 [Ma] 和 [Mb]。

15. 证明：(i) 任何一个媒介都可以面向，而且 (ii) 一个有限的媒介 $(\mathcal{S}, \mathcal{T})$ 可以被给出 $2^{|\mathcal{T}|/2}$ 个面向。

16. 证明定理 10.4.5。

17. 对于任何一个媒介，是否总是可以定义一个面向使得这个面向的媒介没有根？

18. 证明两个结论。(i) 一个媒介的任何状态可以用定义一个合适的面向的方法制作成一个根。(ii) 总是存在某个面向，确保所有状态的正内容是有限集合。特别是，任何一个有根的媒介的状态具有有限的正内容（定理 10.4.8）。

19. 通过证明 $\tilde{\mathcal{S}}^+$ 是可识别的，来完成定理 10.4.9 的证明。

20. 假设一个面向的媒介的正类是一个学习空间，那么负类具有什么特征？

21. 设 $\mathcal{F}$ 是一个级配良好的集合族。构造一个所有集合的族 $\mathcal{F}^{\cup}$，这些集合是 $\mathcal{F}$ 里集合的并。在 $\mathcal{F}$ 具有怎样的充分必要条件下，通过定义 (10.5) 和 (10.6) 中的标记，可以从 $\mathcal{F}^{\cup}$ 中获得一个媒介？

22. 证明定理 10.5.2。

23. 证明定理 10.5.13。

11 似然知识结构

知识结构的概念是一个确定性的概念。正因为如此，它无法预测被试回答考试问题的实际情况。当把概率引入实际模型的时候，有两种方法。第一，知识状态一定会以不同的频率出现在参考人群中。因此，假设在这些状态中存在一个概率分布是合理的。第二，一个被试的知识状态并不会必然地反映到回答问题中。掌握了一个问题的被试在回答时可能会因为粗心大意而出错。而且，在某些场合中，一个被试可能会猜中其实并未掌握的问题答案。总之，给定状态，引入回答的条件概率是有意义的。本章将会描述许多简单的概率模型。它们将会说明概率概念是如何被引入知识空间理论中的。这些模型还给与参数估计和统计测试有关的技术问题提供了一个准确的讨论背景。本章中用到的材料可以被认为是对第 12、13 和 14 章所讨论的随机理论的一个准备。

11.1 基本概念和例子

11.1.1 例子 。为了说明问题，我们考虑知识状态

$$\mathcal{H} = \{\varnothing, \{a\}, \{b\}, \{a,b\}, \{a,b,c\}, \{a,b,d\},$$
$$\{a,b,c,d\}, \{a,b,c,e\}, \{a,b,c,d,e\}\} \tag{11.1}$$

它的域是 $Q = \{a,b,c,d,e\}$（见图 11.1）。该例会被本章引用很多次，名字就叫 **标准例子** 。知识结构 $\mathcal{H}$ 实际上是一个序知识空间（在定义 3.8.1 的意义上），且具有 9 个状态。我们假设从一个参考人群中抽出来的任何一个样本都必然处于这 9 个状态中的一个。更具体地，我们假设每一个知识状态 $K \in \mathcal{H}$ 都被赋予了一个状态 $p(K)$。它度量的是一个抽样被试在那个状态下的似然率。我们通过在所有知识状态族上设定一个概率分布 p，从而扩大了我们的理论框架。在实践中，参数 $p(K)$ 必须从评估数据中估计出来。

注意到状态不一定可以直接观察到。如果粗心大意或者侥幸猜中，各种"回答模式"都可以从 $\mathcal{H}$ 中的状态冒出来。对于这些回答模式，我们采用一种比较简便的编码方式。假设一个被试已经正确地回答了问题 c 和 d，但是解决不了 a，b 和 e。我们就把这样一种局面记作 Q 的子集 $\{c,d\}$。总之，我们用包含了所有被正确回答的问题的 Q 的子集 R 来表示这个被试的回答模式。因此，存在 $2^{|Q|}$ 个可能的回答模式。

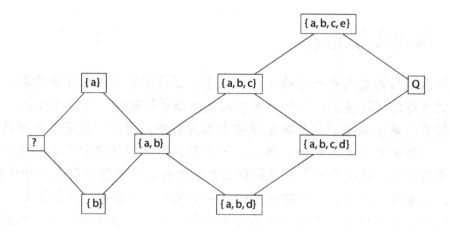

图 11.1: 式 (11.1) 中 $\mathcal{H}$ 的知识空间包含图。

对于任何一个 $R \subseteq Q$ 和 $K \in \mathcal{H}$，我们用 $r(R, K)$ 表示给定状态 K 下的回答模式 R 的条件概率。例如 $r(\{c,d\}, \{a,b,c\})$ 表示状态是 $\{a,b,c\}$ 的被试正确回答 c 和 d 却解决不了 a，b 和 e 的概率。为了简单起见，我们假设在这个例子中，被试永远回答不出不在他状态内的问题。用 $\rho(R)$ 表示回答模式 R 的概率，我们有[83]

$$\rho(\{c,d\}) = r(\{c,d\}, \{a,b,c,d\})\, p\{a,b,c,d\} + r(\{c,d\}, Q)\, p(Q). \qquad (11.2)$$

当然，只有两个状态可以产生回答模式 $\{c,d\}$，它们包含了它，分别是 $\{a,b,c,d\}$ 和 Q。我们还假设，给定这个状态，对于问题的回答是独立的。被试把在其状态中的问题 q 回答错误的概率是 β_q。根据独立性假设，我们有

$$r(\{c,d\}, \{a,b,c,d\}) = \beta_a \beta_b (1 - \beta_c)(1 - \beta_d), \qquad (11.3)$$

$$r(\{c,d\}, Q) = \beta_a \beta_b \beta_e (1 - \beta_c)(1 - \beta_d), \qquad (11.4)$$

因此，从式 (11.2)，可得

$$\rho(\{c,d\}) = \beta_a \beta_b (1 - \beta_c)(1 - \beta_d) p\{a,b,c,d\} + \beta_a \beta_b \beta_e (1 - \beta_c)(1 - \beta_d) p(Q).$$

在心理测量学领域，以式 (11.3) 和 (11.4) 为例的假设类型常被称作一个 "局部独立" 的条件。我们在下面的定义中沿用这种用法。它不仅推广了这个例子，还包括了这样一种情况：对于某个问题 q 的正确回答式受到了一个不包含 q 的状态的启发（因此，在这个理论框架下，是侥幸猜中）。

---

[83] 我们把概率的写法简化一下，用 $p\{\dots\}$ 表示 $p(\{\dots\})$。

11.1.2 定义。一个（有限，偏序的）似然知识结构是一个三元组 $(Q, \mathcal{K}, p)$ **。其中，**

(i) $(Q, \mathcal{K})$ 是一个有限的偏序知识结构[84]，且 $|Q| = m$ ，$|\mathcal{K}| = n$ ；

(ii) **映射** $p : \mathcal{K} \to [0, 1] : K \mapsto p(K)$ **是** $\mathcal{K}$ **上的概率分布**；因此，对于任何 $K \in \mathcal{K}$ ，我们有 $p(K) \geq 0$ ，而且 $\sum_{K \in \mathcal{K}} p(K) = 1$ 。

似然知识结构 $(Q, \mathcal{K}, p)$ **的 回答函数** 是一个函数 $r : (R, K) \mapsto r(R, K)$ ，定义于所有的 $R \subseteq Q$ 和 $K \in \mathcal{K}$ ，还明确了对于一个处于状态 K 的被试，**回答模式** R 的概率。因此，对于任何 $R \in 2^Q$ 和 $K \in \mathcal{K}$ ，我们有 $r(R, K) \geq 0$ ；还有，$\sum_{R \subseteq Q} r(R, K) = 1$ 。一个四元组 $(Q, \mathcal{K}, p, r)$ ，其中 $(Q, \mathcal{K}, p)$ 是一个似然知识结构，而 r 是它的回答函数，这就被称作一个 **基本概率模型** 。这个名字是因为这个模型在本书中的突出地位而得名。

在所有回答模型的集合上所产生的概率分布，用 $R \mapsto \rho(R)$ 表示。对于任何一个 $R \subseteq Q$ ，我们有

$$\rho(R) = \sum_{K \in \mathcal{K}} r(R, K) p(K). \tag{11.5}$$

如果对于每一个 $q \in Q$ ，存在两个常数 $\beta_q, \eta_q \in [0, 1[$ ，分别称为位于 q 的 **（粗心）错误概率** 和 **猜测概率** ，使得对于所有的 $R \subseteq Q$ 和 $K \in \mathcal{K}$ ，我们有，

$$r(R, K) = \left(\prod_{q \in K \setminus R} \beta_q \right) \left(\prod_{q \in K \cap R} (1 - \beta_q) \right) \left(\prod_{q \in R \setminus K} \eta_q \right) \left(\prod_{q \in \overline{R \cup K}} (1 - \eta_q) \right) \tag{11.6}$$

那么回答函数 r 满足 **局部独立性** （在最后一个因子中 $\overline{R \cup K} = Q \setminus (R \cup K)$ ）。基本概率模型满足局部独立性被称作 **基本局部独立性模型** 。这些概念是基础性的，其意义在于本书中讨论的所有似然模型（第 12、13 和 14 章）满足式 (11.5)，它们中的大多数也满足式 (11.6)（可能 $\eta_q = 0$，对于所有的问题 q；参见注释 11.1.3(a)）。但是，在一些模型中，状态群集 $\mathcal{K}$ 上存在概率分布 p 不是一个公设。相反，它成为或多或少详尽的假设的一种结果，这个假设是关于学习过程的。这个学习过程是指学生围绕知识结构，逐步从整个都不懂的状态 $\varnothing$ 开始到完全掌握所有材料的状态 Q 。

11.1.3 注释 。a) 在式 (11.1) 的知识空间 $\mathcal{H}$ 中，因此需要从 $8 = 9 - 1$ 个独立的状态概率数据中，估计出 $8 + 2 \times 5 = 18$ 个参数，而且 2 个参数 β_q 和 η_q 对

---

[84] 我们回忆出如果 $\cup \mathcal{K} \in \mathcal{K}$，集合族 $\mathcal{K}$ 是一个偏序知识结构（参见定义 2.2.6）。

应于 Q 中五个问题中的每一个。参数的数量相比于数据里的 31 个自由度显得过大（$31 = 32 - 1$ 个回答模式中独立的回答次数）。有两种方法可以减少参数的数目。测验的问题可以这样设计：偶然找到正确答案或者猜对的概率为 0。因此对于所有的 $q \in Q$，我们有 $\eta_q = 0$。（事实上，我们在例子 11.1.1 中做了这样的假设。）更重要的是，独立状态概率的数量也可以减少。本章的后面，第 12 章，我们调研了若干学习机理，来解释一个被试如何可以从状态 $\varnothing$ 到达状态 Q。通常，这样一种机理给状态概率设置了约束条件，有效地降低了参数数目。最后，我们指出，这个例子只是被选作探索原因，在绝大多数的实际情形中，并不具有代表性。因为这中间的问题数量非常小，与实际情况不符。关于状态数目与可能的回答模式的比例，我们的经验是这个比例会随着问题数量的增加而急剧地减少（参见第 15 章，特别是 Villano，1991）。参数的数目与回答模式的数目的比例将会相应地减少。

b) 式 (11.6) 中局部独立性假设可能会被这样质疑：回答概率（用参数 β_q 和 η_q 表示）与问题有关，不会随着被试的知识结构变化而变化。例如，在例子 11.1.1 中，对于问题 c 的一个粗心大意的回答的概率 β_c 在下面四个状态下都是一样的：$\{a, b, c\}$，$\{a, b, c, d\}$，$\{a, b, c, e\}$ 和 Q。但是，减弱这个假设会引起这个模型中已经很多的参数数量再次增大。除了这个以外，这里描述的概率模型是为这样的情况专门准备的：具有状态群集上的概率分布的知识结构，给出了本质上精确的数据图景。对于粗心大意的错误，局部独立性假设保有这样的视角：如果问题 q 属于学生的状态，粗心大意的错误的概率是一样的，不论这个状态是什么。如果问题设计得当，侥幸猜中的概率小到可以忽略。这个要求使得任何一个多项选择题都不满足。注意到局部独立性假设对于**潜在结构分析**是非常核心的（见 Lazarsfeld 和 Henry，1968，这是这类模型的主要参考文献）。

11.2 一个实际的应用

基本局部独立模型已经成功地用于许多环境中（见 Falmagne 等，1990；Villano，1991；Lakshminarayan，1995；Lakshminarayan 和 Gilson，1998；Taagepera, Potter, Miller 和 Lakshminarayan，1997）。为了方便，我们在这里展现一个简单的应用，用的数据是虚构的，这个应用还会在本章中重复使用。Lakshminarayan 的实验在第 12 章中描述。

11.2.1 数据。我们考虑这样一个情况：1000 个被试回答例子 11.1.1 中域 $Q = \{a, b, c, d, e\}$ 的 5 个问题。表 11.1 列出了 32 个回答模式的假想频率。我们把回答模式 R 的频率记为 $N(R)$。根据表 11.1 中的例子，我们因此有 $N(\varnothing) = 80$，$N(\{a\}) = 92$，等等。我们还用

$$N = \sum_{R \subseteq Q} N(R), \tag{11.7}$$

表示参加实验的被试总数（这里，$N = 1000$）。如前面各章那样，我们设 $|Q| = m$（所以这里 $m = 5$）。基本局部独立模型（参见定义 11.1.2）依赖于三个种类的参数：状态概率 $p(K)$，和式 (11.6) 中的回答概率 β_q 与 η_q。我们把所有这些参数的向量用 θ 表示。在例子 11.1.1 中，我们设

$$\theta = (p(\varnothing), p\{a\}, ..., p(Q), \beta_a, ..., \beta_e, \eta_a, ..., \eta_e).$$

表 11.1: 1000 个虚构被试的回答模式的频率。

R	Obs.	R	Obs.	R	Obs.	R	Obs.
$\varnothing$	80	ad	18	abc	89	bde	2
a	92	ae	10	abd	89	cde	2
b	89	bc	18	abe	19	$abcd$	73
c	3	bd	20	acd	16	$abce$	82
d	2	be	4	ace	16	$abde$	19
e	1	cd	2	ade	3	$acde$	15
ab	89	ce	2	bcd	18	$bcde$	15
ac	16	de	3	bce	16	Q	77

参数 θ 是指向一个**参数空间** Θ 的一个指针。这个空间包含所有参数赋值的可能的向量。一个回答模式 R 的概率 $\rho(R)$ 依赖于 θ，我们可以把这种依赖明确地写为

$$\rho_\theta(R) = \rho(R). \tag{11.8}$$

模型应用的一个关键组件是参数估计，也就是说选择一个 θ 产生最好的拟合。我们简单回顾有关参数估计和模型测试的两个密切相关的标准技术。

11.2.2 卡方统计 。评价一个模型拟合程度用得最广的一个指标是 **卡方统计** 。在这种情况中，它被定义为随机变量

$$\mathrm{CHI}(\theta; D, N) = \sum_{R \subseteq Q} \frac{(N(R) - \rho_\theta(R)N)^2}{\rho_\theta(R)N}. \tag{11.9}$$

在这里，θ 是参数向量，D 是数据符号（观测频率 $N(R)$ 的向量），还有式 (11.7) 和 (11.8) 中出现的 N 和 $\rho_\theta(R)$。因此，卡方统计是所有观测频率 $N(R)$ 和预测频率 $\rho_\theta(R)N$ 的差方之和。权重 $\left(\rho_\theta(R)N\right)^{-1}$ 是归一化因子，确保 CHI 具有渐进的属性。或者，如果模型是正确的，那么当 θ 在 Θ 中变化时，$\mathrm{CHI}(\theta; D, N)$ 的最小值收敛（当 N 变化到 ∞ 时）到一个卡方随机变量。这在对于作为 θ 函数的 ρ_θ 的平滑性要求相当一般的条件下成立，在对于不同被试的回答模式独立的假设下成立。特别地，对于 N 比较大和考虑到 D 是一个随机向量，随机变量 $\min_{\theta \in \Theta} \mathrm{CHI}(\theta; D, N)$ 与卡方随机变量是概率同分布的，且其自由度是

$$v = (2^m - 1) - (n - 1 + 2m) \tag{11.10}$$

（注意到 $|Q| = m$ 且 $|\mathcal{K}| = n$）。用 $\tilde{\theta}$ 表示 θ 中的全局最小值，用 v 表示自由度，用 χ_v^2 表示一个卡方随机变量，我们用公式把这个结论重说一遍：

$$\min_{\theta \in \Theta} \mathrm{CHI}(\theta; D, N) = \mathrm{CHI}(\tilde{\theta}; D, N) \stackrel{d}{\approx} \chi_v^2, \qquad \text{（当 N 比较大时）} \tag{11.11}$$

其中，$\stackrel{d}{\approx}$ 表示 **与... 是概率同分布的** 。式 (11.10) 右边计算了数据中自由度数量与根据最小化评估的参数数量之间的差异。在例子 11.1.1 中，我们有 $v = (2^5 - 1) - (9 - 1 + 2 \times 5) = 13$。式 (11.11) 的收敛快。式 (11.11) 逼近的第一要义是对于每一个 $R \subseteq Q$，回答模式等于 R 的期望数目大于 5，即

$$\rho_{\tilde{\theta}}(R)N > 5. \tag{11.12}$$

对于某个观测数据 D，这种计算的结果 $c = \mathrm{CHI}(\tilde{\theta}; D, N)$ 就会与卡方随机变量的典型值的标准表进行比较。这种比较会在某个合适的自由度下进行（这里所说的就是 v）。如果 c 位于这些分布中，那么这个模型是可以接受的，如果 c 超过了某个关键值，那么这个模型就是不可接受的。

11.2.3 决策过程 。典型的决策过程是：

1. **强拒绝** ：$\mathbb{P}(\chi_v^2 > c) \leq .01$；
2. **拒绝** ：$\mathbb{P}(\chi_v^2 > c) \leq .05$；
3. **接受** ：$\mathbb{P}(\chi_v^2 > c) > .05$。

导致拒绝（或者强拒绝）的值 c 被称作 **重要** （或者 **强重要** ）的。在实践中，一个重要的或者强重要的卡方统计值不一定总是会导致这个模型被拒绝。特别是，如果这个模型可以针对复杂数据提供一个简单的、详细的描述，而且没有其他模型可供替代。

11.2.4 注释 。a) 对于大的、稀疏的数据表（如表 11.1 那样），由 (11.12) 定义的标准有时会被认为太过保守，而且最小的期待单元大小等于 1 可能是合适的（见 Feinberg，1981）。这个稍微弱一点的条件会在本章的所有分析中使用。如果有人担心这个标准会失效，那么简单的方法是把这些单元用比较低的值拢在一起。举例来说，假设只有三个单元的频率比较低，对应于 R, R' 和 R''。这三个单元可以归拢成一个。在卡方统计中，与 R, R' 和 R'' 对应的三项都用一项来代替：

$$\frac{\left(N(R) + N(R') + N(R'') - (\rho_{\hat{\theta}}(R) + \rho_{\hat{\theta}}(R') + \rho_{\hat{\theta}}(R''))N\right)^2}{(\rho_{\hat{\theta}}(R) + \rho_{\hat{\theta}}(R') + \rho_{\hat{\theta}}(R''))N}.$$

这种归拢会导致卡方随机变量在决策过程中损失两个自由度。在上面的那个表达式中，将对 θ 的估计从符号 $\tilde{\theta}$ 变成 $\dot{\theta}$，表示在经过归拢之后，可能会获得一个不同的全局最小值。显然，这种归拢需要小心进行，以免带来偏向。在它们的较低期望频率的基础上，在 **后面** 归拢单元，不是一个好方法。

b) 有时会出现卡方统计的观测值 c 出现在分布的另外一端，比如 $\mathbb{P}(\chi_v^2 < c) < .05$。这一结论意味着数据的变化可能会比预期的要小，而这通常是错误的标志（卡方统计计算、自由度数量或者过程的其他方面，甚至是实验范式）。

c) 式 (11.9) 中 $\mathrm{CHI}(\theta; D, N)$ 的最小值，常被称作 **卡方统计** ，通常很难用分析的方法求出 [对式 (11.9) 求导并令其等于零，每个参数都会产生一个非线性系统]。在参数空间中蛮力搜索是可行的。Brent（1973）曾经提出过一个改进版本。原来的方法是 Powell（1964）提出的共轭梯度搜索法，用以求解我们的最优化问题。实际的程序是 PRAXIS（Brent, 1973; Gegenfurtner, 1992）[85]。需要说明的是 PRAXIS 的一个应用（或者这种类

---

[85] 我们感谢 Michel Regenwetter 和 Yung-Fong Hsu 在本章中所作的计算。

型下的任何其他的优化程序）并不保证能够找到全局最小。通常，这种过程会重复很多次，改变参数的初始值，直到研究者有理由相信已经找到了一个全局最小的值。

d) 本书中用到的所有统计结论和方法都是众所周知的，所以我们很少给出这方面的参考文献。其中一些标准文献是 Fraser（1958），Lindgren（1968），Brunk（1973），Cramer（1963），Lehman（1959）。最后两篇是经典。

11.2.5 结论。表 11.1 中为了获得数据的卡方统计的最小值而设置的参数大小，在表 11.2 中列出来了。卡方统计 $\min_{\theta \in \Theta} \mathrm{CHI}(\theta; D, N)$ 的值是 14.7，自由度是 $31 - 18 = 13$。根据 11.2.3 中列出的决策过程，这个模型应该被接受。有关这些参数值留待下一节评论。

表 11.2: 从式 (11.10) − (11.12) 的卡方统计的最小化求解中获得的估计值。卡方统计 $\min_{\theta \in \Theta} \mathrm{CHI}(\theta; D, N)$ 的值是 14.7，自由度是 $31 - 18 = 13$。

回答概率	
$\beta_a = .17$	$\eta_a = .00$
$\beta_b = .17$	$\eta_b = .09$
$\beta_c = .20$	$\eta_c = .00$
$\beta_d = .46$	$\eta_d = .00$
$\beta_e = .20$	$\eta_e = .03$

状态概率	
$p(\varnothing) = .05$	$p\{a,b,c\} = .04$
$p\{a\} = .11$	$p\{a,b,d\} = .19$
$p\{b\} = .08$	$p\{a,b,c,d\} = .19$
$p\{a,b\} = .00$	$p\{a,b,c,e\} = .03$
$p\{a,b,c,d,e\} = .31$	

11.3 似然比例过程

另一种历史悠久的方法，也会在这本书中使用，称之为**似然比例过程**。

11.3.1 最大似然估计。在估计一个模型的参数时，从直觉和理论上，都会选择最有可能给观测数据帮上忙的参数。这种估计被称为**最大似然估计**。在前面一节中讨论的实际例子中，数据的概率（对于一个给定的指针 θ）是从**似然函数**中获得的：

$$\prod_{R \subseteq Q} \rho_\theta(R)^{N(R)}. \tag{11.13}$$

这个计算依赖于这样一个合理的假设：不同被试给出的回答模式是独立的。在实践中，向量 θ 中的参数的最大似然估计是通过式 (11.13) 中的似然函数的对数（以 10 为底）的最大化获得的。我们设 $\hat{\theta}$ 是使得 $\sum_{R \subseteq Q} N(R) \log \rho_{\theta}(R)$ 最大化的 θ 值。也就是说：

$$\max_{\theta \in \Theta} \sum_{R \subseteq Q} N(R) \log \rho_{\theta}(R) = \sum_{R \subseteq Q} N(R) \log \rho_{\hat{\theta}}(R).$$

上式说明，在大多数情况下，最大似然概率收敛（当 N 收敛到 ∞）的结果与卡方统计最小化的结果是一样的。这意味着，如果向量 $\hat{\theta}$ 是最大似然估计，那么对于比较大的 N，卡方统计

$$\mathrm{CHI}(\hat{\theta}; D, N) = \sum_{R \subseteq Q} \frac{\left(N(R) - \rho_{\hat{\theta}}(R)N\right)^2}{\rho_{\hat{\theta}}(R)N} \tag{11.14}$$

与一个卡方随机变量是概率同分布的。该变量具有

$$v = 2^m - 1 - (n - 1) - 2m$$

个自由度（与式 (11.9) 和式 (11.11) 相比）。

11.3.2 似然比例测试。模型的统计测试可以这样进行：对于比较大的 N

$$-2 \log \frac{\prod_{R \subseteq Q} \rho_{\hat{\theta}}(R)^{N(R)}}{\prod_{R \subseteq Q} \left(\frac{N(R)}{N}\right)^{N(R)}} \overset{d}{\approx} \chi_v^2, \tag{11.15}$$

其中，v 和 χ_v^2 与它们在式 (11.10) 和式 (11.11) 中的含义相同。如果对于 θ 里的变量，ρ 是一个足够平滑的函数（这一情况对于这里讨论的所有模型都成立），那么这个结论成立。决策过程与 11.2.3 中一样。式 (11.15) 所示的统计测试被称作 **似然比例测试**。式 (11.15) 的右边被称作 **对数-似然比例统计**。似然比例和卡方测试的一致性已经通过式 (11.12) 和式 (11.11) 得到了揭示与证明。这一结论有时被表述为"似然比例测试和卡方测试是渐进等价的"。表 11.3 运用最大似然估计算出了表 11.1 中的参数。

对数-似然比例统计的值是 12.6，自由度是 31−18=13。与卡方测试的情况一样（如果以两个测试的渐进等价这一点来看，这个并不奇怪），数据支持模型。比较表 11.2 和表 11.3，可以验证估计参数的一致性。在本书的剩下

表 11.3: 11.1.2 中定义的基本局部独立模型参数的最大似然估计。对数-似然比例统计的值是 12.6, 自由度是 31−18=13。

回答概率		状态概率	
$\beta_a = .16$	$\eta_a = .04$	$p(\varnothing) = .05$	$p\{a,b,c\} = .08$
$\beta_b = .16$	$\eta_b = .10$	$p\{a\} = .10$	$p\{a,b,d\} = .15$
$\beta_c = .19$	$\eta_c = .00$	$p\{b\} = .08$	$p\{a,b,c,d\} = .16$
$\beta_d = .29$	$\eta_d = .00$	$p\{a,b\} = .04$	$p\{a,b,c,e\} = .10$
$\beta_e = .14$	$\eta_e = .02$	$p\{a,b,c,d,e\} = .21$	

内容中，我们将系统地使用似然-比例测试。注意到表 11.3 中的参数 η_i 的估计值十分小，意味着这些参数的真值可能是 0。我们在 11.3.6 中演示如何在似然比例过程的框架下测试这个假设。

11.3.3 注释 。a) 如果上面的统计分析是建立在真实的数据基础之上的，对于某些 β_q 参数的高值估计将会成为需要进一步思考的原因之一。例如，在问题 d 上，很难解释为什么这样一个问题会已经被完全掌握，但却有 46% 的回答是错误的（根据表 11.2）。当然，数据是人造的，这里的分析只是为了说明一些统计技术。

b) 当比较表 11.2 和表 11.3 时，参数估计在实际情况下会更不稳定。采用 **PRAXIS** 程序时，与表中的估计值差别很大（卡方值的变化不是很大）。对于这种搜索过程而言，这样的情况并非不典型。通常，这意味着参数冗余。在这种情况下，一个差不多同样好的拟合可以只改变这些参数的某个子集就能获得。在基本局部独立的模型中，所有的 η_q 都固定，都等于 0，就是一例。

c) 式 (11.15) 的检查表明：对数-似然比例统计是基于两个模型的比较，一个是分母，另一个是分子。式 (11.15) 的分母计算的是一个非常通用的多项式模型的数据似然。该模型只假设每个回答模式 $R \subseteq Q$ 都有一个概率 $F(R)$。众所周知，多项式参数 $F(R)$ 的最大似然估计是它们的相对频率：我们有 $\widehat{F}(R) = N(R)/N$。这些最大似然估计用在了计算式 (11.15) 的分母里的似然之中。在式 (11.15) 的分子中，对于基本局部独立模型，我们有一个类似的表达式，也包括最大似然估计。

式 (11.15) 里的概率是基于一个通用的结论。下面简单介绍一下，留下了一些技术问题。

11.3.4 定理。设 Ω 是 $\mathbb{R}^s$ 的一个 s-维子集。假设 $f(\omega; D, N)$ 是对于某个模型的数据 D 的似然。其中，$\omega \in \Omega$ 表示模型的独立参数 s 的一个向量。N 表示观察次数，f 是 ω 的一个平滑函数。设 Ω' 是 Ω 的一个 u-维子集，且 $0 < u < s$。如果参数真值的向量 ω_0 依赖于 Ω'，那么在集合 Ω 和 Ω' 上相当一般的条件下，对于比较大的 N，我们有

$$- 2\log \frac{\sup_{\omega \in \Omega'} f(\omega; D, N)}{\sup_{\omega \in \Omega} f(\omega; D, N)} \overset{d}{\approx} \chi^2_{s-u}. \tag{11.16}$$

11.3.5 注释。式 (11.16) 里的子集 Ω' 确定了一个子模型或者在分母中表示的模型的一个特殊情况。式 (11.16) 中的似然比例统计产生了一个假设检验 $\omega_0 \in \Omega'$，这与一般模型中 $\omega_0 \in \Omega$ 是不一致的。卡方里的自由度数目是分母里估计参数的数目与分子里估计参数的数目之差。在基本局部独立模型中的似然比例测试的情况下，我们有 $\Omega = \Theta = {]}0, 1{[}^s$，且 $s = 2^m - 1$，且 $\Omega' = \Theta'$ 是 Θ 里一个 u-维的表面，且 $u = n - 1 + 2m < 2^m - 1$，由式 (11.5) 和式 (11.6) 定义。从实践的角度来看，这个定理的重要性在于它明确了一个嵌套的统计测试序列的递增特异性，对应的是子集链 $\Omega \supset \Omega' \supset \Omega'' \supset \ldots$ 的降维。

11.3.6 应用。我们阐述这个定理在测试方面的运用，对于表 11.1 中的数据，假设基本局部独立模型的框架中 $\eta_q = 0$。这一假设确定了 Θ' 的子集 Θ'' 被定义为：

$$\Theta'' = \{\theta \in \Theta' | \forall q \in Q : \eta_q = 0\},$$

其中 θ 所表示的向量是

$$\theta = (p(\varnothing), p\{a\}, \ldots, p(Q), \beta_a, \ldots, \beta_e, \eta_a, \ldots, \eta_e).$$

换句话说，所有的 η_i 等于 0 的模型现在被认为是基本局部独立模型的子集。运用定理 11.3.4，我们获得统计

$$- 2\log \frac{\max_{\theta \in \Theta''} \prod_{R \subseteq Q} \rho_\theta(R)^{N(R)}}{\max_{\theta \in \Theta'} \prod_{R \subseteq Q} \rho_\theta(R)^{N(R)}} \overset{d}{\to} \approx \chi^2_5, \tag{11.17}$$

且 $5 = 18 - 13$。这个对数-似然比例统计的分母是式 (11.15) 里的分子。这个卡方值是 1.6，不显著（根据 11.2.3）。相应地，我们暂时保留这些数据，即对于所有的 $q \in \{a, b, \ldots, e\}$ 的特殊情况 $\eta_q = 0$。在后面，这个模型被称作**没有侥幸猜中的基本局部独立模型**。

11.4 学习模型

实际知识结构的知识状态的数量会很大。例如，在第 17 章介绍的实验中，状态数量的数量级是几百万（对于大约 262 个问题）。这就给实际运用基本局部独立模型提出了一个问题，因为这意味着为数众多的参数——例如在相关人群中所有这些状态的概率——需要从回答模式的实际频率中估计出来。即使是大量的数据集，还是难以获得可靠的估计[86]。为了解决这个难题，可以给状态概率上面加上一点限制，显著减少所涉及的独立变量的数目。

一个自然的想法是假设某个学习机理描述了一个学生随着时间连续地转移，从完全不懂的状态 ∅ 到完全掌握资料的状态 Q。下面描述了几个例子，所有的都基于下面的假设：

在测试的时候，一个被试处于结构的状态 K 的概率是这个被试发生如下情况的概率：

(i) 连续掌握状态 K 的所有问题，和

(ii) 回答不了任何一个可以直接从 K 访问的问题。

这里，假设结构是可识别的（参见定义 2.1.5），我们考虑一个问题 q 可以直接访问，亦即可习得，从状态 K 开始，如果 $K + \{q\}$ 也是一个状态。换句话说，q 属于状态 K 的外部边界，即 $K^O = \{q \in Q \setminus K \mid K \cup \{q\} \in \mathcal{K}\}$（参见定义 4.1.6）。

11.4.1 一个简单的学习模型。本节考虑的模型对于学习过程作出了强独立假设。考虑一个可识别的知识结构 $(Q, \mathcal{K})$。对于 Q 里的每一个 q，我们引入一个参数 g_q，且 $0 \leq g_q \leq 1$，旨在测量 q 被掌握的概率。为了定义一个 $\mathcal{K}$ 上的概率分布，我们假设，对于每一个状态 K，所有的事件都划分为两类：**"掌握任何一个问题 $q \in K$"** 和 **"掌握不了任何一个问题 $q \in K^O$"** 是（条件）独立的，如下面的公式所示。

$$p(K) = \prod_{q \in K} g_q \prod_{q' \in K^O} (1 - g_{q'}). \tag{11.18}$$

凭借约定零项乘积等于 1，这个公式适用于所有的状态 K。当 p 是一个 $\mathcal{K}$ 上的概率分布时，设回答函数是 r，四元组 $(Q, \mathcal{K}, p, r)$ 被称作一个 **简单的学习模型**。这个模型从只有 $m = |Q|$ 个参数的角度明确了状态概率，而与状态的

---

[86] 参见 Villano（1991）。

数量无关。在我们的标准例子（图 11.1）中，表 11.4 用公式表示了状态概率。

表 11.4: 对于简单学习模型的式 11.1 和图 11.1 中的结构 $\mathcal{H}$ 的状态概率。

状态	概率
$\varnothing$	$(1 - g_a)(1 - g_b)$
$\{a\}$	$g_a(1 - g_b)$
$\{b\}$	$g_b(1 - g_a)$
$\{a, b\}$	$g_a g_b(1 - g_c)(1 - g_d)$
$\{a, b, c\}$	$g_a g_b g_c(1 - g_d)(1 - g_e)$
$\{a, b, d\}$	$g_a g_b g_d(1 - g_c)$
$\{a, b, c, d\}$	$g_a g_b g_c g_d(1 - g_e)$
$\{a, b, c, e\}$	$g_a g_b g_c g_e(1 - g_d)$
$\{a, b, c, d, e\}$	$g_a g_b g_c g_d g_e$

用 5 个参数表示了 9 个状态的概率。容易验证这些概率加起来等于 1。但是，式 (11.18) 定义的 $p(K)$ 不一定是一个概率分布。下一节我们给出两个例子。

11.4.2 测试简单学习模型 。该模型用表 11.1 里的数据来测试。我们假设回答函数 r 由没有侥幸猜中的局部独立条件决定。相应的模型就是没有侥幸猜中的基本局部独立模型的特殊情况，这已经被测试过了。相应地，使用似然比例过程是合理的。

一个似然比例测试完毕之后，得到对数-似然比例统计的值是 15.5，自由度的数目是 $3 = 13 - 10$。当然，没有侥幸猜中的基本局部独立模型有 13 个参数，而简单学习模型（都假设局部独立性）有 10 个参数，且没必要归拢回答模式。这个卡方统计值是非常显著的，导致该模型被强拒绝。

11.4.3 注释 。该模型阐述了在一个简单情况下，关于学习过程的假设如何显著降低了参数的数目。如果假设掌握一个问题 q 并不依赖于被试当前的状态 K，那么这样的假设当然会遭到质疑。但是，我们还假设了这个问题是可以从那个状态中习得的，也就是说 $q \in K^o$。这看上去很强。独立性的假设也难以接受。该模型可以这样修正：假设掌握一个问题的概率依赖于过去的事件，例如刚学会的上一个问题。对此，我们在这里不展开[87]。

本章后面还考虑了另外一个不同的模型。在这个模型中，知识结构被认为是描述了学习过程的一个马尔科夫链的状态空间。在讨论这样一个模型之前，我们回到这样一个悬而未决的问题：关于在怎样的条件下定义简单学习模型。我们会问：在怎样的条件下，式 (11.18) 定义的变量加起来等于 1？

11.5 一个组合的结论

11.4.1 中介绍的简单学习模型从参数 g_q 的角度确定了 $p(K)$ 的值，对于 $\mathcal{K}$ 中所有的 K。但是，接下来的两个例子表明：式 (11.18) 中定义的实际映射 p 并不总是 $\mathcal{K}$ 上的概率分布。这促使我们寻找知识结构的条件，以确保简单学习模型可以使用。换句话说，我们要寻找一个这样的条件：在该条件下，式 (11.18) 定义了一个真实的概率分布。有趣的是，学习空间的概念将变得关键。

11.5.2 例子 。设 $\mathcal{G} = \{\varnothing, \{a\}, \{b\}, \{c\}, \{a,b\}, \{a,c\}, \{a,b,c\}\}$ 和对于所有的 $q \in \{a,b,c\}$，定义 $g_q = \frac{1}{2}$。式 (11.18) 给出了

$$p(\varnothing) = p\{a\} = p\{a,b\} = p\{a,c\} = p\{a,b,c\} = \frac{1}{8},$$

$$p\{b\} = p\{c\} = \frac{1}{4},$$

从而，$\sum_{K \in \mathcal{G}} p(K) = \frac{9}{8}$。该知识结构是级配良好的，但不是一个知识空间：我们有 $\{b\}, \{c\} \in \mathcal{G}$，但是 $\{b,c\} \notin \mathcal{G}$。

11.5.2 例子 。设 $\mathcal{H} = \{\varnothing, \{c\}, \{a,b\}, \{b,c\}, \{a,b,c\}\}$。那么根据式 (11.18)

$$\sum_{K \in \mathcal{H}} p(K) = (1-g_c) + g_c(1-g_b) + g_a g_b (1-g_c) + g_b g_c (1-g_a) + g_a g_b g_c$$

$$= 1 + g_a g_b (1-g_c),$$

只对于 g_a，g_b 和 g_c 的某些特殊值，上式才会等于 1。容易验证 $\mathcal{H}$ 是一个知识空间，但不是级配良好的。

---

[87]见问题 3。

我们提出一个引理。

11.5.3 定理。设 $(Q, \mathcal{K})$ 是一个有限的可识别的知识结构。那么当且仅当满足以下条件时, $(Q, \mathcal{K})$ 是一个学习空间。

[U] 每个集合 $A \subseteq Q$ 包含最多一个状态 K, 使得 $K^0 \cap A = \varnothing$。

证明。假设条件 [U] 成立。我们首先证明 $(Q, \mathcal{K})$ 是一个知识空间, 然后证明它是级配良好的。如果 L, M 是 $\mathcal{K}$ 中的两个状态, 根据 $|L \triangle M|$ 上的重现, 我们证明 $L \cup M \in \mathcal{K}$。如果 $|L \triangle M| = 0$, 结论显然成立。所以我们假设 $|L \triangle M| > 0$。条件 [U] 用到 $A = L \cup M$ 上, 导出两个不同的状态 L 和 M 不会全都扮演 K 的作用。所以 $L^0 \cap A \neq \varnothing$ 或者 $M^0 \cap A \neq \varnothing$（或者都是）。这意味着存在某个问题 q：

$$q \in M \setminus L \quad 和 \quad L \cup \{q\} \in \mathcal{K}$$

或

$$q \in L \setminus M \quad 和 \quad M \cup \{q\} \in \mathcal{K}$$

在第一种情况中, 我们根据重现 $(L \cup \{q\}) \cup M \in \mathcal{K}$, 获得 $L \cup M \in \mathcal{K}$。根据对称性, 第二种情况也是如此。因此条件 [U] 意味着 $(Q, \mathcal{K})$ 是一个空间。

条件 [U] 还意味着 $(Q, \mathcal{K})$ 是级配良好的。当然, 如果这个不成立, 那么根据推论 2.2.3, 我们可以推出存在两个状态 L 和 M, 且 $L \subset M$, 使得 $|M \setminus L| \geq 2$, 且没有 N 满足 $L \subset N \subset M$。

选取 $A = M$, 我们得到了矛盾, 因为 L 和 M 都能在条件 [U] 里扮演 K 的角色。

我们推出 $(Q, \mathcal{K})$ 是级配良好的知识空间。根据定理 2.2.4, 这是一个学习空间。

反过来, 假设 $(Q, \mathcal{K})$ 是一个学习空间。对于 Q 的任何子集 A, 只有条件 [U] 里的状态 K 是包含 A 的最大状态（也就是说, 所有状态的并集都包含于 A）。 $\square$

11.5.4 定理。当 $(Q, \mathcal{K})$ 是一个学习空间时, 对于任何一个从 $\mathcal{K}$ 到 $[0,1]$ 的映射 g, 被式 (11.18) 定义的真值映射 p 确定了 $\mathcal{K}$ 上的一个概率分布。作为一个部分逆, 如果 $(Q, \mathcal{K})$ 是任何一个有限的、可识别的知识状态, g 是从 Q 到 $]0,1[$ 的映射, 式 (11.18) 定义的映射 p 是一个概率分布, 那么 $(Q, \mathcal{K})$ 是一个学习空间。

证明[88]。假设 $(Q, \mathcal{K})$ 是一个学习空间。因此，根据定理 11.5.3，条件 [U] 是满足的。设 g 是任何一个从 Q 到 $[0,1]$ 的函数。我们定义一个函数 $h: 2^Q \to [0,1]$:

$$h(A) = \prod_{q \in A} g_q \prod_{q \in Q \setminus A} (1 - g_q).$$

根据式 (11.18)，可得 $p: \mathcal{K} \to [0,1]$，运用刚刚定义的映射 h，我们有

$$
\begin{aligned}
p(K) &= \prod_{q \in K} g_q \prod_{q \in K^0} (1 - g_q) \\
&= \left(\prod_{q \in K} g_q \prod_{q \in K^0} (1 - g_q) \right) \times \prod_{q \in Q \setminus (K \cup K^0)} \left(g_q + (1 - g_q) \right) \\
&= \sum_{A \in 2^Q, A \supseteq K, A \cap K^0 = \varnothing} h(A).
\end{aligned}
$$

（把最右乘积展开就得到最后一个等式。）因此，

$$\sum_{K \in \mathcal{K}} p(K) = \sum_{K \in \mathcal{K}} \left(\sum_{A \in 2^Q, A \supseteq K, A \cap K^0 = \varnothing} h(A) \right). \tag{11.19}$$

在另一方面，

$$1 = \prod_{q \in Q} \left(g_q + (1 - g_q) \right) = \sum_{A \in 2^Q} h(A). \tag{11.20}$$

根据条件 [U]，Q 的每一个子集 A 恰包含一个状态 K，且 $A \cap K^0 = \varnothing$。我们推出对于 $A \in 2^Q$，每一项 $h(A)$，都恰在式 (11.19) 的右边出现一次。因此，通过比较 (11.19) 和 (11.20)，我们推出 $\sum_{K \in \mathcal{K}} p(K) = 1$。还有，逆命题也成立，因为 g 在 $]0,1[$ 中取值（所以，对于所有的子集 A，$h(A) > 0$）。 □

11.6　马尔科夫模型

本节所述的模型也可以解释学习过程基本概率模型的状态概率。但是，这些模型与 11.4.1 节里的简单学习模型不同。在简单学习模型中，时间是明确的离散值[89]$n = 1, 2, \dots$。回答函数 r 由局部独立性式 (11.6) 中的参数 β_q 和

---

[88] 除了条件 [U] 意味着级配良好之外，我们还欠 Falmagne（1994）匿名审稿人一个证明。
[89] 请注意，本节中，n 不表示状态的数量 $|\mathcal{K}|$。

η_q 确定。我们假设知识状态是级配良好的[90]。所有这些模型都是在马尔科夫链理论的框架下形成的[91]。

11.6.1 马尔科夫模型 1。我们假设学习发生在离散步骤中。在每个给定的步骤中，最多掌握一个问题。在图 11.1 所示的标准例子中，从状态 $\varnothing$ 到状态 $\{a\}$ 或者状态 $\{b\}$ 之间的转移可能会在一步之中发生或者以后发生，如果这两个状态 $\{a\}$ 或 $\{b\}$ 没有一个曾经达到过。这种转移的概率由参数 g_a 和 g_b 确定。我们假设这些概率并不依赖以前的事件。因此，从状态 K 到状态 $K + \{q\}$ 的转移概率（q 位于 K 的外部边界），等于 g_a。在某个给定的时间被测试的学生假定已经掌握了若干 n 步。这一数字对于所有的被试都是一样的，是一个参数，需要从数据中估计出来。如果 n 比较大，包含许多问题的状态的概率会很大。

这个模型是一个马尔科夫链，它的状态空间是知识结构 $\mathcal{K}$（所以，马尔科夫链的状态恰是知识状态）。转移状态，包含于矩阵 $M = (m_{KL})$，且 m_{KL} 确定了从 K 到 L 的转移概率，定义是

$$m_{KL} = \begin{cases} g_q & \text{如果 } L = K + \{q\}, \text{ 且 } q \in K^{\mathbb{O}}, \\ 1 - \sum_{q \in K^{\mathbb{O}}} g_q & \text{如果 } L = K, \\ 0 & \text{否则}. \end{cases} \tag{11.21}$$

表 11.5 中给出了这样一个矩阵，针对的是式 (11.1.1) 中定义的知识结构 $\mathcal{H}$ 里的标准例子。为了简化，我们用一串列出了它的元素的字符串来表示知识状态。还有，因为矩阵十分大，我们采用缩写

$$\overline{g}_q = 1 - g_q \quad \text{且} \quad \overline{g}_{qr} = 1 - g_q - g_r \qquad (\text{对于} q, r \in \{a, b, c, d, e\}). \tag{11.22}$$

这个过程从用向量 ν_0 确定状态的初始值开始。（因为马尔科夫链的状态与知识状态混同，不会产生冲突）。经过一步以后的概率用行向量给出

$$\nu_1 = \nu_0 M.$$

---

[90] 它因此是有限的和可识别的；参见 **2.2.2**。
[91] 参见 Feller（1968），Kemeny 和 Snell（1960），Parzen（1994），或者 Shyryayev（1960）。

表 11.5: 对于我们的标准例子，马尔科夫模型 1 的转移矩阵 M。

	$\varnothing$	a	b	ab	abc	abd	$abcd$	$abce$	Q
$\varnothing$	$\overline{g}_{ab}$	g_a	g_b	0	0	0	0	0	0
a	0	$\overline{g}_b$	0	g_b	0	0	0	0	0
b	0	0	$\overline{g}_a$	g_a	0	0	0	0	0
ab	0	0	0	$\overline{g}_{cd}$	g_c	g_d	0	0	0
abc	0	0	0	0	$\overline{g}_{de}$	0	g_d	g_e	0
abd	0	0	0	0	0	$\overline{g}_c$	g_c	0	0
$abcd$	0	0	0	0	0	0	$\overline{g}_e$	0	g_e
$abce$	0	0	0	0	0	0	0	$\overline{g}_d$	g_d
Q	0	0	0	0	0	0	0	0	1

假设被试从状态 $\varnothing$ 开始学习过程是有道理的。在这种情况下，初始概率向量的形式是

$$\nu_0 = (\underbrace{1, 0, \ldots, 0}_{|\mathcal{K}| \text{ 项}}).$$

如果把这个假设运用到我们的例子中，经过第一步和第二步之后的状态概率将是

$$\nu_1 = (\overline{g}_{ab},\ g_a,\ g_b,\ 0,\ 0,\ 0,\ 0,\ 0,\ 0),$$
$$\nu_2 = (\overline{g}_{ab}^2,\ \overline{g}_{ab}g_a + g_a\overline{g}_b,\ \overline{g}_{ab}g_b + g_b\overline{g}_a,\ 2g_ag_b,\ 0,\ 0,\ 0,\ 0,\ 0),$$

也就是说，分别是 $M^1 = M$ 和 M^2 的第一行。总之，状态 n 之后的状态概率是

$$\nu_n = \nu_0\, M^n.$$

对于第 n 步的状态 K 的概率，我们记作 $\nu_n(K)$，由此得到对于第 n 步的回答模式 R 的概率 $\rho_n(R)$，它的期望是

$$\rho_n(R) = \sum_{K \in \mathcal{K}} r(R, K)\nu_n(K). \tag{11.23}$$

采用马尔科夫链[92]的理论的标准概念，容易证明如果对于所有的 q，$g_q > 0$，那么

---

[92] 第 14.4 节会回顾马尔科夫链的一些基本术语。

$$\lim_{n \to \infty} \nu_n(K) = \begin{cases} 1 & \text{如果} K = Q, \\ 0 & \text{否则.} \end{cases}$$

注意到参数数目，包括参数 β_q 和 η_q，出现在式 (11.6) 的函数 r 的表达式中，而且表示测试时间的步骤号 n 不能超过 $3m+1$，且 $m = |Q|$。我们在这里不再进一步研究该模型，也不展示具体的实际应用。

11.6.2 注释 。a) 该模型面临与简单学习模型相同的质疑。特别是，学习一个新问题 q 的概率只是以一种平凡的形式依赖于过去的事件：如果 q 是可以从被试当前的状态 K 中习得的，那么这个概率等于 g_q。也就是说，如果 $q \in K^0$，就等于 0，否则就不等于。但是，直接用这个模型是可以的，这会在下一节阐述（马尔科夫链模型 2）。

b) 另一个反对的对象是一个隐含的假设：所有被试学习的量都相同，它在式 (11.23) 中用步骤号 n 表示。被试之间的状态差异仅仅在于与转移参数 g_q 有关的概率因子。这个模型可以这样推广：假设在表示学习步骤的正整数集合上存在一个概率分布。例如，我们可以假设学习步骤满足负二项式分布。后续推演不在这里进行（但见问题 6）。

c) 不能忽视该模型与简单学习模型之间的一个本质差异。马尔科夫模型 1 可以从已经测试过几遍的被试样本中预测数据的结果。例如，假设一个被试样本在训练阶段之前和之后都经过了同一个测试。回答模式对 (R, R') 因此对于每一个被试都是适用的。预测与两个因素有关：位于步骤 n 的观测回答模式 R 的概率 $\rho_{n,n+j}(R, R')$，还有，第 $n+j$ 步的回答模式 R'（n 和 j 都是参数）。运用马尔科夫链理论的标准技术，这些预测都可以从马尔科夫模型 1 中推出来（也可以从下面的马尔科夫模型 2 推出来）。参数的数量不会超过 $3m+2$：在单一测试中，我们会有相同的参数，再加上一个，即出现在第二次测试中的步骤号 $n+j$ 的表达式中的正整数 j。

这个参数可以被用来测量训练过程的效率。没有进一步的修改和完善，无法从简单学习模型中得出这样的预测（参见问题 7）。

11.6.3 马尔科夫链模型 2 。主要概念与马尔科夫链模型 1 一样，除了上一个习得的项目影响下一个要学习的项目的概率之外。我们也有一个马尔科夫链，但是我们必须跟踪上一个习得的项目。换句话说，除了空集，马尔科夫链的状态以 (K, q) 对的形式存在，且 q 是内部边界 $K^{\mathfrak{I}} = \{s \in Q | K \setminus \{s\} \in \mathcal{K}\}$ of

K（参见定义 4.1.6）。

为了避免歧义，我们把马尔科夫链的状态称作 m-**状态**。从 m-状态 (K, q)（且 $q \in K^J$），到 m-状态 $(K \cup \{s\}, s)$ 的转移概率（这对应于从知识状态 K 到知识状态 $K + \{s\}$）仅仅依赖于 q 和 s。我们将其记作 $g_q s$。对于每个 m-状态 (K, q)，概率 $g_q s$ 满足约束条件 $\sum_{s \in K^0} g_{qs} \leq 1$。

我们还设置剩下的 m-状态的概率 (K, q) 等于 $1 - \sum_{s \in K^0} g_{qs}$。因此，从 m-状态 (K, q) 到任何其他 m-状态 (K', s)，且 $K' \neq K + \{s\}$，都等于 0。不用说，空集也是一个 m-状态。从状态到 $(\varnothing, q)$ 的转移概率记作 g_{0q}。所有其他细节都与模型 1 一样。我们把后续的推导留作问题 15。

11.7 概率投影

在 2.4 节，我们定义了一个知识结构 $(Q, \mathcal{K})$ 的投影：它是一个知识结构 $(Q', \mathcal{K}_{|Q'})$，这个知识结构的状态是 $\mathcal{K}$ 在某个非空集合 $Q' \subset Q$ 上的状态的迹，因此

$$\mathcal{K}_{|Q'} = \{L \in 2^{Q'} | \exists K \in \mathcal{K} : L = K \cap Q'\}.$$

在本章的背景下提到这个概念的原因是一些实际的知识结构可能会很大，以至于不可能直接统计、估计这些状态的概率，即使在前面我们描述的那些学习模型的框架下。

在这样一种情况下，可以从研究给定知识结构的投影中得到关于这些概念的一部分信息。举例来说，在一个包含了 300 个高中数学的域上的知识结构囊括了初等代数[93]。相关的知识结构可能包含几百万个知识状态。对于这一结构进行实证分析，遇到的困难有两个。其一，给一大群学生提 300 个问题可能不现实；其二，即使能开展这样的测验，从似然知识结构的角度分析数据也是非常困难的，特别是需要估计如此大量的参数。但是，从相同的域中抽出短一点的测试，然后对其进行分析，则是可控的，而且还可以揭示关于整个结构的有用信息。

注意到父结构的知识状态概率对于任何一个映射都有一种自然的渗透。这从下面的例子可以看出来。

---

[93] 对于初等代数，300 个左右的问题符合实际情况（见问题 17）。

11.7.1 例子 。假设我们标准例子中的知识结构的状态

$$\mathcal{H} = \{\varnothing, \{a\}, \{b\}, \{a,b\}, \{a,b,c\}, \{a,b,d\}, \{a,b,c,d\},$$
$$\{a,b,c,e\}, \{a,b,c,d,e\}\}$$

出现在参考人群中的概率如下：

$$
\begin{array}{lll}
p(\varnothing) = .04 & p\{a,b\} = .12 & p\{a,b,c,d\} = .13 \\
p\{a\} = .10 & p\{a,b,c\} = .11 & p\{a,b,c,e\} = .18 \\
p\{b\} = .06 & p\{a,b,d\} = .07 & p\{a,b,c,d,e\} = .19
\end{array}
\tag{11.24}
$$

如果一个测验只由问题 a, d 和 e 组成，$\mathcal{H}' = \mathcal{H}_{|\{a,d,e\}}$ 的知识状态 $\{a,d\}$ 在人群中出现的概率是

$$p'\{a,d\} = p\{a,b,d\} + p\{a,b,c,d\} = .07 + .13 = .20.$$

当然，处于结构 $\mathcal{H}$ 中状态 $\{a,b,d\}$ 或者状态 $\{a,b,c,d\}$ 的任何一个学生都会出现在结构 $\mathcal{H}'$ 的状态 $\{a,d\}$ 中，如果只考虑问题 a, d 和 e。

更一般地，$\mathcal{H}'$ 的任何一个状态 J 的概率 $p'(J)$ 是 $\mathcal{H}$ 中所有在 $\{a,d,e\}$ 上的迹等于 J 的状态 K 的概率 $p(K)$ 之和。因此，所有的状态概率 p' 如下：

$$
p'(\varnothing) = .10, \qquad p'\{a\} = .33, \qquad p'\{a,d\} = .20,
$$
$$
p'\{a,e\} = .18, \qquad p'\{a,d,e\} = .19.
\tag{11.25}
$$

定义 11.7.3 推广了这个例子。我们首先回忆以下早前定义（参见 2.4.1）中的一些概念和符号。

11.7.2 定义 。设 $(Q, \mathcal{K})$ 是一个知识结构，且设 $\mathcal{K}' = \mathcal{K}_{|Q'}$ 是 $\mathcal{K}$ 在某个合适子集 $Q' \subset Q$ 上的投影。注意到从 $\mathcal{K}$ 到投影 $\mathcal{K}_{|Q'}$ 上的映射 $K \mapsto K \cap Q' = J$ 定义了父结构 $\mathcal{K}$ 上的一个等价关系，其等价类[94]是

$$[K/Q'] = \{K' \in \mathcal{K} | K \cap Q' = K' \cap Q'\}.$$

---

[94] 定义 2.4.1 中的缩写 $[K]$ 曾经用来表示过这些等价类。这里还需要更明确的 $[K/Q']$，因为涉及投影。

对于任何一个 $J \in \mathcal{K}_{|Q'}$，我们写 $J^\diamond = \{K \in \mathcal{K} | K \cap Q' = J\}$。族 $J^\diamond \subseteq \mathcal{K}$ 称作 J 的**父族**，而且我们有 $\cup_{J \in \mathcal{K'}} J^\diamond = \mathcal{K}$。当被导出的族多于 1 个时，这个符号可能会造成一些模糊，那时可以根据上下文来消除歧义。

11.7.3 定义。假设 $(Q, \mathcal{K}, p)$ 是一个似然知识结构（参见 11.1.2）时，且 $\mathcal{K'}$ 和 Q' 如 11.7.2 所定义的那样。在这种情况下，如果对于所有的 $J \in \mathcal{K'}$，我们有

$$p'(J) = \sum_{K \in J^\diamond} p(K). \tag{11.26}$$

那么，三元组 $(Q', \mathcal{K'}, p')$ 称作被 Q' **引入的（似然）投影**。因为父族 $J^\diamond$ 是 $\mathcal{K}$ 的一个划分的等价类，我们有

$$\sum_{J \in \mathcal{K'}} p'(J) = \sum_{J \in \mathcal{K'}} \sum_{K \in J^\diamond} p(K) = \sum_{K \in \mathcal{K}} p(K) = 1.$$

从应用的角度来说，逆命题也很重要：如果已知一个投影的概率，那么我们希望能够推断出父结构的状态概率。

11.7.4 例子。设 $\mathcal{H}$ 和 $\mathcal{H'}$ 是例子 11.7.1 中定义的那样，假设对于 $J \in \mathcal{H'}$，只有状态概率 $p'(J)$ 是已知的，它们的值用式 (11.25) 中给出的来代。例如，我们只知道状态概率 $p(\varnothing)$，而 $p\{b\}$ 是必须满足 $p(\varnothing) + p\{b\} = p'(\varnothing) = .10$ 的。在这种情况下，把 $\mathcal{H'}$ 中的状态 $\varnothing$ 撕成两个相等的部分，是比较合理的，即 $p(\varnothing) = p\{b\} = p'(\varnothing)/2 = .05$。

总之，这个点子是：对于每个 $J \in \mathcal{H'}$，赋予 $J^\diamond$ 的每个状态相同的概率。对于 $\mathcal{H}$ 的所有状态的概率如下

$$p(\varnothing) = .05 \qquad p\{a, b\} = .11 \qquad p\{a, b, c, d\} = .10$$

$$p\{a\} = .11 \qquad p\{a, b, c\} = .11 \qquad p\{a, b, c, e\} = .18$$

$$p\{b\} = .05 \qquad p\{a, b, d\} = .10 \qquad p\{a, b, c, d, e\} = .19$$

11.7.5 定义。设 $\mathcal{K'} = \mathcal{K}_{|Q'}$ 是被 Q 的一个合适子集 Q' 引入的投影，假设 $(Q', \mathcal{K'}, p')$ 是一个似然知识结构。如果对于所有的 $K \in \mathcal{K}$，下式成立，那么 $(Q, \mathcal{K}, p)$ 是 $(Q', \mathcal{K'}, p')$ 到 $(Q, \mathcal{K})$ 的一致扩展。

$$p(K) = \frac{p'(K \cap Q')}{|(K \cap Q')^\diamond|}. \tag{11.27}$$

11.8 命名和分类

我们还可以想到，为了构造出似然父结构，把这样的信息组合起来：域的不同子集上的知识结构的似然投影。这一节大致描述了这种构造的机理。

11.8.1 定义。设 $Q_1, ..., Q_k$ 是知识结构 $(Q, \mathcal{K})$ 的域的非空子集。如果 $\cup_{i=1}^k Q_i = Q$，那么投影的群集 $\mathcal{K}|_{Q_i}$, $i = 1, ..., k$ 是一个 $(Q, \mathcal{K})$ 的命名。如果 $\{Q_1, ..., Q_k\}$ 是 Q 的一个划分，那么命名被称作 **分类**。

与此有关的一个简单结论如下所示。

11.8.2 定理。 设 $\{Q_1, ..., Q_k\}$ 是一个知识结构 $\mathcal{K}$ 的域 Q 的子集的一个有限群集。那么，对于任何一个状态 K，我们有

$$[K/(Q_1 \cup \cdots \cup Q_k)] = [K/Q_1] \cap \cdots \cap [K/Q_k]. \tag{11.28}$$

更重要的是，如果 $\mathcal{K}|_{Q_i}$ 的群集是一个命名，那么

$$\{K\} = [K/Q_1] \cap \cdots \cap [K/Q_k]. \tag{11.29}$$

证明。用 $\wedge$ 表示逻辑"乘"，容易证明

$$J \cap (Q_1 \cup ... \cup Q_k) = K \cap (Q_1 \cup ... \cup Q_k) \quad \Longleftrightarrow \quad \wedge_{i=1}^k (J \cap Q_i = K \cap Q_i).$$

这证明了式 (11.28)。这个特殊的情况立即成立。 $\qquad \square$

11.8.3 注释。定理 11.8.2 的特殊情形在每个集合 Q_i 包含一个单一元素的时候就会出现。这时，我们采用记号 $\mathcal{K}_q$（或者 $\mathcal{K}_{\bar{q}}$），表示所有包含（或者没包含）q 的状态的群集（参见 2.1.4，或 9.1.2），

$$[K/\{q\}] = \begin{cases} \mathcal{K}_q & \text{如果} q \in K, \\ \mathcal{K}_{\bar{q}} & \text{如果} q \notin K. \end{cases}$$

11.9 独立投影

在某些情况下，把若干投影的状态概率组合起来构造一个父结构的概率分布是可行的；比如，如果在下面定义的意义上，投影被认为是"独立"的。

11.9.1 定义。设 $(Q, \mathcal{K}, p)$ 是一个似然知识结构（参见 11.1.2），设 $\mathbb{P}$ 是 $\mathcal{K}$ 的幂集上引入的一个概率测度。（因此，对于任何 $\mathcal{F} \subseteq \mathcal{K}$，$\mathbb{P}(\mathcal{F}) = \sum_{K \in \mathcal{F}} p(K)$。）选两个子集 $Q', Q'' \subset Q$，考虑似然投影 $(Q', \mathcal{K}', p')$ 和 $(Q'', \mathcal{K}'', p'')$（在定义 11.7.3 的意义上）。如果事件 $J^\circ = \{K \in \mathcal{K} \mid K \cap Q' = J\}$ 和 $L^\circ = \{K \in \mathcal{K} \mid K \cap Q'' = L\}$ 在概率空间 $(\mathcal{K}, 2^{\mathcal{K}}, \mathbb{P})$ 是独立的，那么 $J \in \mathcal{K}'$，$L \in \mathcal{K}''$ 被称作 **独立** 的。即

$$\mathbb{P}(J^\circ \cap L^\circ) = \mathbb{P}(J^\circ) \cdot \mathbb{P}(L^\circ) = p'(J) \cdot p''(L).$$

如果任何一个状态 $K \in \mathcal{K}$ 在 Q' 和 Q'' 上有独立的迹，$(Q', \mathcal{K}', p')$ 和 $(Q'', \mathcal{K}'', p'')$ 是 **独立** 的。

这些概念以一种自然的方式推广到一个任意的（有限的）结构数量。假设 $\Upsilon = (Q_i, \mathcal{K}_i, p_i)_{1 \le i \le k}$ 是一个似然知识结构 $(Q, \mathcal{K}, p)$ 的似然投影的群集。如果

$$\mathbb{P}(\bigcap_{i=1}^{k} J_i^\circ) = \prod_{i=1}^{k} \mathbb{P}(J_i^\circ) = \prod_{i=1}^{k} p_i(J_i).$$

迹的群集 $J_i \in \mathcal{K}_i$，$i = 1, ..., k$ 是 **独立** 的。

（还不足以要求迹 J_i 是成对独立的；见问题 13。）如果父结构 $\mathcal{K}$ 的任何一个状态 K 都有一个 $K \cap Q_i$ 迹的独立的群集，那么群集 Υ 被称作是 **独立** 的。如果，不仅如此，Υ 还是命名（参见 11.8.1），那么它被称作 $(Q, \mathcal{K}, p)$ 的 **独立表达** 。在这种情况下，对于 $K \in \mathcal{K}$，我们有定理 11.8.2 中的式 (11.29)，

$$\mathbb{P}(\{K\}) = \mathbb{P}(\cap_{i=1}^{k} [K / Q_i]) = \prod_{i=1}^{k} \mathbb{P}([K / Q_i]). \tag{11.30}$$

11.9.2 例子。a) 设 $\mathcal{H}$ 和 $\mathcal{H}'$ 与例 11.7.1 中一样，考虑 $\{b, c, e\}$ 上 $\mathcal{H}$ 引入的投影

$$\mathcal{H}'' = \{\varnothing, \{b\}, \{b, c\}, \{b, c, e\}\}.$$

采用式 (11.26)，我们从式 (11.24) 中给出的 $\mathcal{H}$ 的状态概率中获得 $\mathcal{H}''$ 的状态概率：

$$p''(\varnothing) = .14, \quad p''\{b\} = .25, \quad p''\{b, c\} = .24, \quad p''\{b, c, e\} = .37.$$

（注意到 $\{\mathcal{H}', \mathcal{H}''\}$ 形成了 $\mathcal{H}$ 的命名。）$\mathcal{H}$ 的任何状态 H 属于一个划分的类。这个划分是由 $\mathcal{H}'$ 和 $\mathcal{H}''$ 的两个划分的类的交集产生的。例如，对于 $\mathcal{H}$ 的空集

$$\varnothing \in (\varnothing \cap \{a, d, e\})^\circ \cap (\varnothing \cap \{b, c, e\})^\circ = \{\varnothing, \{b\}\} \cap \{\varnothing, \{a\}\} = \{\varnothing\}.$$

状态 $\varnothing \in \mathcal{H}'$ 和 $\varnothing \in \mathcal{H}''$ 是不独立的，因为我们有

$$p'(\varnothing) \times p''(\varnothing) = (p(\varnothing) + p\{b\}) \times (p(\varnothing) + p\{a\})$$
$$= (.04 + .06) \times (.04 + .10)$$
$$= .014$$
$$\neq .04 = p(\varnothing).$$

问题 8 要求读者修改这个例子中的状态概率，使得状态 $\varnothing \in \mathcal{H}'$ 和 $\varnothing \in \mathcal{H}''$ 是独立的，但是投影 $\mathcal{H}'$ 和 $\mathcal{H}''$ 自身不是的。

b) 另一方面，考虑知识结构 $\{\varnothing, \{a\}, \{b\}, \{a, b\}\}$，状态概率是

$$p(\varnothing) = .05, \quad p\{a\} = .15, \quad p\{b\} = .20, \quad p\{a, b\} = .60.$$

两个在 $\{a\}$ 和 $\{b\}$ 上引入的似然投影是独立的，因此形成了一个独立表达（问题 9）。下面的结论是定义 11.9.1 的直接结论。

11.9.3 定理。如果 $(Q_i, \mathcal{K}_i, p_i)$，$i = 1, ..., k$ **是一个知识结构** $(Q, \mathcal{K}, p_i)$ **的独立表达，那么**

$$\sum_{K \in \mathcal{K}} \prod_{i=1}^{k} p_i(K \cap Q_i) = 1.$$

证明。把 $2^\mathcal{K}$ 上的概率测度写作 $\mathbb{P}$，运用式 (11.30)，我们有：

$$1 = \sum_{K \in \mathcal{K}} p(K) = \sum_{K \in \mathcal{K}} \mathbb{P}(\{K\}) = \sum_{K \in \mathcal{K}} \prod_{i=1}^{k} \mathbb{P}([K/Q_i]) = \sum_{K \in \mathcal{K}} \prod_{i=1}^{k} p_i(K \cap Q_i). \quad \square$$

这个意味着如下构造过程。考虑一个投影 $(Q_i, \mathcal{K}_i)$ 的群集，该群集形成了一个基本知识结构 $(Q, \mathcal{K})$ 的表达，而且假设投影的状态概率 p_i 是可用的。如果我们有理由相信投影是概率独立的，那么其父的状态概率 $(p(K))$ 可以用下面的公式估计

$$p(K) = \frac{\prod_{i=1}^{k} p_i(K \cap Q_i)}{\sum_{L \in \mathcal{K}} \prod_{i=1}^{k} p_i(L \cap Q_i)}.$$

本节所介绍的独立概念与其他的，标准的概念一致。例如，项目之间的相关性。

11.9.4 定义。 取一个似然知识结构 $(Q, \mathcal{K}, p)$ 和假设基本局部独立模型成立（参见定义 11.1.2）。我们因此有参数群集 $\beta_q, \eta_q \in [0, 1[$，且 $q \in Q$，确定式 (11.6) 的回答函数 r。对于任何 $q \in Q$，定义一个随机变量

$$X_q = \begin{cases} 1 & \text{如果被试的回答是正确的}, \\ 0 & \text{否则}. \end{cases}$$

X_q 被称作 **问题指针** 随机变量。

11.9.5 定理。 假设基本局部独立模型成立，对于两个问题 q 和 q'，且 $q \neq q'$，考虑下面的三个条件：

(i) 问题指针随机变量 X_q，$X_{q'}$ 是独立的；

(ii) 它们的协方差为 0：$\mathrm{Cov}(X_q, X_{q'}) = 0$；

(iii) 在 $\{q\}$ 和 $\{q'\}$ 上分别引入的似然映射 $\{\{\varnothing, \{q\}\}\}$ 且 $\{\varnothing, \{q'\}\}$ 是独立的。

那么 (i) $\Leftrightarrow$ (ii) $\Rightarrow$ (iii)。

证明。我们用 $\mathcal{K}$ 表示知识结构，$\mathbb{P}$ 表示 $2^{\mathcal{K}}$ 的概率测度。设 $\beta_q, \eta_q \in [0, 1[$ 是回答参数。因为

$$\begin{aligned} \mathrm{Cov}(X_q, X_{q'}) &= \mathrm{E}(X_q X_{q'}) - \mathrm{E}(X_q)\mathrm{E}(X_{q'}) \\ &= \mathbb{P}(X_q = 1, X_{q'} = 1) - \mathbb{P}(X_q = 1)\mathbb{P}(X_{q'} = 1) \end{aligned} \tag{11.31}$$

(i) 和 (ii) 之间的等价关系是明显的。现在研究式 (11.31) 的右边，运用式 (11.5) 和 (11.6)，我们有

$$\begin{aligned} &\mathbb{P}(\mathcal{K}_q \cap \mathcal{K}_{q'})(1-\beta_q)(1-\beta_{q'}) + \mathbb{P}(\mathcal{K}_q \cap \mathcal{K}_{\overline{q'}})(1-\beta_q)\eta_{q'} \\ &\quad + \mathbb{P}(\mathcal{K}_{\overline{q}} \cap \mathcal{K}_{q'})\eta_q(1-\beta_{q'}) + \mathbb{P}(\mathcal{K}_{\overline{q}} \cap \mathcal{K}_{\overline{q'}})\eta_q\eta_{q'} \\ &\quad - \big(\mathbb{P}(\mathcal{K}_q)(1-\beta_q) + \mathbb{P}(\mathcal{K}_{\overline{q}})\eta_q\big)\big(\mathbb{P}(\mathcal{K}_{q'})(1-\beta_{q'}) + \mathbb{P}(\mathcal{K}_{\overline{q'}})\eta_{q'}\big) \\ &= \big(\mathbb{P}(\mathcal{K}_q \cap \mathcal{K}_{q'}) - \mathbb{P}(\mathcal{K}_q)\mathbb{P}(\mathcal{K}_{q'})\big)(1-\beta_q)(1-\beta_{q'}) \\ &\quad + \big(\mathbb{P}(\mathcal{K}_q \cap \mathcal{K}_{\overline{q'}}) - \mathbb{P}(\mathcal{K}_q)\mathbb{P}(\mathcal{K}_{\overline{q'}})\big)(1-\beta_q)\eta_{q'} \\ &\quad + \big(\mathbb{P}(\mathcal{K}_{\overline{q}} \cap \mathcal{K}_{q'}) - \mathbb{P}(\mathcal{K}_{\overline{q}})\mathbb{P}(\mathcal{K}_{q'})\big)\eta_q(1-\beta_{q'}) \\ &\quad + \big(\mathbb{P}(\mathcal{K}_{\overline{q}} \cap \mathcal{K}_{\overline{q'}}) - \mathbb{P}(\mathcal{K}_{\overline{q}})\mathbb{P}(\mathcal{K}_{\overline{q'}})\big)\eta_q\eta_{q'}. \end{aligned} \tag{11.32}$$

根据定义，当且仅当对于其父的每个状态 K，$[K/\{q\}]$ 和 $[K/\{q'\}]$ 是独

立事件时，投影 $\{\varnothing, \{q\}\}$ 和 $\{\varnothing, \{q'\}\}$ 是独立的，也就是说，当且仅当

$$\mathbb{P}(\mathcal{K}_q \cap \mathcal{K}_{q'}) - \mathbb{P}(\mathcal{K}_q)\mathbb{P}(\mathcal{K}_{q'}) = \mathbb{P}(\mathcal{K}_q \cap \mathcal{K}_{\overline{q'}}) - \mathbb{P}(\mathcal{K}_q)\mathbb{P}(\mathcal{K}_{\overline{q'}})$$
$$= \mathbb{P}(\mathcal{K}_{\overline{q}} \cap \mathcal{K}_{q'}) - \mathbb{P}(\mathcal{K}_{\overline{q}})\mathbb{P}(\mathcal{K}_{q'}) = \mathbb{P}(\mathcal{K}_{\overline{q}} \cap \mathcal{K}_{\overline{q'}}) - \mathbb{P}(\mathcal{K}_{\overline{q}})\mathbb{P}(\mathcal{K}_{\overline{q'}}) = 0.$$

替换式 (11.32) 的右边，注意到在区间 $[0,1[$ 中任意选择的参数值，意味着 (ii) $\Rightarrow$ (iii) 成立。 □

11.10 参考文献和相关工作

Falmagne 和 Doignon（1988a,b）（参见 Villano, Falmagne, Johannesen 和 Doignon, 1987；Falmagne, 1989a,b）曾经把概率的概念引入知识空间理论中。

许多研究者已经把基本局部独立模型运用到实际的知识空间数据中，特别是：Falmagne 等（1990）；Villano（1991）；Lakshminarayan（1995）；Taagepera 等（1997）；Lakshminarayan 和 Gilson（1998）。特别值得一提的是 Villano（1991）的工作。因为这篇文章提出了一种系统化的方法，通过对小一些的知识空间进行连续一致的扩展，构建一个大的知识空间。第 15 章介绍了 Cosyn 和 Thiery（2000）的办法。这个办法部分地借助了 Villano 的技术，但是还应用了 QUERY 算法的一种复杂形态来询问专家。它已经成功地应用于 ALEKS 系统。

Falmagne（1994）提出了 11.6.1 和 11.6.3 中描述的马尔科夫模型。Fries（1997）描述了这些模型的实证测试。

本章中采用的所有马尔科夫链的概念是标准的。关于马尔科夫链理论的介绍，我们推荐读者参阅 Feller（1968），Kemeny 和 Snell（1960），Parzen（1994）和 Shryyayev（1960）。

问题

1. 修改局部独立假设，回答模式 R 的概率和状态 K 都会随着被试的变化而变化。请写出一个关于回答模式 R 的概率 $\rho(R)$ 的公式。

2. 计算基本似然模型的卡方自由度的数目，假设有 7 个问题，且回答是开放的。如果是多项选择，又会如何？每个问题有 5 个选项。假设选项是设计好了的：所有侥幸猜中的概率等于 $\frac{1}{5}$。

3. 假设掌握一个题目需要依赖过去的事件，特别是上一个掌握的题目，请推广简单学习模型。

4. 假设父结构满足简单学习模型。任何投影都满足这个模型吗？更一般地，本章里讨论的哪一个模型在投影下是不变的？

5. 有可能投影满足简单学习模型，但是其父结构不满足吗？

6. 推广马尔科夫链模型 1，假设被试样本会有不同的学习步骤数。特别地，假设学习步骤呈负二项分布，推出预测能否通过模型的测试。

7. 为了预测被试样本至少被测试了两次的结果，请在马尔科夫链模型 1 的基础上开始推导（参见注释 11.6.2(c)）。

8. 修改标准例子的知识结构的状态概率，使得状态 $\varnothing \in \mathcal{H}'$ 和 $\varnothing \in \mathcal{H}''$ 是独立的，但是自身的两个投影却不是（参见例子 1.9.2(a)）。

9. 考虑例子 11.9.2(b) 中的知识结构 $\{\varnothing, \{a\}, \{b\}, \{a,b\}\}$，其中状态概率是 $p(\varnothing) = .05, p\{a\} = .15, p\{b\} = .20, p\{a,b\} = .60$。证明在 $\{a\}$ 和 $\{b\}$ 上引入的两个概率映射是独立的，因此形成了一个独立表达。

10. 在问题 9 的例子中，形成表达的命名是一个分类（根据 11.8.1）。这个条件是必须的吗？证明之。

11. 如果 $\Upsilon = (Q_i, \mathcal{K}_i, p_i)_{1 \leq i \leq k}$ 是一个似然概率结构 $(Q, \mathcal{K}, p)$ 的独立表达，那么投影形成一个命名，而且在定义 11.9.1 的意义上是独立的。后面的条件意味着任何一个 $K \in \mathcal{K}$ 的迹是独立的。这是否意味着 $\mathcal{K}$ 中的两个不同的状态 K 和 K'，且 $i \neq j$，$K \cap Q_i$ 和 $K' \cap Q_j$ 也是独立的？

12. 在知识结构不（必须）是级配良好的情况下推广简单学习模型（参见 11.4.1）。

13. 通过例子证明知识结构会有一个成对独立的投影群集 Υ，而不要求 Υ 自己在定义 11.9.1 的意义上是独立的。

14. 找到一个对于 $\mathrm{Cov}(X_q, X_{q'})$ 的表达，当知识结构是一个链，而且没有参数 $\beta_q, \beta_{q'}, \eta_q, \eta_{q'}$ 时（参见 11.9.1）。

15. 用马尔科夫模型 1 的风格拓展 11.6.3 中的马尔科夫模型 2，特别是转移矩阵是个什么样子？

12 似然学习路径 *

本章提出的随机理论要比第 11 章更费力。学习过程的描述会更完整，而且学习过程的发生是实时的，不再是离散的测试序列。该理论还包含了个体差异。但是，它的基本思路是相似的，即任何学生都可以遵循某种学习路径取得进展。随着时间的流逝，学生可以在学习路径上逐渐掌握遇到的问题。这里进行的理论探索来自于 Falmagne（1993，1996）。像以前那样，我们在一个例子的框架下阐述理论的概念。我们把本章的标题标上星号是因为它的概念和结论没有在本书的其他地方用到过。

12.1 欧氏几何里的一个知识结构

这个实际运用是源于 Lakshminarayan（1995），在 1.1.3 中也提到过。它包括了高中几何里的 5 个问题，如图 12.1 所示。这五个问题作为测验的一部分发给了 959 名加州大学欧文分校的本科生们。这个测验连续不断地用了两次。中间用一个简短的讲座隔开，用于回顾欧氏几何的一些基本概念。前后两次测验的问题都是成对、同等信息量的，但是并不完全一致。在 1.1.1 中介绍的术语中，这意味着第二次测验使用的是那 5 个相同问题的不同表达。（关于"同等信息量"的含义，见 2.1.5。）数据分析[95]，对于 5 个问题 a，b，c，d 和 e，引出了如下的知识结构，如图 12.2 所示。

$$\mathcal{L} = \{\varnothing, \{a\}, \{b\}, \{a,b\}, \{a,d\}, \{b,c\}, \{a,b,c\},$$
$$\{a,b,d\}, \{b,c,d\}, \{a,b,c,d\}, \{a,b,c,d,e,\}\}. \tag{12.1}$$

12.2 基本概念

式 (12.1) 中的知识结构 $\mathcal{L}$ 是一个学习空间，且有 7 个层次。总之，这里提出的理论使得知识结构满足学习空间的公设 [L1][96]，但不一定是 [L2]。所以，所有的学习路径是层次，但是却不满足在并集下闭合。学生之间的不同不仅在于遵循的特定层次，还在于他们的"学习速度"。我们假设，对于一个给定的被试群体，学习速度是一个随机变量，用 L 表示。图 12.2 的左上方

---

[95] 本章稍后报告 Lakshminarayan（1995）的研究。
[96] 参见第 26 页的 2.2.1。这样的知识结构因此是有限的。

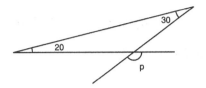

(a) In the figure above, what is the measure of angle p? Give your answer in degrees.

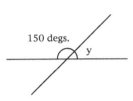

(b) In the figure above, what is the measure of angle y in degrees?

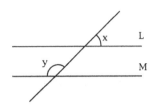

(c) In the figure above, line L is parallel to line M. Angle x is 55 degrees. What is the measure of angle y in degrees?

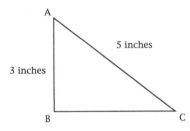

(d) In the triangle shown above, side AB has the length of 3 inches, and side AC has the length of 5 inches. Angle ABC is 90 degrees. What is the area of the triangle?

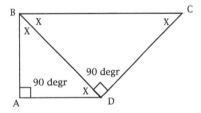

(e) In the above quadrilateral, side AB = 1 inch. The angles are as marked in the figure. The angles marked X are all equal to each other. What is the perimeter of the figure ABCD?

图 12.1: Lakshminarayan 研究中的 5 个问题。

用图形表示了这个随机变量 $\mathbf{L}$ 的密度函数。考虑学习速度 $\mathbf{L} = \lambda$ 的学生，假设这个学生因为某种原因，进入到层次

$$\varnothing \subset \{b\} \subset \{b,c\} \subset \{a,b,c\} \subset \{a,b,c,d\} \subset \{a,b,c,d,e\} \tag{12.2}$$

在图 12.2 中，用从空集开始的红色箭头表示。

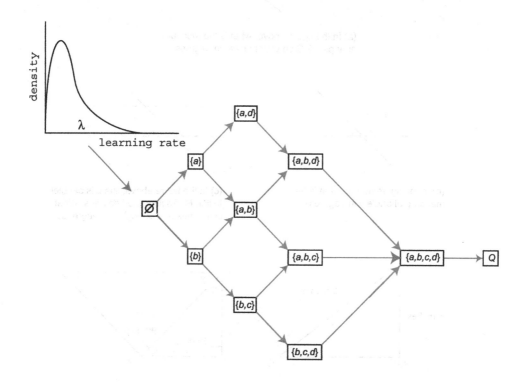

图 12.2: 红色箭头表示, 某位学习速度为 λ 的学生遵循学习空间 $\mathcal{L}$ 的层次。

我们还假设在一开始，学生是一张白纸。因此，初始状态是空集 $\varnothing$。到达下一个层次的状态需要掌握与问题 b 有关的概念。这个是否费力，取决于学生的学习速度和问题的难度。在本章阐述的理论中，到达状态 $\{b\}$ 所需要的时间是一个随机变量，它的分布会依赖于两个因素：问题的难度和学生的学习速度，这里用数字 λ 表示。问题的难度可以用该理论的一个参数测量。

沿着式 (12.2) 的层次遇到的下一个状态是 $\{b,c\}$。从状态 $\{b\}$ 到状态 $\{b,c\}$ 所需要的时间也是一个随机变量，且分布依赖于 λ 和问题 c 的难度。如此下去。如果开展一次测验，学生会根据她当前的状态来回答。但是，我们并不假设回答包含在学生当前状态里的问题一定是正确的。如第 11 章，我

们假设粗心大意和侥幸猜中是有可能的。确定这两种事件概率的规则与以前的一样，称作式 (11.6) 定义的规则。如果学生被测了 n 次，在时刻 $t_1,...,t_n$，观测到的回答模式 n 元组将依赖于占据测试次数的 n 个知识状态。像以前那样，我们并不假设知识状态是可以直接观测得到的。但是，从理论的公设，可以推出公式来预测所有 n 元组状态同时出现的联合概率。正式的理论命题尚需要一些辅助的概念。

12.2.1 定义 。考虑一个固定的、有限的、级配良好的知识结构 $(Q, \mathcal{K})$。对于任何一个实数 $t \geq 0$，我们用 $\mathbf{K}_t$ 表示位于时刻 t 的知识状态；因此，$\mathbf{K}_t$ 是一个随机变量，在 $\mathcal{K}$ 中取值。我们用 $\mathcal{G}_{\mathcal{K}}$ 表示 $\mathcal{K}$ 中所有层次的群集。我们还通常把 $\mathcal{G}_{\mathcal{K}}$ 写作 $\mathcal{G}$，如果不会引起歧义的话。设 $K \subseteq K' \subseteq ... \subseteq K''$ 是状态的任何一个链。我们用 $\mathcal{G}(K, K', ..., K'')$ 表示包含了所有状态 $K, K', ..., K''$ 的所有层次的子群。显然，$\mathcal{G}(\varnothing) = \mathcal{G}(Q) = \mathcal{G}$，在由式 (12.1) 确定的知识状态 $(Q, \mathcal{L})$ 中（参见图 12.2），用缩写，我们有

$$\mathcal{G}(\{a\}, \{a, b, c, d\}) = \{\nu_1, \nu_2, \nu_3\}$$

$$\nu_1 = adbce, \quad \nu_2 = abdce, \quad \nu_3 = abcde.$$

被试所处的层次也会被认为是一个随机变量。我们用 $\mathbf{C} = \nu$ 来表示 ν 是该生遵循的层次。因此，随机变量 $\mathbf{C}$ 在 $\mathcal{G}$ 中取值。所有层次的集合上的概率分布的存在性是一个相当普遍的假设。像可能的特殊情况一样，它涉及各种机制，这些机制描述了被试遵循的层次。这种遵循继承了沿着路径上的一系列选择。我们在本章的后面再回到这个问题。为了方便起见，本章中的符号和所有基本概念如下所示。

12.2.2 符号 。

Q	一个有限、非空的集合，称作**域**
$\mathcal{K}$	Q 上的一个级配良好的知识结构
$\mathbf{K}_t = K \in \mathcal{K}$	被试处于状态 K，时间是 $t \geq 0$
$\mathbf{R}_t = R \in 2^Q$	R 是被试给出的正确回答的集合，时间是 $t \geq 0$
$\mathbf{L} = \lambda$	被试的学习速度等于 $\lambda \geq 0$
$\mathcal{G}$	所有层次的群集
$\mathcal{G}(K, K', ...)$	包含 $K, K', ...$ 的所有层次的群集
$\mathbf{C} = \nu \in \mathcal{G}$	被试的层次是 ν.

12.2.3 一般公设。我们从 4 个公设的形成开始，来确定理论的一般的随机结构。关于随机变量 L 和 L 分布的准确假设、回答模式的条件概率，给定的状态，将在本章的下一节介绍。每个公设的后面会有一段自然语言来描述。这些公设定义了一些功能性的关系，与三元组有关的概率测度

$$((\mathbf{R}_t, \mathbf{K}_t)_{t \geq 0}, \mathbf{C}, \mathbf{L}).$$

在人群中选择被试对应于在学习速度和被试的层次方面分别给 $\mathbf{L} = \lambda$ 和 $\mathbf{C} = \nu$ 取值。结果，这些赋值确定了一个随机过程

$$((\mathbf{R}_t, \mathbf{K}_t)_{t \geq 0}, \nu, \lambda)$$

通过材料，沿着层次 ν 描述了这个具体的被试的进展。

[B] 开始状态。对于所有的 $\nu \in \mathcal{G}$ 和 $\lambda \in \mathbb{R}_+$，

$$\mathbb{P}(\mathbf{K}_0 = \varnothing | \mathbf{L} = \lambda, \mathbf{C} = \nu) = 1.$$

被试的初始状态在 $t = 0$ 的时刻是空状态，概率是 1，独立于层次和学习速度[97]。

[I] 层次和学习速度的独立性。随机变量 L 和 C 是独立的。也就是说，对于所有的 $\lambda \in \mathbb{R}_+$ 和 $\nu \in \mathcal{G}$，

$$\mathbb{P}(\mathbf{L} \leq \lambda, \mathbf{C} = \nu) = \mathbb{P}(\mathbf{L} \leq \lambda) \cdot \mathbb{P}(\mathbf{C} = \nu).$$

层次与学习速度是独立的 。

[R] 回答规则。存在一个函数 $r : 2^Q \times \mathcal{K} \rightarrow [0,1]$ 使得[98]对于所有的 $\lambda \in \mathbb{R}_+$，$\nu \in \mathcal{G}$，$n \in \mathbb{N}$，$R_n \in 2^Q$，$K_n \in \mathcal{K}$，$t_n > t_{n-1} > ... > t_1 \geq 0$，任何一个事件 ε 只由下式决定

$$((\mathbf{R}_{t_{n-1}}, \mathbf{K}_{t_{n-1}}), (\mathbf{R}_{t_{n-2}}, \mathbf{K}_{t_{n-2}}), ..., (\mathbf{R}_{t_1}, \mathbf{K}_{t_1})),$$

我们有

$$\mathbb{R}(\mathbf{R}_{t_n} = R | \mathbf{K}_{t_n} = K, \varepsilon, \mathbf{L} = \lambda, \mathbf{C} = \nu) = \mathbb{P}(\mathbf{R}_{t_n} = R | \mathbf{K}_{t_n} = K)$$
$$= r(R, K).$$

---

[97] 因为 L 是一个随机变量，在 $\mathbb{R}_+$ 中取值，事件 L＝λ 的测度是 0。如前所述，公设 [B] 里的条件概率和在本章里的其他类似表示是通过一个限制性的操作定义的（例如，参见 **Parzen**，1994，第 335 页）。

[98] 我们以前习惯于用 n 表示 $\mathcal{K}$ 的大小 $|\mathcal{K}|$。

如果知道给定时刻的状态，在这个时刻回答模式的概率只依赖于通过函数 r 的状态。它独立于学习速度、层次和任何过去的状态、回答序列。

[L] 学习规则。存在一个函数 $le : \mathcal{K} \times \mathcal{K} \times \mathbb{R}^2 \times \mathcal{G} \to [0,1]$，使得对于所有的 $\lambda \in \mathbb{R}_+$, $\nu \in \mathcal{G}$, $n \in \mathbb{N}$, $R_n \in 2^Q$, $K_n, K_{n+1} \in \mathcal{K}$, $t_{n+1} > t_n > ... > t_1 \geq 0$，任何一个事件 ε 只由下式决定

$$\left((\mathbf{R}_{t_{n-1}}, \mathbf{K}_{t_{n-1}}), (\mathbf{R}_{t_{n-2}}, \mathbf{K}_{t_{n-2}}), ..., (\mathbf{R}_{t_1}, \mathbf{K}_{t_1}) \right),$$

我们有

$$\mathbb{R}(\mathbf{K}_{t_{n+1}} = K_{n+1} | \mathbf{K}_{t_n} = K_n, \mathbf{R}_{t_n} = R, \varepsilon, \mathbf{L} = \lambda, \mathbf{C} = \nu)$$
$$= \mathbb{P}(\mathbf{K}_{t_{n+1}} = K_{n+1} | \mathbf{K}_{t_n} = K_n, \mathbf{L} = \lambda, \mathbf{C} = \nu)$$
$$= le(K_n, K_{n+1}, t_{n+1} - t_n, \lambda, \nu).$$

还有，假设函数 le 满足如下两个条件：对于任何 $\mathcal{K}$ 中的 $K, K', \nu, \nu' \in \mathcal{G}$，$\delta > 0$ 且 $\lambda \in \mathbb{R}_+$，

[LR1] $\qquad le(K, K', \delta, \lambda, \nu) = 0 \qquad\qquad$ 如果 $\quad \nu \notin \mathcal{G}(K, K')$；

[LR2] $\qquad le(K, K', \delta, \lambda, \nu) = le(K, K', \delta, \lambda, \nu') \qquad$ 如果 $\quad \nu, \nu' \in \mathcal{G}(K, K')$。

给定时间的状态概率只依赖于上一个记录的状态、流逝的时间、学习速度和层次。它不依赖于以前的状态和回答。该概率对于所有包含最后一个被记录的状态、新状态的所有层次都是一样的，否则就归零。

12.2.4 定义。如果一个三元组 $\mathcal{S} = ((\mathbf{K}_t, \mathbf{R}_t)_{t \geq 0}, \mathbf{C}, \mathbf{L})$ 满足四个公设 [B], [I], [R], [L]，那么它是一个 **随机学习路径系统**。公设 [R] 和 [L] 的函数 r 和 le 分别被称作系统 $\mathcal{S}$ 的 **回答函数** 与 **学习函数**。

特别感兴趣的是学习函数 le 的另外一个条件，它本质上说的是不会发生遗忘。如果对于所有的 $K, K' \in \mathcal{K}$, $\nu \in \mathcal{G}$, 且 $\delta > 0$ 和 $\lambda \in \mathbb{R}$, le 还满足

[LR3] $\qquad le(K, K', \delta, \lambda, \nu) = 0 \quad$ 如果 $\quad K \nsubseteq K'$,

我们则称 $\mathcal{S}$ 是 **进步** 的。本章只研究进步的随机学习路径系统（见问题1）。

12.2.5 注释。a) 反对公设 [B] 的一个主要论点是当被试被测试的时候，从开始学习的时刻流逝的时间——$\mathbf{R}_t$ 和 $\mathbf{K}_t$ 中的下标 t——并不总是知道得很精

确。我们或许可以假设，学习数学的时间大约在 2 到 3 岁，但是这还不够精确。在某些情况下，可能可以考虑至少某些时刻是可以作为参数从数据中估计出来的。

b) 公设 [I]，是关于学习速度和学习路径独立性的，这个很难避免——但是不论如何不现实，依旧可能出现。它吸引人的地方在于它能比较直接地解释差异。对于时间，看上去似乎没有明显的其他选择。我们希望模型的预测在这个假设方面能够非常稳定。

c) 公设 [R] 看上去是很合理的。这个公设在 12.4.1 节中还会进一步细化，因为局部独立性假设已经在第 11 章中出现过了（见 11.1.2）。

d) 另一方面，嵌在 [L] 中的假设需要一个全面的检查。一开始，有人会认为某些场合需要一个二维或者 k-维的学习速度。函数 le 中的参数 λ 届时会被一个实向量替代，其分量将表示学习过程的不同方面。如果需要的，本理论会沿着这样的思路进一步完善。

还有，有人会倾向于从下面的等式中推出一个更强的马尔科夫条件，而不是公设 [L]：

$$\mathbb{P}(\mathbf{K}_{t_{n+1}} = K_{n+1} | \mathbf{K}_{t_n} = K_n, \mathbf{R}_{t_n} = R_n, \varepsilon) = \mathbb{P}(\mathbf{K}_{t_{n+1}} = K_{n+1} | \mathbf{K}_{t_n} = K_n).$$

ε 的含义与其在公设 [L] 中的含义一致。因此，位于时刻 t_{n+1} 的状态概率只会依赖上一个被记录的状态，或者如果可能的话，依赖于从观察开始流逝的时间。这个假设并不恰当，因为更多的、详细的历史嵌在了上述等式左边的 ε。它能提供学习速度和学习路径的信息，结果，会修改位于时刻 t_{n+1} 的状态概率。在问题 2 中，我们会请作者基于式 (12.1) 和图 12.2 的域 Q 与知识结构 $\mathcal{L}$，提出一个证伪该方程的数字例子。

关于公设 [L]，还有一些需要说明。事实证明，在公设 [B]，[I] 和 [R] 的框架下，公设 [L] 相当程度地限制了延迟的分布形式（见注释 12.5.1）。我们暂时不讨论公设 [L]，先推出一些仅仅依赖于公设 [B]，[I]，[R] 和 [L] 的结论。换而言之，不假设 r 或者 le 的具体函数形式。

12.3 一般结论

12.3.1 定理。 对于所有的整数 $n \geq 0$，所有的实数 $t_n > \ldots > t_1 \geq 0$，和任何只被 $(\mathbf{R}_{t_{n-1}}, \mathbf{R}_{t_{n-2}}, \ldots, \mathbf{R}_{t_1})$ 决定的事件 ε，我们有

$$
\mathbb{P}(\mathbf{K}_{t_n} = K_n | \mathbf{K}_{t_{n-1}} = K_{n-1}, \ldots, \mathbf{K}_{t_1} = K_1, \varepsilon)
$$
$$
= \mathbb{P}(\mathbf{K}_{t_n} = K_n | \mathbf{K}_{t_{n-1}} = K_{n-1}, \ldots, \mathbf{K}_{t_1} = K_1).
$$

我们暂时把证明推迟一下（见 **12.3.4**）。

12.3.2 约定 。为了方便标记，我们偶尔使用如下缩写：

$$
\kappa_n = \cap_{i=1}^n [\mathbf{K}_{t_i} = K_i],
$$
$$
\rho_n = \cap_{i=1}^n [\mathbf{R}_{t_i} = R_i].
$$

注意到时间的选择 $t_n > \ldots > t_1 \geq 0$ 隐含在这个记号中。我们把 $\mathbb{P}(\mathbf{C} = \nu)$ 写成 p_ν。定理 **12.3.1** 的证明还需要一个引理。

12.3.3 推论 。对于任何一个实数 λ 和任何一条学习路径 ν，且 ε 只依赖于 ρ_n，我们有

$$
\mathbb{P}(\varepsilon | \kappa_n, \mathbf{L} = \lambda, \mathbf{C} = \nu) = \mathbb{P}(\varepsilon | \kappa_n).
$$

证明。用归纳法，用公设 [R] 和 [L] 来代替（问题 11）。 $\qquad\square$

12.3.4 定理 12.3.1 的证明 。根据推论 **12.3.3**，我们有：对于任何一个正整数 n，

$$
\begin{aligned}
\frac{\mathbb{P}(\kappa_n, \varepsilon | \mathbf{L} = \lambda, \mathbf{C} = \nu)}{\mathbb{P}(\kappa_n, \varepsilon)} &= \frac{\mathbb{P}(\varepsilon | \kappa_n, \mathbf{L} = \lambda, \mathbf{C} = \nu)\mathbb{P}(\kappa_n | \mathbf{L} = \lambda, \mathbf{C} = \nu)}{\mathbb{P}(\varepsilon | \kappa_n)\mathbb{P}(\kappa_n)} \\
&= \frac{\mathbb{P}(\varepsilon | \kappa_n)\mathbb{P}(\kappa_n | \mathbf{L} = \lambda, \mathbf{C} = \nu)}{\mathbb{P}(\varepsilon | \kappa_n)\mathbb{P}(\kappa_n)} \\
&= \frac{\mathbb{P}(\kappa_n | \mathbf{L} = \lambda, \mathbf{C} = \nu)}{\mathbb{P}(\kappa_n)} = g(\kappa_n, \lambda, \nu)
\end{aligned}
$$

最后一个等式定义了函数 g。采用 $p_\nu = \mathbb{P}(\mathbf{C} = \nu)$，我们可以连续推出

$$\mathbb{P}(\mathbf{K}_{t_n} = K_n | \kappa_{n-1}, \varepsilon) = \int_{-\infty}^{\infty} \sum_{\nu \in \mathcal{G}} \mathbb{P}(\mathbf{K}_{t_n} = K_n | \kappa_{n-1}, \varepsilon, \mathbf{L} = \lambda, \mathbf{C} = \nu)$$

$$\times \frac{\mathbb{P}(\kappa_{n-1}, \varepsilon | \mathbf{L} = \lambda, \mathbf{C} = \nu)}{\mathbb{P}(\kappa_{n-1}, \varepsilon)} p_\nu \, d\mathbb{P}(\mathbf{L} \leq \lambda)$$

$$= \int_{-\infty}^{\infty} \sum_{\nu \in \mathcal{G}} \mathbb{P}(\mathbf{K}_{t_n} = K_n | \kappa_{n-1}, \mathbf{L} = \lambda, \mathbf{C} = \nu) \, g(\kappa_{n-1}, \lambda, \nu) \, p_\nu \, d\mathbb{P}(\mathbf{L} \leq \lambda)$$

$$= \mathbb{P}(\mathbf{K}_{t_n} = K_n | \kappa_{n-1}). \qquad \square$$

如前所述，与可观测的回答模式相关的结论是我们最关心的。但是，检查公设 [R] 显示：这些结论可以从对过程 $(\mathbf{K}_t, \mathbf{L}, \mathbf{C})_{t \geq 0}$ 的研究中推出来。下面的定理使得这个想法更精确。

12.3.5 定理。 对于任何正整数 n，任何回答模式 $\mathbf{R}_i \in 2^Q$，$1 \leq i \leq n$，和任何一个实数 $t_n > t_{n-1} > \dots > t_1 \geq 0$，我们有

$$\mathbb{P}(\cap_{i=1}^n [\mathbf{R}_{t_i} = R_i]) = \sum_{K_1 \in \mathcal{K}} \cdots \sum_{K_n \in \mathcal{K}} \left(\prod_{i=1}^n r(R_i, K_i) \right) \mathbb{P}(\cap_{i=1}^n [\mathbf{K}_{t_i} = K_i]).$$

证明。 我们有

$$\mathbb{P}\left(\cap_{i=1}^n [\mathbf{R}_{t_i} = R_i] \right) = \mathbb{P}(\rho_n) = \sum_{(\kappa_n)} \mathbb{P}(\rho_n, \kappa_n). \tag{12.3}$$

研究求和项，我们连续运用公设 [R] 和定理 12.3.1，

$$\mathbb{P}(\rho_n, \kappa_n) =$$
$$\mathbb{P}(\mathbf{R}_{t_n} = R_n | \rho_{n-1}, \kappa_n) \, \mathbb{P}(\mathbf{K}_{t_n} = K_n | \rho_{n-1}, \kappa_{n-1})$$
$$\times \mathbb{P}(\mathbf{R}_{t_{n-1}} = R_{n-1} | \rho_{n-2}, \kappa_{n-1}) \, \mathbb{P}(\mathbf{K}_{t_{n-1}} = K_{n-1} | \rho_{n-2}, \kappa_{n-2}) \times \cdots$$
$$\times \mathbb{P}(\mathbf{R}_{t_2} = R_2 | \mathbf{K}_{t_1} = K_1, \mathbf{R}_{t_1} = R_1, \mathbf{K}_{t_2} = K_2)$$
$$\times \mathbb{P}(\mathbf{K}_{t_2} = K_2 | \mathbf{K}_{t_1} = K_1, \mathbf{R}_{t_1} = R_1)$$
$$\times \mathbb{P}(\mathbf{R}_{t_1} = R_1 | \mathbf{K}_{t_1} = K_1) \mathbb{P}(\mathbf{K}_{t_1} = K_1)$$
$$= \left(r(R_n, K_n) r(R_{n-1}, K_{n-1}) \cdots r(R_1, K_1) \right) \mathbb{P}(\mathbf{K}_{t_n} = K_n | \kappa_{n-1})$$
$$\times \mathbb{P}(\mathbf{K}_{t_{n-1}} = K_{n-1} | \kappa_{n-2}) \cdots \mathbb{P}(\mathbf{K}_{t_2} = K_2 | \mathbf{K}_{t_1} = K_1) \mathbb{P}(\mathbf{K}_{t_1} = K_1)$$
$$= \left(\prod_{i=1}^n r(R_i, K_i) \right) \mathbb{P}(\kappa_n). \tag{12.4}$$

结论出自式 (12.3) 和 (12.4)。 □

因此，回答模式的联合概率可以从状态的联合概率和被函数 r 捕获的条件概率中推出来。我们现在研究过程 $(\mathbf{K}_t, \mathbf{L}, \mathbf{C})_{t \geq 0}$。

12.3.6 定理。 对于所有的实数 $\lambda, t > 0$，和所有的 $\nu \in \mathcal{G}$，

$$\mathbb{P}(\mathbf{K}_t = K | \mathbf{L} = \lambda, \mathbf{C} = \nu) = le(\varnothing, K, t, \lambda, \nu).$$

证明。根据公设 [B]，对于任何 $K' \neq \varnothing$，$\mathbb{P}(\mathbf{K}_0 = K' | \mathbf{L} = \lambda, \mathbf{C} = \nu) = 0$。相应地，我们有

$$\mathbb{P}(\mathbf{K}_t = K | \mathbf{L} = \lambda, \mathbf{C} = \nu)$$
$$= \sum_{K' \in \mathcal{K}} \mathbb{R}(\mathbf{K}_t = K | \mathbf{K}_0 = K', \mathbf{L} = \lambda, \mathbf{C} = \nu) \, \mathbb{R}(\mathbf{K}_0 = K' | \mathbf{L} = \lambda, \mathbf{C} = \nu)$$
$$= \mathbb{R}(\mathbf{K}_t = K | \mathbf{K}_0 = \varnothing, \mathbf{L} = \lambda, \mathbf{C} = \nu)$$
$$= le(\varnothing, K, t, \lambda, \nu).$$
□

12.3.7 定理。 对于所有的整数 $n > 0$，和时刻 $t_n > ... > t_1 > t_0 = 0$，且 $K_0 = \varnothing$，

$$\mathbb{P}(\mathbf{K}_{t_1} = K_1, ..., \mathbf{K}_{t_n} = K_n)$$
$$= \int_{-\infty}^{\infty} \sum_{\nu \in \mathcal{G}} \left(\prod_{i=0}^{n-1} le(K_i, K_{i+1}, t_{i+1} - t_i, \lambda, \nu) \right) p_\nu \, d\mathbb{P}(\mathbf{L} \leq \lambda).$$

证明。根据约定 12.3.2 中的记号 κ_n，我们有

$$\mathbb{P}(\kappa_n) = \int_{-\infty}^{\infty} \sum_{\nu \in \mathcal{G}} \mathbb{P}(\kappa_n | \mathbf{L} = \lambda, \mathbf{C} = \nu) \, p_\nu \, d\mathbb{P}(\mathbf{L} \leq \lambda). \qquad (12.5)$$

运用公设 [L] 和定理 12.3.6，

$$\mathbb{P}(\kappa_n | \mathbf{L} = \lambda, \mathbf{C} = \nu)$$
$$= \mathbb{P}(\mathbf{K}_{t_n} = K_{t_n} | \kappa_{n-1}, \mathbf{L} = \lambda, \mathbf{C} = \nu) \, \mathbb{P}(\mathbf{K}_{t_{n-1}} = K_{t_{n-1}} | \kappa_{n-2}, \mathbf{L} = \lambda, \mathbf{C} = \nu)$$
$$\cdots \mathbb{P}(\mathbf{K}_{t_2} = K_2 | \mathbf{K}_{t_1} = K_1, \mathbf{L} = \lambda, \mathbf{C} = \nu) \, \mathbb{P}(\mathbf{K}_{t_1} = K_1 | \mathbf{L} = \lambda, \mathbf{C} = \nu)$$
$$= \prod_{i=0}^{n-1} le(K_i, K_{i+1}, t_{i+1} - t_i, \lambda, \nu).$$

代入 (12.5) 后，即获得结论。 □

12.4 关于分布的假设

如果不对测量学习速度的随机变量 **L** 的分布进行具体的假设，那么这个理论的实践就会受到限制。公设 **[L]** 中的函数 le 的表达式中隐含的随机变量，界定了掌握问题所需的实践。我们还需要明确公设 **[R]** 中的回答函数 r，它代表了给定状态下回答模式的条件概率。我们在这里形成确定回答函数和学习速度分布的公设。下一张讨论学习延迟的分布。我们对于公设的选择来自现实和应用之间的平衡。这些公设并不意味着只有它们是可行的。在公设 **[B]**，**[I]**，**[R]** 和 **[L]** 的框架下，依旧存在不同的平衡。

12.4.1 关于 r 和 L 的公设。第一个公设嵌入了心理测量理论中的标准"局部独立"条件（见 **Lord** 和 **Novick**，1974）。它已经在第 11 章的式 (11.6) 的名义下使用了。

[N] 局部独立性。对于 Q 中的每一个问题 q，存在一个参数 $\beta_q, 0 \leq \beta_q < 1$，表示：如果某个问题在当前的知识状态中，由于粗心而回答错误的概率。还存在一个参数 η_q 的群集，表示：如果 $q \in Q$ 不在当前的知识状态中，侥幸答对[99]的概率。

这些参数确定了公设 **[R]** 的函数 r，即回答集合 R 的概率，知识状态 K 的条件，对应于下面的公式

$$r(R, K) = \left(\prod_{q \in K \setminus R} \beta_q \right) \left(\prod_{q \in K \cap R} (1 - \beta_q) \right) \left(\prod_{q \in R \setminus K} \eta_q \right) \left(\prod_{q \in \overline{R \cup K}} (1 - \eta_q) \right),$$

其中，最后一个因子里的补集 $\overline{R \cup K}$，是对域 Q 而言的。

[A] 学习能力。随机变量 **L** 测量的学习速度是连续的，密度函数 f，且大半集中在正实数。特别地，可以假设 **L** 是伽马分布，参数 $\alpha > 0$ 和 $\xi > 0$，也就是：

$$f(\lambda) = \begin{cases} \dfrac{\xi^\alpha}{\Gamma(\alpha)} \lambda^{\alpha-1} e^{-\xi\lambda} & \text{对于 } \lambda > 0, \\ 0 & \text{对于 } \lambda \leq 0. \end{cases} \tag{12.6}$$

这样，$E(\mathbf{L}) = \frac{\alpha}{\xi}$ 且 $Var(\mathbf{L}) = \frac{\alpha}{\xi^2}$（其中 "**E**" 如通常的记法那样，是随机变量 **L** 的期望）。

---

[99]我们对于术语"侥幸答对"和"粗心答错"没有认知方面的解释。它们总是与当前的知识状态有关。根据约定，对不属于参考知识状态中的问题，如果答对了，就叫侥幸猜中，而对属于该状态的问题，如果答错了，就叫粗心答错。

12.5 学习延迟

四个公设 [B]，[R]，[I] 和 [L] 给学习延迟的函数形式加上了一些限制。例如，我们不能仅仅假设这些延迟满足伽马分布[100]。下面，我们用函数的等式证明延迟分布一定是指数型的。

12.5.1 注释。我们用 $\mathbf{T}_{q,K,\lambda}$ 表示掌握一个新问题 q 所需时间的随机变量，对于一个学习速度是 λ 的被试来说，该被试处于状态 K，该状态包括问题 q，且是可习得的。也就是说，$K \cup \{q\}$ 是结构中的状态。更具体地，对于任何一个既包含 K 又包含 $K \cup \{q\}$ 的层次 ν 来说，对于任何一个 $\tau > 0$，我们从公设 [L] 推出

$$\mathbb{P}(\mathbf{T}_{q,K,\lambda} \le \tau) = le(K, K \cup \{q\}, \tau, \lambda, \nu),$$

或者等价地

$$\mathbb{P}(\mathbf{T}_{q,K,\lambda} > \tau) = le(K, K, \tau, \lambda, \nu). \tag{12.7}$$

对于任何 $t, \delta, \delta', \lambda > 0$，$\mathcal{K}$ 中任何一个状态 K，既包含 K 又包含 $K \cup \{q\}$ 的层次 ν，我们有

$$\mathbb{P}(\mathbf{K}_{t+\delta+\delta'} = K | \mathbf{K}_t = K, \mathbf{L} = \lambda, \mathbf{C} = \nu)$$
$$= \mathbb{P}(\mathbf{K}_{t+\delta+\delta'} = K | \mathbf{K}_{t+\delta} = K, \mathbf{K}_t = K, \mathbf{L} = \lambda, \mathbf{C} = \nu)$$
$$\times \mathbb{P}(\mathbf{K}_{t+\delta} = K | \mathbf{K}_t = K, \mathbf{L} = \lambda, \mathbf{C} = \nu)$$
$$+ \mathbb{P}(\mathbf{K}_{t+\delta+\delta'} = K | \mathbf{K}_{t+\delta} \ne K, \mathbf{K}_t = K, \mathbf{L} = \lambda, \mathbf{C} = \nu)$$
$$\times \mathbb{P}(\mathbf{K}_{t+\delta} \ne K | \mathbf{K}_t = K, \mathbf{L} = \lambda, \mathbf{C} = \nu).$$

因为我们假设随机学习路径的系统是进步的（见定义 12.2.4），右边第二项归零，上式简化为

$$\mathbb{P}(\mathbf{K}_{t+\delta+\delta'} = K | \mathbf{K}_t = K, \mathbf{L} = \lambda, \mathbf{C} = \nu)$$
$$= \mathbb{P}(\mathbf{K}_{t+\delta+\delta'} = K | \mathbf{K}_{t+\delta} = K, \mathbf{L} = \lambda, \mathbf{C} = \nu)$$
$$\times \mathbb{P}(\mathbf{K}_{t+\delta} = K | \mathbf{K}_t = K, \mathbf{L} = \lambda, \mathbf{C} = \nu),$$

也就是说，从函数 le 来看，

$$le(K, K, \delta + \delta', \lambda, \nu) = le(K, K, \delta', \lambda, \nu)\, le(K, K, \delta, \lambda, \nu).$$

---

[100] 这个假设是 Falmagne（1993）作出的。Stern 和 Lakshminarayan（1995）认为是不正确的。本章最后一节总结了这个问题的来龙去脉。

结果，上式可以写作

$$\mathbb{P}(T_{q,K,\lambda} > \delta + \delta') = \mathbb{P}(T_{q,K,\lambda} > \delta')\,\mathbb{P}(T_{q,K,\lambda} > \delta). \tag{12.8}$$

固定 q、K 和 λ 以及对于 $\tau > 0$，记作 $v(\tau) = \mathbb{P}(T_{q,K,\lambda} > \tau)$，对于任何一个 $\delta, \delta' > 0$，我们有：

$$v(\delta + \delta') = v(\delta')v(\delta) \tag{12.9}$$

函数 v 的定义域是 $]0, \infty[$，而且递减（因为 $1 - v$ 是一个分布函数）。运用标准函数方程的结果，对于任何一个 $\tau > 0$ 和某个 $\vartheta > 0$

$$v(\tau) = e^{-\vartheta\tau}.$$

常量 ϑ 依赖于 q, K 和 λ。我们有

$$\mathbb{P}(T_{q,K,\lambda} \le \tau) = 1 - e^{-\vartheta(q,K,\lambda)\tau}. \tag{12.10}$$

注意到 $E(T_{q,K,\lambda}) = 1/\vartheta(q, K, \lambda)$。

上述推理包括了这样一种可能性：学习延迟的分布会通过参数 ϑ 依赖于状态。但是在本节后面的论述中，我们会假设对于所有的状态 K，$\vartheta(q, K, \lambda)$ 不依赖于 K，使得 q 可以从 K 中习得。换句话说，式 (12.8) 和 (12.10) 会省略 K。我们会在后面一节讨论这种假设的有效性；见 12.7.1。

12.5.2 注释。要求被试具有其他被试 2 倍的学习速度 μ，平均而言，掌握一个问题只需要一半的时间。因此，我们需要

$$E(T_{q,2\mu}) = \frac{1}{\vartheta(q, 2\mu)} = \frac{E(T_{q,\mu})}{2} = \frac{1}{2\vartheta(q, \mu)}.$$

上式推广以后，对于所有的 $\lambda > 0$，可得

$$\frac{\vartheta(q, \lambda\mu)}{\lambda} = \vartheta(q, \mu) \tag{12.11}$$

设式 (12.11) 中的 $\mu = 1$ 且 $\gamma_q = 1/\vartheta(q, 1)$，我们有：$\vartheta(q, \lambda) = \lambda/\gamma_q$。学习延迟的分布函数因此是

$$\mathbb{P}(T_{q,\lambda} \le \tau) = 1 - e^{-(\lambda/\gamma_q)\tau} \tag{12.12}$$

其中，$E(\mathbf{T}_{q,\lambda}) = \gamma_q/\lambda$。这个期望的形式特别具有吸引力。它蕴含了在学习路径上所遇到问题的难度。这个蕴含是在如下的含义下加入的。假设具有学习速度 λ 的被试连续地解决了问题 $q_1, ..., q_n$。掌握所有问题所花时间的期望是

$$E(\mathbf{T}_{q_1,\lambda} + \cdots + \mathbf{T}_{q_n,\lambda}) = \frac{\sum_{i=1}^n \gamma_{q_i}}{\lambda}. \tag{12.13}$$

用自然语言来说，就是：连续解决一些问题所必须的平均时间是它们的难度之和与被试学习速度之比。

在本节开始时，我们说过四个公设 [B]，[I]，[R] 和 [L] 隐含地确定了学习延迟的函数形式。事实上，因为各种原因，我们不能简单地把延迟分布的形式作为定理。例如，我们不能从这些说过的公设中推断出随机变量 $\mathbf{T}_{q,\lambda}$ 不依赖于 K，也不能推断出对于 $\mathbf{T}_{q,K,\lambda} = \mathbf{T}_{q,\lambda}$，式 (12.12) 成立。这是我们想要的，而且会让这个理论可控（从式 (12.13) 的角度）。相应地，我们在下面形成了一个新的公设来确定这些延迟分布的形式。如下记号是起重要作用的。

12.5.3 定义 。设 ν 是一个包含状态 $K \neq Q$ 的层次。我们把在层次 ν 中紧接着状态 K 的那个状态记 K^ν。因此，我们有 $K \subset K^\nu \in \nu$，且 $|K^\nu \backslash K| = 1$。对于任何一个 $S \in \nu$，且 $K \subset S$，我们一定有 $K^\nu \subseteq S$。

[T] 学习时间。我们假设，对于具有学习速度 λ 的被试，掌握问题 q 需要的时间（从该被试当前的状态可以访问到这个问题）是一个随机变量 $\mathbf{T}_{q,\lambda}$，是一个指数分布，参数是 $\lambda \backslash \gamma_q$。其中，$\gamma_q > 0$ 是一个关于问题 q 的难度的指标。因此，$E(\mathbf{T}_{q,\lambda}) = \gamma_q/\lambda$ 和 $Var(\mathbf{T}_{q,\lambda}) = (\frac{\gamma_q}{\lambda})^2$。所有这些随机变量（对于所有 q 和 λ）都是假设独立的。这些问题被连续掌握。这意味着沿着某个层次 ν 上连续掌握问题 $q, q', ...$ 的所有时间是指数分布随机变量之和 $\mathbf{T}_{q,\lambda} + \mathbf{T}_{q',\lambda} + ...$，且参数为 $\lambda/\gamma_q, \lambda/\gamma_{q'}, ...$ 形式上，对于任何正的实数 δ 和 λ，任何学习路径 $\nu \in \mathcal{G}$，和任何两个状态 $K, K' \in \nu$ 且 $K \subseteq K'$，我们有

$le(K, K', \delta, \lambda, \nu)$

$$= \begin{cases} \mathbb{P}(\mathbf{T}_{q,\lambda} > \delta) \text{ 且} \{q\} = K^\nu \backslash K & \text{如果 } K = K' \neq Q, \\ \mathbb{P}(\sum_{q \in K' \backslash K} \mathbf{T}_{q,\lambda} \leq \delta) - \mathbb{P}(\sum_{q \in K'^\nu \backslash K} \mathbf{T}_{q,\lambda} \leq \delta) & \text{如果 } K \subset K' \neq Q, \\ \mathbb{P}(\sum_{q \in K' \backslash K} \mathbf{T}_{q,\lambda} \leq \delta) & \text{如果 } K \subset K' = Q, \\ 1 & \text{如果 } K = K' = Q, \\ 0 & \text{所有其他情况}. \end{cases}$$

因此，在一个状态 K 中，解决所有问题所需要的时间之和是随机变量 $\sum_{q\in K} T_{q,\lambda}$。它的分布是 $|K|$ 个独立指数随机变量的和。

12.6 实证预测

在这一节和下一节，我们假设我们有一个随机学习路径的系统 $\mathcal{S} = ((K_t, R_t)_{t\geq 0}, C, L)$，且它的分布满足三个公设 [N]，[A] 和 [T]。下面给出的预测是根据 Stern 和 Lakshminarayan（1995）和 Lakshminarayan（1995）推出来的。我们从一个众所周知的结论（参见 Adke 和 Manshunath, 1984）开始。

12.6.1 定理。 设 $T_1, T_2, ..., T_n$ 是联合独立指数随机变量，且参数分别是 $\lambda_1, ..., \lambda_n$。假设对于 $i \neq j$ 而言，$\lambda_i \neq \lambda_j$。那么密度函数 h_T 和相关的 $T = T_1 + ... + T_n$ 的分布函数 H_T 如下所示，其中 $t \geq 0$，$\delta \geq 0$：

$$h_T(t) = \left(\prod_{i=1}^n \lambda_i\right) \sum_{j=1}^n e^{-\lambda_j t} \left(\prod_{\substack{k=1\\k\neq j}}^n (\lambda_k - \lambda_j)\right)^{-1}, \tag{12.14}$$

$$H_T(\delta) = \int_0^\delta h_T(t)\, dt = \left(\prod_{i=1}^n \lambda_i\right) \sum_{j=1}^n \frac{1 - e^{-\lambda_j \delta}}{\lambda_j \prod_{\substack{k=1\\k\neq j}}^n (\lambda_k - \lambda_j)}\, dt. \tag{12.15}$$

这样，式 (12.14) 和 (12.15) 的右边不依赖于被下标 i 赋予的阶次。例如，当 $n = 3$，我们有

$$h_T(t) = \lambda_1 \lambda_2 \lambda_3 \left(\frac{e^{-\lambda_1 t}}{(\lambda_2 - \lambda_1)(\lambda_3 - \lambda_1)} + \frac{e^{-\lambda_2 t}}{(\lambda_1 - \lambda_2)(\lambda_3 - \lambda_2)} + \frac{e^{-\lambda_3 t}}{(\lambda_1 - \lambda_3)(\lambda_2 - \lambda_3)} \right). \tag{12.16}$$

因为上面的文献没有给出证明，所以我们在下面给出一个。

证明。参数为 λ_i 的指数随机变量 T_i 的 MGF（moment generating function）$M_{T_i}(\vartheta)$ 是 $M_{T_i}(\vartheta) = \lambda_i(\lambda_i - \vartheta)^{-1}$。相应地，参数为 $\lambda_i, 1 \leq i \leq n$ 的独立指数随机变量 T_i 之和的矩量母函数是

$$M_T(\vartheta) = \prod_{i=1}^n \frac{\lambda_i}{\lambda_i - \vartheta}. \tag{12.17}$$

具有式 (12.14) 所示密度函数随机变量的矩量母函数如式 (12.17) 所示。依据是一个随机变量的矩量母函数唯一确定了它的分布。也就是说式 (12.14) 和式 (12.15) 的右边不依赖于下表 i 赋予的阶次。在式 (12.14) 两边同时乘以 $e^{\vartheta t}$，然后从 0 到 ∞ 在 t 上积分（假设对于所有的下标 j，$\vartheta < \lambda_j$），于是有

$$E(e^{\vartheta T}) = \left(\prod_{i=1}^{n} \lambda_i\right) \sum_{j=1}^{n}\left((\lambda_j - \vartheta)\prod_{\substack{k=1 \\ k \neq j}}^{n}(\lambda_k - \lambda_j)\right)^{-1} = \left(\prod_{i=1}^{n}\frac{\lambda_i}{\lambda_i - \vartheta}\right) \times D$$

和 (见问题 4)

$$D = \frac{\sum_{j=1}^{n}(-1)^{n-j}\left[\left(\prod_{i \neq j}(\lambda_i - \vartheta)\right)\left(\prod_{\substack{k=1 \\ k \neq j}}(\lambda_k - \lambda_l)\right)\right]}{\prod_{i<j}(\lambda_i - \lambda_j)}. \tag{12.18}$$

可以证明对于所有的 $\lambda_i, 1 \leq i \leq n$ 的值，$D = 1$ 满足条件。式 (12.18) 的分子是关于 ϑ 的 $n - 1$ 次多项式。对于 $i = 1, 2, ..., n$，容易证明它在 $\vartheta = \lambda_i$ 这一点的值等于式 (12.18) 的分母 (见问题 5)。因此，对于 ϑ 的所有值，$D = 1$，这就完成了式 (12.14) 的证明。式 (12.15) 容易证明。 □

当某些 λ_i 的值相同时，也可以得出类似的结论。但我们在这里不讨论这种情况。

12.6.2 约定。本节余下的内容将假设与问题有关的难度参数 γ_q 具有不同的值。相应地，指数学习延迟的参数 λ/γ_q 也有不同的值。

12.6.3 定义。对于任何 $S \subseteq Q$ 和 $\lambda > 0$，我们用 $g_{S,\lambda}$ 表示 $T_{S,\lambda} = \sum_{q \in S} T_{q,\lambda}$。其中，每一个 $T_{q,\lambda}$ 是一个指数随机变量，且参数 γ_q/λ 和随机变量 $T_{q,\lambda}$ 是成对独立的。我们还用 $G_{S,\lambda}$ 表示相应的分布函数。因此，$g_{S,\lambda}$ 和 $G_{S,\lambda}$ 在经过对式 (12.14) 和 (12.15) 中的 λ 和 γ_q 进行赋值之后获得。这种记号是合理的，因为在式 (12.14) 的右边，任何一个下标的排列组合的值都产生相同的密度函数，因此是相同的分布函数。

我们用定理 12.6.4 来明确地用指数分布表示学习函数 le。下面是定理是依据定理 12.6.1 和定义 12.6.3，对公设 [T] 的另一种表述。

12.6.4 定理。对于任何一个正的实数 δ 和 λ，任何一个学习路径 $\nu \in \gamma$，和任

何两个状态 $K, K' \in \nu$，我们有

$$
le\,(K, K', \delta, \lambda, \nu) = \begin{cases} e^{-\frac{\lambda}{\gamma_q}\delta} & \text{且} \{q\} = K^\nu \setminus K & \text{如果 } K = K' \neq Q, \\ G_{K'\setminus K, \lambda}(\delta) - G_{K'^\nu \setminus K, \lambda}(\delta) & & \text{如果 } K \subset K' \neq Q, \\ G_{K'\setminus K, \lambda}(\delta) & & \text{如果 } K \subset K' = Q, \\ 1 & & \text{如果 } K = K' = Q, \\ 0 & & \text{在所有其他情况.} \end{cases}
$$

我们现在对于发生在连续时间步的状态的联合概率有了一个明确的预测。下面的这个定理包含一个例子。作为约定，我们设定 $G_{\varnothing, \lambda}(\delta) = 1$ 且 $G_{Q^\nu \setminus S, \lambda}(\delta) = 0$。注意到 $G_{S,L}(\delta)$ 是一个随机变量，且期望

$$
E\left[G_{S,L}(\delta)\right] = \int_0^\infty G_{S,\lambda}(\delta) f(\lambda) d\lambda,
$$

其中 f 是由公设 [A] 中的式 (12.6) 定义的伽马密度函数定义的。

12.6.5 定理。 对于所有整数 $n > 0$，所有状态 $K_1 \subseteq \cdots \subseteq K_n$，和所有实数 $t_n > \cdots > t_1 \geq 0$，我们有

$$
\mathbb{P}(\mathbf{K}_{t_1} = K_1, \ldots, \mathbf{K}_{t_n} = K_n)
$$

$$
= \sum_\nu p_\nu \left\{ \int_0^\infty \prod_{i=0}^{n-1} \left[G_{K_{i+1}\setminus K_i, \lambda}(t_{i+1} - t_i) - G_{K_{i+1}^\nu \setminus K_i, \lambda}(t_{i+1} - t_i) \right] f(\lambda) d\lambda \right\}
$$

$$
= \sum_\nu p_\nu E \left\{ \prod_{i=0}^{n-1} \left[G_{K_{i+1}\setminus K_i, L}(t_{i+1} - t_i) - G_{K_{i+1}^\nu \setminus K_i, L}(t_{i+1} - t_i) \right] \right\},
$$

且 $t_0 = 0, K_0 = \varnothing$，以及拓展到所有 $\nu \in \gamma(K_1, \ldots, K_n)$ 之上的和。

当 $n = 2$ 时，所做出的预测与第 12.10 节陈述的应用有关，源自 Lakshminarayan（1995）。我们有：

12.6.6 定理。 对于回答模式 $(R_2, R_1) \in 2^Q \times 2^Q$ 中的任何一对，和任何一个实数 $t_2 > t_1 \geq 0$，

$$
\mathbb{P}(\mathbf{R}_{t_1} = R_1, \mathbf{R}_{t_2} = R_2)
$$

$$
= \sum_{K_1 \in \mathcal{K}} \sum_{K_2 \in \mathcal{K}} r(R_1, K_1) r(R_2, K_2) \mathbb{P}(\mathbf{K}_{t_1} = K_1, \mathbf{K}_{t_2} = K_2) \tag{12.19}
$$

且从参数 β_q 和 η_q 的角度，公设 [N] 确定了 $r(R_1, K_1)$ 和 $r(R_2, K_2)$，而 $\mathbb{P}(\mathbf{K}_{t_1} = K_1, \mathbf{K}_{t_2} = K_2)$ 如定理 12.6.5 所示。

现在容易获得联合概率 $\mathbb{P}(\mathbf{R}_{t_1} = R_1, \mathbf{R}_{t_2} = R_2)$ 的显式表达。开始，我们用公设 [N] 中从粗心错误和侥幸猜中出发表达式代替回答函数中 $r(R_i, K_i)$ 的值。然后，以学习速度和学习延迟的分布形式出现的状态 $\mathbb{P}(\mathbf{K}_{t_1} = K_1, \mathbf{K}_{t_2} = K_2)$ 的联合概率可以通过公设 [A] 和定理 12.6.6、12.6.1、12.6.4 及 12.6.5 进行积分得到。我们在这里不详细列出其结果（详见 Lakshminarayan，1995）。

12.7 理论的局限

为了简单起见，我们做了这样一个假设：如果问题 q 可以从状态 K 中学到，那么掌握它所需要的时间不依赖于当前的状态 K。但是这个假设还是会招致批评。人们容易想出能使该假设不成立的情况来。直觉上，如果一个问题 q 可以既从 K 又从 K' 学到，那么位于状态 K 的学生在学习 q 时所做的准备可能要比位于状态 K' 的学生好。这一论据和下面的例子可以进一步说明这个想法[101]。

12.7.1 注释。我们考虑知识空间 $\mathcal{K}$ 是某个更大的、理想化的知识结构 $\mathring{\mathcal{K}}$ 的投影。该理想化的知识结构包含了给定领域中的所有问题，该领域是 $\mathring{Q}$。我们用 $\mathring{Q}$ 表示 $\mathring{\mathcal{K}}$ 的推测关系（参见定义 3.7.1）；因此，

$$q'\mathring{Q}q \iff (\forall K \in \mathring{\mathcal{K}}: q \in K \Rightarrow q' \in K).$$

我们还定义：对于 $\mathring{Q}$ 中任何 q 和 $\mathring{Q}$ 中任何子集 S，

$$\mathring{Q}^{-1}(q) = \{r \in \mathring{Q} | r\mathring{Q}q\}$$
$$\mathring{Q}^{-1}(S) = \{r \in \mathring{Q} | r\mathring{Q}q, \text{对于某些} q \in S\} = \cup_{q \in S} \mathring{Q}^{-1}(q).$$

考虑 $\mathcal{K}$ 中的状态 K，假设问题 a 和 b 可以从 K 中学到，其意义在于 a 和 b 都在 $\mathcal{K}$ 中 K 的外部边界。因此，$K \cup \{a\}$ 和 $K \cup \{b\}$ 都是 $\mathcal{K}$ 的状态。因为 $\mathcal{K}$ 是一个知识空间，$K \cup \{a, b\}$ 也是 $\mathcal{K}$ 的一个状态。这意味着问题 a 可以

---

[101] 该论点由 Lakshminarayan 提出（个人通信；参见 Stern 和 Lakshminarayan，1995）。详见 Falmagne（1996）。

从状态 K 或状态 $K \cup \{b\}$ 中习得。可以假设从状态 K 中掌握 a 的难度必须依赖于在 $\mathring{Q} \setminus K$ 中掌握 a 之前的那些问题的难度。也就是说，它依赖于集合

$$S(a, K) = \mathring{Q}^{-1}(a) \setminus \mathring{Q}^{-1}(K).$$

类似地，从状态 $K \cup \{b\}$ 中掌握 a 的难度依赖于集合

$$S(a, K \cup \{b\}) = \mathring{Q}^{-1}(a) \setminus \mathring{Q}^{-1}(K \cup \{b\}).$$

假设一个问题的难度不依赖于被试状态，就会导致我们要求 $S(a, K) = S(a, K \cup \{b\})$。实际上，根据定义，我们有 $S(a, K \cup \{b\}) \subseteq S(a, K)$，但是这个等号只在某些特殊情况下才成立。当然，可以造出（参见问题 **6**）：

$$S(a, K) \setminus S(a, K \cup \{b\}) = \mathring{Q}^{-1}(a) \cap \overline{\mathring{Q}^{-1}(K)} \cap \mathring{Q}^{-1}(K \cup \{b\}).$$

假设上式右边的交集为空，那么这就意味着在 $\mathring{Q}$ 中，没有问题 q 在 a 和 b 之前，K 中也没有问题 q 在至少一个问题之前。这种假设对于一般的知识结构并不成立。我们给出一个反例如下。

12.7.2 例子。考虑知识空间

$$\mathring{K} = \{\varnothing, \{c\}, \{d\}, \{c, d\}, \{a, c, d\}, \{b, c, d\}, \{a, b, c, d\}\}.$$

因此，$\mathring{Q} = \{a, b, c, d\}$。$\mathring{K}$ 在 $Q = \{a, b, c\}$ 上的投影是

$$\mathcal{K} = \{\varnothing, \{c\}, \{a, c\}, \{b, c\}, \{a, b, c\}\}.$$

如果我们取 $K = \{c\} \in \mathcal{K}$，则可得

$$\mathring{Q}^{-1}(a) = \{a, c, d\}, \quad \mathring{Q}^{-1}(K) = \{c\},$$

$$\overline{\mathring{Q}^{-1}(K)} = \{a, b, d\}, \quad \mathring{Q}^{-1}(K \cup \{b\}) = \{b, c, d\}$$

且

$$\mathring{Q}^{-1}(a) \cap \overline{\mathring{Q}^{-1}(K)} \cap \mathring{Q}^{-1}(K \cup \{b\}) = \{d\}.$$

有一个对策比较容易但是代价较高。如前所述，我们可以把所有难度参数 γ_q 用参数 $\gamma_{q,K}$ 代替，明确地使其依赖于被试当前的状态 K。当然，比这低一些的代价则更好。在实践中，也许会证明掌握某个问题 q 的难度依赖于

这个 q 所包含于的状态，尽管理论上合理，但实际上效果一般。原因要么是对于参数 $\gamma_{q,K}$ 和 $\gamma_{q,K'}$ 的估计可能差别不大，要么是这种依赖只影响一小部分的状态和问题。Lakshminarayan（1995）通过实验证明了具有指数分布学习延迟的模型和不依赖状态的难度参数 γ_q 在拟合数据时，效果非常好。

在任何一个事件中，我们的讨论带来了以下的问题：对于所有的子结构 $(Q, \mathcal{K})$，知识结构 $(\mathring{Q}, \mathring{K})$ 需要具备怎样的条件，使得所有的集合之差 $S(a, K) \setminus S(a, K \cup \{b\})$ 为空？显然，一个充分条件是：$\mathring{K}$ 是一个链。但是这个条件不是必要的。我们把这个作为我们的开放问题之一（见 18.4.2）。

上面关于难度参数可变性的讨论是围绕父结构 $(\mathring{Q}, \mathring{K})$ 的投影 $(Q, \mathcal{K})$ 展开的。简言之，它讨论的是：在 $\mathcal{K}$ 中，掌握一个从两个状态 K 和 $K \cup \{b\}$ 都可以访问的新问题 a 的难度，是否会因为 $\mathring{K}$ 中隐含的路径的不同而不同，因为这种从 K 到 $K \cup \{a\}$ 和从 $K \cup \{b\}$ 到 $K \cup \{a, b\}$ 的路径要求被试掌握 $\mathring{Q} \setminus Q$ 中不同的问题。相同的讨论可以证明：从学习延迟的角度出发，模型的公设不可能对于 $\mathcal{K}$ 和 $\mathring{K}$ 都成立。特别是，如果在模型中假设父知识结构 $(\mathring{Q}, \mathring{K})$ 的学习延迟是指数分布，那么，这些延迟一般不可能在子结构 $(Q, \mathcal{K})$ 中还是指数分布。然而，它们必须是指数随机变量的和，或者是这种和的混合。结果，因为指数形式是必须的，所以在原则上，模型对于 $(Q, \mathcal{K})$ 不成立。对于这一点，详细的讨论参见 Stern 和 Lamkshminarayan（1995）。

12.8　简化假设

反对这个理论的另外一个说法是层次的数量可能太大。因为每个层次都赋予了一个概率，从数据中估计参数可能代价太高。但是，可以对这些假设作出一些合理的、自然的简化。这可以显著降低与层次有关的参数数量。我们在下一个例子中讨论这种情况。

12.8.1 马尔科夫学习路径 。假设域 $Q = \{a, b, c, d, e\}$ 上的某个级配良好的知识结构的层次的概率

$$\varnothing \subset \{a\} \subset \{a, b\} \subset \{a, b, c\} \subset \{a, b, c, d\} \subset Q \tag{12.20}$$

可以通过乘上沿着这个层次从状态到状态的连续转移概率而获得。我们用 $p_{K, K+\{q\}}$ 来表示从状态 K 到状态 $K + \{q\}$ 转移的条件概率，且 K 不是一个

最大状态[102]。在 **12.2.2** 里关于层次的子集记号中，我们因此有

$$p_{K,K+\{q\}} = \mathbb{P}(\mathbf{C} \in \mathcal{G}(K+\{q\}) | \mathbf{C} \in \mathcal{G}(K)) = \frac{\mathbb{P}(\mathbf{C} \in \mathcal{G}(K,(K+\{q\}))}{\mathbb{P}(\mathbf{C} \in \mathcal{G}(K))}.$$

我们简化的假设是在式 **(12.20)** 中层次的概率是由下面的乘积给出的：

$$p_{\varnothing,\{a\}} \cdot p_{\{a\},\{a,b\}} \cdot p_{\{a,b\},\{a,b,c\}} \cdot p_{\{a,b,c\},\{a,b,c,d\}}.$$

（注意从状态 $\{a,b,c,d\}$ 转移到状态 Q 的条件概率等于 1。）

我们把这个例子进行推广。我们回忆到，对于层次 ν 中任何一个不是最大的状态 K，K^ν 表示在 ν 中紧跟着状态 K 的那个状态。我们现在推广这个记号。对于层次 ν 中的非空状态 K，我们用 $^\nu K$ 表示在 ν 中在状态 K 之前的那个状态。

[MLP] 学习路径上的马尔科夫假设 对于所有的 $\nu \in \mathcal{G}$，我们有

$$\mathbb{P}(\mathbf{C} = \nu) = p_{\varnothing,\varnothing^\nu} \cdot p_{\varnothing^\nu,(\varnothing^\nu)^\nu} \cdot \ldots \cdot p_{^\nu Q,Q},$$

它们中的某一些等于 1。

举例来说，对于所有的学习路径 ν，我们一定有 $p_{^\nu Q,Q} = 1$。

对于典型的大的级配良好的知识结构，我们的经验是：这一假设可以显著减少模型中参数的数量。

显然，还有更多的、极端的简化假设可供测试。例如，我们可以假设 p_{K,K^ν} 仅仅依赖于 $K^\nu \setminus K$。在级配良好的知识结构中，这可以把转移概率的数量最多降到 $|Q|$。

12.9　有关应用和理论运用的注释

适用于这个理论的数据由在时刻 $t_1 < \ldots < t_i < \ldots < t_n$ 观察到的回答模式 $R_1, \ldots, R_i, \ldots, R_n$ 的 n 元组的频率组成。因此，每个被试被测试了 n 次。每次都是问题的全集 Q。而 R_i 表示包含了被试在时刻 t_i 所有正确回答的 Q 的子集。我们考虑 $n = 2$ 的情形。于是，选择了一个被试样本。这些被试已经在时刻 t 和 $t+\delta$ 被测试了两次。我们用 $N(R,R')$ 表示在时刻 t 和 $t+\delta$ 已经作出了两个回答模式 R 与 R' 的被试数量，注意：$R, R' \subseteq Q$。

---

[102] 对于被式 **(12.20)** 定义的层次，$p_{\varnothing,\{a\}}$ 是一个条件概率。$\{a\}$ 是从初始空状态开始第一个访问的状态。

12.9.1 一个最大似然过程。通过最大化对数似然函数，可以估计参数。

$$\sum_{R,R' \subseteq Q} N(R, R') \log \mathbb{P}(\mathbf{R}_t = R, \mathbf{R}_{t+\delta} = R') \tag{12.21}$$

这种最大化可以从理论的各个参数的角度出发来进行。这些参数是回答参数 β_q 和 η_q，学习速度分布的参数 α 和 ξ，问题难度参数 γ_q，和层次的概率 p_ν。在某些情况下，还可以把时刻 t 和 $t+\delta$ 看作参数。例如，从开始学习以来，流逝的时间 t 会难以准确估计。运用如此复杂的一个理论会引起一些问题。现在我们就来一个一个地分析。

12.9.2 注释。a) 首先，有些读者看到如此多的参数可能会知难而退，而且还想知道这个理论究竟是否具有应用前景。实际上，正如本章前面所述，该理论已经成功地应用于多个实际数据集（参见 Arasasingham, Taagepera, Potter, 和 Lonjers, 2004; Arasasingham, Taagepera, Potter, Martorell, 和 Lonjers, 2005; Falmagne et al., 1990; Lakshminarayan, 1995; Taagepera et al., 1997; Taagepera 和 Noori, 2000; Taagepera, Arasasingham, Potter, Soroudi, 和 Lam, 2002; Taagepera, Arasasingham, King, Potter, Martorell, Ford, Wu, 和 Kearney, 2008），还有仿真数据（参见 Falmagne 和 Lakshminarayan, 1994）。注意：当一项测试实施多次以后，参数的数量不会再增加，但是回答的种类——也就是数据中的自由度数目——却会呈指数增加。如果层次数量不会高不可攀，或者如果某些马尔科夫的假设满足上一节的精神，那么理论的复杂度会保持在需要解释的数据复杂度之下。例如，在上面一节最后提到的最简单的马尔科夫假设下，理论的参数数量与 $|Q|$ 同阶，而回答种类的数量级是 $2^{n|Q|}$（其中，n 是给同一个被试样本施测的次数），这是一个好结果。式 (12.21) 中的对数似然函数的最大化可以用诸如 Powell（1964）提出的共轭梯度搜索算法解决。该算法已经用 C 程序 PRAXIS 的形式实现了（参见 Gegenfurtner, 1992）。实际中，这个过程已经被用了很多次[103]，且参数具有不同的初始值，来确保最终的估计不会陷于局部最优。

　　b) 上面提到的某些应用（例如，Taagepera 等, 1997）是在这样的假设下运行的：学习延迟具有通用的伽马分布（而不是正确的指数分布）。在 12.5.1 中，伽马假设被证明与其他公设不一致。但是，因为这种不一致不会扩散到预测中 [在式 (12.19) 的意义上，例如，在所有回答模式的 (R_1, R_2) 对上定义一个分布]，它并不妨碍数据拟合。还有，在被学习速度的随机变量弄

---

[103] 至少几百次。

得模糊不清之后，那些学习延迟仅仅是间接地影响预测。这就是说模型的预测对于某个关于学习延迟的假设是鲁棒的。

c) 对于可以应用的理论，必须假设知识结构是级配良好的。第 7 章研究了如何构建知识空间的方法（参见 Koppen, 1989; Koppen 和 Doignon, 1990; Falmagne 等,1990; Kambouri, Koppen, Villano, 和 Falmagne, 1994; Muller, 1989; Dowling, 1991a,b, 1993a; Villano, 1991; Cosyn 和 Thiery, 2000）。更详细的内容还会在第 15 章中讨论。第 16 章会分析学习空间的特殊情形：隐含了级配良好性。从分析一个实验性质的知识结构开始，推定包含所有正确的状态，还有不是状态的问题的一些子集。如果模型的应用被证明是成功的，通过假设某些学习路径的概率为 0，这个用于开始的知识结构可以逐步求精，从而删掉一些状态。这个方法是 Falmagne 等（1990）提出的。

12.10　当 $n = 2$ 时的理论应用

本章所述的理论最大胆的应用来自 Lakshminarayan（1995），我们在这里小结一下。只说说大致的思路与主要结论。

12.10.1 问题．图 12.1 显示了域上包含高中几何的五个问题，涉及角度、平行线，三角形和勾股定理。这些问题用 a, b, c, d 和 e 表示。产生了一个问题的两个版本（例子），五个问题被应用了不同次数而形成了 V1 和 V2 两个集合[104]。这两个版本之间的不同之处仅仅在于角度或者长度的具体数值。

12.10.2 过程．实验分为三个阶段：

1. 前测。被试看到一个版本，被要求解决问题。版本 V1 被给了大约一半的被试，V2 赋给了剩下的。

2. 上课。阶段 1 完成之后，撤走答卷，然后将一个 9 页纸的包含高中几何的小册子发到被试手中，要求被试学习。该课的内容与要解决的问题直接相关。

3. 后测。被试拿到另外一个版本的考卷，要求作答。

这些阶段之间没有空闲，被试想花多长时间回答问题都可以。一般地，学生花了 25 ∽ 55 分钟完成这个实验的三个阶段。

数据包含了 $2^5 \times 2^5 = 1024$ 种可能的回答模式对的观测频率。被试是加州大学欧文分校的本科生；959 位被试参加了这项实验。

---

[104] V1 和 V2 中的每一个实际上嵌入到包含了 14 个问题的两个更大一些的等价集合中。

12.10.3 参数估计 。这 959 位被试提供的所有数据集被分成不相等的 2 份。159 位被试的先放一边，用于检验该模型的预测。剩下 800 位被试的数据用于揭示知识结构和估计参数。基于问题的内容，提出了一个假设的知识结构。这个结构随后被逐步求精，依据是拟合程度（似然概率）的计算。

所有问题的回答都是开放式的。相应地，所有侥幸猜中的参数 η_q 都被设为 0。剩下的参数用最大似然方法估计。

12.10.4 结论 。最后的知识结构是图 12.2 所示出的知识空间。两个源层次分别是 *abcde* 和 *adbce* 在经过分析之后被丢弃掉，因为它们的估计概率与 0 没有显著的不同。结果，状态 $\{a, d\}$ 被删除了。获得的学习空间是

$$\{\varnothing, \{a\}, \{b\}, \{a, b\}, \{b, c\}, \{a, b, c\},$$
$$\{a, b, d\}, \{b, c, d\}, \{a, b, c, d\}, \{a, b, c, d, e, \}\}.$$

这个空间具有 6 个层次，其中 5 个的概率非零。只有 1 个的概率非常小（<.10）。层次 *bcade* 的估计概率是 .728。表 12.1 中列出了这 5 个层次的估计概率，还列出了这个模型其他的参数估计。注意到 t 和 $t + \delta$ 是参数，因为从学习几何开始流逝的时间 t 无法准确地估计。t 和 δ 的单位与 ξ 的单位一样，而且可以是任意的。

表 12.1: 参数估计。我们回顾到所有的参数 η_q 已经先被设定为 0。t 和 $t+\delta$ 在这个测试中表示实施的次数，因为从学习几何开始流逝的时间 t 无法精确地估计。

参数	估计值
$\mathbb{P}(\mathbf{C} = abcde)$	.047
$\mathbb{P}(\mathbf{C} = bcdae)$	.059
$\mathbb{P}(\mathbf{C} = bcade)$	.728
$\mathbb{P}(\mathbf{C} = bacde)$	.087
$\mathbb{P}(\mathbf{C} = badce)$	.079
γ_a	11.787
γ_b	25.777
γ_c	11.542
γ_d	34.135
γ_e	90.529
α	113.972
t	11.088
δ	2.448
ξ	13.153
β_a	.085
β_b	.043
β_c	.082
β_d	.199
β_e	.169

从对数似然统计值来说，这个模型拟合得不错。一般来说，参数的估计值看上去都是合理的。特别是，β_q 值很小，这与这些参数是粗心出错的概率的解释是吻合的。δ 的值与 t 相比显得很大。举例来说，为了方便，我们把 t 的单位设为 1 年，那么从开始学习到进行本实验的第一次测试，经过了 11 年零 1 个月，而从第一次测验到第二次测验估计经过了 2 年零 5 个月，这是荒谬的。

最容易想到的解释是：相对于 2 年零 5 个月，11 年零 1 个月过高估计了大多数学生遗忘的时间长度。这个时间长度从他们在高中几何学的最后一堂课开始，到测验的时候为止。如果第一次测验发生在学生在高中学习几何的时候，那么 t 和 δ 的估计想必就会一致得多。

另外 4 个问题的子集用 Lakshminarayan（1995）中相同的方法进行分析。拟合的效果会差很多。目前，从中得出消极的结论还为时过早。正如我们前面提到的，拟合这样一个具有如此之多参数的模型，是一个复杂的过程。这个过程不一定能自动获得最佳的知识结构和对于数据最佳的参数估计。

12.11　参考文献和相关工作

在本章中，对于在一个级配良好的知识结构的框架下发生的学习，我们形式化地建立了模型。该模型包含了层次的选择，这种选择与另一项内容相辅相成：描述逐步掌握该层次沿线问题的一个随机过程。这个概念足够自然，而且在某种程度上已经在第 11 章进行了探索。这里讨论的模型是当前关于这个想法最详尽的实现。我们已经清楚地阐述了：这个模型试图通过以下方法给出一幅关于学习的实际图景。这些方法是：明确地提供个体差异，并将学习描述成一个实时的随机过程。因此，这个模型的目标数据是在任意时刻 $t_1, ..., t_n$ 观测到的 n 元组回答模式 $(R_1, ..., R_n)$。这个尝试仅仅是部分地成功了。当前模型的潜在缺陷将与有关文献综述如下。

Falmagne（1989a）率先构造了这样一个模型。即使本章中所阐述的想法已经在以前的尝试中用过了，1989 年的模型还不能令人完全满意，因为它还没有明确地用随机过程来表示。1989 年的模型在测试的时候是拿一个标准单维心理测量模型 [Lakshminarayan 和 Gilson（1998）] 作比较的。测试的结果令人鼓舞。他于 1993 年在数学心理学杂志上发表[105]的论文中，Falmagne 提出了本章中所提模型的本质内容，除了假定学习延迟是一般的伽马分布之外。在式 (12.12) 的记号中，我们有

$$\mathbb{P}(\mathrm{T}_{q,\lambda} \leq \delta) = \int_0^\delta \frac{\tau^{\gamma_q} \lambda^{\gamma_q - 1} e^{-\lambda\tau}}{\Gamma(\gamma_q)} d\tau, \tag{12.22}$$

而不是这一章假设的

$$\mathbb{P}(\mathrm{T}_{q,\lambda} \leq \delta) = 1 - e^{-(\lambda/\gamma_q)\delta} \tag{12.23}$$

上述两种情形中参数的含义一样。Falmagne 和 Lakshminarayan（1994）进行了 1993 年模型的仿真研究。这个模型成功地用于 Taagepera 等（1997）的实际数据，实验结论非常好。但是，大约在 1994 年的 5 月，Stern 和

---

[105] Falmagne（1993）。

Lakshminarayan（1995）发现假设学习延迟是伽马分布与这里所述的理论公设不一致，然后推测这些延迟应该是指数分布才合适（Stern and Lakshminarayan, 1995; Lakshminarayan, 1995; Falmagne, 1996）。我们的实验结论是这个模型对于有关延迟分布的具体假设具有相当的鲁棒性。

问题

1. 提出一个关于学习函数 le 的公设，使得相应的随机学习路径的系统不是进步的（参见定义 12.2.4）。（提示：允许遗忘的概率。）

2. 证明注释 12.2.5 (d) 中讨论的马尔科夫假设

   $$\mathbb{P}(\mathbf{K}_{t_{n+1}} = K_{n+1}|\mathbf{K}_{t_n} = K_n, \mathbf{R}_{t_n} = R_n, \vartheta) = \mathbb{P}(\mathbf{K}_{t_{n+1}} = K_{n+1}|\mathbf{K}_{t_n} = K_n)$$

   （且 ϑ 如公设 **[L]** 所示）是不恰当的。（提示：用例子证明右边的事件 ϑ 中嵌入了更详细的历史，它可以提供有关学习速度和／或学习路径的信息。然后反过来，可以修改时刻 t_{n+1} 时的状态概率。）

3. 通过式 (12.8) 和 (12.9)，重新提出一个可能的学习函数，而且它并不意味着学习延迟的分布是指数型的。

4. 证明式 (12.18)。

5. 沿着式 (12.18) 的思路证明定理 12.6.1 中所有的推断。

6. 证明注释 12.7.1 中的计算：$S(a, K) \setminus S(a, K \cup \{b\})$。

7. 继续注释 12.7.1 中的讨论，找到条件 $\mathring{\mathrm{Q}}^{-1}(a) \cap \overline{\mathring{\mathrm{Q}}^{-1}(K)} \cap \mathring{\mathrm{Q}}^{-1}(K \cup \{b\}) = \varnothing$ 的一个反例，要求该反例与例子 12.7.2 不同。

8. 在例子 12.7.2 和注释 12.7.1 的联系中，找到知识结构 $(\mathring{Q}, \mathring{\mathcal{K}})$ 中的充分必要条件，使得对于所有的子结构 $(Q, \mathcal{K})$，所有状态 $K \in \mathcal{K}$ 与所有问题对 a 与 b，集合之差 $S(a, K) \setminus S(a, K \cup \{b\})$ 是空。该结论可能会引发某种反思。检查这一特殊之处，并解决问题 9。

9. 针对例子 12.7.2 所指出的难度，提出一个现实的对策。

10. 对于任何一个 $t > 0$ 和任何一个问题 q，设 $N_{t,q}$ 是在一个 N 个被试的样本中正确回答问题 q 的被试数量。设 $\overline{N}_{t,q}$ 是回答错误的被试数量。因此，$N_{t,q} + \overline{N}_{t,q} = N$。考虑这样一个情况：一项测验在一个 N 个被试的样本中施测了两次，时刻是 t 和 $t + \delta$。研究作为粗心答错的概率 β_q 的估计 $\overline{N}_{t+\delta,q}/N_{t,q}$ 的统计性质。这个估计是否无偏？也就是说我们有 $E(\overline{N}_{t+\delta,q}/N_{t,q}) = \beta_q$ 成立吗？

11. 证明推论 12.3.3。

13 揭示潜在状态：一个连续马尔科夫过程

假设我们已经运用了前面各章[106]描述的技术，已经获得了一个具体的知识结构。我们现在想问：我们如何通过合适的发问来揭示某个特定个体的知识结构？本章和下一章将会陈述随机评估过程的两个宽广的类。

13.1 一个确定型的算法

本着第 9 章讨论的精神，我们先考虑一个简单的算法。该算法适用于不会出现任何错误的情况。

13.1.1 例子 。图 13.1 示出的域 $Q = \{a, b, c, d, e\}$ 上的知识结构将作为我们讨论的基础。

$$\mathcal{K} = \big\{\varnothing, \{a\}, \{c\}, \{a, b\}, \{a, c\}, \{b, c\},$$
$$\{a, b, c\}, \{a, b, c, d\}, \{a, b, c, d, e\}\big\}, \tag{13.1}$$

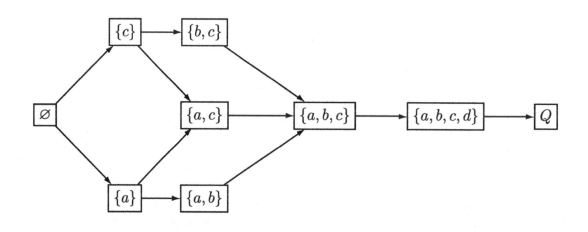

图 13.1: 式 (13.1) 的学习空间 $\mathcal{K}$。

这个知识结构是一个学习空间，具有 4 个层次。这些特殊的特征在下面

---

[106]还有第 15 和 16 章的。

表 13.1：针对图 13.1 中的知识结构 $\mathcal{K}$，从一个被试的连续回答中推断出来的结果。用 "0" 表示回答错误；用 "1" 表示回答正确。每次回答后剩下的状态用符号 "√" 标记。

问题 回答	b 0	a 1	c 1
$\varnothing$	√		
$\{a\}$	√	√	
$\{c\}$	√		
$\{a,b\}$			
$\{a,c\}$	√	√	√
$\{b,c\}$			
$\{a,b,c\}$			
$\{a,b,c,d\}$			
$\{a,b,c,d,e\}$			

的评估过程中不起作用[107]我们将会假设被试的回答不会是侥幸猜中或者粗心大意。（本章将会在后面讨论这一假设的影响。）考虑这样一个评估：在该评估中被问的第一个问题是 b。如果回答错误，那么只会保留那些**不**包含 b 的状态。我们在表 13.1 中的第 2 列中给留下的可能的状态打上符号 √，来指示这个结论。它们形成了子族 $\mathcal{K}_{\bar{b}}$（参见定义 9.1.2 中的标记）。

接着，问题 a 出现了，记录了一个正确的回答。删去两个状态 $\varnothing$ 和 $\{c\}$。因此，在这两个问题之后，唯一可行的状态是 $\{a\}$ 和 $\{a,c\}$。最后一个问题是 c，引出了一个正确的回答，删去状态 $\{a\}$。在这样一个确定性的框架下，$\{a,c\}$ 是唯一与数据一致的状态：

$$(b, 错误), (a, 正确), (c, 正确)$$

显然，这个过程可以揭示所有的状态。它可以用一个二叉决策树来表示（见图 13.2）。这个过程显然是经济的。例如，如果状态是等概率的，在 5 个

---

[107] 但是，请记住：在一个级配良好的族的情况下，任何一个知识状态都被它的边界确定 [参见注释 4.1.8(a)]。所以，评估的结论会用被揭示的状态的边界来表示。在理论的框架下，一个状态的外部边界确定了一个被试在该状态下准备学习的内容。当评估是一个分配测试或者排除一项教学时，这个特征会起到关键的作用。

问题中平均只用问 $3\frac{2}{9}$ 个问题就能确定一个状态。

Degreef 等（1986）和第 9 章正式地研究了这个过程。这个算法的主要缺陷是它不能高效地处理其内在可能的随机性，或者被试表现的不稳定性。这种随机性突出地表现在粗心答错和侥幸猜中上。这一点已经在第 11 和 12 章提出的模型中说明了。另外一种不稳定出现在被试的状态在问问题的过程中发生了变化的时候。如果测验里的问题所覆盖的概念是被试很久以前学过的，那么这种情况就可能会出现。最先问的那几个问题会在被试的记忆中发生震荡，以方便找到与测验的后半部分相关的某些材料。在任何一种事件中，需要更健壮的过程来揭示被试的状态，或者即使数据有噪声，也至少能够接近它。

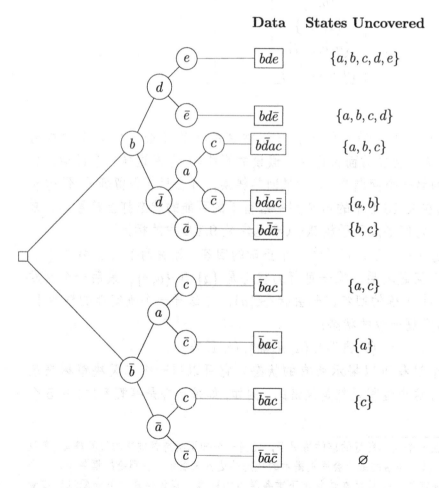

图 13.2: 例 13.1.1 中的用于揭示状态的二叉决策树。

13.2 一个马尔科夫随机过程的概述

本章和第 14 章所述的马尔科夫过程的一般框架如图 13.3 所示。

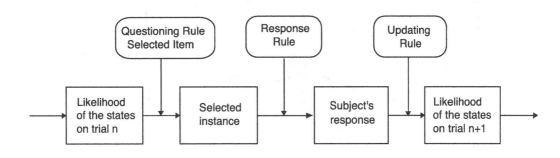

图 13.3: 马尔科夫过程的两类转移图。

在过程的开始 n 步，从步骤 1 到步骤 $n-1$ 所收集的信息可以用一个"似然函数"来概括。它把一个正的实数赋给了结构中的每一个知识状态。在这个过程中，该似然函数被用来选择下一个要问的问题。这种选择的机制依赖于一个"发问规则"。这是一个施加于似然函数的运算符，它的输出就是被选中的问题。被试的回答会被观测到，并且假设它是通过一个"回答规则"，由被试的知识状态产生的。在最简单的情况下，是这样假设的：如果问题属于被试的状态，那么回答是正确的，否则是错误的。在这个阶段，也会引入粗心错误和侥幸猜中。（本章中这一部分所起的作用不大，但是见注释13.8.1。）最后，通过一个"更新规则"，在问的问题和被试的回答的基础上，重新计算似然函数。

在本章中，我们考虑这样一种情况：似然函数是一个在状态族之上的概率分布。我们的思路与 **Falmagne** 和 **Doignon**（1988a）非常接近。正如第11 和 12 章所示，我们考虑一个似然知识结构[108] $(Q, \mathcal{K}, L)$。但是，这一章的结论还可以运用到任何有限的族 $\mathcal{K}$ 上，这样的族具有的特点是 $Q = \cup \mathcal{K}$ 且有限。对于任何一个状态 K，我们用 $L(K)$ 表示在参考人群中状态 K 的概率。我们假设 $0 < L < 1$。为了集中注意力，我们考虑例子 13.1.1 和图 13.1 中的知识结构 $\mathcal{K}$，我们假设知识结构的概率由图 13.4A 中的直方图表示。在图 13.4 的三个图中的每一个，知识状态用方块表示，问题用圆圈表示。方块

---

[108]记住定义 11.1.2 中这个概念所包含的"有限、偏序"。

与圆圈之间的联系表示状态包含相应的问题。例如，图 **A** 中最左边的方块表示知识状态 $\{a\}$。我们有 $L(\{a\}) = .10$ 和 $L(\{a,b\}) = .05$，等等。

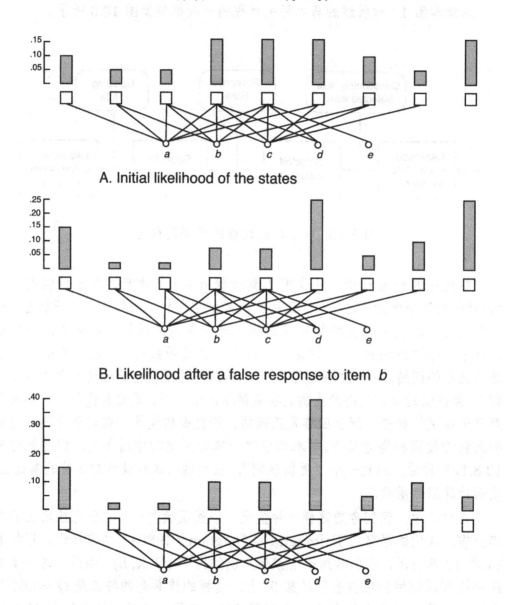

A. Initial likelihood of the states

B. Likelihood after a false response to item *b*

C. Likelihood after a false response to item *b* and
a correct responses to items *a* and *c*

图 13.4: 被事件 (问题 b, 答错), (问题 a, 答对), (问题 c, 答对) 引发的概率连续变换。

似然知识结构 $(Q, \mathcal{K}, L)$ 的概率分布 L 可以被认为是一个 **先验** 分布。这个分布表示的是在评估开始时，评估引擎的不确定性。我们设定 $L_1 = L$，以此来表示在该过程的第 1 步时的似然函数。如前所述，假设问题 b 提给了被试，但该被试没有回答正确。这个信息会引入一个似然 L_1 变换。这个变换由一个操作符运行。它降低了所有包含 b 的状态的概率，而增加了所有不包含这个问题的状态的概率。图 B 给出了由此产生的分布 L_2 的直方图。接下来，问题 a 和 c 被先后提出来，引出了两个正确的回答。这些事件所累计起来的、在概率上产生的效应如图 C 中的直方图 L_4 所示。在这里，状态 $\{a, c\}$ 的概率就比任何其他状态要高得多。这个结论与我们曾经获得过的类似。即图 13.2 中示出的经过相同的事件序列之后的那个确定性算法。但是要温和得多：一个知识状态并没有被突然拿掉；而是它的概率降低了。不用说，有许多实现这个想法的方式。本章中将会考虑其中的若干种。

数据中可能存在的噪声源存在于回答机制中。这种机制我们已经在第 12 章的局部独立公设 [N]（第 12.4.1 节）中阐述过了。本章中的大部分内容都会假设这样的因素不起主要作用，且因此而忽略。也就是说，所有参数 β_q 和 η_q 在评估的主要阶段取值为 0（即没有侥幸猜中和没有粗心错误）。一旦评估算法结束，评估结果就可以通过重演这些回答机制来完善（参见我们的注释 13.8.1）。

同时，回答规则将会简单。假设处于某个知识状态 K_0 的被试被问到的问题是 q。如果 $q \in K_0$，那么被试回答正确，否则回答错误的概率是 1。

13.3 基本概念

13.3.1 定义 。$(Q, \mathcal{K}, L)$ 是一个有限域 Q 上的某个任意的似然知识结构。Λ_+ 表示 $\mathcal{K}$ 上所有正的概率分布的集合（所以我们有 $L \in \Lambda_+$）。我们假设被试位于某个尚不知晓而有待查明的状态 K_0 的概率为 1。该状态被称作 **潜在** 的。

在本章的意义上，一个评估过程的任何一个应用都是一个随机过程 $(\mathbf{R}_n, \mathbf{Q}_n, \mathbf{L}_n)$ 的实现。其中，

n	表示步骤编号，或者 **序列** 号 $n = 1, 2, \ldots$ ；
$\mathbf{L}_n$	是 $\mathcal{K}$ 上的随机概率分布；我们有 $\mathbf{L}_n = L_n \in \Lambda_+$（所以 $L_n > 0$）如果 L_n 是 $\mathcal{K}$ 上第 n 次试验开始时的概率分布；
$\mathbf{L}_n(K)$	对于 $K \in \mathcal{K}$，是一个在第 n 次试验时度量状态 K 概率的随机变量；

$\mathbf{Q}_n$ 是一个表示在第 n 次试验时被问的问题的随机变量；我们有

$\mathbf{Q}_n = q \in Q$ 如果问题 q 在第 n 次试验时被问到了；

$\mathbf{R}_n$ 是第 n 次试验时对于回答的编码：

$$\mathbf{R}_n = \begin{cases} 1 & \text{如果回答正确;} \\ 0 & \text{否则.} \end{cases}$$

在第 1 次试验，过程开始，设定 $\mathbf{L}_1 = L \in \Lambda_+$。这样，初始概率分布对于任何实现都是一样的。后续试验 $n > 1$ 开始后，随机分布 $\mathbf{L}_n$ 的一个值 $L_n \in \Lambda_+$ 作为第 $n-1$ 次试验的事件函数而更新。对于任何 $\mathcal{F} \subseteq \mathcal{K}$，我们有

$$L_n(\mathcal{F}) = \sum_{K \in \mathcal{F}} L_n(K). \tag{13.2}$$

试验的第二个特征涉及被问到的问题。也就时说，随机变量 $\mathbf{Q}_n$ 的值。一般而言，问题的选择受这样一个函数的制约。该函数 $(q, L_n) \mapsto \Psi(q, L_n)$ 把 $Q \times \Lambda_+$ 映射到区间 $[0,1]$ 上，且确定 $\mathbf{Q}_n = q$ 的概率。函数 Ψ 被称作**发问规则**。本章（见下面的定义 13.4.7 和 13.4.8）分析这个函数的两个特殊情况。

第 n 次试验的回答用随机变量 $\mathbf{R}_n$ 的一个值表示。只考虑两种情况：**(i)** 回答正确，用 $\mathbf{R}_n = 1$ 表示；**(ii)** 回答错误，用 $\mathbf{R}_n = 0$ 表示。如果 $q \in K_0$，回答正确的概率为 1，否则为 0。过程的核心是马尔科夫转移规则。该规则是：第 $n+1$ 次试验的概率函数 L_{n+1} 只依赖第 n 次试验的概率函数 L_n、问题和观测的回答的概率为 1。转移规则的公式是[109]

$$\mathbf{L}_{n+1} \overset{\text{a.s.}}{=} u(\mathbf{R}_n, \mathbf{Q}_n, \mathbf{L}_n), \tag{13.3}$$

其中，u 是一个从 $\{0,1\} \times Q \times \Lambda_+$ 到 Λ_+ 的映射。函数 u 被称作**更新规则**。后面将会考虑这个函数的两个情况（见后面的定义 13.4.2 和 13.4.4）。下面概括了这些转移

$$(\mathbf{L}_n \to \mathbf{Q}_n \to \mathbf{R}_n) \to \mathbf{L}_{n+1}. \tag{13.4}$$

笛卡尔积 $\Gamma = \{0,1\} \times Q \times \Lambda_+$ 因此成为这个过程的状态空间。三元组 $(\mathbf{R}_n, \mathbf{Q}_n, \mathbf{L}_n)$ 的一个值刻画了第 n 次试验。我们用 Ω 表示样本空间，即 Γ 中的点的所有序列的集合。从第 1 次试验到第 n 次试验的全部历史用下式表示

$$\mathbf{W}_n = ((\mathbf{R}_n, \mathbf{Q}_n, \mathbf{L}_n), \dots, (\mathbf{R}_1, \mathbf{Q}_1, \mathbf{L}_1)).$$

---

[109] 记号 "a.s." 是 "almost surely" 的简写。表示该式成立的概率为 1。与此类似的还有一个记号，在式 (13.5) 中，"$\overset{\text{a.s.}}{\longrightarrow} 1$" 表示该式的收敛。

W_0 表示空集的历史。

一般来说，评估问题存在于揭示潜在状态 K_0 之中。这种探求可以用下面的条件式表达

$$L_n(K_o) \xrightarrow{\text{a.s.}} 1. \tag{13.5}$$

当上述条件对于某个具体的评估过程成立时，我们有时会说 K_0 是**可以**（被这个过程）**揭示** 的。

我们回忆起对于固定集合 S 中的任何一个子集 A，A 的 **指示函数** 是一个函数 $x \mapsto \iota_A(x)$。这个函数定义在 S 上，具体如下：

$$\iota_A(x) = \begin{cases} 1 & \text{如果} x \in A \\ 0 & \text{如果} x \in S \setminus A. \end{cases} \tag{13.6}$$

为了方便起见，所有的主要概念在下面再回顾一遍。

13.3.2 记号。

$(Q, \mathcal{K}, L)$	一个有限的似然知识结构；
Λ_+	在 $\mathcal{K}$ 上所有正概率分布的集合；
Γ	过程 $(\mathbf{R}_n, \mathbf{Q}_n, \mathbf{L}_n)_{n \in \mathbb{N}}$ 的状态空间；
K_0	被试的潜在知识状态；
$\mathbf{L}_1 = L$	在 $\mathcal{K}$ 上的初始概率分布，$0 < L < 1$；
$\mathbf{L}_n(K)$	表示第 n 次试验中状态 K 的概率的随机变量；
$\mathbf{Q}_n$	表示在第 n 次试验中所问问题的随机变量；
$\mathbf{R}_n$	表示第 n 次试验中所给出的回答的随机变量；
Ψ	$(q, \mathbf{L}_n) \mapsto \Psi(q, \mathbf{L}_n)$，发问规则；
u	$(\mathbf{R}_n, \mathbf{Q}_n, \mathbf{L}_n) \mapsto u(\mathbf{R}_n, \mathbf{Q}_n, \mathbf{L}_n)$，更新规则；
$\mathbf{W}_n$	从第 1 次到第 n 次试验的过程的随机历史；
ι_A	集合 A 的指示函数。

13.3.3 **一般公设**。下面的三个公设涉及一个似然知识结构 $(Q, \mathcal{K}, L)$，被试独特的潜在状态 K_0 和随机三元组 $(\mathbf{R}_n, \mathbf{Q}_n, \mathbf{L}_n)$ 序列。

[U] 更新规则。我们有 $\mathbb{P}(L_1 = L) = 1$，而且对于所有的正整数 n 和所有可测量的集合 $B \subseteq \Lambda_+$,

$$\mathbb{P}(L_{n+1} \in B | W_n) = \iota_B\big(u(R_n, Q_n, L_n)\big),$$

其中，u 是一个函数把 $\{0,1\} \times Q \times \Lambda_+$ 映射到 Λ_+。知识状态 K 的坐标 u 记作 u_K，因此我们有

$$L_{n+1}(K) \stackrel{\text{a.s.}}{=} u_K(R_n, Q_n, L_n).$$

而且，函数 u 满足如下条件

$$u_K(R_n, Q_n, L_n) \begin{cases} > L_n(K) & \text{如果} \iota_K(Q_n) = R_n, \\ < L_n(K) & \text{如果} \iota_K(Q_n) \neq R_n. \end{cases}$$

[Q] 发问规则。对于所有的 $q \in Q$ 和所有正整数 n,

$$\mathbb{P}(Q_n = q | L_n, W_{n-1}) = \Psi(q, L_n)$$

其中，Ψ 是一个函数把 $Q \times \Lambda_+$ 映射到 $[0,1]$。

[R] 回答规则。对于所有正整数 n,

$$\mathbb{P}(R_n = \iota_{K_0}(q) | Q_n = q, L_n, W_{n-1}) = 1$$

其中，K_0 是潜在状态。

我们记得：作为一个知识结构，$\mathcal{K}$ 包含至少两个状态，分别是 $\varnothing$ 和 Q。

13.3.4 定义。我们把满足公设 [U]、[Q] 和 [R] 的过程 (R_n, Q_n, L_n) 称作**针对** $(Q, \mathcal{K}, L)$ **的（连续的）随机评估过程，参数**是 u、Ψ 和 K_0。函数 u、Ψ 和 ι_{K_0} 分别被称作 **更新规则、发问规则和回答规则**。

13.3.5 注释。公设 [R] 是显而易见的。公设 [Q] 和 [U] 分别规定了选择要问的问题 Q_n 和分配那些依赖于 Q_n 和 R_n 取值的第 $n+1$ 次试验上的大量的 L_n。公设 [U] 指出：如果 $L_n = L_n$、$Q_n = q$ 和 $R_n = r$，那么 L_{n+1} 几乎肯定等于 $u(r, q, L_n)$。作为一个通用框架，这看上去合情合理，因为我们要求我们的程序确定每次试验中每个知识状态的似然性。这个公设确保了没有知识状态的概率为 0，而且只要我们观察到问题 $q \in K$ 答对了，或者问题 $q \notin K$ 答错了，状态 K 的概率就会增加，而在剩下的两种情况下就会减少。请注意前

面两个公设 **本身** 适用于评估过程，而第三个描述了制约学生回答的某种假设性的机制。

容易证明每一个 $(\mathbf{R}_n, \mathbf{Q}_n, \mathbf{L}_n)$，$(\mathbf{Q}_n, \mathbf{L}_n)$ 和 $(\mathbf{L}_n)$ 都是一个马尔科夫过程（参见定理 13.5.2）。函数 u 和 Ψ 在怎样的条件下，$\mathbf{L}_n$ 会收敛到 $\mathcal{K}$ 上某个随机概率分布 $\mathbf{L}$，且独立于初始分布 L？这是一个重要的问题。但是，这里不打算研究上述过程的这个方面。然而，我们会专注于定义一个有用的过程，它能够揭示被试的知识状态。第 13.6 节会讨论这样的过程。

公设 Axioms [U]、[Q] 和 [R] 定义的过程类非常大。通过确定发问规则和更新规则，可以获得有用的特殊情况。

13.4   特殊情况

L 的初始概率可以被估计出来。例如，从人群中对一个有代表性的被试样本进行测验，采用第 11 和第 12 章所述的模型之一。在没有初始概率的情况下，我们可以合理地设定

$$L(K) = \frac{1}{|\mathcal{K}|} \qquad\qquad (K \in \mathcal{K}).$$

13.4.1 更新规则 u 的两个例子。 假设第 n 次试验提出了问题 q，而且被试的回答是正确的；因此 $\mathbf{Q}_n = q$ 且 $\mathbf{R}_n = 1$。公设 [U] 要求任何包含 q 的状态概率几乎肯定增加，而不包含 q 的状态概率几乎肯定减少。如果回答错误，就会获得相反的结果。有些问题比其他问题更具有启发作用。例如，有人可能会说：既然有可能侥幸猜中一道多项选择题的答案，那么它就不应该赋予相同的权重，比如那些需要通过计算才能获得的正确答案。而且，回答本身也应该纳入考虑范围内：一个正确的计算结果可以作为掌握问题的信号，但是一个错误的计算也不一定意味着就可以完全不考虑。这些想法都会作为两个相当不同的、可以作为典范的更新规则。这些规则将会规范在第 $n+1$ 次试验上分配大量的 $\mathbf{L}_n = L_n$。这种规范体现在一个参数上。该参数会依赖于在第 n 次试验时问出的问题和作出的回答。

13.4.2 定义。 公设 U] 的更新规则 u 被称作 **参数是 $\theta_{q,r}$ 的凸面**。其中，对于 $q \in Q$，$0 < \theta_{q,r} < 1$ 且 $r \in \{0, 1\}$，如果公设 [U] 的函数 u 满足如下条件：

对于所有的 $K \in \mathcal{K}$ 和 $\mathbf{L}_n = L_n, \mathbf{R}_n = r$，且 $\mathbf{Q}_n = q$，

$$u_K(r, q, L_n) = (1 - \theta_{q,r})L_n(K) + \theta_{q,r} g_K(r, q, L_n) \qquad (13.7)$$

其中

$$g_K(r, q, L_n) = \begin{cases} r\frac{L_n(K)}{L_n(\mathcal{K}_q)}, & \text{如果} K \in \mathcal{K}_q \\ (1-r)\frac{L_n(K)}{L_n(\mathcal{K}_{\bar{q}})}, & \text{如果} K \in \mathcal{K}_{\bar{q}} \end{cases}$$

因此，式 (13.7) 的右边确定了一个凸面。这个凸面是在当前概率 L_n 和一个条件概率之间组合而成。这个条件概率是通过抛弃那些与观测到的回答不一致的知识状态而得到的。如果对于所有的 $q \in Q$ 且 $r \in \{0, 1\}$，式 (13.7) 成立且 $\theta_{q,r} = \theta$，那么更新规则是**具有常数 θ 的凸面**。针对这种特定形式的更新规则，有一种反对意见是它不满足交换律。可以要求第 $n+1$ 次试验不依赖于那次试验中问题和答案对的顺序，如式 (13.7)（参见问题 1）那样。考虑以下两个情况：

1.$(\mathbf{Q}_{n-1} = q, \mathbf{R}_{n-1} = r)$，$\quad (\mathbf{Q}_n = q', \mathbf{R}_n = r')$；

2.$(\mathbf{Q}_{n-1} = q', \mathbf{R}_{n-1} = r')$，$\quad (\mathbf{Q}_n = q, \mathbf{R}_n = r)$。

可以证明，对于概率 $\mathbf{L}_{n-1} = l$ 的一个给定值，第 $n+1$ 次试验的概率与上面的两个式子一样，因为它们都表达了相同的信息。通过设定 $\xi = (q, r)$、$\xi' = (q', r')$ 和 $F(l, \xi) = u(r, q, l)$，可以稍微地把我们的记号翻译成条件

$$F\big(F(l, \xi), \xi'\big) = F\big(F(l, \xi'), \xi\big). \qquad (13.8)$$

在上述函数方程的文字中，满足 (13.8) 的操作符 F 被称作"可交换的"（Aczel，1966，第 270 页）。在某些特殊情况下，可交换性显著减少了操作符的可能形式。但是，Aczel（1966）使用的边界条件对于我们的目的来说太过严格（参见 Luce，1964；Marley，1967）。但是，这个概念是显然相关的。

13.4.3 定义 。我们把具有满足式 (13.8) 的运算符 F 的更新规则 u 称作**可交换的** 。一个可交换的更新规则的例子如下所示。

13.4.4 定义 。对于 $q \in Q, r = 0, 1$，如果公设 [U] 的函数 u 满足条件：$\mathbf{Q}_n = q$、

$R_n = r$、$L_n = L_n$ 和

$$
\zeta_{q,r}^K = \begin{cases} 1 & \text{如果 } \iota_K(q) \neq r \\ \zeta_{q,r} & \text{如果 } \iota_K(q) = r \end{cases} \tag{13.9}
$$

我们有

$$
u_K(r, q, L_n) = \frac{\zeta_{q,r}^K L_n(K)}{\sum_{K' \in \mathcal{K}} \zeta_{q,r}^{K'} L_n(K')}. \tag{13.10}
$$

那么我们称更新规则是**参数为 $\zeta_{q,r}$ 的倍增**，其中，$1 < \zeta_{q,r}$。

容易验证这个倍增的规则是可交换的（问题 2）。

Landy 和 Hummel（1986）研究了适用于不同但相似的情况的其他更新规则。13.4.2 和 13.4.4 中介绍的更新规则的两个例子已经受到了来自数学学习理论中的某些操作符（见本章末尾第 13.10 节的文献）。

13.4.5 注释。Mathieu Koppen[110] 曾经指出倍增的更新规则可以被解释成贝叶斯更新。后者出现在：当 $\zeta_{q,r}^K$ 的值分别与回答问题 q 时的粗心错误和侥幸猜中以一种特殊的方式联系起来时（关于这些概率的介绍，见 11.1.2）。固定问题 q，稍微修改一下我们的记号，我们有

$$
\begin{aligned}
P_q(K) &\qquad \text{状态 } K \text{ 的先验概率} \\
P_q(K|r) &\qquad \text{获得回答 } r \text{ 之后的状态 } K \text{ 的后验概率}
\end{aligned}
$$

$P_q(r|K)$ 的含义与此类似。根据贝叶斯定理，我们有

$$
P_q(K|r) = \frac{P_q(r|K) P_q(K)}{\sum_{K' \in \mathcal{K}} P_q(r|K') P_q(K')}. \tag{13.11}
$$

我们发现式 (13.10) 和 (13.11) 具有相同的形式，除了 $\zeta_{q,r}^K$ 不能认为是条件概率。特别地，我们一般没有

$$
\zeta_{q,0}^K + \zeta_{q,1}^K = 1.
$$

但是，我们可以把式 (13.10) 中给出的倍增更新规则和贝叶斯规则的显式表达式放在一起比较。式 (13.10) 要求 $L_{n+1}(K)$ 与值 $\zeta_{q,r}^K L_n(K)$ 成正比（对于

---

[110] 个人通信。

一个固定的问题 q 和回答 r）。且

$$\zeta_{q,r}^K = \begin{cases} \zeta_{q,1} & \text{如果} q \in K, r = 1, \\ 1 & \text{如果} q \notin K, r = 1, \\ 1 & \text{如果} q \in K, r = 0, \\ \zeta_{q,0} & \text{如果} q \notin K, r = 0. \end{cases}$$

类似地，贝叶斯更新——式 (13.11)——使得 $L_{n+1}(K)$ 的值与 $Z_{q,r}^K L_n(K)$ 的值成正比，其中实数 $Z_{q,r}^K$ 由下式确定

$$Z_{q,r}^K = \begin{cases} 1 - \beta_q & \text{如果} q \in K, r = 1, \\ \gamma_q & \text{如果} q \notin K, r = 1, \\ \beta_q & \text{如果} q \in K, r = 0, \\ 1 - \gamma_{\bar{q}} & \text{如果} q \notin K, r = 0. \end{cases}$$

因此，当且仅当对于所有的问题 q 有下面的式子成立时，倍增更新规则才会与贝叶斯更新恰好一致。

$$\frac{\zeta_{q,1}}{1 - \beta_q} = \frac{1}{\gamma_q} \qquad \text{且} \qquad \frac{1}{\beta_q} = \frac{\zeta_{q,0}}{1 - \gamma_q}.$$

这些方程可以写作

$$\zeta_{q,1} = \frac{1 - \beta_q}{\gamma_q} \qquad \text{且} \qquad \zeta_{q,0} = \frac{1 - \gamma_q}{\beta_q}$$

或者

$$\beta_q = \frac{\zeta_{q,1} - 1}{\zeta_{q,1}\zeta_{q,0} - 1} \qquad \text{且} \qquad \gamma_q = \frac{\zeta_{q,0} - 1}{\zeta_{q,1}\zeta_{q,0} - 1}.$$

13.4.6 发问规则的两个例子。关于发问规则的一个简单想法是：对于任何一个第 n 次试验，选择一个问题 q，这个问题可以把所有的状态集合问题 $\mathcal{K}$ 划分成尽可能相等的两个子集 $\mathcal{K}_q$ 和 $\mathcal{K}_{\bar{q}}$。也就是说 $L_n(\mathcal{K}_q)$ 与 $L_n(\mathcal{K}_{\bar{q}}) = 1 - L_n(\mathcal{K}_q)$ 尽可能接近。在这一种联系中，注意到：任何一个概率 L_n 都定义了一个包含了所有使得

$$|2L_n(\mathcal{K}_q) - 1|.$$

最小的问题 q 的集合 $S(L_n) \subseteq Q$。

在这个发问规则下，我们一定有 $\mathbf{Q}_n \in S(L_n)$ 的概率为 1。集合 $S(L_n)$ 中的问题届时就以等概率选出。

13.4.7 定义。当具备如下条件时，发问规则 **[Q]** 被称作 **半裂**

$$\Psi(q, L_n) = \frac{\iota_{S(L_n)}(q)}{|S(L_n)|}. \tag{13.12}$$

另一个可能被用到的方法，可能看起来就会难堪些，因为需要更多的计算量。在第 n 次试验时评估引擎的不确定性可以用该次试验的概率熵来估计，也就是说，根据下式

$$H(L_n) = -\sum_{K \in \mathcal{K}} L_n(K) \log_2 L_n(K).$$

因此，选择一个问题以尽可能地降低熵，看起来就是合情合理的了。对于 $\mathbf{Q}_n = q$ 和 $\mathbf{L}_n = L_n$，第 $n+1$ 次试验的熵的期望值由和式给出

$$\begin{aligned}
\mathbb{P}(\mathbf{R}_n = 1 | \mathbf{Q}_n = q) &H\big(u(1, q, L_n)\big) \\
&+ \mathbb{P}(\mathbf{R}_n = 0 | \mathbf{Q}_n = q) H\big(u(0, q, L_n)\big).
\end{aligned} \tag{13.13}$$

但是正确回答问题 q 的条件概率 $\mathbb{P}(\mathbf{R}_n = 1 | \mathbf{Q}_n = q)$ 是未知的，因为它依赖于潜在状态 K_0。因此，无法计算式 (13.13)。但是，可以用正确回答问题 q 的概率 $L_n(\mathcal{K}_q)$ 代替式 (13.13) 中的条件概率 $\mathbb{P}(\mathbf{R}_n = 1 | \mathbf{Q}_n = q)$，来估计。因此，这个想法就转化成在所有可能的 $q \in Q$ 上最小化下式

$$\tilde{H}(q, L_n) = L_n(\mathcal{K}_q) H\big(u(1, q, L_n)\big) + L_n(\mathcal{K}_{\bar{q}}) H\big(u(0, q, L_n)\big), \tag{13.14}$$

设 $J(L_n) \subseteq Q$ 是最小化 $\tilde{H}(q, L_n)$ 的问题 q 的集合。第 $n+1$ 次测验被问的问题届时在集合 $J(L_n)$ 上随机选取。

13.4.8 定义。具有如下特殊形式的发问规则被称作 **有教益** 的。

$$\Psi(q, L_n) = \frac{\iota_{J(L_n)}(q)}{|J(L_n)|}, \tag{13.15}$$

注意到式 (13.15) 中，问题的选择会随着更新规则的变化而变化。但式 (13.12) 却不是这样。令人惊讶的是：对于具有一个常数 θ、半裂和有教益的发问规则的凸面更新规则，产生的却是相同的问题抽取。这里，我们会把关于这一点的证明推后（见定理 13.6.6，它的证明在 13.9.1）。

13.5 一般结论

13.5.1 约定 。在本章的剩下部分，我们假设 $(\mathbf{R}_n, \mathbf{Q}_n, \mathbf{L}_n)$ 是一个对于似然知识结构 $(Q, \mathcal{K}, L)$ 的随机评估过程且 $L > 0$，参数是 u, Ψ 和 K_0。这一过程的特殊情况会在合适的时候再予以明确。

13.5.2 定理。随机过程 $(\mathbf{L}_n)$ 是马尔科夫的。即，对于任何正整数 n 和任何可测量的集合 $B \subseteq \Lambda_+$

$$\mathbb{P}(\mathbf{L}_{n+1} \in B | \mathbf{L}_n, \ldots, \mathbf{L}_1) = \mathbb{P}(\mathbf{L}_{n+1} \in B | \mathbf{L}_n). \tag{13.16}$$

过程 $(\mathbf{R}_n, \mathbf{Q}_n, \mathbf{L}_n)$ 和 $(\mathbf{Q}_n, \mathbf{L}_n)$ 具有相似的性质。

证明。连续运用公设 [U]、[Q] 和 [R]，我们有

$$\mathbb{P}(\mathbf{L}_{n+1} \in B | \mathbf{L}_n, \ldots, \mathbf{L}_1)$$
$$= \sum_{(\mathbf{R}_n, \mathbf{Q}_n)} \mathbb{P}(\mathbf{L}_{n+1} \in B | \mathbf{R}_n, \mathbf{Q}_n, \mathbf{L}_n, \ldots, \mathbf{L}_1) \mathbb{P}(\mathbf{R}_n, \mathbf{Q}_n | \mathbf{L}_n, \ldots, \mathbf{L}_1)$$
$$= \sum_{(\mathbf{R}_n, \mathbf{Q}_n)} \iota_B\big(u(\mathbf{R}_n, \mathbf{Q}_n, \mathbf{L}_n)\big) \mathbb{P}(\mathbf{R}_n, \mathbf{Q}_n | \mathbf{L}_n, \ldots, \mathbf{L}_1)$$
$$= \sum_{(\mathbf{R}_n, \mathbf{Q}_n)} \iota_B\big(u(\mathbf{R}_n, \mathbf{Q}_n, \mathbf{L}_n)\big) \mathbb{P}(\mathbf{R}_n | \mathbf{Q}_n, \mathbf{L}_n \ldots \mathbf{L}_1) \mathbb{P}(\mathbf{Q}_n | \mathbf{L}_n, \ldots, \mathbf{L}_1)$$
$$= \sum_{(\mathbf{R}_n, \mathbf{Q}_n)} \iota_B\big(u(\mathbf{R}_n, \mathbf{Q}_n, \mathbf{L}_n)\big) \iota_{K_0}(\mathbf{Q}_n) \Psi(\mathbf{Q}_n, \mathbf{L}_n)$$

仅依赖于集合 B 和 $\mathbf{L}_n$。我们把另外两种情况留给读者（问题 3 和 4）。

一般地，一个随机评估过程不一定可以揭示一个潜在状态 K_0。下面的定理汇集了一些简单但非常通用的结论。我们用 $\triangle$ 表示集合之间的对称差[111]。

13.5.3 定理。如果潜在状态是 K_0，那么对于所有的正整数 n，所有的实数 ϵ 且 $0 < \epsilon < 1$ 以及所有的状态 $K \neq K_0$，我们有

$$\mathbb{P}\big(\mathbf{L}_{n+1}(K_0) > \mathbf{L}_n(K_0)\big) = 1; \tag{13.17}$$
$$\mathbb{P}\big(\mathbf{L}_{n+1}(K_0) \geq 1 - \epsilon\big) \geq \mathbb{P}\big(\mathbf{L}_n(K_0) \geq 1 - \epsilon\big); \tag{13.18}$$
$$\mathbb{P}\big(\mathbf{L}_{n+1}(K) < \mathbf{L}_n(K)\big) = \mathbb{P}(\mathbf{Q}_n \in K \triangle K_0). \tag{13.19}$$

而且，我们有

---

[111] 参见 1.6.12。

$$\lim_{n\to\infty} \mathbb{P}\big(\mathbf{L}_{n+1}(K_0) \geq 1-\epsilon > \mathbf{L}_n(K_0)\big) = 0. \tag{13.20}$$

式 (13.18) 意味着序列 $\mathbb{P}\big(\mathbf{L}_n(K_0) \geq 1-\epsilon\big)$ 收敛。

证明。式 (13.17) 可以根据公设 [U] 和 [R] 立即得出。它意味着

$$\mathbb{P}\big(\mathbf{L}_{n+1}(K_0) \geq 1-\epsilon | \mathbf{L}_n(K_0) \geq 1-\epsilon\big) = 1. \tag{13.21}$$

于是有

$$\begin{aligned}
\mathbb{P}&\big(\mathbf{L}_{n+1}(K_0) \geq 1-\epsilon\big)\\
&= \mathbb{P}\big(\mathbf{L}_{n+1}(K_0) \geq 1-\epsilon | \mathbf{L}_n(K_0) \geq 1-\epsilon\big)\, \mathbb{P}\big(\mathbf{L}_n(K_0) \geq 1-\epsilon\big)\\
&\quad + \mathbb{P}\big(\mathbf{L}_{n+1}(K_0) \geq 1-\epsilon | \mathbf{L}_n(K_0) < 1-\epsilon\big)\, \mathbb{P}\big(\mathbf{L}_n(K_0) < 1-\epsilon\big)\\
&\geq \mathbb{P}\big(\mathbf{L}_n(K_0) \geq 1-\epsilon\big). \tag{13.22}
\end{aligned}$$

这就建立起式 (13.18)。写下 $\mu(\epsilon) = \lim_{n\to\infty} \mathbb{P}\big(\mathbf{L}_n(K_0) \geq 1-\epsilon\big)$，然后两边取极限，我们再次运用式 (13.21)，得到

$$\mu(\epsilon) = \mu(\epsilon) + \lim_{n\to\infty} \mathbb{P}\big(\mathbf{L}_{n+1}(K_0) \geq 1-\epsilon > \mathbf{L}_n(K_0)\big),$$

从而获得式 (13.20)。式 (13.19) 的右边被分解成

$$\begin{aligned}
\mathbb{P}&\big(\mathbf{L}_{n+1}(K) < \mathbf{L}_n(K) | \mathbf{Q}_n \in K \triangle K_0\big)\, \mathbb{P}\big(\mathbf{Q}_n \in K \triangle K_0\big)\\
&+ \mathbb{P}\big(\mathbf{L}_{n+1}(K) < \mathbf{L}_n(K) | \mathbf{Q}_n \in \overline{K \triangle K_0}\big)\, \mathbb{P}\big(\mathbf{Q}_n \in \overline{K \triangle K_0}\big).
\end{aligned}$$

根据公设 [R] 和 [U]，第一项里的因子 $\mathbb{P}\big(\mathbf{L}_{n+1}(K) < \mathbf{L}_n(K) | \mathbf{Q}_n \in K \triangle K_0\big)$ 等于 1，而最后一项归零。因此式 (13.19) 成立。

13.6 揭示潜在状态

在更新和发问规则方面的一些相当通用的条件下，可以揭示出潜在状态 K_0。这些条件包括如下情况：更新规则是凸面的或者倍增的，而且发问规则是半裂的。我们首先考虑这样一种情况：具有常数 θ 的凸面更新规则和半裂的发问规则。

13.6.1 例子。设 $Q = \{a, b, c\}$ 和

$$\mathcal{K} = \big\{\varnothing, \{a\}, \{b, c\}, \{a, c\}, \{a, b, c\}\big\},$$

且潜在状态 $K_0 = \{b, c\}$，以及对于所有的 $K \in \mathcal{K}$，$L_1(K) = .2$。因为发问规则是半裂的，所以

$$|2L_1(\mathcal{K}_q) - 1| = .2$$

对于所有的 $q \in Q$，我们有 $S(L_1) = \{a, b, c\}$（在 13.4.6 中的记号）。即在第 1 次试验，以等概率从 $S(L_1)$ 中选取问题。注意到

$$L_1(\mathcal{K}_{\bar{a}}) = L_1(\mathcal{K}_b) = .4, \quad \text{而} \quad L_1(\mathcal{K}_c) = .6.$$

对于在第 2 次试验的状态 $K_0 = \{b, c\}$ 的概率，我们通过凸面更新规则，获得下式

$$L_2(K_0) = \begin{cases} (1-\theta).2 + \theta\frac{.2}{.4} & \text{概率是 } \frac{1}{3} \ (a \text{ 被选中}); \\ (1-\theta).2 + \theta\frac{.2}{.4} & \text{概率是 } \frac{1}{3} \ (b \text{ 被选中}); \\ (1-\theta).2 + \theta\frac{.2}{.6} & \text{概率是 } \frac{1}{3} \ (c \text{ 被选中}). \end{cases}$$

与定理 13.5.3 的式 (13.17) 相应的是，这个意味着

$$\mathbb{P}\big(L_2(K_0) > L_1(K_0)\big) = 1.$$

事实上，定理 (13.6.7) 证明 K_0 是可以揭示的。

我们现在证明收敛的一般结论，在加强条件的基础上定义一个随机评估过程。

13.6.2 定义。如果存在一个非增的函数 $v :]0, 1[\to \mathbb{R}$，使得对于所有的 $r \in \{0, 1\}$、$q \in Q$ 和 $l \in \Lambda_+$，满足下面的三个条件，那么这个更新规则 u 就被称为 **规范的**。

(i) 对于所有的 $t \in]0, 1[$ $v(t) > 1$；

(ii) $u_K(r, q, l) \geq v\big(l(\mathcal{K}_q)\big)\, l(K)$, 如果 $\iota_K(q) = r = 1$；

(iii) $u_K(r, q, l) \geq v\big(l(\mathcal{K}_{\bar{q}})\big)\, l(K)$, 如果 $\iota_K(q) = r = 0$。

13.6.3 定理。所有的凸面和倍增的更新规则都是规范的。

证明。对于凸面更新规则，如果 $\iota_K(q) = r = 1$，式 (13.7) 可以被写成

$$u_K(r, q, L_n) = \left(1 + \theta_{q,r}\left(\frac{1}{L_n(\mathcal{K}_q)} - 1\right)\right)L_n(K).$$

我们定义 $\theta = \min\{\theta_{q,r}|q \in Q, r \in \{0,1\}\}$。注意 $\theta > 0$。这就给出

$$u_K(r, q, L_n) \geq \left(1 + \theta\left(\frac{1}{L_n(\mathcal{K}_q)} - 1\right)\right) L_n(K).$$

当 $\iota_K(q) = r = 0$ 时，类似地，我们获得

$$u_K(r, q, L_n) = \left(1 + \theta_{q,r}\left(\frac{1}{L_n(\mathcal{K}_{\bar{q}})} - 1\right)\right) L_n(K)$$

$$\geq \left(1 + \theta\left(\frac{1}{L_n(\mathcal{K}_{\bar{q}})} - 1\right)\right) L_n(K).$$

因此，下式满足定义 13.6.2 中的 (i)—(iii)

$$v(t) = 1 + \theta\left(\frac{1}{t} - 1\right), \quad 对于 t \in]0, 1[.$$

对于倍增的更新规则，在 $\iota_K(q) = r = 1$ 的情况下，我们有

$$u_K(r, q, L_n) = \frac{\zeta_{q,r}}{\zeta_{q,r} L_n(\mathcal{K}_q) + L_n(\mathcal{K}_{\bar{q}})} L_n(K)$$

$$= \frac{\zeta_{q,r}}{1 + (\zeta_{q,r} - 1)l(\mathcal{K}_q)} L_n(K),$$

而且，类似地，$\iota_K(q) = r = 0$，

$$u_K(r, q, L_n) = \frac{\zeta_{q,r}}{L_n(\mathcal{K}_q) + \zeta_{q,r} L_n(\mathcal{K}_{\bar{q}})} L_n(K)$$

$$= \frac{\zeta_{q,r}}{1 + (\zeta_{q,r} - 1)l(\mathcal{K}_{\bar{q}})} L_n(K).$$

对于 $q \in Q$ 和 $r \in \{0,1\}$，函数 $v_{q,r} : t \mapsto v_{q,r}(t)$ 的每一个，是这样定义的：对于 $\zeta_{q,r} > 1$ 和 $t \in]0, 1[$

$$v_{q,r}(t) = \frac{\zeta_{q,r}}{1 + (\zeta_{q,r} - 1)t}$$

是递减的，而且取值 > 1。因此，$v = \min\{v_{q,r}|q \in Q, r \in \{0,1\}\}$ 满足定义 13.6.2 中的 (i)—(iii)。

只要一提到发问规则，直觉上，从观测者的角度来说，根据正确回答的概率 $L_n(\mathcal{K}_q)$ 接近 0 还是 1 来选择问题 q 并不见得高效。实际上，应该像半裂的发问规则那样，按照尽可能远离 0 或者 1 的概率 $L_n(\mathcal{K}_q)$ 来选择问题 q。下面的定义展现了这个想法的一个弱得多的条件。

13.6.4 定义 。令 ν 是一个定义在开区间 $]0,1[$ 上，且参数 $\gamma, \delta > 0$ 满足 $\gamma + \delta < 1$ 的一个实值函数，使得

(i) ν 在 $]0,\gamma[$ 上严格减；

(ii) ν 在 $]1-\delta,1[$ 上严格增；

(iii) 无论 $\gamma \le t' \le 1-\delta$，还是要么 $0 < t < \gamma$ 要么 $1-\delta < t < 1$，都有 $\nu(t) > \nu(t')$。

图 13.5 示出了这样一个函数 ν 的例子。

对于 $l \in \Lambda_+$，定义

$$S(\nu, l) = \left\{ q \in Q \mid \nu\big(l(\mathcal{K}_q)\big) \le \nu\big(l(\mathcal{K}_{q'})\big) \text{ 对于所有 } q' \in Q \right\}. \tag{13.23}$$

如果函数 ν 存在下式，那么发问规则 Ψ 被称作 **接近靶心** 的。

$$\Psi(q, l) = \frac{\iota_{S(\nu, l)}(q)}{|S(\nu, l)|}.$$

13.6.5 定理。半裂的发问规则是接近靶心的。

这个定理直接由定义得来，运用 $\nu(t) = |2t - 1|$。

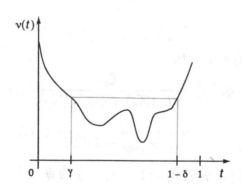

图 13.5: 13.6.4 中定义的函数 ν 的一个例子。

13.6.6 定理。如果更新规则是具有常数 θ 的凸面，那么，这个有教益的发问规则是接近靶心的。还有，在这一情况中，有教益的和半裂的发问规则引入的都是相同的问题抽取。

该定理和下一个定理留在后面一起证明，包括打了信号的内容。下一个定理陈述了本章剩下内容的主要结论。

13.6.7 定理。设 (R_n, Q_n, L_n) 是一个随机评估过程，参数是 u、Ψ 和 K_0，且 u 是规范的，而 Ψ 是接近靶心的。那么，K_0 在下面的意义上是可揭示的：

$$L_n(K_0) \overset{\text{a.s.}}{\to} 1.$$

13.6.8 推论。如果一个随机评估过程的更新规则要么凸面要么倍增，而其发问规则是半裂的，那么这个潜在的知识状态就是可以被揭示的。

证明。这个结论来自定理 13.6.3、13.6.5、13.6.7 和定义。 □

13.6.9 推论。如果一个随机评估过程的凸面更新规则具有常数 θ，而且具有一个有教益的发问规则，那么这个潜在的知识状态是可以被揭示的。

证明。这个结论来自定理 13.6.3、13.6.6、13.6.7 和定义。 □

注意本章的结论是不完全的：我们没有证明 $L_n(K_0) \to 1$ 在 4 种情况下的几乎肯定收敛。即，倍增的更新规则和有教益的发问规则。

13.7 一个两步的评估算法

上面一节描述了一个随机评估过程。它揭示一个（有限、偏序）的似然知识结构 $(Q, \mathcal{K})$ 里的潜在状态。但是，正如 ALEKS 那样的实际系统，潜在状态的数量——$\mathcal{K}$ 的大小——有时会超过计算机的处理能力。为了解决这个问题，我们在注释 2.4.13 中曾经提过一个更加精细的、由两个步骤组成的算法（见 2.4.2 中对于专业术语的定义和记号）。

(1) 评估 $\mathcal{K}_{|Q'}$。它是在 Q 的一个适合子集 Q' 上的 $\mathcal{K}$ 的映射。这一步产生了映射 $\mathcal{K}_{|Q'}$ 的一个状态 W。其中，对于 $K \in \mathcal{K}$ 而言，$W = K \cap Q'$。

(2) 评估 $\mathcal{K}$ 的 Q'-子 $\mathcal{K}_{[K]}$。这导致对于 $\mathcal{K}$ 的某个状态 L，$\mathcal{K}_{[K]}$ 的状态 M，等于 $L \setminus \cap [K]$。状态 L 可以作为两步评估程序所获得的最终状态。

我们在本节中详细描述这个算法。

13.7.1 定义。设 $(Q, \mathcal{K})$ 是一个有限的、偏序知识结构，Q' 是 Q 的一个合适的子集。在 Q' 上的投影 $\mathcal{K}$ 里任选一个问题 W。族 $\mathcal{K}(Q', W) = \{L \in \mathcal{K} | L \cap Q' = W\}$ 被称作 W 的**祖先**。W 的**子**是族 $\mathcal{K}[Q'|W] = \{L \setminus (\cap \mathcal{K}(Q', W)) | L \in \mathcal{K}(Q', W)\}$。因此，对于 $\mathcal{K}(Q', W)$ 中的任何一个 K，族 $\mathcal{K}(Q', W)$ 是 $\mathcal{K}$ 的子族，而 W 的子 $\mathcal{K}[Q'|W]$ 恰是 $\mathcal{K}$ 的 Q'-子 $\mathcal{K}_{[K]}$（在 2.4.1 的意义上）。

在本节中的所有算法，术语"评估"是指产生单个状态的评估子程序（例如，在定义 13.3.4 和定理 13.6.7 的意义上，实现一个以选择一个最有可能的状态而告终的随机评估过程）。我们先考虑一个适用于一般有限、偏序的知识结构的程序和算法。然后转到知识空间和学习空间。在这样的特殊情况下，将会出现更强的和更成熟的程序。

13.7.2 算法（两步，**步骤 1**）。一个有限、偏序知识结构 $\mathcal{K}$ 被输入到算法中，且 $Q = \cup \mathcal{K}$。

步骤 1.   **1.1.** 在 Q 中选择一个合适的子集 Q'——见注释 13.7.3(b)。

            1.2. 在 Q' 上构造一个 $\mathcal{K}$ 的投影 $\mathcal{K}_{|Q'}$。

            1.3. 在 $\mathcal{K}_{|Q'}$ 上运行评估，然后得到 $\mathcal{K}_{|Q'}$ 的一个状态 W。

步骤 2.   **2.1.** 构造 W 的子 $\mathcal{K}[Q'|W]$。

            2.2. 在 $\mathcal{K}[Q'|W]$ 上运行评估，然后得到 $\mathcal{K}[Q'|W]$ 的一个问题 X。

            2.3. 返回 $W \cup (\cap \mathcal{K}(Q', W)) \cup X$。

算法的有关注释如下。

13.7.3 注释。a) 我们需要足够小的 Q' 来确保可以在投影 $\mathcal{K}_{|Q'}$ 上高效地运行评估。因为类似的原因，我们还需要保证其子 $\mathcal{K}(Q', W)$ 也足够小。因为这两项要求是矛盾的，所以构造 Q' 时要特别小心。在所有我们知道的应用程序中，Q 的大小没有超过数百个问题，而且 Q' 的选择也是可行的。注意到要在评估之前选择 Q'，而且不能影响评估。所以，第 1.1 和第 1.2 步可以在评估开始的几天或者几个月之前就用一个预处理程序准备好。这意味着同一个子集 Q' 可以用于不同的学生。还有，若干可交换的 Q' 子集可以在开始前就计算好，而在评估开始时，用一个算法随机地选出其中一个。

    b) 因为最后选出的状态是 $W \cup (\cap \mathcal{K}(Q', W)) \cup X$，这个算法的第 2 步从不改变 $Q' \cup (\cap \mathcal{K}(Q', W))$ 中任何问题的地位。它只把 W 加到整个 $\cap \mathcal{K}(Q', W)$ 中去，而且还有可能在以后加到来自 $Q \setminus (Q' \cup \cap \mathcal{K}(Q', W))$ 的问题中去。因此，这个算法并不在第 2 步的时候去改正那些在第 1 步中可能产生的错误。在算法 13.7.12 中，我们提出了针对这样一个潜在的严重缺陷的对策。

    c) 另一个缺陷具有不同的性质。计算建立在整个族 $\mathcal{K}$ 之上，这个族可能会非常大。对于实际的应用程序来说，这个基更容易访问，而且在任何一个事件中，都比 $\mathcal{K}$ 自身要小很多。在 13.7.8 中，我们重新描述算法 13.7.2，其场景是给定知识空间的基。需要警惕的是这个基所表达的信息。这个信息可能就是由一个基的问题清单构成的，其中每一个都是原子。对于每一个这样的原子，我们还可以给出，它在哪些问题上是一个原子。（这些概念参见定义 3.4.5。正如在算法 13.7.10 前回忆的那样，这第二个观点与推测关系有点类似。）我们会连续采用上述两个观点。它们将会导出不同的算法。

对于我们的下一个算法，关于投影，还需要关于基的一些基本性质。它们集中在定理 13.7.4 中。还有一些其他的结论。一部分结论还可以用到无限空间中去。我们注意到当 $\mathcal{K}$ 中任何一个状态链的交集都是 $\mathcal{K}$ 中的一个状态时，空间 $\mathcal{K}$ 是有穷的（参见定义 3.9）；这个概率提出的动机在第 3.9 节的末尾。

13.7.4 定理。 设 Q 上的知识空间 $\mathcal{K}$ 的基是 $\mathcal{B}$，而且设 Q' 是 Q 的一个非空子集。用 $\mathcal{K}' = \mathcal{K}_{|Q'}$ 表示的知识空间是 $\mathcal{K}$ 在 Q' 上的投影（参见推论 2.4.6(ii)），用 $\mathcal{G}$ 表示基 $\mathcal{B}$ 在 Q' 上的投影。下列三个命题为真：

(i) $\mathcal{G}$ 生成了 $\mathcal{K}'$，但是 $\mathcal{K}'$ 不一定有基；

(ii) 如果 $\mathcal{K}'$ 的基 $\mathcal{B}'$ 存在，它满足 $\mathcal{B}' \subseteq \mathcal{G}$，但是，反过来不一定成立；

(iii) 如果 $\mathcal{K}$ 是有穷的，那么 $\mathcal{K}'$ 也是。在这种情况下，$\mathcal{K}'$ 具有 $\mathcal{B}'$，它满足 $\mathcal{B}' \subseteq \mathcal{G}$，但不一定有 $\mathcal{G} \subseteq \mathcal{B}'$。

证明。$\mathcal{G}$ 生成了 $\mathcal{K}'$ 这一结论直接来自 $\mathcal{B}$ 生成了 $\mathcal{K}$。下面的例子 13.7.6 完成了命题 (i) 的证明。

下面，假设基 $\mathcal{B}'$ 存在。因为 $\mathcal{G}$ 生成了 $\mathcal{K}'$，命题 (ii) 里面的包含来自定理 3.4.2。例子 13.7.5 支持命题 (ii) 的第二点。

为了证明 (iii) 的第一点，我们考虑 $\mathcal{K}'$ 中的状态链 $(L_i)_{i \in I}$。对于下标集合 I 里的每一个下标 i，$\mathcal{K}$ 中存在一个状态 K_i，使得 $L_i = K_i \cap Q'$。因为族 $(K_i)_{i \in I}$ 不必然是一个链，我们对于 I 中的每一个 i，通过设定 $H_i = \cup\{K \in \mathcal{K} | K \cap Q' \subseteq L_i\}$，构造一个新的族。那么，$(H_i)_{i \in I}$ 是一个 $\mathcal{K}$ 的状态链，而且还满足 $L_i = H_i \cap Q'$（因为 $K_i \subseteq H_i$）。根据假设，$\mathcal{K}$ 是有穷的。因此，$\cap\{H_i | i \in I\}$ 是 $\mathcal{K}$ 的一个状态，比如 H。根据 $\cap\{L_i | i \in I\} = H \cap Q'$，有 $\cap\{L_i | i \in I\}$ 是 $\mathcal{K}'$ 的一个状态。这就支持 $\mathcal{K}'$ 是有穷的。根据定理 3.6.3 和 3.6.6，$\mathcal{K}'$ 就有一个基，此前我们用 $\mathcal{B}'$ 表示。从命题 (ii)，我们知道 $\mathcal{B}' \subseteq \mathcal{G}$。我们再次根据例子 13.7.5 知道反过来的包含不一定成立。

13.7.5 例子。族 $\{\{a\}, \{b\}, \{a, b, c\}\}$ 形成了 $Q = \{a, b, c\}$ 上的一个知识空间的基。选择 $Q' = \{a, b\}$。在定理 13.7.4 的记号中，我们有 $\mathcal{B}' = \{\{a\}, \{b\}\} \subset \mathcal{G} = \{\{a\}, \{b\}, \{a, b\}\}$。

13.7.6 例子。这里的例子展示的是某个具有基的知识空间的一个投影没有基。这个例子支持定理 13.7.4(i) 里的第二点。设 $\mathcal{O}$ 是实线上所有开子集的群集。对于 $\mathcal{O}$ 里的每一个状态 O，形成了集合 $O \cup \{O\}$。$\mathcal{G} = \{O \cup \{O\} | O \in \mathcal{O}\}$ 的生成是 $\mathbb{R} \cup \mathcal{O}$ 上的一个知识空间 $\mathcal{K}$。因为 $\mathcal{G}$ 里的任两个状态对于包含关系都是不兼容的，所以 $\mathcal{K}$ 的基一定是 $\mathcal{G}$。$\mathbb{R}$ 上的投影 $\mathcal{K}$ 恰是 $\mathcal{O}$，而且没有基。

13.7.7 注释。除了假设 $\mathcal{K}$ 有穷之外，我们并不知道在定理 13.7.4 中的知识空间 $\mathcal{K}$ 有何充分条件可以使得迹 $\mathcal{K}'$ 总有一个基（对于 Q 的任何一个非空子集 Q'）。一个充分必要条件当然更值得期待；见开放问题 18.1.3。

下面的算法与算法 13.7.2 相似。但是输入是基 $\mathcal{B}$，而不是知识空间 $\mathcal{K}$ 本身[112]。如算法 13.7.2 所示，术语"评估"是指产生一个单独状态的任何评估程序，但是这一次我们会用一个（更强大的）程序。该程序只工作在由基产生的空间上。

因为知识空间的子总是一个部分的知识空间，但不一定是一个知识空间（见推论 2.4.6 和例子 2.4.3）。这需要稍微扩展一下"基"的概念。一个部分的知识空间 $\mathcal{K}$ 的 **基**† 是一个生成†了 $\mathcal{K}$ 的集合族 $\mathcal{B}$，而且是具有这个性质的包含关系中最小的。注意到，当且仅当 $\varnothing \in \mathcal{K}$，$\varnothing \in \mathcal{B}$。还有，如果 $\varnothing \in \mathcal{K}$（即，如果 $\mathcal{K}$ 是一个空间），那么 $\mathcal{B}$ 是 $\mathcal{K}$ 的一个基†，当且仅当 $\mathcal{B} \setminus \{\varnothing\}$ 是 $\mathcal{K}$ 的基。而且如果 $\varnothing \notin \mathcal{K}$，那么 $\mathcal{B}$ 是 $\mathcal{K}$ 的一个基†，当且仅当 $\mathcal{B}$ 是 $\mathcal{K} \cup \{\varnothing\}$ 的一个基。为了简化符号，我们在后面省略了上标 $\dagger$，根据上下文来区分这两个关于基的概念。

我们把算法 3.5.5 和注释 3.5.8 归为用集合族来生成知识空间的构造方法。

当输入的数据是基时，我们需要一个子程序来产生族先祖 $\mathcal{K}(Q', W) = \{L \in \mathcal{K} | L \cap Q' = W\}$（其中，$W$ 是第 1 步中揭示的 $\mathcal{K}_{|Q'}$ 的状态）。尽管 $\mathcal{K}(Q', W)$ 显然是一个部分的知识空间，而且因此具有一个独特的基 $\mathcal{F}$，但是并不清楚 $\mathcal{F}$ 是如何从 $\mathcal{K}$ 的基 $\mathcal{B}$ 中高效地构造的。但是，存在一个简单的方法来产生 $\mathcal{F}$，如下所示，尽管不高。从 $\mathcal{K}$ 的基 $\mathcal{B}$ 和 $\mathcal{K}_{|Q'}$ 的元素 W 开始，我

---

[112]该算法尚未在第 2 步修正第 1 步产生的错误。

们首先定义

$$\mathcal{B}(W) = \{B \in \mathcal{B} | B \cap Q' \subseteq W\}. \tag{13.24}$$

$\mathcal{B}(W)$ 的生成不仅包含我们想要的所有集合，而且还包含更多。因为它包含了 $\mathcal{K}$ 中所有这样的状态 K：这些状态使得 $K \cap Q' \subseteq W$（尽管我们瞄准的是 $K \cap Q' = W$）。为了获得期望的状态，我们产生了 $\mathcal{B}(W)$ 的生成（如算法 3.5.5），然后扫描这个生成，把里面任何满足 $K \cap Q' \subset W$ 的状态 K 删去。这就是下一个算法的第 2.2 步的症结。注释 13.7.9 给出了关于这个算法的一些其他说明。

13.7.8 算法（两步，**步骤 2**）。输入是一个有限知识空间 $\mathcal{K}$ 的基 $\mathcal{B}$。

Step 1.   1.1. 设 $Q = \cup \mathcal{B}$，然后在 Q 中选择一个合适的子集 Q'。

1.2. 在 Q' 上构造一个基 $\mathcal{B}$ 的投影 $\mathcal{G}$。

1.3. 运行算法 3.5.5，获得被 $\mathcal{G}$ 生成的知识空间 $\mathcal{K}_{|Q'}$。

1.4. 在 $\mathcal{K}_{|Q'}$ 上运行评估，得到 $\mathcal{K}_{|Q'}$ 的一个状态 W。

Step 2.   2.1. 形成群集 $\mathcal{B}(W) = \{B \in \mathcal{B} | B \cap Q' \subseteq W\}$。

2.2. 计算祖先族 $\mathcal{L} = \{K \in \mathcal{K} | K \cap Q' = W\}$（见算法前面的文字）。

2.3. 计算 $\mathcal{M} = \{L \setminus \cap \mathcal{L} | l \in \mathcal{L}\}$。

2.4. 计算部分知识空间 $\mathcal{M}$ 的基。

2.5. 在部分知识空间 $\mathcal{M}$（其特征由基概括）上运行评估，获得 $\mathcal{M}$ 的一个元素 X。

2.6. 返回 $W \cup (\cap \mathcal{L}) \cup X$。

该算法有几点说明。

13.7.9 注释。a) 注意到 $\mathcal{B}(W)$ 也包含 $\mathcal{B}$ 中所有的元素 B，使得 $B \cap Q' = \varnothing$。

b) 在第 2.2 步，$\mathcal{L}$ 恰是 $\mathcal{K}(Q', W)$ 的祖先族。在第 2.3 步中，$\mathcal{M}$ 被称作 W 的子 $\mathcal{K}[Q'|W]$。在第 2.4 步，采用了算法 3.5.1。

c) 说起第 1.1 步里的"合适"，我们曾经在注释 13.7.3(a) 中指出：对于算法 13.7.2，族 $\mathcal{K}_{|Q'}$ 需要足够小，才能运行。相同的说明也适用于算法 13.7.8，不仅关于 $\mathcal{K}_{|Q'}$，还涉及族 $\mathcal{L}$。

d) 算法 13.7.8 中用到的评估程序，在第 1.4 和 2.4 步，需要接受任何知识空间作为输入。当然，群集 $\mathcal{K}_{|Q'}$ 和 $\mathcal{M}$ 都形成了知识空间。

知识空间的基中的信息还有其他的来源。我们假设在本节剩下的内容中，知识空间 $\mathcal{K}$ 是以它的推测函数 σ 的形式提供算法的。从定义 5.1.2 和定理 5.2.5 中，我们知道对于 Q 中任何的 p，$\sigma(p)$ 是 $\mathcal{K}$ 中所有位于 p 的原子的群集。所以，我们有 $\cup_{p \in Q} \sigma(p) = \mathcal{B}$。但是，$\sigma$ 除了基外还包括更多的信息。这个附加的信息要求稍微改变一下算法。新的算法 13.7.10 依赖于下列事实和符号。如果 $Q' \subseteq Q$，那么 $\cup_{p \in Q'} \{B \cap Q' | B \in \sigma(p)\}$ 生成了 $\mathcal{K}$ 在 Q' 上的投影。在下面的定义中，集合 Q' 的含义应该可以通过上下文得到清楚的解释，所以这里省去了对它的解释。给定 $W \in \mathcal{K}_{|Q'}$ 和 $p \in W$，我们有

(i) $\sigma(p, W)$ 对于 $\{B \in \sigma(p) | B \cap Q' \subseteq W\}$，

(ii) $\mathcal{B}(W)$ 对于 $\{B \in \mathcal{B} | B \cap Q' \subseteq W$ 且 $\forall q \in W : B \notin \sigma(q, W)\}$，

(iii) $\mathcal{K}(W)$ 对于 $\mathcal{B}(W)$ 的生成。

我们会运用其他方法构造祖先族 $\mathcal{L} = \{K \in \mathcal{K} | K \cap Q' = W\}$。技巧如下：如果 $W = \{q_1, q_2, ..., q_k\}$，那么对于每个 $i = 1, 2, ..., k$，收集 $\mathcal{K}(W)$ 的一个元素和 $\sigma(q_i, W)$ 的一个元素的并集。存在具有

$$|\mathcal{K}(W)| \times |\sigma(q_1, W)| \times |\sigma(q_2, W)| \times \cdots \times |\sigma(q_k, W)|$$

个的这样的并集。但是，没有必要在群集中保留重复的状态。问题 11 要求读者想出一个方法来处理这种重复。

13.7.10 算法（两步，**步骤 3**）。输入是一个有限的知识空间 $\mathcal{K}$ 的推测函数 σ。

Step 1.   1.1. 设定 $Q = \cup_{p \in Q} \sigma(p)$，然后在 Q 中选择一个合适的子集 Q'。

   1.2. 设定 $\mathcal{H} = \cup_{p \in Q'} \{B \cap Q' | B \in \sigma(p)\}$，然后计算 $\mathcal{H}$ 的生成 $\mathcal{K}_{|Q'}$。（通过运行算法 3.5.5）。

   1.3. 在 $\mathcal{K}_{|Q'}$ 上运行评估，然后获得 $\mathcal{K}_{|Q'}$ 的状态 W。

Step 2.   2.1. 对于 $p \in W$，计算所有群集 $\sigma(p, W)$。

   2.2. 通过运用前面提到的技巧，计算 $\mathcal{K}$ 的子群集 $\mathcal{L} = \{K \in \mathcal{K} | K \cap Q' = W\}$。

   2.3. 计算 $\mathcal{M} = \{L \setminus \cap \mathcal{L} | L \in \mathcal{L}\}$。

   2.4. 在知识空间 $\mathcal{M}$ 上运行一个评估，然后获得 $\mathcal{M}$ 的一个元素 X。

2.5. 返回 $W \cup (\cap \mathcal{L}) \cup X$。

13.7.11 注释。a) 关于第 1.1 步里的术语"合适的"，注释 13.7.9(c) 里的说明也适用于这里。

b) 在算法 13.7.10 中采用的评估程序，在第 1.3 步和第 2.4 步，可以把任何知识空间作为输入接受。当然，群集 $\mathcal{K}_{|Q'}$ 和 $\mathcal{M} = \{L \setminus \cap \mathcal{L} | L \in \mathcal{L}\}$ 形成了知识空间。

在注释 13.7.3(c) 中，我们提到算法 13.7.2 的一个严重缺陷：在第 2 步中没有任何关于纠正第 1 步中选择集合 W 时可能的错误的机制。算法 13.7.8 和 13.7.10 也具有相同的缺陷。我们在剩下的内容中阐述一个改善的过程。

这一节里的算法的最后两步弥补了这个缺陷。通过采用定义 3.4.5 和 4.1.6 中的球或者邻居的第一要义而实现。思路是在第 2 步开始前替换第 1 步选出的集合 W，用下列内容来替换：在投影 $\mathcal{K}_{|Q'}$ 中 W 周围的某种（修改后的）邻居，然后推出一个更一般的族，而不是这个祖先族 $\mathcal{K}(Q', W)$，或者直接用 $\mathcal{K}$ 的一个合适的子族来代替祖先族 $\mathcal{K}(Q', W)$。为了方便起见，我们把后者，这个新的族记为 $\mathcal{L}(W)$。有许多方法可以构造出 $\mathcal{L}(W)$，而且（至少）也有许多方法来纠正在产生 W 的过程中出现的错误。我们在下面的注释 13.7.13(a) 和 (b) 中再回过头来介绍这一点。

13.7.12 算法（两步，**步骤 4**）。这个算法的输入是某个知识空间 $\mathcal{K}$ 的推测函数 σ。

Step 1.   1.1. 设定 $Q = \cup_{p \in Q} \sigma(p)$，然后选择 Q 里的子集 Q'。

1.2. 设定 $\mathcal{H} = \cup_{p \in Q'} \{B \cap Q' | B \in \sigma(p)\}$，然后计算 $\mathcal{H}$（通过运行算法 3.5.5）的生成 $\mathcal{K}_{|Q'}$。

1.3. 在 $\mathcal{K}_{|Q'}$ 上运行评估获得 $\mathcal{K}_{|Q'}$ 的状态 W。

Step 2.   2.1. 在空间 $\mathcal{K}$ 中构造概然集合 $\mathcal{L}(W)$（见算法前的说明和注释 13.7.13）。

2.2. 在族 $\mathcal{L}(W)$ 上运行评估，获得 $\mathcal{L}$ 里的一个元素 X。

2.3. 返回 X。

13.7.13 注释。a) 对于算法 13.7.12，要让其运行起来，$\mathcal{K}_{|Q'}$ 和 $\mathcal{L}(W)$ 一定要能被我们的评估程序接受。还有，一定要能在一个合理的时间内构造出

$\mathcal{L}(W)$。这里介绍一个 $\mathcal{L}(W)$，它能够满足要求。在 $\mathcal{K}_{|Q'}$ 中选择一个球心位于 W 的球，比如 $\mathcal{N}(W,k)$（更具体地说，k 的值要小一点；这里使用的术语见 4.1.6[113]）。然后设 $\mathcal{L}(W) = \{K \in \mathcal{K} | K \cap Q' \in \mathcal{N}(W,k)\}$。为了在第 2.2 步中构造一个更好的族 $\mathcal{L}(W)$，我们还会再用一遍在算法 13.7.10 前介绍的技巧（也曾在该算法中介绍过）。我们把这个技巧一个一个地用于 $\mathcal{N}(W,k)$ 的每一个元素 W'，从而形成了所有产生的族 $\mathcal{K}(W')$ 的并集 $\mathcal{L}(W)$。

b) 研究 $\mathcal{L}(W)$ 的其他各种可能性是很有意思的，特别是在评估程序的运用受限于某些结构类型时。有鉴于此，注意到球并不具备我们期望的所有性质。特别时，它们一般既不是 $\cup$-闭合的也不是级配良好的——见我们的下一个例子。注意到 $\mathcal{L}(W)$ 的定义并不要求绕到 $\mathcal{K}_{|Q'}$ 里的一个邻居上。

13.7.14 例子 。设知识空间 $\mathcal{K}$ 是

$$\mathcal{K} = \{\varnothing, \{a\}, \{b\}, \{a,b\}, \{a,c\}, \{b,c\}, Q\}, \tag{13.25}$$

其中，$Q = \{a,b,c\}$，球 $\mathcal{N}(\varnothing, 2)$ 等于 $\mathcal{K} \backslash \{Q\}$ 既不是 $\cup$-闭合的也不是级配良好的（从它的两个元素 $\{a,c\}$ 和 $\{b,c\}$ 来看）。容易构造类似的例子：球心位于一个非空状态的球，具有一个较大的半径。另一方面，半径为 1 的球自动具备级配良好性，但不一定是 $\cup$-闭合的。

13.8 把评估精细化

13.8.1 注释 。在实践中，一个评估算法的输出，在本章的样式中，是以状态群集上的概率分布 L_n（在某个最终的第 n 次试验）形式出现的。原则上，这样一个概率分布最终会集中在一个或者几个非常相关的状态上。例如，这个过程会选择三个大量重叠的知识状态 K_1，K_2 和 K_3。作为例子，假设

$$K_1 = \{a,b,d,e\}, \quad K_2 = \{b,c,d\}, \quad K_3 = \{a,b,c,e\},$$

且

$$L_n(K_1) = L_n(K_2) = .25, \quad L_n(K_3) = .40,$$

和 L_n 剩下的部分分散在余下的状态中。在这个信息的基础上，被试最有可能的状态是 K_3。然而，可以通过这样一种方法来改善这个评估：重新考虑

---

[113] 还有用到的 $\mathcal{K}_{|Q'}$ 里的 W 的"邻居"。

已经问完的全部问题序列和在应用这个程序期间观察到的回答。在这三个状态中选择一个可以基于贝叶斯启发。回想局部独立性假设（**12.4.1** 的公设 **[N]**），我们可以重新计算观察到被选择的状态 K_1，K_2 和 K_3 的条件概率，给出对于被问问题的实际回答。产生最大似然的状态届时被作为评估的最终结果。显然，这样的计算只有在好的评估可以分别用于粗心错误和侥幸猜中的概率 β_q 与 η_q 的时候才有意义。

假设被试已经被问到问题 c，d 和 c，而且已经答错了 c，但是答对了 d 和 e。我们把这些数据记作字母 D。根据局部独立性公设 **[N]**，这些数据的条件概率，给定三个状态，是

$$P(D|K_1) = (1 - \eta_c)(1 - \beta_d)(1 - \beta_e), \qquad (13.26)$$

$$P(D|K_2) = \beta_c(1 - \beta_d)\eta_e, \qquad (13.27)$$

$$P(D|K_3) = \beta_c\eta_d(1 - \beta_e). \qquad (13.28)$$

采用贝叶斯规则来重新计算状态的概率，我们得到，对于 $i = 1, 2, 3$

$$P(K_i|D) = \frac{P(D|K_i)\mathbf{L}_n(K_i)}{\sum_{j=1}^3 P(D|K_j)\mathbf{L}_n(K_j)}. \qquad (13.29)$$

根据以前的分析，我们假设，对于粗心大意和侥幸猜中的参数的估计如下

$$\widehat{\beta_c} = \widehat{\beta_d} = .05, \qquad \widehat{\beta_e} = .10,$$

$$\widehat{\eta_c} = \widehat{\eta_d} = .10, \qquad \widehat{\eta_e} = .05.$$

把式 (13.29) 中的 $P(D|K_j)$ 通过式 (13.26)、(13.27) 和 (13.28)，用它们的估计以 $\widehat{\beta_q}$ 和 $\widehat{\eta_q}$ 的形式来代替，我们得到

$$\widehat{P}(K_1|D) = .988,$$

$$\widehat{P}(K_2|D) = .003,$$

$$\widehat{P}(K_3|D) = .009.$$

从这种计算中产生的图景[114]与基于 L_n 的十分不同：现在最有可能的状态变成了 K_1。

---

[114]注意：即使贝叶斯计算在启发式方面是具有正当理由的，它在理论上也并非严格；见问题 6。

13.9 证明 *

13.9.1 证明定理 13.6.6。（所有的对数都以 2 为基。）根据 13.4.8 中有教益的发问规则的定义和式 (13.14)，我们对于 Q 中所有的 q，必须最小化（为简单起见，记 $l = L_n$）

$$\tilde{H}(q,l) = l(\mathcal{K}_q)H\big(u(1,q,l)\big) + l(\mathcal{K}_{\bar{q}})H\big(u(0,q,l)\big), \tag{13.30}$$

其中

$$l(\mathcal{K}_q) = \sum_{K \in \mathcal{K}_q} l(K), \quad l(\mathcal{K}_{\bar{q}}) = \sum_{K \in \mathcal{K}_{\bar{q}}} l(K).$$

该式依赖于更新规则 u。因为更新规则被假设成凸面的，且常量是 θ，我们从式 (13.7) 得到

$$H\big(u(1,q,l)\big)$$

$$= -\sum_{K \in \mathcal{K}} u_K(1,q,l) \log u_K(1,q,l)$$

$$= -\sum_{K \in \mathcal{K}_q} l(K)\left(1-\theta+\frac{\theta}{l(\mathcal{K}_q)}\right)\left(\log l(K) + \log\left(1-\theta+\frac{\theta}{l(\mathcal{K}_q)}\right)\right)$$

$$\quad - \sum_{J \in \mathcal{K}_{\bar{q}}} l(J)(1-\theta)\big(\log l(J) + \log(1-\theta)\big) \tag{13.31}$$

且

$$H\big(u(0,q,l)\big)$$

$$= -\sum_{J \in \mathcal{K}_{\bar{q}}} l(J)\left(1-\theta+\frac{\theta}{l(\mathcal{K}_{\bar{q}})}\right)\left(\log l(J) + \log\left(1-\theta+\frac{\theta}{l(\mathcal{K}_{\bar{q}})}\right)\right)$$

$$\quad - \sum_{K \in \mathcal{K}_q} l(K)(1-\theta)\big(\log l(K) + \log(1-\theta)\big). \tag{13.32}$$

采用式 (13.30)、(13.31) 和 (13.32)，恰当地归拢之后，有

$$\tilde{H}(q,l) = H(l) - 2l(\mathcal{K}_q)l(\mathcal{K}_{\bar{q}})(1-\theta)\log(1-\theta)$$

$$\quad - l(\mathcal{K}_q)\big((1-\theta)l(\mathcal{K}_q)+\theta\big)\log\left(1-\theta+\frac{\theta}{l(\mathcal{K}_q)}\right)$$

$$\quad - l(\mathcal{K}_{\bar{q}})\big((1-\theta)l(\mathcal{K}_{\bar{q}})+\theta\big)\log\left(1-\theta+\frac{\theta}{l(\mathcal{K}_{\bar{q}})}\right).$$

也就是说，$l(\mathcal{K}_q) = t$ 且对于 $t \in\ ]0, 1[$

$$g(t) = -2t(1-t)(1-\theta)\log(1-\theta) - t\big((1-\theta)t+\theta\big)\log\left(1-\theta+\frac{\theta}{t}\right)$$
$$- (1-t)\big((1-\theta)(1-t)+\theta\big)\log\left(1-\theta+\frac{\theta}{1-t}\right), \qquad (13.33)$$

我们有

$$\tilde{H}(q, l) = H(l) + g(t). \qquad (13.34)$$

注意到 g 在 $\frac{1}{2}$ 附近是对称的，即对于 $0 < t < 1$，$g(t) = g(1-t)$。为了建立定理中的两个命题，现在需要证明函数 g 在 $]0, 1[$ 上是凸的，而且在 $\frac{1}{2}$ 有一个严格的极值。（因此，g 就成为定义 13.6.4 中的函数 ν。）因为 g 在 $\frac{1}{2}$ 附近是对称的，所以我们只需要证明二阶倒数在 $]0, \frac{1}{2}[$ 上严格正。我们可以从在 $0 < t < \frac{1}{2}$ 上 $g'''(t) < 0$ 和 $g''(\frac{1}{2}) > 0$ 得出这个结论。为了计算导数，我们需要化简 g 的表达式。根据下列记号

$$a(t) = (1-\theta)t, \qquad b(t) = (1-\theta)t + \theta,$$
$$f(t) = -a(t)b(t)\log\frac{b(t)}{a(t)},$$

式 (13.33) 化简为

$$g(t) = -\log(1-\theta) + \frac{1}{1-\theta}\big(f(t) + f(1-t)\big). \qquad (13.35)$$

运用 $a'(t) = b'(t) = 1-\theta$，我们得到 f 的导数

$$f''(t) = (1-\theta)^2\left(\theta\frac{a(t)+b(t)}{a(t)\,b(t)} - 2\log\frac{b(t)}{a(t)}\right),$$
$$f'''(t) = -\frac{(1-\theta)^3\,\theta^3}{a(t)^2\,b(t)^2} < 0.$$

式 (13.35) 推出：在 $0 < t < \frac{1}{2}$ 上 $g'''(t) < 0$。

另一方面，

$$h(\theta) = \frac{2\theta}{1-\theta^2} - \log\frac{1+\theta}{1-\theta},$$

我们有

$$g''\left(\frac{1}{2}\right) = 4(1-\theta)h(\theta).$$

因为 $\lim_{\theta\to 0^+} h(\theta) = 0$ 且对于 $0 < \theta < 1$，$h'(\theta) > 0$，我们有 $g''(\frac{1}{2}) > 0$。 $\qquad\square$

13.9.2 定理 13.6.7 的证明。设 $\widetilde{\Omega}$ 是所有实现 ω 的集合，这些实现是指对于每次试验 n，

(i) $\mathbf{Q}_n \in S(\nu, \mathbf{L}_n)$，且 S 定义见 13.6.4；

(ii) $\mathbf{R}_n = \iota_{K_0}(\mathbf{Q}_n)$。

注意到 $\widetilde{\Omega}$ 是样本空间 Ω 的一个可测量的集合，而且 $\mathbb{P}(\widetilde{\Omega}) = 1$。用 $\mathbf{L}_n^\omega(K_0)$ 表示随机变量 $\mathbf{L}_n(K_0)$ 在 $\omega \in \Omega$ 处的值，我们只用证明对于任何 $\omega \in \widetilde{\Omega}$，我们有

$$\lim_{n \to \infty} \mathbf{L}_n^\omega(K_0) = 1.$$

注意 $\omega \in \widetilde{\Omega}$ 是任意选取的。它直接源于 $\mathbf{L}_n^\omega(K_0)$ 不减的假设，所以是收敛的。因此，它能够证明对于正整数的至少一个子序列 $s = (n_i)$，有 $\mathbf{L}_{n_i}^\omega(K_0) \to 1$。因为 $\mathcal{K}$ 是有限的，而且 $\mathbf{L}_n(K) \in]0, 1[$，我们取 $s = (n_i)$，使得对于所有的 $K \in \mathcal{K}$，$\mathbf{L}_{n_i}^\omega(K)$ 收敛。在后面的证明中，我们考虑一个满足这些条件的固定子序列 s。

我们根据如下式子定义一个函数 $f_{\omega,s} : Q \to [0, 1]$

$$f_{\omega,s}(q) = \begin{cases} \lim_{i \to \infty} \mathbf{L}_{n_i}^\omega(\mathcal{K}_q) & \text{如果 } q \in K_0; \\ \lim_{i \to \infty} \mathbf{L}_{n_i}^\omega(\mathcal{K}_{\bar{q}}) & \text{如果 } q \notin K_0. \end{cases}$$

我们还定义

$$\widetilde{Q}_{w,s} = \{q \in Q \mid f_{\omega,s}(q) < 1\}.$$

如果 $\widetilde{Q}_{w,s}$ 是空的，那么从推论 3（如下）可以推出 $\mathbf{L}_{n_i}^\omega(K_0) \to 1$。定理 13.6.7 的证明的核心在于证明 $\widetilde{Q}_{w,s} = \varnothing$，这由推论 2 保证。

推论 1。如果 $f_{\omega,s}(q) < 1$，那么 $\{i \in \mathbb{N} \mid \mathbf{Q}_{n_i}(\omega) = q\}$ 是一个有限集合。

证明。假设 $q \in K_0$。因为 $f_{\omega,s}(q) < 1$，存在 $\epsilon > 0$，使得 $f_{\omega,s}(q) + \epsilon < 1$。如果 $\mathbf{Q}_{n_i}(\omega) = q$ 且 i 足够大能保证 $\mathbf{L}_{n_i}^\omega(\mathcal{K}_q) \leq f_{\omega,s}(q) + \epsilon$，我们有

$$\begin{aligned} \mathbf{L}_{n_{i+1}}^\omega(K_0) &\geq \mathbf{L}_{n_i+1}^\omega(K_0) \\ &\geq v\big(\mathbf{L}_{n_i}^\omega(\mathcal{K}_q)\big)\mathbf{L}_{n_i}^\omega(K_0) \qquad \text{（根据定义 13.6.2）} \\ &\geq v\big(f_{\omega,s}(q) + \epsilon\big)\mathbf{L}_{n_i}^\omega(K_0). \end{aligned}$$

因为 $v\big(f_{\omega,s}(q) + \epsilon\big) > 1$ 不依赖 i，而且 $\mathbf{L}_{n_i}^\omega(K_0) \leq 1$，对于 i 的最多有限个值，我们会有 $\mathbf{Q}_{n_i}(\omega) = q$。当 $q \notin K_0$ 时，也有类似的证明。 $\diamondsuit$

推论 2。 $\widetilde{Q}_{w,s} = \{q \in Q | f_{\omega,s}(q) < 1\} = \varnothing$。

证明。我们用反证法。对于某个 $q \in Q$，如果 $f_{\omega,s}(q) < 1$，我们需要证明存在某个正整数 j 和某个 $\epsilon > 0$，使得只要 $i > j$，我们有

要么 $\qquad 0 < l_1(K_0) \leq L^\omega_{n_i}(\mathcal{K}_q) < f_{\omega,s}(q) + \epsilon < 1 \qquad$ 如果 $q \in K_0$,

要么 $\qquad 0 < l_1(K_0) \leq L^\omega_{n_i}(\mathcal{K}_{\bar{q}}) < f_{\omega,s}(q) + \epsilon < 1 \qquad$ 如果 $q \notin K_0$.

这意味着对于 $i > j$，$L^\omega_{n_i}(\mathcal{K}_q)$ 和 $L^\omega_{n_i}(\mathcal{K}_{\bar{q}})$ 位于某个区间 $]\gamma'_q, 1-\delta'_q[$ 且 $0 < \gamma'_q, \delta'_q$。上述推理都适用于所有的 $q \in \widetilde{Q}_{w,s}$。从 $\widetilde{Q}_{w,s}$ 有限的角度出发，γ'_q, δ'_q 的下标 q 可以丢弃。还有，根据定义 13.6.4，我们可以证明存在 $\bar{\gamma}$ 和 $\bar{\delta}$，使得对于 $i > j$ 且 $q \in \widetilde{Q}_{w,s}$，$0 < \bar{\gamma} < \gamma$、$0 < \bar{\delta} < \delta$ 和 $L^\omega_{n_i}(\mathcal{K}_q) \in]\bar{\gamma}, 1-\bar{\delta}[$。

因为 $\widetilde{Q}_{w,s}$ 是有限的，推论 1 可以用来推出存在一个正整数 k，使得只要 $i > k$，$Q_{n_i}(\omega) \notin \widetilde{Q}_{w,s}$。注意到根据 $\widetilde{Q}_{w,s}$ 的定义，对于所有的 $q' \notin \widetilde{Q}_{w,s}$，我们有 $f_{\omega,s}(q') = 1$。因为 $L^\omega_{n_i}(\mathcal{K}_{q'})$ 收敛，所以存在 $i^{lar} > j, k$ 使得对于所有的 $i > i^{lar}$ 和 $q' \notin \widetilde{Q}_{w,s}$，$L^\omega_{n_i}(\mathcal{K}_{q'})$ 或者 $L^\omega_{n_i}(\mathcal{K}_{\bar{q'}})$ 都不是 $]\bar{\gamma}, 1-\bar{\delta}[$ 中的点。根据定义 $\widetilde{\Omega}$，我们一定有 $Q_{n_i}(\omega) \in \widetilde{Q}_{w,s}$，这与 $i > k$ 矛盾。 $\diamond$

对于每个 $K \in \mathcal{K}$，定义

$$A_{\omega,s}(K) = \{q \in K | f_{\omega,s}(q) = 1\}.$$

推论 3。假设对于某个 $K \in \mathcal{K}$，$A_{\omega,s}(K) \neq A_{\omega,s}(K_0)$。那么

$$\lim_{i\to\infty} L^\omega_{n_i}(K) = 0.$$

证明。假设存在某个 $q \in K_0 \setminus K$，使得 $f_{\omega,s}(q) = 1$；也就是说 $\lim_{i\to\infty} L^\omega_{n_i}(\mathcal{K}_q) = 1$。这意味着 $\lim_{i\to\infty} L^\omega_{n_i}(\mathcal{K}_{\bar{q}}) = 0$ 和这个定理，因为 $K \in \mathcal{K}_{\bar{q}}$。另外一种情况 $q \in K \setminus K_0$ 类似。 $\diamond$

根据推论 2，$K \neq K_0$ 意味着 $A_{\omega,s}(K) \neq A_{\omega,s}(K_0)$。从推论 3 可知，对于所有的 $K \neq K_0$，$\lim_{i\to\infty} L^\omega_{n_i}(K) = 0$，从而有 $L^\omega_{n_i}(K_0) \to 1$。

这就完成了定理 13.6.7 的证明。 $\square$

13.9.3 注释。 仔细研究上面定理的证明，可以发现发问规则是接近靶心的假设可以用下面的假设来替换：对于任何 $\gamma, \delta \in]0,1[$，用 $E_{n,q}(\gamma,\delta)$ 表示事件 $\gamma < L_n(\mathcal{K}_q) < 1-\delta$，而且设 $E_n(\gamma,\delta) = \cup_{q \in Q} E_{n,q}(\gamma,\delta)$。这个条件说明存在 $\sigma > 0$ 使得对于所有的 $\gamma, \delta \in]0,\sigma[$，

$$\mathbb{P}\big(Q_n = q' | \overline{E_{n,q'}(\gamma,\delta)} \cap E_n(\gamma,\delta)\big) = 0.$$

换句话说，或者不那么严格：在 0 或者 1 附近以概率 $L_n(\mathcal{K}_q)$ 选不出问题 q，而这种在 0 或者 1 附近进行选择的情况是可以避免的。

13.10　参考文献和相关工作

除了第 13.7 节的算法是新的以外，本章主要来自 Falmagne 和 Doignon（1988a）。M. Villano 首次应用了本章介绍的其他算法，并在他的学位论文里报告了测试结果（Villano，1991）；还可以参阅 Villano，Falmagne，Johannesen 和 Doignon（1987）及 Kambouri（1991）。这些算法形成了第 1 章中简要介绍的 ALEKS 系统的知识评估引擎的关键组件。关于这种评估的预测能力（或者有效性）已经有大量的结果。第 17 章综述了其中的一部分。

正如以前提过的，本算法中涉及的更新操作符受到了数学学习理论（见 Bush 和 Mosteller，1955；Norman，1972）的某些操作符的启发。具体来说，凸面更新规则与 Bush 和 Mosteller 学习运算符（Bush 和 Mosteller，1955）比较接近，而倍增更新规则与 Luce（1959）的所谓 beta 学习模型的学习操作符比较接近（还可以参见 Luce，1964；Marley，1967）。Kimbal（1982）讨论了智能教学系统中的贝叶斯更新规则。

问题

1. 证明式 (13.7) 中定义的凸面更新规则在式 (13.8) 的意义上是不可交换的。

2. 验证式 (13.9) 的倍增更新规则在式 (13.8) 的意义上是可交换的。

3. 完成定理 13.5.2 的证明，证明随机过程 $(\mathbf{R}_n, \mathbf{Q}_n, \mathbf{L}_n)$ 是马尔科夫的。

4. （继续。）证明过程 $(\mathbf{Q}_n, \mathbf{L}_n)$ 是马尔科夫的。

5. 在例子 13.6.1 的知识结构中，假设采用了半裂的发问规则和倍增的更新规则，常数是 $\zeta_{q,r}$。验证对于 $n = 1, 2$，式 (13.17)、(13.18) 和 (13.19)。你可以假设对于任何状态 K，有 $L_1(K) = .2$。

6. 从理论的角度出发，讨论针对评估精细化的注释 13.8.1 中提出的贝叶斯计算。

7. 给出推论 13.6.8 的详细证明。

8. 给出推论 13.6.9 的详细证明。

9. 设 $Q = \{a, b, c\}$ 和 $\mathcal{K} = \{\varnothing, \{a, b\}, \{b, c\}, \{a, c\}, Q\}$。假设被试的状态在试验之间随机变化，其概率分布 ϕ 的定义是 $\phi(\{a, b\}) = \phi(\{a, c\})\square = \phi(Q) = \frac{1}{3}$。假设采用的是半裂的发问规则和凸面更新规则，其常数是 θ。证明 $\lim_{n \to \infty} E(\mathbf{L}_n(\{b, c\})) > 0$（或者最好计算这个极限）。然后证明评估过程无法揭示 ϕ 的域。

10. 假设在评估的过程中，被试的知识状态改变了一次。详细讨论这种改变对于倍增评估过程的效率和准确性的影响。

11. 检查算法 13.7.10 中的第 2 步和第 3 步出现的重复问题，要么找到一个算法可以经济地删除这种重复，要么另外再提一个方案。

14 一个马尔科夫链过程

本章讨论的评估过程在实质上与第 13 章相似，但是在一个关键方面不同：它是基于一个有限的马尔科夫链而不是一个具有一个马尔科夫状态的不可数集合的马尔科夫过程。这样，过程所需的存储空间和计算都要小。因此，可以在一台微机上实现。本章介绍了这个过程的多步应用。它的建立过程将像前面那章一样。

14.1 提要

评估引擎采用的是一个固定的、有限的知识结构 $(Q, \mathcal{K})$。后面，我们将假设 $(Q, \mathcal{K})$ 是级配良好的。我们假设在评估过程中的任何试验，从评估引擎的角度来看，$\mathcal{K}$ 中某些知识状态是似而非。族里采集的这些"被标记的状态"被认为是随机变量 $\mathbf{M}_n$ 的一个值，其中 $n = 1, 2, \ldots$ 表示试验次数。在这个过程的第一个阶段，该族减少了规模直到剩下一个单独的被标记状态。在第二阶段，单独"被标记的状态"逐步发展成状态。最后的这个特征允许评估引擎，通过问与答的观测序列的统计分析，来评估"真"状态（或者就是状态，如果被试的知识状态在测试进行的时候发生了变化；我们在 14.2.2 中给出"真"状态的正式定义）。注意到，在某些情况下，即使"真"的状态估计不是这个结构的一部分，还是可以获得有用的评估。在开始技术细节之前，我们举个例子来阐述一下基本思路。

14.1.1 例子 。我们引用例子 13.1.1（参见图 13.1）：

$$\mathcal{K} = \{\varnothing, \{a\}, \{c\}, \{a, c\}, \{b, c\}, \{a, b\}, \{a, b, c\},$$
$$\{a, b, c, d\}, \{a, b, c, d, e\}\}. \tag{14.1}$$

我们假设评估引擎最开始的时候没有偏好，即所有的知识状态都被认为是有可能的。因此，$\mathcal{K}$ 的九个状态都被打上标记，我们还约定 $\mathbf{M}_1 = \mathcal{K}$。（在某些情况下，可以标记状态的小一些的子集，这样可以反映参考学生的初始信息。）在过程的第一阶段，这样选择每一个要问的问题：不论回答是否正确，尽可能地减少被标记的状态数量。这一过程一直持续到只剩下一个被标记的状态。例如假设第 n 次试验时，被标记的状态集合 $\mathbf{M}_n = \mathcal{M}$。假设在这一轮，选中了某个问题 q，而且给出了一个正确的答案。在第 $n+1$ 次试验被标记的状态是 $\mathbf{M}_q$，包含 q 的 $\mathcal{M}$ 的子集。如果回答是不正确的，在第 $n+1$ 次试验被标记的状态集合是 $\mathbf{M}_{\bar{q}}$，也就是不包含 q 的 $\mathcal{M}$ 的子集。为了把两个可能保留的状态数目的最大值最小化，选择 q 是有道理的。这相当于尽可能地把现有被标记的状态平分成包含 q 的和不包含 q 的。所以 q 应该尽可能地保证

$$\left||\mathcal{M}_q| - |\mathcal{M}_{\bar{q}}|\right|$$

越小越好。在我们的例子中，我们有 $q = a$，且 $\mathcal{M} = \mathcal{K}$

$$\left||\mathcal{K}_a| - |\mathcal{K}_{\bar{a}}|\right| = |6 - 3| = 3.$$

对于其他问题进行类似的计算，可以得到

$$\begin{aligned} &\text{对于}b: &|5 - 4| = 1,\\ &\text{对于}c: &|6 - 3| = 3,\\ &\text{对于}d: &|2 - 7| = 5,\\ &\text{对于}e: &|1 - 8| = 7. \end{aligned}$$

这样，b 成为应该被问的第一个问题。我们用 $\mathbf{Q}_n$ 表示第 n 轮试验问的问题，它是一个随机变量，我们依概率 1 设定 $\mathbf{Q}_1 = b$。假设我们观察到一个错误的答案。我们用 $\mathbf{R}_1 = 0$ 来表示。总之，我们用一个随机变量 $\mathbf{R}_n$ 等于 1 表示第 n 次试验回答正确，等于 0 表示回答错误。在我们的例子中，被标记的状态的族在第 2 次试验时是

$$\mathbf{M}_2 = \{\varnothing, \{a\}, \{c\}, \{a, c\}\}.$$

选择了一个新问题之后，新的计算结果如下

$$\begin{aligned} &\text{对于}a: &|2 - 2| = 0,\\ &\text{对于}b: &|0 - 4| = 4,\\ &\text{对于}c: &|2 - 2| = 0,\\ &\text{对于}d: &|0 - 4| = 4,\\ &\text{对于}e: &|0 - 4| = 4. \end{aligned}$$

这样，要么问 a 要么问 c。我们在两者间随机地选一个，用相同的概率：$\mathbb{P}(\mathbf{Q}_2 = a) = \mathbb{P}(\mathbf{Q}_2 = b) = .5$。假设我们问问题 a，然后获得一个正确答案，

那么 $\mathbf{Q}_2 = a$ 且 $\mathbf{R}_2 = 1$。第 3 次试验时被标记的状态族是

$$\mathbf{M}_3 = \{\{a\}, \{a,c\}\}.$$

依概率 1，我们得到 $\mathbf{Q}_3 = c$。如果 $\mathbb{R}_3 = 1$，我们剩下最后一个被标记的状态 $\{a,c\}$。即，我们有

$$\mathbf{M}_4 = \{\{a,c\}\}.$$

在这样一个微小的例子中，这个过程的第二个阶段从第 4 次试验开始。从这里开始，被标记的状态集合总是只包含一个状态，它可以根据问的问题和给出的回答，随着试验的变化而变化。在第 $n \geq 4$ 次试验中被选中的问题基于球中所有状态的集合或者当前唯一被标记的状态的邻居。具体地，我们采用球：球心在被标记的状态（参见 4.1.6），距离最多是 1 的 $\mathcal{K}$ 中所有的状态所形成的球。在唯一被标记的状态是 $\{a,c\}$ 的情况下，这个球是

$$\mathcal{N}(\{a,c\}, 1) = \{\{a,c\}, \{a\}, \{c\}, \{a,b,c\}\}.$$

在第 1 阶段，被选中的下一个问题是 q，为的是把这个状态集合尽可能地平分成包含 q 的状态和不包含 q 的状态。这里，a，b 和 c 都是随机选择的（用相等的概率）。如果采集到的答案确认了当前唯一被标记的状态，那么我们就将其保留成被标记的状态。否则，我们根据新的信息，把这个状态换成另外一个。为了集中说明，我们考虑表 14.1 中给出的 4 种一般情况。假设首先，$\mathbf{Q}_4 = a$ 且 $\mathbf{R}_4 = 0$（表 14.1 中的第 1 行）。因为 a 的回答不对，我们把 a 从唯一被标记的状态 $\{a,c\}$ 中删除，于是产生唯一被标记的状态 $\{c\}$，且 $\mathbf{M}_5 = \{\{c\}\}$。

表 14.1: 产生 $\mathbf{M}_5$ 的 4 种一般情况。

$\mathbf{M}_4$	$\mathbf{Q}_4$	$\mathbf{R}_4$	$\mathbf{M}_5$
$\{\{a,c\}\}$	a	0	$\{\{c\}\}$
$\{\{a,c\}\}$	a	1	$\{\{a,c\}\}$
$\{\{a,c\}\}$	b	0	$\{\{a,c\}\}$
$\{\{a,c\}\}$	b	1	$\{\{a,b,c\}\}$

在表 14.1 的第 2 行，$\mathbf{Q}_4 = a$ 且 a 回答正确。因此 $\{a, c\}$ 得到确认，我们将其保留为唯一被标记的状态，即 $\mathbf{M}_5 = \{\{a, c\}\}$。

在第 3 行，我们仍以状态 $\{a, c\}$ 结束，作为确认的结果，但是这次 b 被问到，而且回答错误。最后，在第 4 行，b 还是被问到，但是产生了一个正确的答案。因此，我们把 b 加到当前唯一的被标记的状态种。第 4 次试验可能被问到的第三个问题是 c；我们把这个情况留给读者。表 14.2 总结了在前面几次试验中的过程。根据约定，我们设 $\mathbf{M}_1 = \mathcal{K}$。表 14.2 中的第 4、5 行对应于表 14.1 中的第 1 行。

表 14.2: 前面几次试验中的过程。

试验 n	$\mathbf{M}_n$	$\mathbf{Q}_n$	$\mathbf{R}_n$
1	$\mathcal{K}$	b	0
2	$\{\varnothing, \{a\}, \{c\}, \{a, c\}\}$	a	1
3	$\{\{a\}, \{a, c\}\}$	c	1
4	$\{\{a, c\}\}$	a	0
5	$\{\{c\}\}$	...	...

14.1.2 注释 。a) 在这个例子中，容易证明这里的标记规则在第 4 次试验之后一定会产生唯一的一个被标记的状态，不论问什么问题或者回答是对还是错。显然，为了在一般意义上证明这些结果，需要某些关于知识结构的假设。我们将假设结构是级配良好的，而且问题会在唯一的被标记的状态的边界中选择（参见定义 2.2.2，4.1.6 和定理 4.1.7）。在这些条件下，只有一个被标记的状态会留下（见定理 14.3.3）。

b) 我们采取这些转移规则的理由如下。被试的有些错误答案会发生在过程之中（因为侥幸猜中或者粗心大意），导致不能揭示结构中"真的"状态。还有可能是知识结构本身在某种意义上弄错了：有些状态可能缺失。理想情况下，我们的过程的最终输出应该能够弥补这两种错误。为达此目的，我们可以在获得最终状态之后，在第二阶段分析采集到的数据。例如，假设某个特殊状态 S 被评估引擎从结构 $\mathcal{K}$ 中省略了。这个缺失的状态可能会比较接近 $\mathcal{K}$ 中的某些状态，比如 K_1，K_2 和 K_3。在这种情况下，唯一被标记的状态序列，在过程的第二个阶段，非常有可能存在于这三个状态之间的转移之中。这三个状态的交集和并集可以提供要被揭示的状态 S 的下界与上界。

另一方面，如果我们相信要揭示的状态是在第二阶段访问的状态，那么就需要用标准的统计方法来在它们中间把这个状态挑选出来。以第 13.8 节的风格，我们会简单选择这样一个状态：它把观测到的回答序列的概率最大化，方法是在局部独立性假设（定义 11.1.2）的前提下，采用第 11 章介绍的条件回答概率 β_q 和 η_q。总之，在过程的第二阶段中被访问的唯一被标记的状态，会被用来评估这个真的状态是不是被包含在评估引擎所使用的知识结构中。

采用状态周围的球来引导问题的选择和确定被标记的状态，不仅对于第二阶段，还是对于整个过程，都是一个不错的想法。在下面一节给出的公设形成了这个概念。这里所提的过程与第 13 章所提的有许多共同点。在图 14.1 中显示的图表标出了不同和相似之处。

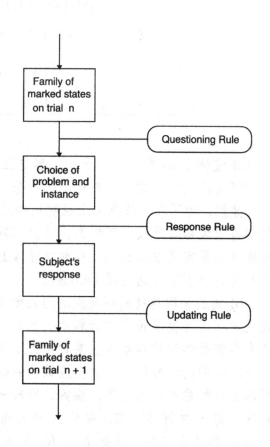

图 14.1: 马尔科夫链过程的转移图表。

14.2 随机评估过程

这里提到的随机评估过程是联合分布随机变量的 4 个序列 $(\mathbf{R}_n, \mathbf{Q}_n, \mathbf{K}_n, \mathbf{M}_n)$，其中 $n = 1, 2, \ldots$ 表示试验编号。

被试在第 n 次试验中不可观测的状态用 $\mathbf{K}_n$ 表示。我们假设 $\mathbf{K}_n$ 从一个固定、有限的域是 Q 的知识结构 $\mathcal{K}$ 中取值。（在减弱这个假设的时候，我们会给出一些例子，见 14.6.3。）第 n 次试验提出的问题和观测到的回答分别用 $\mathbf{Q}_n$ 和 $\mathbf{R}_n$ 表示；这两个随机变量分别在 Q 和 $\{0,1\}$ 取值，其中 0 表示答错，1 表示答对。最后，随机变量 $\mathbf{M}_n$ 表示第 n 次试验的 **被标记的状态** 的族。正如我们在引言中介绍的那样，这些被标记的状态都被认为是被试未知状态的合理候选状态。因此，$\mathbf{M}_n$ 的值在 $2^{\mathcal{K}}$ 之中。随机过程被四元组定义：$(\mathbf{R}_n, \mathbf{Q}_n, \mathbf{K}_n, \mathbf{M}_n)$，$n = 1, 2, \ldots$。从第 1 次试验到第 n 次试验的全部历史过程的缩写是

$$\mathbf{W}_n = ((\mathbf{R}_n, \mathbf{Q}_n, \mathbf{K}_n, \mathbf{M}_n), \ldots, (\mathbf{R}_1, \mathbf{Q}_1, \mathbf{K}_1, \mathbf{M}_1)),$$

其中，$\mathbf{W}_0$ 表示历史为空。

下面的 4 个公设递归式地给出了测量的测度。我们首先给出一般要求，涉及若干不确定的函数和参数。在下一节中，会施加更严格的限制。注意，根据第 11 章的思路，我们采用局部独立性假设（参见定义 11.1.2）来明确公设 [RM] 中的条件回答概率。

14.2.1 马尔科夫链过程的公设 。马尔科夫链由 4 个公设确定。

[K] 知识状态规则。$\mathcal{K}$ 上存在一个固定的概率分布 π，使得对于所有的自然数 n：

$$\mathbb{P}(\mathbf{K}_n = K | \mathbf{M}_n, \mathbf{W}_{n-1}) = \pi(K).$$

用自然语言表达即 **根据 $\mathcal{K}$ 上的概率分布 π，被试的状态随着试验的变化，独立于试验次数。**

[QM] 发问规则。存在一个 **发问规则** $\tau : Q \times 2^{\mathcal{K}} \to [0,1]$ 使得对于所有的自然数 n，

$$\mathbb{P}(\mathbf{Q}_n = q | \mathbf{K}_n, \mathbf{M}_n, \mathbf{W}_{n-1}) = \tau(q, \mathbf{M}_n).$$

即，**第 n 次试验被问的问题仅仅依赖于被标记的状态。**

[RM] 回答规则。两个参数 $0 \le \beta_q < 1$ 和 $0 \le \eta_q < 1$ 都与问题 q 有关，

使得对于所有的非负整数 n,

$$\mathbb{P}(\mathbf{R}_n = 1 | \mathbf{Q}_n = q, \mathbf{K}_n = K, \mathbf{M}_n, \mathbf{W}_{n-1}) = \begin{cases} 1 - \beta_q & \text{如果 } q \in K; \\ \eta_q & \text{如果 } q \notin K. \end{cases}$$

相应地，**第 n 次试验的回答仅仅依赖于知识状态，而该次试验的问题由 β_q 和 η_q 分别确定。**

[M] 标记规则。存在一个 **标记函数**

$$\mu : 2^{\mathcal{K}} \times \{0,1\} \times Q \times 2^{\mathcal{K}} \to [0,1]$$

使得

$$\mathbb{P}(\mathbf{M}_{n+1} = \Psi | \mathbf{W}_n) \ = \ \mu(\Psi, \mathbf{R}_n, \mathbf{Q}_n, \mathbf{M}_n).$$

因此，**第 $n+1$ 次试验被标记的状态仅仅依赖于第 n 次试验中如下事件：被标记的状态、被问的问题和采集到的回答。**

14.2.2 定义。一个满足公设 [K]、[QM]、[RM] 和 [M] 的过程 $(\mathbf{R}_n, \mathbf{Q}_n, \mathbf{K}_n, \mathbf{M}_n)$ 是一个 **参数为 π, τ, β, η 和 μ 的离散的随机评估过程**。如果对于每个问题 q, $\eta_q = 0$，那么这种情况被称为 **公平** 的。这种情况特别值得注意，因为在许多实际应用中，有些问题会被设计成几乎不可能猜中。如果对于每个 q, 还有 $\beta_q = 0$，那么这种情况被称作 **直** 的。

当 $\pi(K) > 0$ 时的知识状态 K 被称作 **真** 状态。它们形成了 π 的 **支持**，记作 $supp(\pi)$。我们认为在实际中，这种支持只包含很小一部分状态，在下一节，我们会将其更精确地称作"彼此接近"。如果支持只包含一个状态，这种状态是 π 的 **单位支持**。

公设 [QM] 和 [M] 已经说明了 τ 和 μ 分别是发问函数和标记函数。由这 4 个公设定义的过程的特殊情况将会出现在对发问函数和标记函数进行具体化之后。总之，正如前面的例子所述，过程 $(\mathbf{R}_n, \mathbf{Q}_n, \mathbf{K}_n, \mathbf{M}_n)$ 是一个马尔科夫链。相同的说明对于各种其他的子过程也成立，比如 $(\mathbf{M}_n)$ 和 $(\mathbf{Q}_n, \mathbf{M}_n)$。注意到这些假设的一个隐含意思是被试的状态分布不会受到发问过程的影响。马尔科夫链 $(\mathbf{M}_n)$ 会被称作 **打标记的过程**。而且是我们关注的核心。它的行为受到各种误差（或称作随机）来源的影响，特别是出错概率 β_q，猜测概率 η_q 和被试在状态族上的分布 π。

14.3 结构上的组合假设

为了实现例子 14.1.1 中引入的概念，需要一些组合机器来扩展定义 4.1.6 中介绍的工具。我们考虑一个有限的、可识别的知识结构 $(Q, \mathcal{K})$。如前所述，我们用对称差分距离 $d(K, L) = |K \triangle L|$ 来测量 $\mathcal{K}$ 中两个状态 K 和 L 之间的距离。它计算的是 K 和 L 中不同元素的个数。我们现在推广关于状态邻居的记号（定义 4.1.6），用以标记状态群集的邻居。

14.3.1 定义。$\mathcal{K}$ 的任何子群集 Ψ 的 ε-**邻居** 的定义如下：

$$\mathcal{N}(\Psi, \varepsilon) = \{K' \in \mathcal{K} \mid d(K, K') \leq \varepsilon, \text{对于某个} K \text{ in } \Psi\}.$$

$\mathcal{N}(\Psi, \epsilon)$ 的状态被称作 Ψ **的 ε-邻居**。这些包含问题 q 的 ε-邻居是 Ψ 的 (q, ε)-**邻居**。而且相似地，那些不包含问题 q 的就是 $(\bar{q}, \varepsilon)$-**邻居**。我们定义

$$\mathcal{N}_q(\Psi, \varepsilon) = \mathcal{N}(\Psi, \varepsilon) \cap \mathcal{K}_q \qquad \text{且} \qquad \mathcal{N}_{\bar{q}}(\Psi, \varepsilon) = \mathcal{N}(\Psi, \varepsilon) \cap \mathcal{K}_{\bar{q}},$$

分别称为 Ψ 的 (q, ε)-**邻居** 和 $(\bar{q}, \varepsilon)$-**邻居**。当 $\Psi = \{K\}$ 时，我们把 $\mathcal{N}(\{K\}, \varepsilon)$ 简写成 $\mathcal{N}(K, \varepsilon)$。相同的思路，我们简写成 $\mathcal{N}_q(K, \varepsilon)$ 和 $\mathcal{N}_{\bar{q}}(K, \varepsilon)$。

为了运用这些概念，以下还有一些比较明显的结论，有关的证明我们作为问题 4 留给读者。对于 $y = q$ 或者 $y = \bar{q}$，我们总有 $\mathcal{N}_y(\Psi, 0) = \Psi_y \subseteq \Psi$。最后一个包含是严格的，除了两种情况：(i) $y = q \in \cap\Psi$；或者 (ii) $y = \bar{q}$ 且 $q \notin \cup\Psi$。还有，如果 $y = q \notin \cup\Psi$，或者 $y = \bar{q}$ 且 $q \in \cap\Psi$，那么 $\mathcal{N}_y(\Psi, 0)$ 是空的。

这些邻居的概念用来沿着例子 14.1.1 中介绍的思路明确发问函数和标记函数。设 $(\mathbf{R}_n, \mathbf{Q}_n, \mathbf{K}_n, \mathbf{M}_n)$ 是一个参数为 π、τ、β、η 和 μ 的随机评估过程。我们假设：在被标记的状态集合 $\mathbf{M}_n$ 的基础上，第 n 次试验选择了问题 q。为达此目的，过程构造了 $\mathcal{N}(\mathbf{M}_n, \varepsilon)$。其中，$\varepsilon$ 会依赖于 $\mathbf{M}_n$ 的大小。一般来说，选 q 就是要把 ε-邻居尽可能平分成两个集合：$\mathcal{N}_q(\mathbf{M}_n, \varepsilon)$ 和 $\mathcal{N}_{\bar{q}}(\mathbf{M}_n, \varepsilon)$。我们把选择问题的前提放在 $\mathcal{N}(\mathbf{M}_n, \varepsilon)$ 上，而不是一个潜在地更小地集合 $\mathbf{M}_n$ 上，因为在评估过程的前面几步中，存在引入错误的可能。这些想法是用发问函数 τ 的一种具体形式实现的（参见公设 [QM]）。

14.3.2 定义。我们现在设定 $\varepsilon : \mathbb{N} \cup \{0\} \to \mathbb{R}^+ \cup \{0\}$ 是一个函数，其值随着被标记的状态集合的大小变化而变化。用 $\mathbf{T}_n$ 表示 Q 里的所有问题 q，在第

n 次试验，将下式最小化

$$\nu_q(\mathbf{M}_n, k) = \Big|\big|\mathcal{N}_q(\mathbf{M}_n, \varepsilon(|\mathbf{M}_n|))\big| - \big|\mathcal{N}_{\bar{q}}(\mathbf{M}_n, \varepsilon(|\mathbf{M}_n|))\big|\Big|.$$

（如前所述，我们简化了记号，用 $\nu_q(K, j)$ 表示 $\nu_q(\{K\}, j)$。）我们说公设 [QM] 里的发问规则 τ 是 ε-**半裂** 的，当且仅当

$$\tau(q, \mathbf{M}_n) = \frac{\iota_{\mathbf{T}_n}(q)}{|\mathbf{T}_n|},$$

其中，ι_A 是集合 A 的指示函数。注意到，如果 $|\mathbf{M}_n| = 1$ 且 $\varepsilon(1) = 0$，或者如果 $\mathbf{M}_n = \varnothing$，那么 $\mathbf{T}_n = Q$；在这些情况下，Q 中所有的问题被选到的概率都一样。

$\varepsilon(1) = 1$ 的假设，以及作为密切相关的概念——状态 K 的边界 $K^{\mathcal{F}}$，将在后面处于中心位置。在 4.1.6 中，这一概念被定义成并集 $K^{\mathcal{F}} = K^{\mathcal{I}} \cup K^{\mathcal{O}}$，其中 $K^{\mathcal{I}}$ 且 $K^{\mathcal{O}}$ 分别是 K 的内部和外部边界，即

$$K^{\mathcal{I}} = \{q \in K | K \setminus \{q\} \in \mathcal{K}\}, \tag{14.2}$$

$$K^{\mathcal{O}} = \{q \in Q \setminus K | K \cup \{q\} \in \mathcal{K}\}. \tag{14.3}$$

14.3.3 定理。 对于任何状态 K，任何 $q \in K^{\mathcal{F}}$ 和任何 $r \in Q \setminus K^{\mathcal{F}}$，我们有

$$\nu_q(K, 1) = |\mathcal{N}(K, 1)| - 2 < \nu_r(K, 1) = |\mathcal{N}(K, 1)|. \tag{14.4}$$

而且，如果 $K^{\mathcal{F}} \neq \varnothing$ 且发问函数 τ 是 ε-半裂，以及 $\varepsilon(1) = 1$，那么对于任何正整数 n，我们有

$$\mathbb{P}\big(\mathbf{Q}_n = q | \mathbf{K}_n, \mathbf{M}_n = \{K\}, \mathbf{W}_{n-1}\big) = \begin{cases} 1/|K^{\mathcal{F}}| & \text{如果} q \in K^{\mathcal{F}} \\ 0 & \text{否则} \end{cases}$$

所以

$$\mathbb{P}\big(\mathbf{Q}_n \in K^{\mathcal{F}} | \mathbf{K}_n, \mathbf{M}_n = \{K\}, \mathbf{W}_{n-1}\big) = 1.$$

证明。因为第二个命题直接来自第一个命题，所以我们只证明 (14.4)。我们先证明 $\nu_q(K, 1)$。我们考虑两种情况。假设 $q \in K^{\mathcal{F}}$。如果 $q \in K$，那么存在一个状态 L 使得 $K = L \cup \{q\}$ 且 $\mathcal{N}_{\bar{q}}(K, 1) = \{L\}$。这就产生

$$\nu_q(K, 1) = |\mathcal{N}(K, 1)| - 2. \tag{14.5}$$

如果 $q \notin K$，那么这次的等式是 $L = K \cup \{q\}$ 和 $\mathcal{N}_q(K,1) = \{L\}$。

转到 $\nu_r(K,1)$，假设 $r \in Q \setminus K^{\mathcal{F}}$。我们还是有两个情况：$r \notin \cup \mathcal{N}(K,1)$ 或者 $r \in \cap \mathcal{N}(K,1)$。在第一种情况中，我们有

$$\mathcal{N}_{\bar{r}}(K,1) = \mathcal{N}(K,1), \qquad \mathcal{N}_r(K,1) = \varnothing$$

且

$$\nu_r(K,1) = |\mathcal{N}(K,1)|. \tag{14.6}$$

第二种情况产生了

$$\mathcal{N}_r(K,1) = \mathcal{N}(K,1), \qquad \mathcal{N}_{\bar{r}}(K,1) = \varnothing, \tag{14.7}$$

还是产生了式 (14.6)。第一个命题来自式 (14.5) 和式 (14.6)。 $\square$

我们现在转到标记函数。这里的想法受到了来自例 14.1.1 的启发，也就是说，我们在第 $n+1$ 次试验时只把那些与被问的问题和观测到的回答一致的 $\mathbf{M}_n$ 的 δ-邻居作为被标记的状态保留。因此，依概率 1，

$$\mathbf{M}_{n+1} = \mathcal{N}_y(\mathbf{M}_n, \delta), \tag{14.8}$$

其中

$$y = \begin{cases} q & \text{如果 } q \text{ 的回答正确} \\ \bar{q} & \text{否则} \end{cases} \tag{14.9}$$

式 (14.8) 中的参数 δ 的值会随着 $\mathbf{M}_n$ 的变化而变化。它会依赖于问题 $\mathbf{Q}_n$ 是否属于 $\mathbf{M}_n$ 中的至少一个被标记的状态，以及它的回答是否正确。这个带来了下面定义中的 4 种情况。扩大被标记的状态族的动机如前所述：真的状态可能游离于被标记的状态的实际群集之外，我们想用这个过程来纠正这种忽略。

14.3.4 定义。 设 $\delta_1, \delta_2, \bar{\delta}_1$, and $\bar{\delta}_2$ 是 4 个定义在非负整数上的函数，具有非负的实值。公设 [M] 的标记函数 μ 是 **由参数 $\delta = (\delta_1, \delta_2, \bar{\delta}_1, \bar{\delta}_2)$ 选出的，** 如果它满足

$$\mu(\mathbf{M}_{n+1}, \mathbf{R}_n, \mathbf{Q}_n, \mathbf{M}_n) = \begin{cases} 1 & \text{在下面的 4 个情况中；} \\ 0 & \text{所有其他情况.} \end{cases}$$

(i) $\mathbf{R}_n = 1$, $\mathbf{Q}_n = q \in \bigcup \mathbf{M}_n$, 且 $\mathbf{M}_{n+1} = N_q(\mathbf{M}_n, \delta_1(|\mathbf{M}_n|))$;

(ii) $\mathbf{R}_n = 1$, $\mathbf{Q}_n = q \notin \bigcup \mathbf{M}_n$, 且 $\mathbf{M}_{n+1} = N_q(\mathbf{M}_n, \delta_2(|\mathbf{M}_n|))$;

(iii) $\mathbf{R}_n = 0$, $\mathbf{Q}_n = q \in \bigcup \mathbf{M}_n$, 且 $\mathbf{M}_{n+1} = N_{\bar{q}}(\mathbf{M}_n, \bar{\delta}_1(|\mathbf{M}_n|))$;

(iv) $\mathbf{R}_n = 0$, $\mathbf{Q}_n = q \notin \bigcup \mathbf{M}_n$, 且 $\mathbf{M}_{n+1} = N_{\bar{q}}(\mathbf{M}_n, \bar{\delta}_2(|\mathbf{M}_n|))$。

注意到上述要求可以通过让函数 δ_1、δ_2、$\bar{\delta}_1$ 和 $\bar{\delta}_2$ 依赖于 Q 的问题 q 的方法来推广。

我们现在把定义 13.3.4 运用到这样的情况下：对于某些 $K, K_0 \in \mathcal{K}$，状态 K_0 是单位支持且 $\mathbf{M}_n = \{K\}$。

14.3.5 定理。假设标记规则 μ 是由参数 $\delta = (\delta_1, \delta_2, \bar{\delta}_1, \bar{\delta}_2)$ 选出的，而且

$$\delta_1(1) = \bar{\delta}_2(1) = 0, \qquad \delta_2(1) = \bar{\delta}_1(1) = 1. \qquad (14.10)$$

用 $A_n(K, K_0)$ 表示联合事件 $(\mathbf{M}_n = \{K\}, \mathbf{K}_n = K_0)$，我们有：

$$\mathbb{P}\big(\mathbf{M}_{n+1} = \{K\} | \mathbf{Q}_n \in K^{\mathcal{I}} \cap K_0, A_n(K, K_0)\big) = 1 - \beta_{\mathbf{Q}_n};$$

$$\mathbb{P}\big(\mathbf{M}_{n+1} = \{K \setminus \mathbf{Q}_n\} | \mathbf{Q}_n \in K^{\mathcal{I}} \cap K_0, A_n(K, K_0)\big) = \beta_{\mathbf{Q}_n};$$

$$\mathbb{P}\big(\mathbf{M}_{n+1} = \{K\} | \mathbf{Q}_n \in K^{\mathcal{I}} \setminus K_0, A_n(K, K_0)\big) = \eta_{\mathbf{Q}_n};$$

$$\mathbb{P}\big(\mathbf{M}_{n+1} = \{K \setminus \mathbf{Q}_n\} | \mathbf{Q}_n \in K^{\mathcal{I}} \setminus K_0, A_n(K, K_0)\big) = 1 - \eta_{\mathbf{Q}_n};$$

$$\mathbb{P}\big(\mathbf{M}_{n+1} = \{K \cup \mathbf{Q}_n\} | \mathbf{Q}_n \in K^{\mathcal{O}} \cap K_0, A_n(K, K_0)\big) = 1 - \beta_{\mathbf{Q}_n};$$

$$\mathbb{P}\big(\mathbf{M}_{n+1} = \{K\} | \mathbf{Q}_n \in K^{\mathcal{O}} \cap K_0, A_n(K, K_0)\big) = \beta_{\mathbf{Q}_n};$$

$$\mathbb{P}\big(\mathbf{M}_{n+1} = \{K \cup \mathbf{Q}_n\} | \mathbf{Q}_n \in K^{\mathcal{O}} \setminus K_0, A_n(K, K_0)\big) = \eta_{\mathbf{Q}_n};$$

$$\mathbb{P}\big(\mathbf{M}_{n+1} = \{K\} | \mathbf{Q}_n \in K^{\mathcal{O}} \setminus K_0, A_n(K, K_0)\big) = 1 - \eta_{\mathbf{Q}_n}。$$

证明留作问题 5。注意到，如果 $K^{\mathcal{I}} \neq \varnothing$ 且发问函数是 ε-半裂的，以及 $\varepsilon(1) = 1$，定理 14.3.3 和 14.3.5 保证我们可以计算从 $\mathbf{M}_n = \{K\}$ 到 $\mathbf{M}_{n+1} = \{K'\}$ 所有可能的转移概率。

14.4 马尔科夫链术语

我们的结论围绕马尔科夫链。为了避免歧义，我们采用术语 **m-状态** 来指示这些链条的马尔科夫状态，保留 $\mathcal{K}$ 的元素的"（知识）状态"。关于马尔科夫链的概念，我们建议读者参阅 Kemeny 和 Snell（1960），Chung（1967），Feller（1968），Parzen（1994）或者 Barucha-Reid（1997）。除非明确说明，我们采用 Kemeny 和 Snell 的独特术语（例如，我们用"遍历性"，而不用"重复出现"或者"持续不变"）。

这里简单回顾一下术语，有些概念在第 11 章里出现过。

14.4.1 定义。设 $(\mathbf{X}_n)_{n\in\mathbb{N}}$ 是一个 m-状态的有限集合 E 上的马尔科夫链，其**转移概率矩阵** $M = (M_{ij})_{i,j\in E}$ 且**初始概率分布** $v = (v_i)_{i\in E}$；因此

$$v_i = \mathbb{P}(\mathbf{X}_1 = i), \qquad\qquad i \in E;$$
$$M_{ij} = \mathbb{P}(\mathbf{X}_{n+1} = j | \mathbf{X}_n = i), \qquad\qquad n = 1, 2, \ldots$$

如果存在一个自然数 n，使得 $(M^n)_{ij} > 0$（注意 j 不一定能指向自己），那么称 m-状态 j 从 m-状态 i **可达**。如果 C 之外的任何一个 m-状态都不能从 C 里的任何一个状态可达，那么 E 的这个子集 C 是**闭集**。如果一个 m-状态是一个闭集的单独元素，那么它被称作**吸收**的。对于 C 中任何两个 m-状态 i、j，如果 j 从 i 可达，特别是 j 还从自身可达，而且 E 的子集 C 是满足这个性质的最大子集，那么它就被称作 **（在马尔科夫链中的）类**。

因为 E 的有限性，我们可以把一个**可遍历的** m-**状态**定义成属于某个闭类的 m-状态。一个闭类有时被称作一个**可遍历的集合**。如果一个 m-状态不是可遍历的，那么它就是**瞬时**的。

链 $(\mathbf{X}_n)$ 是**规则**的，如果它所有的 m-状态形成了一个单独的类，而且 $(\mathbf{X}_n)$ 是非**遍历**的。后者意味着对于某个 $n \in \mathbb{N}$ 且所有的 $i, j \in E, (M^n)_{ij} > 0$。最后，如果 $\sum_{i\in E} p_i M_{ij} = p_j$，$E$ 上的概率分布 p 是**稳态的**，或者**不变的**。

众所周知：如果链 $(\mathbf{X}_n)$ 是规则的，那么它具有唯一稳定的分布 p。该分布被称为**极限**，或者**渐进分布**，且

$$p_j = \lim_{n\to\infty} \mathbb{P}(\mathbf{X}_n = j) = \lim_{n\to\infty} \sum_{i\in E} v_i (M^n)_{ij}.$$

极限分布 p 并不依赖于 E 上的初始分布 v。

14.5 对于公平情况的结论

如前所述，设 $\mathcal{K}$ 是一个知识结构，有限域是 Q。我们假设 $(\mathbf{R}_n, \mathbf{Q}_n, \mathbf{K}_n, \mathbf{M}_n)$ 是一个随机评估过程，参数是 π、τ、β、η 和 μ。研究它的行为，我们从一个简单的、一般的结论开始。这个结论是针对直情况的（也就是说，错误概率 β_q 和猜中概率 η_q 在 Q 中所有的问题 q 中都等于 0）。

14.5.1 定理。 在直情况中，假设只存在一个真的状态 K_0，而且标记规则是有选择的。那么对于所有的 $n \in \mathbb{N}$，我们有

$$\mathbb{P}(K_0 \in \mathbf{M}_{n+1} | K_0 \in \mathbf{M}_n) = 1. \tag{14.11}$$

换句话说，包含 K_0 的所有 m-状态的集合是马尔科夫链 $(\mathbf{M}_n)$ 的闭集。

　　为了证明上述结论，需要证明式 (14.11)，把它留作问题 6。我们考虑下一个情形：参数 ε 和 δ 的选择可以迅速减少被标记的状态集合（在第一阶段，见例子 14.1.1）。

14.5.2 定理。 假设发问规则是 ε-半裂的，标记规则是有选择的，且参数是 δ，对于 $k = 1, 2$，和所有整数 $j > 1$ 而言，$\varepsilon(j) = \delta_k(j) = \bar{\delta}_k(j) = 0$。那么，我们有

$$\mathbb{P}(|\mathbf{M}_{n+1}| < |\mathbf{M}_n| \,||\mathbf{M}_n| > 1) = 1. \tag{14.12}$$

如果还有 $\delta_1(1) = 0$，$\delta_2(1) \le 1$，$\bar{\delta}_1(1) \le 1$，且 $\bar{\delta}_2(1) = 0$，那么对于某个自然数 r，对于所有的 $n \ge r$，我们有

$$\mathbb{P}(|\mathbf{M}_n| \le 1) = 1. \tag{14.13}$$

特别地，在直情况中，如果 $\delta_2(1) = \bar{\delta}_1(1) = 0$ 且 K_0 是单位支持，那么存在一个正整数 r，使得只要 $n \ge r$，

$$\mathbb{P}(\mathbf{M}_n = \{K_0\} | K_0 \in \mathbf{M}_1) = 1, \tag{14.14}$$

且

$$\lim_{n \to \infty} \mathbb{P}(\mathbf{M}_n = \varnothing) = 1 \iff K_0 \notin \mathbf{M}_1. \tag{14.15}$$

事实上，马尔科夫链 $(\mathbf{M}_n)$ 恰有两个吸收的 m-状态：$\{K_0\}$ 和 $\varnothing$。

　　证明。式 (14.12) 直接来自公设和假设。因为 $\mathbf{M}_n$ 对于每一个正整数 n 来说是有限的，式 (14.13) 成立。运用定理 14.5.1 得到式 (14.14)，由此 (14.15) 也自然成立。　　　　　　　　　　　　　　　　　　　　　　　□

　　一旦剩下的状态不多于 1 个，$\delta_k(1) = \bar{\delta}_k(1) = 0$ 这个假设实际上锁定了被标记的状态集合。因此，如果它属于 $\mathbf{M}_1$，那么单位支持就很容易找到，否则就缺失。现在我们研究一个更具有扩展性的方案：允许第二阶段的唯一被标记的状态 K 进化到结构中，从而有可能完成一个渐进的构造（在直情况中）或者被 K 单位支持的似然构造（在公平的情况下）。为方便起见，我们

在下面为这个条件集合打上一个标签。注意到 $\varepsilon(1) = 1$ 这一要求受到了例子 14.1.1 的启发，而且给唯一被标记的状态 K 带来的变化比较小。

14.5.3 定义。设 $(\mathbf{R}_n, \mathbf{Q}_n, \mathbf{K}_n, \mathbf{M}_n)$ 是一个随机评估过程，参数是 π、τ、β、η 和 μ，且发问函数是 ε-半裂的，标记函数是由参数 δ 选出的。假设满足以下条件：

(i) 知识状态 $(Q, \mathcal{K})$ 是一个级配良好的空间；

(ii) 对于 $n > 1$，$\varepsilon(1) = 1$ 且 $\varepsilon(n) = 0$；

(iii) 除了两个情况：$\delta_2(1) = 1$ 和 $\bar{\delta}_1(1) = 1$，$\delta = 0$。

那么 $(\mathbf{R}_n, \mathbf{Q}_n, \mathbf{K}_n, \mathbf{M}_n)$ 被称作 **单一** 的。

14.5.4 约定。在后文，我们考虑一个公平的、单一的随机评估过程 $(\mathbf{R}_n, \mathbf{Q}_n, \mathbf{K}_n, \mathbf{M}_n)$，在定义 14.5.3 的意义上（和符号上）。我们假设存在一个唯一的支持 K_0；相应地，这个确定事件 $\mathbf{K}_n = K_0$ 不会在结论的命题中提到。

术语 "m-状态" 和 "遍历集合" 指的是马尔科夫链 $\mathbf{M}_n$，这是我们研究的首要目标。这个链因此满足式 (14.12) 和 (14.13)。只要某个状态 K 保留了唯一被标记的状态（从定理 14.5.2 的角度来看，一定会发生），问题 $\mathbf{Q}_n$ 会从 K 的边界被抽出。这个边界 $K^{\mathcal{F}}$ 非空，因为 $\mathcal{K}$ 是级配良好的（参见定理 4.1.7(iv)）。我们先给出从 $\mathbf{M}_n = \{K\}$ 开始的可能转移，证明留给读者（见问题 8）。

14.5.5 定理。存在一个自然数 n_0，使得对于所有的 $n \geq n_0$

$$\mathbb{P}(|\mathbf{M}_n| = 1) = 1. \tag{14.16}$$

还有，对于任何一个自然数 n，我们有

$$\mathbb{P}(|\mathbf{M}_{n+1} = 1| \, | \, |\mathbf{M}_n| = 1) = 1.$$

更精确地，是

$$A = |K^{\mathcal{O}} \setminus K_0| + \sum_{q \in K^{\mathcal{O}} \cap K_0} \beta_q + \sum_{q \in K^{\mathcal{F}} \cap K_0} (1 - \beta_q),$$

我们有

$$\mathbb{P}\big(\mathbf{M}_{n+1} = \{K'\}|\mathbf{M}_n = \{K\}\big) =$$

$$\begin{cases} (1/|K^{\mathcal{F}}|)(1-\beta_q) & \text{if } K' = K \cup \{q\}, \text{且 } q \in K^0 \cap K_0, \\ (1/|K^{\mathcal{F}}|) & \text{if } K' = K \setminus \{q\}, \text{且 } q \in K^{\mathcal{J}} \setminus K_0, \\ (1/|K^{\mathcal{F}}|)\beta_q & \text{if } K' = K \setminus \{q\}, \text{且 } q \in K^{\mathcal{J}} \cap K_0, \\ (1/|K^{\mathcal{F}}|)A & \text{如果 } K = K', \\ 0 & \text{在其他条件下.} \end{cases}$$

特别地，对于任何 $K \not\subseteq K_0$，我们有

$$\mathbb{P}\big(\mathbf{M}_{n+1} = \{K\}|\mathbf{M}_n = \{K_0\}\big) = 0.$$

在直的情况下，我们有 $\beta_{\mathbf{Q}_n} = 0$，这意味着当 $|\mathbf{M}_n| = 1$ 时，以概率 1，我们有 $d(\mathbf{M}_{n+1}, K_0) \leq d(\mathbf{M}_n, K_0)$。总体上，如果 Ψ 是一个 Q 的非空子集族，而 K 是 Q 的一个子集，我们约定

$$d(\Psi, K) = \min\{d(K', K)|K' \in \Psi\}.$$

14.5.6 定理。 在直的情况下，选择任何一个非空 $\mathbf{M}_1$，我们有

$$\lim_{n \to \infty} \mathbb{P}\big(\mathbf{M}_n = \{K_0\}\big) = 1. \tag{14.17}$$

还有，任何一个具有 $d(K, K_0) = j > 0$ 的状态 K，以及任何 $l, n \in \mathbb{N}$，我们有

$$\mathbb{P}\big(\mathbf{M}_{l+n} = \{K_0\}|\mathbf{M}_n = \{K\}\big) \geq \sum_{k=0}^{l-j} \binom{j+k-1}{k} \lambda^j (1-\lambda)^k \tag{14.18}$$

其中，λ 被定义为，对于 $K, K' \in \mathcal{K}$ 且 $K \neq K'$

$$\lambda = \min \frac{|(K \triangle K') \cap K^{\mathcal{F}}|}{|K^{\mathcal{F}}|},$$

证明。我们先证明式 (14.18)。为此，我们考虑伯努利试验的序列，"成功"意味着朝 K_0 迈出了一步。因此，第 n 次试验的成功意味着 $d(\mathbf{M}_{n+1}, K_0) = d(\mathbf{M}_n, K_0) - 1$。如果事件 $\mathbf{M}_n = \{K\}$ 实现了，而且 $\mathbf{K}_n = K_0$ 的时候有

$d(K_0, K) = j$，那么对于第 l 次试验达到 $\mathbf{M}_{l+n} = \{K_0\}$，至少 j 成功是必须的，且每次成功的概率至少是 λ。级配良好意味着 $\lambda > 0$。现在，伯努利试验的一个序列中，每个成功概率等于 λ 的 $j + k$ 次试验要求达到恰好 j 次成功的概率是

$$\binom{j+k-1}{k} \lambda^j (1 - \lambda)^k.$$

因此，k 是一个随机变量的值，是参数为 j 和 λ 的负二项分布。结果，式 (14.18) 就从式 (14.16) 推出来。因为当 l 趋向于 ∞ 时，q(14.18) 的右边趋向于 1。从定理 14.5.5 推出了式 (14.17)。

我们有如下结论：

14.5.7 定理。存在一个整数 $n_0 > 0$，使得对于任何 $n \geq n_0$，$\mathbb{P}(|\mathbf{M}_n| = 1) = 1$。还有，马尔科夫链 $(\mathbf{M}_n)$ 具有一个唯一的遍历集 E_0，它包括 $\{K_0\}$ 和某个可能的 m-状态 $\{K\}$，使得 $K \subseteq K_0$，且没有其他 m-状态。如果，再加上对于所有的 $q \in K_0$，$\beta_q > 0$，那么 E_0 事实上就是所有使得 $K \subseteq K_0$ 的 m-状态 $\{K\}$ 的族。

证明。根据定理 14.5.5 的式 (14.16)，一个遍历的 m-状态恰包含一个知识状态。运用定理 14.5.5 中提到的转移概率和 $\mathcal{K}$ 的级配良好形，我们发现可以从任何一个 m-状态 $\{K\}$ 到达 m-状态 $\{K_0\}$。这意味这遍历集合 E_0 的唯一性，且 $\{K_0\} \in E_0$。剩下的命题也可以从定理 14.5.5 中得到。 □

14.6　揭示一个随机状态：例子

前面的大多数结论都假设一个单位支持。在族 $\mathcal{K}$ 上的概率分布 π 如果不是集中在一个单独状态上，也值得考虑。

在理想情况下，马尔科夫链 $\mathbf{M}_n$ 允许一个单独的遍历集合 ξ 包含 $supp(\pi)$，支持概率分布 π。一个可行的策略是分析 ξ 中的 m-状态持续时间的统计特征，为的是评估每个真状态 K 的概率 $\pi(K)$。（在实践中，因为我们不会问太多的问题，我们只瞄准大致正确地估计这些概率。）这一策略用两个例子来呈现。第一个是基于一个状态的可识别链 $\mathcal{K}$。因此它的元素是线性排列的[115]

在本节中的所有例子中，我们考虑一个公平的、单一的随机评估过程（见定义 14.2.2 和 14.5.3）。

---

[115] 不用说，这个特殊情况需要用其他的办法来处理，参见"剪裁的测试"：Lord, 1974；Weiss, 1983。

14.6.1 例子 。假设 $\mathcal{K}$ 是一个状态链

$$L_0 = \varnothing,\ L_1 = \{q_1\},\ ...,\ L_m = \{q_1, ..., q_m\}.$$

根据定理 14.5.2 的式 (14.13)，包含至少一个知识状态的马尔科夫链 $(\mathbf{M}_n)$ 的所有 m-状态是瞬时的。任何包含一个单一真状态的 m-状态是遍历的。（这个例子中所有没被证明的例子都留在问题 **9**。）对于任何一个 m-状态 $\{K\}$，相同的结论也成立，使得对于任何两个真状态 K' 和 K''，有 $K' \subseteq K \subseteq K''$。如果对于 $\cap\,supp(\pi)$ 中的 q，$\beta_q > 0$，那么对于任何包含于真状态的状态 K 来说，$\{K\}$ 是一个遍历的 m-状态。另一方面，如果对于所有的 $q \in \cap\,supp(\pi)$，$\beta_q = 0$，那么只有遍历的 m-状态的形式是 $\{K\}$，且 K 是介于两个真状态之间的状态。因此，在直的情况下，如果对于某个 j、k，且 $0 \le j \le k \le m$，真状态形成了一个 $\mathcal{K}$ 的子链 $L_j, L_{j+1}, ..., L_k$，遍历的 m-状态必然是一个真的状态。如下面的例子所示，统计在重复出现类别中的状态的持续时间可以用来估计分布 $\pi(K)$。假设我们恰有三个真状态 L_{i-1}、L_i 和 L_{i+1}，且 $1 < i < m$。因此，设定

$$\pi_{i-1} = \pi(L_{i-1}) \qquad \text{且} \qquad \pi_{i+1} = \pi(L_{i+1}),$$

我们假设 $\pi(L_i) = 1 - \pi_{i-1} - \pi_{i+1} > 0$，且 $\pi_{i-1} > 0, \pi_{i+1} > 0$，还假设对于所有的 $q \in Q$，$\beta_q = 0$。（我们因此是在直的情形中。）从这些假设中，可以导出存在三个遍历的 m-状态，分别是 L_{i-1}、L_i 和 L_{i+1}。对于 $0 < j < i-1$ 的瞬时 m-状态 L_j，且对于 $i+1 < k < m$ 的 L_k，第 n 次试验的可观测的变量的概率如图 14.2 中的树所示（我们把 $\{\varnothing\}$ 和 $\{Q\}$ 的情况留给读者）。图 14.3 示出了遍历的 m-状态的一个类似的树图。所有以 $\{K\}$ 形式存在的 m-状态之间的转移概率显示在图 14.4 中。

图 14.2: 对于 $0 < j < i-1$ 或者 $i+1 < k < m$，当离开一个瞬时状态 $\{L_j\}$ 或者 $\{L_k\}$ 时，例子 14.6.1 中第 n 次试验观测变量的概率。

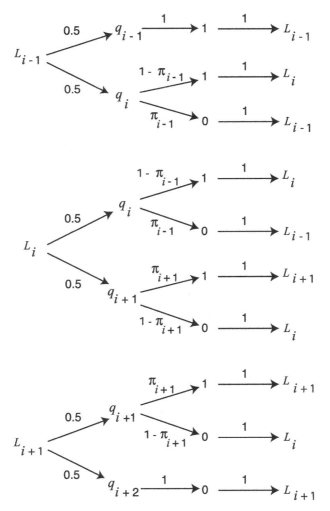

图 14.3: 当离开一个遍历状态 $\{L_{i-1}\}$、$\{L_i\}$ 或者 $\{L_{i+1}\}$ 时，例子 14.6.1 中第 n 次试验观测变量的概率。

渐近地，我们在三个 m-状态 $\{L_{i-1}\}$、$\{L_i\}$ 或者 $\{L_{i+1}\}$ 上具有一个马尔科夫链，这是规则的。设定

$$p_j = \lim_{n\to\infty}(\mathbf{M}_n = \{L_j\}),$$

因此，我们有当且仅当 $i-1 \le j \le i+1$ 时，$p_j \ne 0$。这三个状态上的稳态分布是下列线性方程组的唯一解

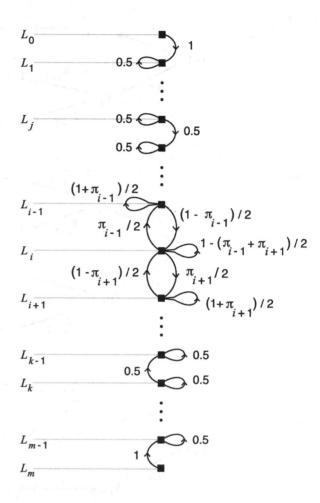

图 14.4: 以 $\{L_j\}$ 形式存在的 m-状态之间的转移概率，见例子 **14.6.1**。

$$(p_{i-1},\, p_i,\, p_{i+1}) \cdot \begin{pmatrix} \dfrac{1+\pi_{i-1}}{2} & \dfrac{1-\pi_{i-1}}{2} & 0 & 1 \\[2mm] \dfrac{\pi_{i-1}}{2} & \dfrac{2-\pi_{i-1}-\pi_{i+1}}{2} & \dfrac{\pi_{i+1}}{2} & 1 \\[2mm] 0 & \dfrac{1-\pi_{i+1}}{2} & \dfrac{1+\pi_{i+1}}{2} & 1 \end{pmatrix}$$

$$= (p_{i-1},\, p_i,\, p_{i+1},\, 1).$$

第一个方程是

$$\frac{1+\pi_{i-1}}{2}p_{i-1} + \frac{\pi_{i-1}}{2}p_i = p_{i-1},$$

我们推出

$$\pi_{i-1} = \frac{p_{i-1}}{p_{i-1} + p_i}.$$

类似地，从第三个方程可以获得：

$$\pi_{i+1} = \frac{p_{i+1}}{p_i + p_{i+1}}.$$

为了完整起见，我们给出：

$$\pi(L_i) = \frac{p_i^2 - p_{i-1}p_{i+1}}{p_i + p_{i-1}p_{i+1}}.$$

因为知识状态的渐近概率可以在实际中用访问 m-状态的比例估计出来，所以从任何一个具体的被试数据中粗略地估计出未知概率 $\pi(L_j)$ 是可能的。

下面的例子说明这些技术不局限于状态链这一情形。

14.6.2 例子 。设 $Q = \{a, b, c, d, e\}$ 是一个具有 5 个元素的集合，且知识空间 $\mathcal{K}$ 是从图 14.5(a) 的偏序中得到的。因此，我们有

$$\mathcal{K} = \big\{ \varnothing, \{c\}, \{e\}, \{b,c\}, \{c,e\}, \{a,b,c\}, \{b,c,e\},$$
$$\{c,d,e\}, \{a,b,c,e\}, \{b,c,d,e\}, Q \big\}.$$

假设直接的情况成立，而且 $\{c\}$ 和 $\{e\}$ 是仅有的真状态。设 $\alpha = \pi(e)$，我们因此有 $\pi(c) = 1 - \alpha$。因为我们假设评估过程是直的，得出的结论是只存在一个遍历的集合：$\{\{\varnothing\}, \{\{c\}\}, \{\{e\}\}, \{\{c,e\}\}\}$。

图 14.5(b) 提供了 4 个遍历的 m-状态之间的转移概率。对于 $\{K\} \in \{\{\varnothing\}, \{\{c\}\}, \{\{e\}\}, \{\{c,e\}\}\}$，设定

$$p(K) = \lim_{n \to \infty} \mathbb{P}\big(\mathbf{M}_n = \{K\}\big)$$

对于例子，我们有

$$p(\varnothing) = \frac{1}{2}p(\varnothing) + \frac{1}{3}p(\{c\}) + \frac{1}{2}(1 - \alpha)p(\{e\}).$$

求解 α，我们有

$$\alpha = \frac{p(\varnothing) - p(\{e\})}{(2/3)p(\{c\}) - p(\{e\})}.$$

在这里我们再一次看到：未知的 α 可以从 $(\mathbf{M}_n)$ 的遍历的 m-状态的渐近概率估计出来，方法是在实践这个过程时，m-状态的访问比例。在下一节，我们考虑在某些情形下理论上可行的评估方法。

我们现在转到一个例子：知识结构一开始并没有被准确地描述。例如，学生的状态被忽略了。

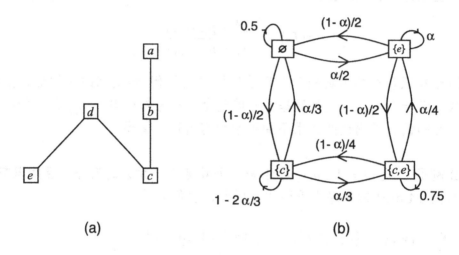

图 14.5: (a) 例 14.6.2 中偏序的哈斯图。(b) 例子中的 4 个遍历的 m-状态的转移概率。（外层括号予以省略，比如 $\{a\}$ 表示 $\{\{a\}\}$。）

14.6.3 例子．采用例子 14.6.2 中相同的结构，我们假设被试只掌握问题 c 和 d。因此，学生的"知识状态"是 $\{c, d\}$，这个不是 $\mathcal{K}$ 的状态。当运行一个公平的、单一的过程来评估被试的知识时，我们假设：当问题 c 和 d 被问出时，回答正确，否则回答错误。分析这个情况，可以发现 $(\mathbf{M}_n)$ 是一个马尔科夫链；图 14.6 显示了它的可达关系和相应的转移概率。存在两个吸收的 m-状态，分别是 $\{\{c\}\}$ 和 $\{\{c, d, e\}\}$，在图中用粗红的框表示。因此，依赖于开始点，依概率 1，这个链会结束在这两个 m-状态中的一个。作为结论，我们看到观测这个过程的一个具体实现可以让观测者（不可避免地）诊断一个不正确的状态，但是它离学生的实际状态不会差很远：我们有

$$d(\{c\}, \{c, d\}) = d(\{c, d, e\}, \{c, d\}) = 1.$$

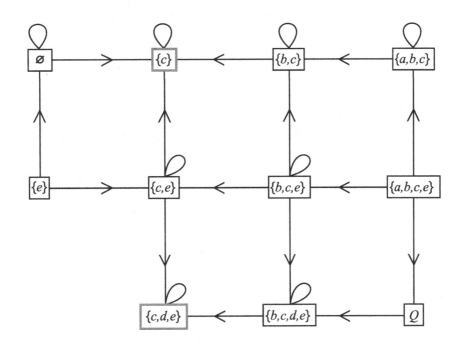

图 14.6: 例 14.6.3 中 m-状态的可能转移。（省去一层括号。）

14.7 比较困难的情况

为了完整起见，增设这一节。从应用的角度来看，不是非常有用。因为他们给知识结构施加了太严格的条件。我们处理的情况是被试的知识结构可能会在过程中随机变化，这种变化的依据是在域 $Q = \{q_1, ..., q_k\}$ 上的知识结构 $\mathcal{K}$ 上的固定概率分布 π。因此，分布 π 是被试所独有的。一个典型的结论是，在本章的意义下，对于一个随机评估过程可以揭示的概率分布 π，$\mathcal{K}$ 的非空状态的数目不会超过元素的数目。如果知识结构 $\mathcal{K}$ 是一个可识别的最大链，那么这种情况就会发生。

$$\varnothing \subset \{q_1\} \subset \{q_1, q_2\} \subset ... \subset \{q_1, ..., q_k\}.$$

如果我们要求知识结构是一个学习空间，那么这种链就是唯一的可能。（问题 14 会要求读者来证明这个结论。）

我们假设对于所有的 $q \in Q$（直的情况），错误概率 β_q 和猜中概率 η_q 都

是 0。问题 q 的正确回答的观测概率 $\rho(q)$ 完全由被试的分布 π 通过公式确定

$$\sum_{K \in \mathcal{K}_q} \pi(K) = \rho(q), \qquad \text{对于} q \in Q \tag{14.19}$$

（其中，像以前那样，$\mathcal{K}_q = \{K \in \mathcal{K} | q \in K\}$）。这是一个含有未知量 $\pi(K)$ 的线性方程组，且右边的常数项 $\rho(q)$。注意到未知量的系数只取 0 或者 1。

14.7.1 定义 。有限问题域 Q 的子集的一个群集 $\mathcal{K}$ 的 **关联矩阵** 是矩阵 $\mathbf{M} = (M_{q,k})$，它的行由 Q 里的问题 q 标记，列由 $\mathcal{K}$ 里的状态 K 标记，且

$$M_{q,K} = \begin{cases} 1 & \text{如果} q \in K, \\ 0 & \text{否则}. \end{cases}$$

设 $\rho = (\rho(q))_{q \in Q}$ 是一个正确回答概率的向量。我们研究：在怎样的条件下式 (14.19) 恰存在一个向量解 $\pi = (\pi(K))$（且 $K \in \mathcal{K}$），而且还满足 $\pi(K) \geq 0$ 且 $\sum_{K \in \mathcal{K}} \pi(K) = 1$？在下面的定理种，我们假设式 (14.19) 中存在某个向量解 $\hat{\pi}$，且对于所有的 $K \in \mathcal{K}$ 有 $0 < \hat{\pi}(K) < 1$。定理确定了这种解的唯一性条件。

14.7.2 定理。 **在这个直的情况下，知识结构 $\mathcal{K}$ 上一个严格正的概率分布 $\hat{\pi}$ 可以通过式 (14.19) 从正确回答的概率向量中恢复出来，当且仅当群集 $\mathcal{K}^\bullet = \mathcal{K} \setminus \{\varnothing\}$ 的关联矩阵的秩等于 $|\mathcal{K}^\bullet|$。**

证明。用 Λ 表示 $\mathcal{K}$ 上所有概率分布 π 的单纯形；因此 Λ 依赖于向量空间 $\mathbb{R}^{\mathcal{K}}$，其中，$\mathcal{K}$ 的每一个元素都有实系数与之对应。定理中的命题里提到的严格正的概率分布 $\hat{\pi}$ 是 Λ 的一个相对内点。

注意到向量子空间 S_0 包含同质系统（式 (14.20)）的所有解 π（没有正条件）

$$\sum_{K \in \mathcal{K}_q} \pi(K) = 0, \qquad \text{且} q \in Q, \tag{14.20}$$

总是包含 Λ 的顶点，对应于所有大数中心位于空集上的分布。因此，这个子空间 S_0，还包含 $\mathbb{R}^{\mathcal{K}}$ 的源，不会与由 $\sum_{K \in \mathcal{K}} \pi(K) = 1$ 定义的超平面平行。

式 (14.19) 的所有解的仿射子空间 S 是通过点 $\hat{\pi}$ 对 S_0 的一个翻译。因为 $\hat{\pi}$ 是 Λ 的一个相对内点，我们看到 $\hat{\pi}$ 是唯一确定的，当且仅当 S_0 的维是 1。这意味着如果 $\mathcal{K}$ 的关联矩阵的秩是 $|\mathcal{K}| - 1$，或者等价于矩阵 $\mathcal{K}^\bullet$ 的秩是 $|\mathcal{K}^\bullet|$。

14.7.3 注释。定理 14.7.2 覆盖了这样一种情况：支持 $supp(\pi)$ 等于 $\mathcal{K}$。放弃这个条件，但是假设一个固定的支持 $supp(\pi)$ 包含 $\varnothing$，相同的推理证明：当关联矩阵 $supp(\pi)$ 的秩不等于 $|supp(\pi)| - 1$ 时，我们无法从它推出的回答概率 ρ 中恢复任何一个潜在的分布 $supp(\pi)$。

上述这些想法带出了这样一个问题：当关联矩阵的秩等于 $|\mathcal{K}|$ 时，一个有限的域 Q 上非空子集的群集 $\mathcal{K}$ 具有怎样的特征？本章的引言部分已经提到：一个明显的必要条件是 $|Q| \geq |\mathcal{K}|$，也就是说，能够被随机评估过程恢复出来的、$\mathcal{K}$ 上的任意分布，非空状态的数目不能超过问题的数目。尽管族的许多类型满足这个条件——如下所示——只有一个满足学习空间的公设：一个最大可识别的链（见问题 14）。

14.7.4 定理。如果 $\mathcal{P}$ 是有限域 Q 上的一个偏序，那么它的理想原则的族

$$\mathcal{I} = \big\{\{q \in Q | q \mathcal{P} r\} | r \in Q\big\}$$

的关联矩阵的秩是 $|Q|$。

证明。根据 Szpilrajn（1930）众所周知的结论，存在一个 $\mathcal{P}$ 的线性扩展 T（见 **Trotter**, 1992）。把关联矩阵的列按照 T 的顺序列举出来。因为 Q 里的一个问题 r 产生的理想原则是 $\mathcal{I}$ 中包含 r 的第一个元素，下标为 r 的列与前面的列是线性独立的。 □

14.8　参考文献和相关工作

本章主要来自 Falmagne 和 Doignon（1988b）。该文的组合部分在第 4 章进行了阐述。

问题

1. 通过在可能的情况下选择各种问题，解决例子 14.1.1 中评估过程的其他实现。

2. 通过仔细地选择一个与本章中出现的知识结构不同的典型的知识结构，解释为什么级配良好的假设是关键的。给出一个例子，在这个例子中马尔科夫链 $(\mathbf{M}_n)$ 可以到达以 $\{K\}$ 形式存在的 m-状态，且 K 不是一个真状态，且依概率 1 存在。用你的例子证明本章中的哪些结论在知识结构不是级配良好的情况下依旧成立。

3. 证明定义 14.2.2 结尾部分提到的各种过程，比如 $(\mathbf{M}_n)$ 和 $(\mathbf{Q}_n, \mathbf{M}_n)$，确实是马尔科夫链。

4. 证明定义 14.3.1 之后的命题。对于 $y = q$ 或者 $y = \bar{q}$，我们总是有 $\mathcal{N}_y(\Psi, 0) = \Psi_y \subseteq \Psi$，最后的包含关系是严格的，除了下面两种情况：(i) $y = q \in \bigcap \Psi$；或者 (ii) $y = \bar{q}$ 且 $q \notin \bigcup \Psi$。还有，如果 $y = q \notin \bigcup \Psi$, or $y = \bar{q}$ 且 $q \in \bigcap \Psi$，$\mathcal{N}_y(\Psi, 0)$ 是空的。

5. 证明定理 14.3.5 的各种情况。

6. 证明式 (14.11)。

7. 假设一个单一的评估过程已经在一个级配良好的知识结构上运行过了。下面的命题是对还是错：**如果存在两个互不包含的状态，那么马尔科夫链 $(\mathbf{M}_n)$ 至少有三个遍历的 m-状态** 吗？证明你的回答。

8. 证明定理 14.5.5。

9. 证明例子 14.6.1 中所有剩下没被证明的命题。

10. 分析例子 14.6.2 中的情况，其中，支持是一个不同的状态族。例如，包含三个状态。

11. 分析例子 14.6.3 中的情况，其中，学生的知识是 Q 的另外一个子集，而且不属于 $\mathcal{K}$。

12. 评估实现本章中的随机评估过程所需的计算机存储空间（假设学生的回答是从键盘上采集的）。将其与第 13 章介绍的过程所需的内存相比较。

13. 在一个两元素的集合上确定非空子集的所有群集 $\mathcal{K}$，其中，关联矩阵的秩等于 2。试着在一个三元素的域上（其秩等于 3）找出所有类似的群集（的同态）。

14. 在第 14.7 节（定理 14.7.2）中，我们证明如果被试的知识状态在试验过程中依据知识结构 $\mathcal{K}$ 上固定的分布 π 发生随机的变化，那么在本章的意义上，只有当非空状态的数目不超过问题的数目时，π 才可以通过随机评估过程恢复出来。证明满足这个条件的学习空间只可能是链。

15 构造一个知识空间

在前面两章中，我们已经描述了用于揭示某个学生在某个学科方面的知识状态的评估过程。这种知识状态是组成这个学科知识结构的许多个状态中可能的一个。我们现在转到在实践中构造一个知识结构的问题上。在本章中，我们要处理知识空间的情况，也就是说，并集—闭合的知识结构。第 16 章介绍构造学习空间的方法。它们部分地基于本章的技术，这是自然的，因为学习空间是特殊的知识空间（参见定理 2.2.4）。

我们构造知识空间的一个基本工具是 "QUERY" 程序，该程序出自 Koppen（1993）和 Muller（1989）（参见 Dowling，1994）。QUERY 程序是从构造第一个蕴含关系开始的，见定义 7.1.4。该程序的输入是专家对于具体的 "询问" 的回答群集。这个输入的存在形式还可以是学生的评估统计，该统计可以提供有关结构的、本质上相同的金子般的信息（见注释 15.4.7）。输出是从蕴含关系推出的知识空间（见定理 7.1.5 和定义 7.1.6）。知识空间因此而不一定是一个学习空间。

本章主要包含三部分。我们会从描述 QUERY 程序本身开始。然后再讨论 QUERY 程序的应用，这一应用出现在 Kambouri, Koppen, Villano, 和 Falmagne（1994）（见 Kambouri，1991）。回答程序发问的是 4 位经验丰富的教师和实验者本人 Maria Kambouri。这些问题是从标准的高中数学课程中抽取出来的。我们所呈现的研究来自 Kambouri 等（1994）。我们会看到 QUERY 程序的应用只是部分地成功了。其中一种解释是这些工作需要极其细心地工作几十个小时乃至好几天。对于一个专家而言，很难做到从头到尾都一直一丝不苟。Cosyn 和 Thiery（2000）的工作试图弥补这个缺点，方法是延后对于某些问题的回答，直到这些回答被后面的回答所确认。否则，就丢弃这些回答。它们工作的结果是 PS-QUERY 程序（即 "Pending-Status-QUERY"），这将在本章的末尾予以介绍。

15.1 QUERY 程序背景

当 QUERY 程序的输入来自域内专家时，他们的观点的存在形式是对问题的回答，例如：

[Q1] 假设在考试的学生对于某个集合 A 中的所有问题都回答错了。那么在实际中，是否可以肯定该生一定会答错 q？假设条件是理想的，即排除错误和侥幸猜中。

假设专家有能力忠实地回答这些问题[116]。出现在 [Q1] 里的集合 A 通常被称作 **祖先** 集合。这个问题的类型可以用 (A, q) 表示，问题则可以缩写为：**某个祖先集 A 的问题如果全回答错误，那么是否蕴含着也会答错问题 q？**

我们以前曾经遇到过 [Q1] 这样的问题。在第 7 章，它们是蕴含概念和蕴含关系的提出动机。在那里，我们推导出了两个看上去非常不同的概念之间的等价关系：一个是知识空间，还有一个是对于 Q 的蕴含。后者是关系 $\mathcal{P} \subseteq (2^Q \setminus \{\varnothing\}) \times Q$，它满足如下两个条件。对于所有的 $q \in Q$，且 $A, B \in 2^Q \setminus \{\varnothing\}$：

(i) 如果 $q \in A$，那么 $A\mathcal{P}q$；

(ii) 如果只要 $b \in B$ 就有 $A\mathcal{P}b$ 成立，而且 $B\mathcal{P}q$，那么 $A\mathcal{P}q$

（见定义 7.1.4）。唯一的蕴含 $\mathcal{P}$ 是从 Q 上某个具体的空间 $\mathcal{K}$ 推出来的，它的定义如下

$$A\mathcal{P}q \iff (\forall K \in \mathcal{K} : A \cap K = \varnothing \implies q \notin K), \qquad (15.1)$$

其中，$A \in 2^Q \setminus \{\varnothing\}$ 且 $q \in Q$（参见定理 7.1.5）。这个从 Q 上给定的蕴涵 $\mathcal{P}$ 推出来的、在 Q 上唯一的知识空间 $\mathcal{K}$ 的定义是

$$K \in \mathcal{K} \iff (\forall (A, q) \in \mathcal{P} : A \cap K = \varnothing \implies q \notin K). \quad (15.2)$$

从式 (15.1) 可以推出，对于一个给定的知识结构 $\mathcal{K}$，所有以形式 [Q1] 存在的问题的回答都是确定的。根据假设，在问题 [Q1] 中的学生一定处于与祖先集合 A 没有任何交集的状态中。如果没有一个状态与包含 q 的集合 A 有重叠，那么专家回答"是"；否则，回答"否"。反过来，如果给出了对于这些问题的所有答案，那么根据定理 7.1.5，可以获得式 (15.2) 中确定的唯一的知识空间 $\mathcal{K}$。在定义 7.1.6 的术语中，我们说这个具体知识空间是从给定的蕴含中推出来的。我们假设：当问出一个形如 [Q1] 的问题时，一个专家依赖于（明显或者隐含）一个个人的知识空间来制造一个回答。因此可以向这个专家提出形如 [Q1] 的问题来揭示他的潜在知识空间。但是，一个明显的困难在于形如 [Q1] 的可能的问题数目是相当大的：如果 Q 包含 m 个问题，那么存在 $(2^m - 1)\dot{m}$ 个形如 [Q1] 的问题。但是，在实际上，只需要问其中一小部分问题，因为对于新问题的许多回答是平凡的或者可以从以前的回答中推

---

[116] 第 15.3 节报告了对这个假设的测试。

出来。推断的机制在于 **QUERY** 过程的核心之中，而且是促使 **QUERY** 在实际中可以运行的特征之一。

为了帮助读者理解，我们首先列出一个朴素的方法，从对问题的回答中构造一个知识空间。正如我们用 Q 表示域一样（问题集合），我们在本章中假设它是有限的。

15.1.1 算法（一个朴素的询问算法）。

Step 1. 列出 Q 的所有子集清单。

Step 2. 连续提交所有的形如 **[Q1]** 的问题 (A, q)。只要观测到一个肯定的回答 $A\mathcal{P}q$，从剩下的所有包含 q 和与 A 不相交的所有子集中移除之。

第 2 步满足了式 (15.2) 中的要求。这个过程最终产生了与问题的回答一致的唯一的知识空间。

15.1.2 例子 。本例展示如何运用 15.1.1 中的步骤删减潜在的状态。这些被删减的状态如表 15.1 所示。域是 $Q = \{a, b, c, d, e\}$，而且我们假设只有六个问题获得了肯定的回答。

$$\{a\}\mathcal{P}b, \quad \{e\}\mathcal{P}a, \quad \{e\}\mathcal{P}b, \tag{15.3}$$

$$\{a, d\}\mathcal{P}c, \quad \{b, d\}\mathcal{P}c, \quad \text{和} \quad \{d, e\}\mathcal{P}c. \tag{15.4}$$

根据 A 的大小，我们已经列出了六个肯定的回答 $A\mathcal{P}q$。正如我们后面所看到的，**QUERY** 严重依赖于这样的汇集。其方法是首先问出所有的 $|A| = 1$ 的问题 (A, q)，然后再问所有的 $|A| = 2$ 的问题，等等。相应地，我们称 **QUERY** 是用"块"进行的：先是块 1，接着是块 2，等等。总之，当我们进行到 **QUERY** 程序的**块** k 时，我们指的是具有 $|A| = k$ 的 $A\mathcal{P}q$。在这个例子中，只需要块 1 和块 2 构造知识空间。被删减的潜在状态在表 15.1 中是用符号 × 表示的。我们看到在第 2 块时还有三个状态被删减了。在最后剩下的状态用 √ 表示。

图 15.1 示出了集合 $\{a, b, c, d, e\}$ 的幂集的包含图。图中分别用红色和蓝色圈出了被两个块删减的集合。

表 15.1: 在式 (15.3) 和式 (15.4) 中列出的六个回答里面删掉潜在的状态。表 15.1 中符号 × 表示被这些回答中的一个所删掉的状态。因此，回答 $\{a\}\mathcal{P}b$ 删掉了集合 $\{b\}$，它还会被回答 $\{e\}\mathcal{P}b$ 删掉。许多其他集合也会同时被这两个状态一起删去。表格左边部分（红色）表示询问过程的块 1，右边（蓝色）为块 2。在块 1 之后剩下的集合或者在块 1 和块 2 之后剩下的集合用表格中的第 5 列和第 9 列的黑色符号 √ 表示。块 2 还删掉了三个状态，分别是 $\{c\}$、$\{c,e\}$ 和 $\{a,c,e\}$。

	$\{a\}\mathcal{P}b$	$\{e\}\mathcal{P}a$	$\{e\}\mathcal{P}b$		$\{a,d\}\mathcal{P}c$	$\{b,d\}\mathcal{P}c$	$\{d,e\}\mathcal{P}c$	
$\varnothing$				√				√
$\{a\}$		×						
$\{b\}$	×		×					
$\{c\}$				√	×	×	×	
$\{d\}$				√				√
$\{e\}$				√				√
$\{a,b\}$		×	×					
$\{a,c\}$		×				×	×	
$\{a,d\}$		×						
$\{a,e\}$				√				√
$\{b,c\}$	×		×		×		×	
$\{b,d\}$	×		×					
$\{b,e\}$	×							
$\{c,d\}$				√				√
$\{c,e\}$				√	×	×		
$\{d,e\}$				√				√
$\{a,b,c\}$		×	×				×	
$\{a,b,d\}$		×	×					
$\{a,b,e\}$				√				√
$\{a,c,d\}$		×						
$\{a,c,e\}$				√		×		
$\{a,d,e\}$				√				√
$\{b,c,d\}$	×		×					
$\{b,c,e\}$	×				×			
$\{b,d,e\}$	×							
$\{c,d,e\}$				√				√
$\{a,b,c,d\}$		×	×					
$\{a,b,c,e\}$				√				√
$\{a,b,d,e\}$				√				√
$\{a,c,d,e\}$				√				√
$\{b,c,d,e\}$	×							
$\{a,b,c,d,e\}$				√				√

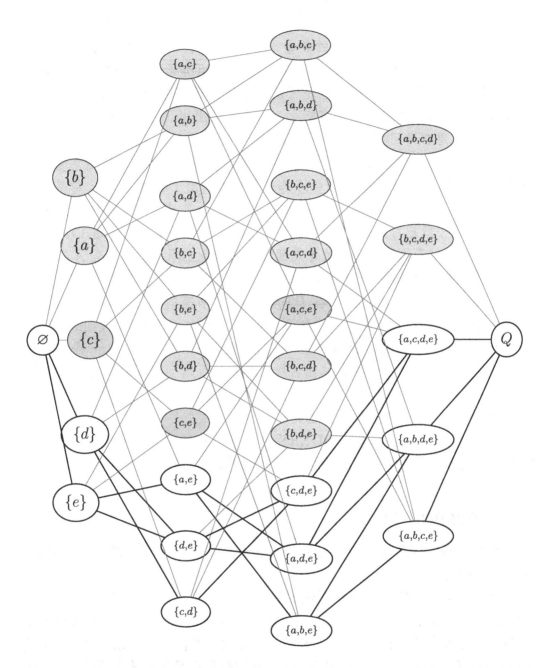

图 15.1: 深黑和全白的颜色表示表 15.1 里构造的知识空间的包含图表。字母 Q 表示域 $\{a, b, c, d, e\}$。在朴素 QUERY 程序（参见 15.1.1）的块 1 中删除的集合用涂满红色的椭圆表示。在块 2 中删除的集合用涂满蓝色的椭圆表示。

15.1.3 关于朴素算法的说明。这种方法引起两个弱点。第一个弱点是它列出了 Q 的所有子集，并且一旦 Q 的尺寸 m 变得很大时，审查所有潜在询问就马上变得不可行。而且，子集的数量是 m 的指数，而询问的数量则是超指数。下一节描述的 **QUERY** 程序没有列出 Q 的所有子集，方法是只聚焦于一个聪明的询问管理。这个过程还可以消除朴素算法的第二个弱点：没有包含跳过冗余回答的任何机制。事实上，在很多应用中（特别是我们观察到的实际情况），潜在询问中的大部分都可以被省略。理由有很多种。

例如，对于 A 里的 q，集合 A 里的元素如果都答错了，那就是意味着会答错 q。因此，询问 (A, q) 且 $q \in A$ 总是意味着引出了答案"是"。结果，我们应该从不提出这样的问题。（在任何事件中，"是"表示他们接受不删减任何子集。）这个就把可能的询问砍掉一半，直到 $2^{m-1} \cdot m$（见问题 1）。

注意到，对于询问 (A, q) 的肯定回答，我们会立即推出：具有 $A \subseteq B$ 的所有询问 (B, q) 也会产生一个肯定的答案。这容易从式 (15.2) 中推出（问题 2）。还有，可以从肯定的回答 $B\mathcal{P}q$ 中删除的所有的集合已经在肯定回答 $A\mathcal{P}q$ 的基础上消失了。当然，这种删除涉及所有的 q 的集合 S，且与 B 具有非空的交集。因为 $S \cap B = \varnothing$ 和 $A \subseteq B$ 意味着 $S \cap A = \varnothing$，一个对于询问 (B, q) 的肯定回答不会在删减任何新的集合。因此不存在要求 **QUERY** 为 $B\mathcal{P}q$ 进行测试的理由。因此，询问 (B, q) 被称作 **多余** 的（以询问 (A, q) 的观点来看）具有 $q \in A$ 的 (A, q) 也是。

我们将在第 15.2 节看到 **QUERY** 是如何进一步减少必须提交给专家或者数据冲突的问题数目的，从而让实际的应用成为可能。

15.2 Koppen's 算法

我们对 **QUERY** 算法的讨论会涵盖主要的点子。全部的细节请见 **Koppen**（1993）。

对于提交给专家（或者被测试的数据）的询问序列，我们记作 (A_1, q_1), $(A_2, q_2), ..., (A_i, q_i), ...$ 询问 (A_i, q_i) 会问专家：答错了祖先集合 A_i 中所有问题的学生是否也会答错 q_i（见第 15.1 节）。我们用 $\mathcal{P}^{yes}_{i-1}$ 和 $\mathcal{P}^{no}_{i-1}$ 表示在 (A_1, q_1), $(A_2, q_2), ..., (A_{i-1}, q_{i-1})$ 之中的询问子集，它们分别引发了"是"还是"否"的回答；根据约定，我们设定 $\mathcal{P}^{yes}_0 = \mathcal{P}^{no}_0 = \varnothing$。当有关的信息可以通过上下文提供时，我们有时会省略下标（例如，像 $\{e\}\mathcal{P}^{yes}a$ 那样）。在理所当然的理想的情况下，从它的潜在蕴含 $\mathcal{P}$（从它的潜在知识空间中推出来）中产生答案，以便对于任何 $i = 1, 2, ...$

$$\mathcal{P}_{i-1}^{\text{yes}} \subseteq \mathcal{P}, \qquad \text{且} \qquad \mathcal{P}_{i-1}^{\text{no}} \subseteq \overline{\mathcal{P}} \tag{15.5}$$

其中，$\overline{\mathcal{P}} = \left((2^Q \setminus \{\varnothing\}) \times Q\right) \setminus \mathcal{P}$ 是 $\mathcal{P}$ 的补。（但是，一般而言，$\mathcal{P}_{i-1}^{\text{no}}$ 是一个关于 $\mathcal{P}_{i-1}^{\text{yes}}$ 的补的合适的子集。）因此，

$$A\overline{\mathcal{P}}q \iff \begin{cases} \text{存在一个包含 } q \text{ 的（潜在的）状态} \\ \text{且没有 } A \text{ 的元素} \end{cases} \tag{15.6}$$

我们现在证明 **QUERY** 程序如何从已经给出的回答中推出对于某些询问的回答。检查表 15.1 里的第 2 至 4 列，我们会检查所有被回答 $\{e\}\mathcal{P}^{\text{yes}}b$ 所删减的潜在状态。事实上，这些被删掉的状态也会被回答 $\{a\}\mathcal{P}^{\text{yes}}b$ 或者 $\{e\}\mathcal{P}^{\text{yes}}a$ 所删减。删减所用到的一般理由如下。根据约定，我们把 $p\mathcal{P}q$ 简化成 $\{p\}\mathcal{P}q$。

15.2.1 推理的例子 。a) 如果已经观测到肯定的回答 $p\mathcal{P}^{\text{yes}}q$ 且 $q\mathcal{P}^{\text{yes}}r$，那么就不应该询问 $(\{p\}, r)$，因为（潜在）关系 $\mathcal{P}$ 对于问题对是可传递的。在任何事件中，肯定的回答 $p\mathcal{P}^{\text{yes}}r$ 不会导致删减新的集合（见问题 3）。

b) 受制于问题对的关系 $\mathcal{P}$ 的传递性还允许从否定的回答中进行推理。正如例子 **(a)**，我们从观测 $p\mathcal{P}^{\text{yes}}q$ 开始，然后再观测 $p\mathcal{P}^{\text{no}}r$。程序不会问是否答错 q 是否蕴含答错 r，因为，根据上面的推理，肯定的回答可以推出 $p\mathcal{P}r$，与 $p\mathcal{P}^{\text{no}}r$ 矛盾。

c) 明显地，推理还可以来自其他推理。例如，从 $p\mathcal{P}^{\text{yes}}q$，$q\mathcal{P}^{\text{yes}}r$，我们推出 $p\mathcal{P}r$；如果我们能够观测到 $r\mathcal{P}^{\text{yes}}s$，我们还可以推出 $p\mathcal{P}s$。总之，我们可以一直进行推理，直到推不出更多的对为止。

d) 例子 **(a)**、**(b)** 和 **(c)** 描述了关于问题对的情况，但是还可以推广。假设我们已经观测到正确的回答 $A\mathcal{P}^{\text{yes}}p_1$，$A\mathcal{P}^{\text{yes}}p_2$，...，$A\mathcal{P}^{\text{yes}}p_k$。因此，答错了集合 A 中所有的问题蕴含了也会答错 p_1，p_2，...，p_k。还假设专家可以提供肯定的回答 $\{p_1, p_2, \ldots, p_k\}\mathcal{P}^{\text{yes}}q$。因为 $\mathcal{P}$ 是一个蕴含，我们可以推出 $A\mathcal{P}q$，然后省掉相应的询问。

从蕴含关系的角度可以更容易地确定我们所需要的推理类型，正如我们接下来要做的。

15.2.2 蕴含关系 。我们从第 7 章可以回忆出来（见定理 7.2.1 和定义 7.2.2），对于任何蕴含 $\mathcal{P} \subseteq (2^Q \setminus \{\varnothing\}) \times Q$，在 $2^Q \setminus \{\varnothing\}$ 上存在一个唯一的蕴含关系

$\hat{\mathcal{P}}$，由下面的等价式定义

$$A\hat{\mathcal{P}}B \iff \forall b \in B : A\mathcal{P}b \qquad (A, B \in 2^Q \setminus \{\varnothing\}). \qquad (15.7)$$

15.2.3 约定。在后文中，我们会去掉与蕴含 $\mathcal{P}$ 相联系的蕴含关系 $\hat{\mathcal{P}}$ 头上的"帽子"，用相同的符号表示两个关系。因为蕴含关系明显推广了蕴含，这种混用不会导致歧义。注意到在实际中我们总会写 $A\mathcal{P}q$ 而不会写 $A\mathcal{P}\{q\}$。

我们从蕴含关系 $\mathcal{P}$ 和它的补 $\overline{\mathcal{P}}$ 的角度来开始我们的分析。

注意到推理

$$\text{只要 } A\mathcal{P}B \text{ 且 } B\mathcal{P}q, \text{ 那么 } A\mathcal{P}q \qquad (15.8)$$

直接来自于蕴含关系 $\mathcal{P}$。特殊情形

$$p\mathcal{P}q \text{ 且 } q\mathcal{P}r \text{ 意味着 } p\mathcal{P}r$$

在例子 15.2.1(a) 中介绍过。

我们给出最后一个例子。

15.2.4 例子。条件 (15.8) 在逻辑上与下式等价

$$\text{只要 } A\mathcal{P}B \text{ 且 } A\overline{\mathcal{P}q}, \text{ 那么 } B\overline{\mathcal{P}q}. \qquad (15.9)$$

相应地，当专家已经提供了肯定的回答，标记为 $A\mathcal{P}B$，而否定的回答 $A\overline{\mathcal{P}q}$、否定的回答 $B\overline{\mathcal{P}q}$ 也可以推导出来，而不应该再问有关的问题。

15.2.5 推理。15.2.1 和 15.2.4 中的 5 个例子阐述了 **QUERY** 程序中采用的推理的类型。我们把表格 15.2 中的 4 个规则作为推理的基础。这可以从 $\mathcal{P}$ 的传递性和隐含推出

$$A\mathcal{P}b \text{ 且 } A \cup \{b\}\mathcal{P}C \text{ 意味着 } A\mathcal{P}C.$$

我们把这 4 个规则的甄别留给读者（见问题 4 到 7）。

正如前面提到的，我们反复运用这个表格中的推理规则，直到再也没有新的询问对产生。具体来说，我们用 $\mathcal{P}_{i-1}$ 和 $\mathcal{P}m_{i-1}$ 分别表示在朝着 $\mathcal{P}$ 与 $\overline{\mathcal{P}}$ 的过程中，直到第 $i-1$ 步所找到的所有对的群集。这些群集是经过反复运用推理，通过扩大 $\mathcal{P}_{i-1}^{\text{yes}}$ 和 $\mathcal{P}_{i-1}^{\text{no}}$。我们因此有 $\mathcal{P}_{i-1}^{\text{yes}} \subseteq \mathcal{P}_{i-1}$ 和 $\mathcal{P}_{i-1}^{\text{no}} \subseteq \mathcal{P}m_{i-1}$。我们首先通过运用第 15.1.3 节讨论的性质来扩大 $\mathcal{P}_{i-1}^{\text{yes}}$。这个性质是

$$\forall A \in 2^Q \setminus \{\varnothing\}, \forall p \in Q: \quad p \in A \implies A\mathcal{P}p. \qquad (15.10)$$

表 15.2: 推理 [IR1]—[IR4] 中的 4 个规则允许删除向专家提出的多余问题（见 15.2.5）。

	从某处开始	我们可以推出怎样的结论	当它成立时就有
[IR1]	$A\mathcal{P}p$	$B\mathcal{P}q$	$(A\cup\{p\})\mathcal{P}q$ 且 $B\mathcal{P}A$
[IR2]	$A\mathcal{P}p$	$B\overline{\mathcal{P}}q$	$A\overline{\mathcal{P}}q$ 且 $(A\cup\{p\})\mathcal{P}B$
[IR3]	$A\mathcal{P}p$	$B\overline{\mathcal{P}}q$	$B\overline{\mathcal{P}}p$ 且 $(B\cup\{q\})\mathcal{P}A$
[IR4]	$A\overline{\mathcal{P}}p$	$B\overline{\mathcal{P}}q$	$(B\cup\{q\})\mathcal{P}p$ 且 $A\mathcal{P}B$

因此，我们从把所有具有 $p\in A$ 的对 (A,p) 添加到 $\mathcal{P}^{\text{yes}}_{i-1}$ 中去开始。我们通过反复运用表 15.2 中的规则来制造 $\mathcal{P}_{i-1}$ 和 $\mathcal{P}m_{i-1}$。

在第 $i-1$ 步计算关系 $\mathcal{P}_{i-1}$ 和 $\mathcal{P}m_{i-1}$ 的一个高效的方式如下。首先，把 $\mathcal{P}_{i-1}$ 初始化为 $\mathcal{P}_{i-2}\cup\mathcal{P}^{\text{yes}}_{i-1}$，还有把 $\mathcal{P}m_{i-1}$ 初始化为 $\mathcal{P}m_{i-2}\cup\mathcal{P}^{\text{no}}_{i-1}$，然后反复运用推理直到产生的关系稳定下来。

表格 15.3 总结了在描述 QUERY 过程时用到的记号。在用计算机实现 QUERY 时，单一程序变量 $\mathcal{P}^{\text{yes}}$ 会和 $\mathcal{P}^{\text{yes}}_{i-1}$ 一起使用，表示在运行时间的连续值。（对于每个 $\mathcal{P}^{\text{no}}_{i-1}$、$\mathcal{P}_{i-1}$ 和 $\mathcal{P}m_{i-1}$，也都有类似的注释。）

表 15.3: QUERY 的术语和记号的总结。

	肯定的	否定的
采集直到第 $(i-1)$ 个询问的答案	$\mathcal{P}^{\text{yes}}_{i-1}$	$\mathcal{P}^{\text{no}}_{i-1}$
从 $\mathcal{P}^{\text{yes}}_{i-1}$ 和 $\mathcal{P}^{\text{no}}_{i-1}$ 开始的推理	$\mathcal{P}_{i-1}$	$\mathcal{P}m_{i-1}$
第 i 个询问	(A_i, q_i)	

显然，上述推理机制的实现会给算法 15.1.1 中的朴素算法带来明显的提高。事实上，待会儿定义的新过程会跳过所有那些可以提前知道回答的询问。但是，还可以进一步提高算法的性能。我们在后面粗略地描绘一下。

下面的推论很有帮助：

15.2.6 推论。对于每个 $i = 1, 2, \ldots,$ **关系** $\mathcal{P}_{i-1}$ **是一个蕴含。**

证明。对蕴含的定义 7.1.4 涉及两个条件；我们一个一个对照检查。首先，对于 Q 的任何子集 A 和 A 的任何一个问题 p，$A\mathcal{P}_{i-1}p$ 成立，因为我们把这种 (A, p) 对添加到 $\mathcal{P}_{i-1}^{yes}$。其次，如果 $A, B \in 2^Q \setminus \{\varnothing\}$ 且 $p \in Q$，那么

$$(B\mathcal{P}a \text{对于所有的} a \in A) \text{ 且 } A\mathcal{P}p \text{ 意味着 } B\mathcal{P}p.$$

这是根据表 15.2 中的第一行，取 $p = q$（记住，对于 A 中所有的 a，$B\mathcal{P}A$ 意味着 $B\mathcal{P}a$）。 □

15.2.7 从蕴含表中产生空间。程序会跟踪提出的询问和给出的回答。这种回答的形式是一个子集-问题表[117]。在提出第 i 个问题之前，每个 (A, p) 对，无论是 $A\mathcal{P}_{i-1}q$ 或者 $A\mathcal{P}m_{i-1}q$ 或者对于 (A, p) 的询问，表里的记录都是未知的。这种表格反映了构造与第 $i-1$ 步有关的知识空间所需的所有信息。理由是推论 15.2.6 和定理 7.1.5：在算法完成第 $i-1$ 步之后所获得的关系 $\mathcal{P}_{i-1}$ 是一个蕴含，从这里可以推出一个知识空间。

这个表格包含 $(2^m - 1) \times m$ 个条目，会非常地大。但是，在下一节中，我们会证明这样一个全表是有冗余的，而且所有信息可以从一个小得多的子表中恢复出来，运用上面讨论过的推理。我们首先解释知识空间如何从表中产生，假设已经获得了全部、最终记录了关系 $\mathcal{P}$ 的表格。

表格中的每一行都是由 Q 里的非空子集 A 标记的。列对应于问题。对于每一行 A，细胞 (A, q) 里的条目要么包含 $A\mathcal{P}q$，要么包含 $A\overline{\mathcal{P}}q$。我们设

$$A^+ = \{q \in Q \,|\, A\mathcal{P}q\} \tag{15.11}$$
$$A^- = \{q \in Q \,|\, A\overline{\mathcal{P}}q\}. \tag{15.12}$$

因此，A^+ 包含所有那些全部答错 A 中所有问题的被试还会答错的问题。我们必然有

$$A \subseteq A^+, \qquad A^+ \cap A^- = \varnothing, \quad \text{且} \quad A^+ \cup A^- = Q.$$

容易发现不仅集合 A^- 是一个可行的知识状态，而且 **任何** 状态 K 都一定等于式 (15.12) 定义的某个集合 A^-（参见式 (7.6) 和第 7 章的问题 2；还可参见本章末尾的问题 9）。从可用的表格中产生知识空间都是直接的。注意到不需要引发式 (15.2)。

---

[117] 程序员会更喜欢具体的数据结构，比如链表。

如果我们用 $\mathcal{P}$ 代替 $\mathcal{P}_{i-1}$，那么相同的解释可以运用到产生第 i 个询问之前的表格中去（所有的 $\mathcal{P}m_{i-1}$，而且缺失的信息届时应该被 $\overline{\mathcal{P}_{i-1}}$ 代替）。

15.2.8 构造一个可管理的子表。正如我们在例子 15.1.2 中提到的那样，推理的子表是用连续产生的块组织起来的。块 1 包含专家对形如"答错 p 蕴含答错 q 吗？"的问题的回答。块 2 里的信息涉及"既答错 p_1 又答错 p_2，蕴含着会答错 q 吗？"的问题。总之，块 k 的定义是：祖先集合 A 中的 k 个元素涉及形如 **[Q1]** 的问题："答错集合 A 中的所有问题蕴含会答错问题 q 吗？"块的序号反映了专家被 **QUERY** 程序提问的顺序。换句话说，块 1 里的问题是首先被提出的，然后是块 2 里的问题，然后如此下去。这种发问的顺序是合理的。程序最先提出的问题对于专家来说是最容易的：块 1 只涉及 2 个问题，以及 2 个问题之间可能的关系。块 2 涉及更多的询问，有 3 个问题，而且着 3 个问题之间 2 个问题的关系，形成了一个祖先集合，以及第三个问题。随着块编号的增加，专家的判断逐渐开始变得困难。但是，前面采集的数据产生的推理会影响后面的块，从开放问题清单中删去对专家来说可能是最难回答的问题。这些推理的作用会十分明显。比如，后面介绍的应用，涉及了50 个问题，5 位专家每位可以在 6 块之内得到最后的知识空间。还有，多数构造在 3 块之前就已经完成了（见表 15.4）。

在块 k 里提出的问题只会在采集或者推出以前块中的回答之后才会产生。来自以前的块中的信息会用于在新的块中构造问题。而这些问题的回答无法从以前的块中推出来。在实践中，大小为 k 的祖先集合中只有很少一部分问题会留在块 k 中。注意到这并不适用于块 1。因为这个块是从一开始就构造出来的，大小为 1 的祖先集合中的所有询问需要 **提前** 考虑。程序发出这个块的问题，然后一直沿着这个思路推理。

这个程序一直会运行到新的块不再包含任何开放的问题为止。这意味着已经构造的子表到目前为止包含了所有必需的信息来构造与这个蕴含有关的知识空间（见 **Kambouri** 等，1994）。这个知识空间的定义是所有 $A^- = \{p \in Q | A\overline{\mathcal{P}}p\}$ 集合的群集，其中 A 跑遍这个子表的行（参见 15.2.7）。我们并不在这里讨论以前的块的信息如何决定那些问题会出现在新的块中，或者新的块的被推迟的推理是如何进行的。这些细节都可以在 **Koppen**（1993）中找到。

图 15.2 显示了一个流程图，表示的是上述算法的概要设计。它并没有展现 **Koppen**（1993）文章中的所有细节。块 0 表示最初的空块。一般来说，

在第 k 步，变量 Block 首先被用于记录还是需要提出的所有问题（它们具有一个大小为 k 的祖先集合）。执行命令"Construct"表示"构造所有我们无法从以前的命令中推出的问题"，特别是指需要计算新的祖先大小的所有肯定的和否定的推理。

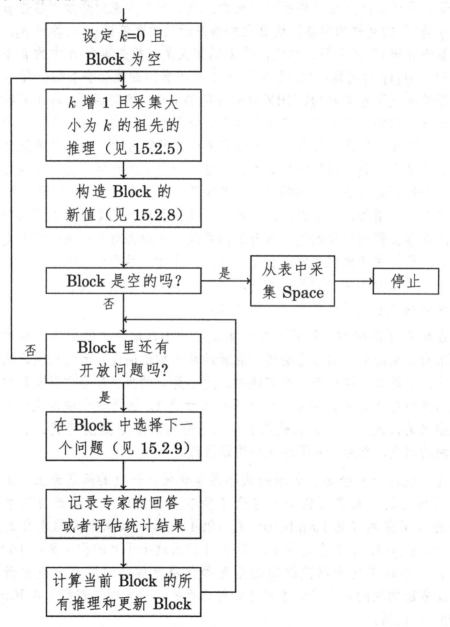

图 15.2: 算法概要设计。

Koppen（1993）描述了减少 QUERY 所需的存储空间的其他方法。根据 15.2.7，检查知识空间如何产生的，我们看到同一个状态 $K = A^-$ 可以从式 (15.11) 的不同子集 A 中获得。存在一个方法，减少需要被存储的询问 (A, p) 数量直到产生状态，而这个甚至还可以与块方法融合在一起。我们再一次向读者推荐阅读 Koppen（1993）这篇文章，以获取更多的细节。

15.2.9 选择下一个询问。正如我们在前面的章节所看到的那样，询问的顺序很大程度上依赖于块的构造过程。但是，在一个块的内部，选择下一个询问是任意的。任何一个保留的开放问题都可以选择。我们充分利用这个自由。特别是选择一个可以最小化剩下的开放问题的问题是非常有价值的。可以想象，这个可以通过最大化（在某种意义上）推理的数目来实现。这种推理可以从对于问题的回答中提取。让我们沿着这条思路考虑这样的可能性。

因为往前多看一步有困难，用程序来选择询问只由推理的数目来牵引，而这里的推理是指从那一刻被问的问题中获得的推理。因为推理规则只用于当前的块（见 15.2.7），前面那句"推理总数"就指的是这种限定。但是，即使在这样的限制中，我们还是不知道一个询问可以产生多少个推理，因为我们不清楚专家会怎样回答。肯定的回答所得出的推理与否定的回答所得出的推理不会一样。相应地，我们考虑：对于任何潜在的新问题，与肯定或者否定的回答有关的两类推理，或者更具体地，两类中的每一个里的推理数目。有许多方法可以利用这两个数字来确定最好问哪一个问题。例如，我们可以试着最大化期望增益。在缺乏有用信息的情况下，我们可以假设专家给出肯定或者否定回答的概率是一样的。这就意味着与给定问题有关的推理数目的期望是两类推理数目的平均值。这就是说两个数量之和变得关键：我们在所有剩下的开放问题中选择能使这个和最大的问题。

在下面一节中提到的应用，还采用了另外一个选择规则，其基础是最大最小标准。大致上，其目的是在最大化直接增益的同时最小化可能的"坏"回答（从效率的角度上看）所带来的成本。对于每个问题，计算其肯定回答的推理数量和否定回答的推理数量。首先，我们只考虑这两个数字的最小值：如果对于 (A, q) 的最小数字比 (B, q) 高，那么选择问题 (A, q) 而不是选择问题 (B, p)。只有当这两个问题的最小值是一样的时候，我们才看另外一个数值，并且我们选择另外一个数值较高的那一个。例如，假设询问 (A, q) 的肯定的回答产生 3 个推理，否定的回答产生 2 个推理，而 (B, p) 和 (C, r)，这些数字分别是 1 和 7，2 和 4。那么选 (A, q) 而不选 (B, p)，因为 $2 = \min\{3, 2\}$

比 $1 = \min\{1, 7\}$ 大，但是选 (C, r) 而不选 (A, q)，因为它们都有最小值 2，但是 $4 = \max\{2, 4\}$ 比 $3 = \max\{3, 2\}$ 大。简言之，我们从最不坏的情形中选择一个最不好的问题。

在所有开放问题中运用上述规则并不总是可行的。如果存在许多开放问题，我们就选择一个伪随机样本，然后从这个样本中选择一个最好的问题。我们怀疑这样减少不了多少，因为从一个问题中获得推理数量的范围受到了相当的限制。因此，如果存在许多问题，就会有许多"最好的"或者大致如此，所以重要的事情是避免特别差的选择。

15.3 Kambouri 的试验

QUERY 程序被用来构造知识空间。这种构造是在 5 个被试中进行的：4 个高中数学的专家教师，还有 1 个试验员，Maria Kambouri（后文缩写成 M.K.）。在这一章里，我们描述运用这个程序时所选择的具体域、参与这个任务的被试、运用这个程序的结果。（详见 Kambouri, 1991, 即其博士论文。）

15.3.1 域。这个域是在高中数学之中。选择的问题是从 9、10 和 11 年级纽约州高中学习的算数、代数与几何的标准问题。具体来说，这些问题是围绕数学能力测试（Regents Competency Test in Mathematics，RCT）而展开的。通常它在 9 年级的末尾举行。纽约市教育委员会的统计数字表明，几乎有 70% 的学生第一次就通过了这种考试，那些没通过的考生还可以再考几次（有时可以考到 12 年级）。

在研究期间，考试包含总共 60 个问题，并且被分成两部分。第一部分由 20 道解答题（答案开放）组成。第二部分由 40 个多项选择题组成，要求学生从 4 个选项中选出 1 个作为答案。要想通过，学生必须答对 39 个问题。考试没有时间限制。大多数学生在 3 个小时内交上了答卷。而研究的兴趣只在第一部分，即包含了开放问题的那个。1987 年 6 月的数学能力测试的 20 道开放问题是 QUERY 程序向专家提问时所依据的核心材料。为了扩展难度范围，问题集合被增加到 50 个，加入了 10 个简单的算术题和 20 个更复杂的第一年代数问题。一个专家审查这 30 个新增的问题，该专家在教授这些材料时具有丰富的经验。50 个问题样本将在下一节呈现。这 50 个问题涵盖了：整数、小数和分数的加、减、乘和除；百分比问题；表达式；正负运算；初等几何和简单图表；根号；绝对值；单项式；线性方程组；指数和二次方程（通过因式分解）。

15.3.2 几个问题样本 。10 个简单问题中的两个样本：

1. 加法：$34 + 21 = ?$

2. 3 乘以 5 等于几？

1987 年 6 月的 RCT 里的 20 个开放问题中的 3 个：

3. 写出"一万二千零三十七"这个数字。

4. 在三角形 ABC 中，角 A 是 30 度，角 B 是 50 度，那么角 C 是多少度？

5. 求和：$546 + 1248 + 26 = ?$

20 个更难一些的问题中的三个：

6. 写出通过点 $(1,0)$ 和 $(3,6)$ 的直线方程。

7. 求解 x：

$$\frac{2x+1}{5} + \frac{3x-7}{2} = 7.$$

8. 写出 $6x^3$ 和 $12x^4$ 的乘积。

15.3.3 专家 。三位资深教师和一位具有丰富数学教学经历的研究生被选作专家。教师按小时计费。试验者自己是第五位专家。所有 5 个专家都习惯于与学生一对一地交流。还有，每位专家所教的学生差别多样，从有天赋的小孩到有学习障碍的学生都有。在这项研究中，三位教师在纽约市中学系统中工作。5 位被试的每一位的详细情况介绍如下。除了试验者以外的其他四位被试都改变了名称以保护其身份。

（A.A.）该被试拥有生物学硕士学位和教育学硕士学位（教师学院），都是在哥伦比亚大学获得的。他在 Harlem 的一所公立高中执教了 9 年：2 年数学，其他时间在科学。他曾在 1987 年 6 月的 RCT 测试的考前补习班（9–12 年级学生）和基础数学班（9 年级）上过课。A.A. 还在暑期学校上过课，曾在本项研究开始前担任过三个暑假的 RCT 评级委员。

（B.B.）该被试拥有布鲁克林学院心理学和教育学的学士学位及哥伦比亚大学教师学院情绪障碍的特殊教育硕士学位。她还曾获得教育、行政和监督的研究生证书。她在数学和阅读方面有超过 10 年的执教经历，而且学生多样：具有不同的学习问题，包括学习障碍和自闭倾向。在这项研究期间，她还是特殊教育方面的教师导师，兼任纽约市教育委员会的顾问（职业发展）。她的工作涉及学生的数学教育（直到 18 岁）。B.B. 帮助教师建立了一个诊断测试，并在一个学年开始的时候筹划课程。

(C.C.) 该专家拥有哥伦比亚大学 Barnard 学院（俄国）的政治学学士学位和纽约大学学校心理学的硕士学位。她有 15 年的数学授课经历（主要是高中）：代数、几何、三角几何、微积分初步以及其他内容。除此之外，C.C. 还是幼儿心理中心、纽约市中学的顾问。该专家还开展一项私人服务，与学习障碍的学生（所有年龄）一起拓展有组织的技能和学习技术。

另外两个作为专家参与进来的被试分别是一位研究生和试验者，来自不同的教育系统。但是，他们已经学过了本项目选择的 50 个问题所覆盖的所有课程。

(D.D.) 被试拥有 Odessa 大学（前苏联）纯数学学士学位。在试验期间，她正在读纽约大学数学科学 Courant 研究所的研究生。D.D. 曾经教过一个天才班三年：25 个 13 至 15 岁的孩子，课程包括微积分、数论和逻辑。她还教过需要补习几何和代数的高中生。

(M.K.) 该试验者有用伦敦大学统计学的学士和硕士学位。她曾经执教过高中数学，还担任过本科生和研究生的统计与概率课程的助教。

15.3.4 方法。专家回答 QUERY 程序提出的问题。该程序由 Mathieu Koppen 采用 Pascal 语言编写。她也是 Kambouri 等（1994）的作者之一。用户界面由 C 编写，采用了光标屏幕优化库（Arnold，1986），作者是 Michael Villano。

每一步都以形如 [Q1] 的样式呈现内容。在显示问题的同时，还要求专家在同一个屏幕上作答。通过键盘输入答案之后，程序计算下一步提出的问题。图 15.3 示出了典型一幕。

屏幕上方显示问题或者假设学生已经答错了这个问题（在本例中，是从 a 到 d 的 4 个问题）。这 4 个问题可以同时显示在屏幕的这一区。如果上述问题的数量超过了 4[118]，专家可以通过按键往下拖动以看到后面的题目。在屏幕中间，显示有关前面问题的询问。这就带出了新问题 (e)。在屏幕的低端，出现了询问的内容，包括对于专家回答的提示，并打上了评级的标签。图 15.3 中提给专家的问题是：从问题 a 到 d 都答错的事实是否一定可以推出 e 也会答错的结论。根据专家的回答，程序会计算出下一步要问出的问题，而且在延迟一小会儿（通常是几秒钟）之后，在下一屏上呈现这个问题。通

---

[118]我们将会看到专家不会要求多于 5 个块来完成任务。

a.   318
       $\times 605$
       ?

b. $58.7 \times 0.97 = ?$

c. $\frac{1}{2} \times \frac{5}{6} = ?$

d. 34 的 30% 是多少?

假设正在考试的一位学生把
a, b, c 和 d 全部答错。

e. Gwendolyn 的年龄只有 Rebecca 的 $\frac{3}{4}$
Rebecca 的年龄只有 Edwin 的 $\frac{2}{3}$
Edwin 有 20 岁。
Gwendolyn 多大?

在实践中,是否可以肯定该生也会答错
问题 e?   评级:

图 15.3: QUERY 程序的经典一幕。

常，在第 3 块之后，块与块之间的停顿就变得特别长，因为需要进行大量的计算才能准备好下一块要提的问题。

尽管 QUERY 程序是由向专家提出形如 [Q1] 那样的问题所组成的，这样的问题包括二分（是－否）回答。评级量表用于确保当专家回答"是"的时候，具有某种程度的现实确定性。因此，我们采用了一个不均衡的 3 点量表，数字是 1，4 和 5。5 表示非常确定，4 表示不太确定，1 表示完全的"否"。只有 5 被程序认作"是"（肯定的）回答，而 4 和 1 都被转换成"否"（否定的）。2 和 3 不是程序规定的有效输入。

在试验开始前，专家在家里审查 50 个问题。在任务开始前，他们收到一份书面的规则，其中包含了对于该项试验的目的的一个简短的解释。然后，50 个问题被放到屏幕上供专家熟悉。然后举例说明和解释这个过程。随之就是一项简短的、在线的训练过程。该训练过程由 10 个步骤组成，旨在让专家进一步熟悉任务，特别是使用 3 点量表。在每个例子的结尾，专家会收到关于评级量表的解释反馈。这种任务引例大约需要 30 分钟。在开始试验的主要阶段之前，会给专家留出实践来询问这个过程和讨论他们在给问题评级时所遇到的任何困难。

专家确定每个会话需要多少步骤。只要当他们认为自己的注意力下降时，就可以中断试验。在下一个会话开始的时候，程序会回到他们曾经退出的那个问题上。在每一步，专家都可以退回一个问题，并重新考虑他们的回答。他们还可以跳过一个问题，如果他们认为太难回答的话。被跳过的问题可以在后面步骤中重新出现，或者通过其他的步骤的推理而删去。专家完成任务的时间因人而异，从 11 到 22 小时不等（不包括休息）。

15.4 结果

15.4.1 提出问题的数量

表 15.4 示出了程序提出的问题数量。前两列显示块的数量，和每个块的最大理论问题数量。如果所有的 2^{50} 个子集都是状态的话，才会问出这个理论上的最大数量的问题。剩下的 5 列表示每个专家实际被问到的问题数量。相比于理论最大值，减少是非常显著的。

专家 B.B. 没有完成程序，如表 15.4 所示，在第 3 块中问到的问题数量还在增加（其他专家的结果显示在第 2 块之后逐步降低）。还有，我们发现专家 B.B. 要回答的第 4 块的问题数量甚至超过了第 3 块。因此，需要在这里中断程序。在剩下的专家中，一位（D.D.）在 4 块之后完成，另外三位（A.A., C.C. 和 M.K.）在 5 块之后完成。

我们在 15.2.7 中曾提到，在中间的每一步，当前的剩下状态族构成了一个空间。在后面所描述的算法可以用来构造这些中介空间。在概念上，在这样一个被选择的时间节点上，可以用一个只会说"不"的虚拟专家替换真实的专家来实现。也就是说，从这一刻起，我们让程序运行在自动把所有开放问题回答成"否"的情况下。这将促使在每块之后构造知识空间（包括在第 3 块之后中断了试验的 B.B.，呈现出在她那种情况下的最终数据）。

表 15.4: 第 2 列是从 1 至 5 块在面对 50 个问题的时候，**QUERY** 程序可以提出的问题的最大值。（这些最大值在所有的子集都是状态时获得）。最后 5 列是专家在每块中被实际问到的问题数量。没有一位专家在结束之前回答的块数超过 5。符号"-"表示程序被中断（见上文）。

块 编号	问题数量 的最大值	被问到的问题				
		A.A.	B.B.	C.C.	D.D.	M.K.
1	$\binom{50}{1} \times 49 = 2,450$	932	675	726	664	655
2	$\binom{50}{2} \times 48 = 58,800$	992	1,189	826	405	386
3	$\binom{50}{3} \times 47 = 921,200$	260	1,315	666	162	236
4	$\binom{50}{4} \times 46 \approx 10^7$	24	-	165	19	38
5	$\binom{50}{5} \times 45 \approx 10^8$	5	-	29	0	2

15.4.2 状态的数目。表 15.5 示出了每个块里逐步降低的状态数量。一开始，50 个问题的所有 2^{50} （$\approx 10^{15}$）个子集都是潜在状态。对于专家 A.A. 和 B.B. 来说，第一块之后的状态数量超过 100 000。到最后，剩下的状态数量在 881 到 3093 之间（7932 是 B.B. 没做完留下的）。这一数量不到一开始考虑的 2^{50} 个潜在状态的十亿分之一。值得注意的是对于四位完成了任务的专家而言，第 3 块之后的减少量是最小的。

15.4.3 比较专家的数据。尽管专家的表现并不一致，但是细节之中存在本质

表 15.5: 在每块结束时剩下的知识状态的数量。每个专家一开始的数量是 2^{50}。（正如表 15.4 所示，符号 "-" 表示程序被中断。）

块编号	每块之后每个专家的状态数量				
	A.A.	B.B.	C.C.	D.D.	M.K.
1	> 100,000	> 100,000	93,275	7,828	2,445
2	3,298	15,316	9,645	1,434	1,103
3	1,800	7,932	3,392	1,067	905
4	1,788	-	3,132	1,058	881
5	1,788	-	3,093	1,058	881

的不同。特别是，我们会看到有 5 个最终的知识空间显著地不同。

我们首先检查评级的相关性。QUERY 程序发出的问题依赖于前面一个问题专家所给出的回答。在块 1 中，任何两个专家被问到的相同问题的数量已经足够可以提供对于评级相关性的可靠评估。对于任何两个具体的专家，用 3×3 的概率表格来计算这种相关性。该表格包含专家对相同问题的回答。对于每一对专家，用 polychoric 系数（见 Tallis，1962；Drasgow，1986）来估计这种相关。当两个变量用的都是序尺度时，用这种相关系数测量二元相关是合适的。所获得的相应的值在.53 和.63 之间，这是一种令人失望的低值，即专家缺乏可靠性或者有效性。

这些结果只涉及任何两个专家被问到的相同的问题。显然，这种相关还可以在被推理的回答的基础上计算，如果我们只考虑 QUERY 程序内部采用的 "是—否" 两类上。事实上，Kambouri 计算了所有回答的 tetrachoric 系数——直接的或者推断的——总共 $2450 = 50 \cdot 49$，块 1 在理论上可能的问题。在这种情况下，10 对专家的每一对数据形成了一个 2×2 概率表，其中，所有 4 个项目加起来等于 2450。它们对应于四种情况：两个专家都肯定（YY）；一个专家肯定，一个专家否定（2 种，YN 和 NY）；两个专家都否定（NN）。正如表 15.6 所示，tetrachoric 系数会变高，显示专家之间的一致性更好[119]。我们注意到 NN 对的数量超过了 YY 对。专家 A.A. 和 B.B. 的概

---

[119] 我们注意到，tetrachoric 系数是一个相比而言比较好的系数，比如 phi 系数（参见 Chedzoy，1983；Harris，1983 第六卷和第九卷，统计百科全书）。

率表给出了这样一个典型的例子。我们找到了 523 个 YY 对，70 个 YN 对，364 个 NY 对，还有 1493 个 NN 对。（在 2450 对中有 1493 对使得 A.A. 和 B.B. 都作出了否定的回答。）

表 15.6: 全部块 1 的数据中，专家对于所有回答的评级的 tetrachoric 系数。每个相关性都建立在 2×2 的表格上，整个单元共有 2450 个。

	A	B	C	D	K
A	-	.62	.61	.67	.67
B	-	-	.67	.74	.73
C	-	-	-	.72	.73
D	-	-	-	-	.79

15.4.4 按问题进行分析。经验丰富的教师应该会是鉴别问题相对难度的专家。他们各自的知识空间隐含了问题难度的评估。考虑某个问题 q 和某个专家的知识空间。该问题被包含在许多状态中。假设这些最小的状态包括 k 个问题。这意味着至少有 $k-1$ 个问题已经在 q 之前就被掌握了。数字 $k-1$ 成为了问题 q 难度的一个标志，这在专家的知识空间中可以反映出来。一般来说，我们称问题 q 的 **高度** 是 $h(q) = k-1$，其中 k 是包含问题 q 的最小状态中问题的数量。因此，一个问题具有零高度意味着这个状态只包含该问题这一个元素。

Kambouri 检查过专家一般是否会同意他们根据高度对问题难度的估计。50 个问题中每一个的高度都是从这五位专家的知识空间获得的。对于每对专家，计算出这些题目的高度，显示在表 15.7 中。

表 15.7 中问题难度的相关性非常之高。与知识空间之间的明显差异相比，就显得让人惊讶。

表 15.7: 五位专家的每一位认为这 50 个问题难度的相关性（Pearson）。

	A	B	C	D	K
A	-	.81	.79	.86	.81
B	-	-	.80	.85	.87
C	-	-	-	.83	.77
D	-	-	-	-	.86

15.4.5 比较知识空间。如表 15.5 所示，在 5 个知识空间中，状态数量具有明显的差异。但是，这本身并不是一个不一致的强烈信号。例如，一个专家识别出的所有状态也都是另一个专家的知识空间里的。然而，这一现象并非这样简单。

那篇原始文献包含了不同知识空间中状态多少的分布。对于每个空间，当 $k = 0, ..., 50$ 时，包含 k 个问题的知识状态的数目被计算出来。图 15.4 示出了专家 C.C. 和 A.A. 的上述分布的直方图，这是比较典型的。注意到 A.A. 的直方图是双峰的。5 位专家中有 4 位是这样。目前，尚无依据来解释一个专家和其他专家在这方面的不同。

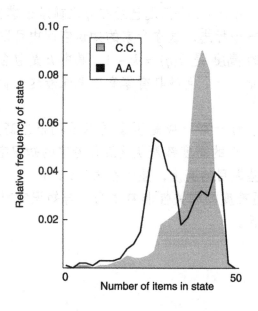

图 15.4: 专家 C.C. 和 A.A. 的包含给定数量问题的状态的相对频次直方图。

原文还比较了这 5 位专家的知识空间，比较的基础是计算"差异索引"。它来自集合 A 和集合 B 中的对称差距 $d(A, B) = |A \triangle B|$。

考虑两个任意的知识空间 $\mathcal{K}$ 和 $\mathcal{K}'$。如果这两个知识空间相似，那么 $\mathcal{K}$ 中任何一个知识状态 K，在 $\mathcal{K}'$ 中一定存在某个状态 K'，使得要么与 K 一样，要么与它的差别不大；也就是说，状态 K' 使得 $d(K, K')$ 很小。这意味着，对于 $\mathcal{K}$ 中任何一个状态 K，计算 $\mathcal{K}'$ 中所有状态 K' 的距离 $d(K, K')$，然后取这些距离的最小值。在集合论中，集合 K 和族 $\mathcal{K}$ 之间的最小距离有时被称作 K 和 $\mathcal{K}'$ 的 **距离**，并记作 $d(K, \mathcal{K}')$（因此，扩展了两个集合之间的距离的符号含义）。

作为例子，取两个知识空间

$$\mathcal{K} = \{\varnothing, \{c\}, \{d\}, \{c, d\}, \{b, c, d\}, \{a, b, c, d\}\},$$
$$\mathcal{K}' = \{\varnothing, \{a\}, \{a, b\}, \{a, b, c\}, \{a, b, c, d\}\}. \tag{15.13}$$

域都是 $\{a, b, c, d\}$。对于 $\mathcal{K}$ 里的状态 $\{c\}$，我们有

$$d(\{c\}, \mathcal{K}') = \min\{d(\{c\}, \varnothing), d(\{c\}, \{a\}), d(\{c\}, \{a, b\}),$$
$$d(\{c\}, \{a, b, c\}), d(\{c\}, \{a, b, c, d\})\}$$
$$= \min\{1, 2, 3\} = 1.$$

像这样计算 $\mathcal{K}$ 中所有的状态，我们获得了这些最小值的频次分布。（对于 $\mathcal{K}$ 中的每一个状态，我们都有一个这样的距离。）因此，这个频次分布与 $\mathcal{K}$ 的状态的 $f_{\mathcal{K}, \mathcal{K}'}(n)$ 数目有关，它对应于一个最短的距离 n，且 $n = 0, 1, \ldots$ 到 $\mathcal{K}'$ 的任何一个状态。对于两个一样的知识空间，这个频次分布的中心位于点 0；即

$$f_{\mathcal{K}, \mathcal{K}}(n) = \begin{cases} |\mathcal{K}| & \text{如果} n = 0, \\ 0 & \text{如果} n > 0. \end{cases}$$

一般地，对于 Q 上的知识结构 $\mathcal{K}$，$\mathcal{K}$ 的任何一个状态与在同一个域 Q 上的知识结构 $\mathcal{K}'$ 的距离最多是问题数量的一半。所以，只在 $0 \le n \le h(Q) = \lfloor |Q|/2 \rfloor$ 上定义 $f_{\mathcal{K}, \mathcal{K}'}(n)$（其中，$\lfloor r \rfloor$ 是小于或者等于 r 的最大整数）。图 15.5 给出了式 (15.13) 里的频次分布。我们看到 $\mathcal{K}$ 的三个状态与 $\mathcal{K}'$ 的任何一个状态的最小值是 1，它们分别是 $\{d\}$、$\{c\}$ 和 $\{d, c, b\}$。

注意到图 15.5(a) 中从 $\mathcal{K}$ 到 $\mathcal{K}'$ 的最小距离的频次分布 $f_{\mathcal{K}, \mathcal{K}'}$ 与图 15.5(b) 不同。后者是从 $\mathcal{K}'$ 到 $\mathcal{K}$ 的最小距离的频次分布，记作 $f_{\mathcal{K}', \mathcal{K}}$。

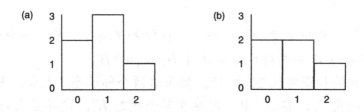

图 15.5: 距离的两个频次分布:(a) 从 $\mathcal{K}$ 到 $\mathcal{K}'$; (b) 从 $\mathcal{K}'$ 到 $\mathcal{K}$; 参见式 (15.13)。

Kambouri（1991）的研究计算了五位专家的所有 20 对空间的频次分布。为了便于比较，需要先进行归一化处理，把所有的频次都转化为相对频次。在 $f_{\mathcal{K},\mathcal{K}'}$ 的情况下，这就涉及把所有的频率除以 $\mathcal{K}$ 的状态数目。这种相对频次的类型被称作从知识空间 $\mathcal{K}$ 到知识空间 $\mathcal{K}'$ 的 **差异分布**。

从 $\mathcal{K}$ 到 $\mathcal{K}'$ 的 **差异指数** 如下式定义

$$di(\mathcal{K},\mathcal{K}') = \frac{1}{|\mathcal{K}|} \sum_{k=0}^{h(Q)} k f_{\mathcal{K},\mathcal{K}'}(k) \qquad (\text{且} h(Q) = \lfloor |Q|/2 \rfloor) \qquad (15.14)$$

是计算从 $\mathcal{K}$ 到 $\mathcal{K}'$ 的频次分布的平均值，其中 Q 是 $\mathcal{K}$ 和 $\mathcal{K}'$ 的共同域。这种差异分布的标准差也是很有信息量的。

表 15.8 的前 5 列包含所有 20 个差异分布[120]的平均数和标准差（在括号里）。

这些都是比较高的数字。作为评价结果的基准，Kambouri（1991）还计算了每个专家的知识空间与一个"随机"的知识空间的差异。为了进行比较，需要找到一个与专家的知识结构一样的知识空间。

选择了 M.K. 的知识空间，但是所有 50 个问题都被任意地重新贴上了标签。为了减少非典型的标签，随机选择了域上的 100 个排列。对于这 100 个随机的知识空间，计算出每个专家的知识空间到这个随机的知识空间的差异分布。然后计算出相对频次。换而言之，形成了 100 个差异分布的混合物。表 15.8 的最后一列显示了这些混合分布的平均值和标准差。这些平均值比前面 5 列要高得多。（注意到，因为知识结构至少包含空集和域，一个知识空间的任何状态之间的距离，到其他知识空间最大是 25，问题数量的一半。）

---

[120]我们注意到每对专家（不分先后）有两个差异分布。

表 15.8：所有知识空间对的差异分布的平均值（和标准差）。第 1 列的第 2 行的数字 4.3（1.6）表示从专家 B.B. 到专家 A.A. 的差异分布的平均值（和标准差）。最后一列表示从每个专家的知识空间到"随机"知识空间 [K] 的差异分布。

	A	B	C	D	K	[K]
A	-	3.0(1.3)	4.8(2.0)	3.4(1.4)	4.3(1.6)	13.4(5.5)
B	4.3(1.6)	-	4.6(1.4)	4.3(1.6)	4.3(1.6)	15.9(3.8)
C	4.1(1.8)	4.0(1.4)	-	5.3(1.5)	5.6(1.7)	10.8(4.4)
D	3.2(1.3)	2.6(1.2)	4.7(1.6)	-	4.0(1.7)	13.2(5.6)
K	3.5(1.5)	2.4(1.1)	4.7(1.8)	3.6(1.7)	-	13.2(6.2)

15.4.6 讨论。在采集的五位专家的数据基础上，可以得出这样的结论：QUERY 程序在实际环境中是可行的。这与以前遇到的需要处理的大量询问是迥然不同的。但是，仔细检查数据则可以发现正反两个方面的结果。从积极的角度来说，在总的方面，专家之间取得了很好的一致性。

特别是：

1. 知识空间的数量级一样：大约几千个状态——从 900 个左右到 8000 个左右——如果考虑 50 个问题的话（见表 15.5）；

2. 对同一个问题，专家的评级和程序的评级存在很好的一致性（表 15.6）；

3. 在各种空间中评估他们的高度，专家对于问题的难度具有很高的相关性（表 15.7）。

但是，差异分布显示出在 QUERY 为五位专家构造的知识空间之间具有显著的差异。例如，从表 15.8 中可以看出差异分布的大多数平均值超过了 4。（也就是说，平均意义上，一个知识空间的一个状态与另外一个知识空间的与它最近的状态至少存在 4 个不同的问题。）考虑到域只有 50 个问题，这样的差异有些大。

上述结果的一种解释是专家之间的个体差异较大，要么是他们自己的知识空间，要么是他们完成 QUERY 所提任务的能力，或者两种都存在。需要了解的是这个任务特别挑战智商。在 QUERY 程序的背景下，"专业"意味着两个条件：首先，专家必须非常熟悉这个域，以及选择的学生群体，（至少间接地）了解实际中会出现哪些知识状态；其次，专家还必须能够通过他对形如 [Q1] 的问题的回答如实地反映出这种知识结构。在这两个条件方面，专家会有所不同。

假设某些专家经过严格挑选，被请来接受 QUERY 程序的测验，如果出于某种原因，对于 QUERY 发出的问题不能反映出其真实的状态，那么这种发问是无法获得其正确的知识空间的。例如，当一个问题特别挑战认知能力时，一位疲劳的专家会转而求助于某种捷径。Kambouri 等（1994）给出了一个例子，其中涉及图 15.3 显示的问题。一位专家面临的问题是：检查问题 a, b, c, d 和 e，然后决定答错了 a 到 d 是否可以推出也会答错 e。并不是依赖于从 a 到 d 的具体内容，而是在某种程度上仅仅估计答错了的问题集合的"难度"。类似地，并不是准确地了解问题 e 的内容，而是只看"难度"，继而比较这两种难度。

Kambouri 等（1994）提到的上述捷径还会使得专家只依靠答错问题的数量。重新回到表 15.3，专家会认为第 5 个问题一定会答错，不论它的内容为何。当这位专家以前给过（直接或者间接）否定的回答（涉及问题 e 在内的所有询问，且面对问题 a 到 d 的严格子集）时，这种倾向还会通过 QUERY 程序得到加强。所以，这位专家会认为这个提问是重复的，隐含要求回答"最终要说：对"。（注意到在这种情况下，除一个外，所有专家都在 5 块之内完成，所以图 15.3 几乎是在最坏情况下完成的。）

这些例子阐述了专家是如何在看上去很清楚域和被选择的学生群体但却在 QUERY 程序发问时给出无效的回答而产生了不同的知识结构。这一现象可以解释本章所描述的实验中观测到的部分不同。这带来的一个问题：未来使用该程序时，是否需要做点什么来减少这种效应。答案之一是二选一：(i) 尝试检测和校正这种无效的回答；(ii) 尽可能多地避免。kambouri 等（1994）详细讨论了这两种可能性。我们在这里只列举其主要思路。

检测至少是无效的某些响应的一个办法是推迟根据回答进行的推理，直到一个新的回答得以确认或产生矛盾为止。只有得到确认的回答才是有效的，这时才进行推理。尽管这个不一定能检出所有无效的回答（还是可能出现对一个错误回答的确认），它还是可以降低因为被试的不可靠而导致的错误回答的频次。为了避免无效的回答，我们注意到提出的问题并不具有相同的难度。当然，块 1 的问题比块 5 的问题要容易回答。我们可以通过限制 QUERY 程序在块 1 上的运用来避免某些无效的回答。我们最终会得到一个比实际大得多的知识空间，但是会包含更多的有效状态，最有可能是目标的结构的状态。这个大的知识结构可以从学生数据中进行删减，方法是采用 Villano（1991）基于删除在实践中不那么频繁出现的状态的技术。

本章的最后一部分是 Cosyn 和 Thiery（2000）的工作，他们研究了上述想法，而且证明了可以带来一个可行的全部程序。

15.4.7 注释 . 正如 3.2.3 提出的，QUERY 程序可以在不同类别的数据上高效地运行。我们在这里说得更详细一点。假设最开始的知识空间建立在专家对块 1 中的问题进行回答的基础上。这个知识空间中因此是一个有序空间，而且可能已经足够充分在学生中使用。还假设已经在这个有序空间的基础上进行了大量的评估。在学习空间理论的某些程序中，例如 ALERKS 系统，在评估过程中提出一个随机选择的"额外问题"p。这个问题不是评估的一部分。但是，它对于计算有效性的指标是很有帮助的。第 17 章介绍了相关的技术。这些额外的问题用于估计条件概率

$$\mathbb{P}(\text{答错了额外问题}p|\text{答错了集合}A\text{中所有问题}) > \delta, \qquad (15.15)$$

其中，参数 δ 的数据值依赖于各种因素，比如问题 p 的粗心错误的估计概率。我们演示这样一个条件概率如何引出关系 $\mathcal{P}$ 的定义，从而用评估统计代替专家的评估。

我们引入一个记号，写作

$$\mathbf{R}_q = \begin{cases} 1 & \text{如果问题}q\text{回答正确}, \\ 0 & \text{否则}. \end{cases}$$

根据这个记号，我们可以定义

$$A\mathcal{P}q \quad \Longleftrightarrow \quad \mathbb{P}\left(\mathbf{R}_q = 0 | \forall p \in A, \ \mathbf{R}_p = 0\right) > \delta \qquad (15.16)$$

其中，等式右边是式 (15.15) 的一个更精确的写法。问题 10 要求读者检查用这个方法来构造一个空间的有用性[121]。

---

[121]ALEKS 系统中用到的知识空间就是用这个方法构造的，建立在专家和评估统计联合起来的基础上，如式 (15.16) 所示。我们在第 17 章描述了应用。

15.5　Cosyn 和 Thiery 的工作

Cosyn 和 Thiery 接上了 Kambouri 等（1994）的工作。他们开发了一个程序，这个程序基于子章节 15.4.6 中提到的文献 Kambouri 等（1994）里讨论中提到的 QUERY 的改进版。

15.5.1　PS-QUERY，或者 Pending-Status-QUERY 程序。该程序是 QUERY 的修改版，其中，"pending status"（未决状态）是指专家面对新询问所作出的任何回答。这个关键机制包含两个缓冲区和两个表，这样的回答和从该回答中推理出来的肯定和否定的都暂存在这里[122]。这个缓冲区保存的推理直接来自于新的肯定回答，这样就可以发现矛盾之处。表里面保存的则是不会产生矛盾的推理，但是还需要后面的回答来确认是否是肯定的。我们只给出算法概要（详见 Cosyn 和 Thiery，2000）。

如前所述，我们用 Q 表示域，用 $(A_1, q_1), ..., (A_i, q_i), ...$ 表示被测试的询问序列。为了管理第 i 步的操作，我们依赖于从 $2^Q \setminus \{\varnothing\}$ 到 Q 的若干关系。关系 $\mathcal{C}_{i-1}$ 与 $\mathcal{C}_{i-1}^-$ 分别保存肯定的和否定的推理，这些推理在如下意义上得到**确认**[123]。我们用 W_{i-1}^T 和 W_{i-1}^{-T} 表示两张表：包含了在第 i 个问题被问之前，未决的肯定和否定的推理。这些推理是那些直到第 $i-1$ 步尚未导致矛盾但还有待确认的回答。最后，我们用 F_i^B 与 F_i^{-B} 表示保存新的肯定和否定推理的缓存，它们分别从 $\mathcal{C}_{i-1}$ 和 $\mathcal{C}_{i-1}^-$，以及专家对于询问 (A_i, q_i) 的回答。（注意到 F_i^B 包含对询问 (A_i, q_i) 的肯定回答，如果有的话，而 F_i^{-B} 包含询问 (A_i, q_i) 的否定回答，如果有的话）。表 15.9 摘要如下。

表 15.9: 对于 PS-QUERY 的术语和符号的说明。

	肯定的	否定的
确认的推理（直到第 $i-1$ 步）	$\mathcal{C}_{i-1}$	$\mathcal{C}_{i-1}^-$
未决推理表（直到第 $i-1$ 步）	W_{i-1}^T	W_{i-1}^{-T}
第 i 个询问	(A_i, q_i)	
新的推理缓存（第 i 步）	F_i^B	F_i^{-B}

---

[122]这里的推理与第 15.2.1 节和表 15.2 中的含义一样。

[123]关系 $\mathcal{C}_{i-1}$ 和 $\mathcal{C}_{i-1}^-$ 与第 15.2.5 节中定义的 QUERY 程序中的关系 $\mathcal{P}_{i-1}$ 和 $\mathcal{P}m_{i-1}$ 是相似的。但是，$\mathcal{C}_{i-1}$ 和 $\mathcal{C}_{i-1}^-$ 只记录确认过的推理，而 $\mathcal{P}_{i-1}$ 和 $\mathcal{P}m_{i-1}$ 记录所有的推理。

在第 i 步的开始阶段，**PS-QUERY** 采集了对询问 (A_i, q_i) 的回答，然后从 $\mathcal{C}_{i-1}$、$\mathcal{C}_{i-1}^-$ 和回答中计算所有的推理（肯定的和否定的）。该程序把这些推理存放在缓存 F_i^B 和 F_i^{-B} 中，然后把它们和 $\mathcal{C}_{i-1}$、$\mathcal{C}_{i-1}^-$、W_{i-1}^T 及 W_{i-1}^{-T} 里的进行比较。**PS-QUERY** 在两种情况下会检测到冲突：(i) 当出现一个新的肯定推理时，即存在 F_i^B 里的那一个，要么已经在表 W_{i-1}^{-T} 里未决的否定推理出现过，要么已经在 $\mathcal{C}_{i-1}$ 关系中出现过；(ii) 当出现在 F_i^{-B} 里的一个新的否定推理，要么已经出现在未决的肯定推理的表 W_{i-1}^T 中，或者要么已经出现在 $\mathcal{C}_{i-1}$ 中。如果发生了类型 (i) 的冲突，那么在 $F_i^B \cap W_{i-1}^{-T}$ 中的所有对都从 W_{i-1}^{-T} 中撤销，以产生 W_i^{-T}。（这特别意味着最后的回答会被抛弃。）类似地，如果发生了类型 (ii) 的冲突，那么在 $F_i^{-B} \cap W_{i-1}^T$ 里的所有对都从 W_{i-1}^T 中撤销，随之产生 W_i^T。在这两个情况中，都没有通过修改 $\mathcal{C}_{i-1}$ 和 $\mathcal{C}_{i-1}^-$ 来获得 $\mathcal{C}_i$ 与 $\mathcal{C}_i^-$。

如果没有检测到冲突，**PS-QUERY** 寻找可能的确认。属于 $F_i^B \cap W_{i-1}^T$ 的每一对（而且正在被确认）都从 W_{i-1}^T 移到了 $\mathcal{C}_{i-1}$。因此，$\mathcal{C}_i$ 一开始等于 $\mathcal{C}_{i-1} \cup (F_i^B \cap W_{i-1}^T)$，而 W_i^T 一开始等于 $W_{i-1}^T \setminus F_i^B$。类似地，属于 $F_i^{-B} \cap W_{i-1}^{-T}$ 的每一对都从 W_{i-1}^{-T} 移到 $\mathcal{C}_{i-1}^-$，来获得 $\mathcal{C}_i^-$ 的初始值。然后，程序重复地计算来自 $\mathcal{C}_i$ 和 $\mathcal{C}_i^-$ 的所有推理，把它们加入合适的关系中，直到两个关系稳定下来。在所有的情况中，在新的第 $i+1$ 开始前，新的缓存 F_{i+1}^B 和 F_{i+1}^{-B} 被重置成空值。

Cosyn 和 Thiery（2000）定义了上述规则之外的例外。一个除了自身之外再不会引入新的推理的询问回答，总会直接地被加入到 $\mathcal{C}_i$ 或者 $\mathcal{C}_i^-$（这两个关系届时就不再推理了）。

15.5.2 注释 。对于 **QUERY**，在任何一个步骤 i 上我们都可以停止 **PS-QUERY**，从而构造出一个知识空间 $\mathcal{K}(i)$。原因是 $\mathcal{C}_i$ 是一个蕴含，可以从中推出知识空间 $\mathcal{K}(i)$。如果专家是根据某个知识空间 $\mathcal{K}$ 的潜在蕴含 $\mathcal{P}$ 进行回答，那么我们就有 $\mathcal{C}_i \subseteq \mathcal{P}$，因此 $\mathcal{K}(i) \supseteq \mathcal{K}$。（可以建立反包含；参见 8.6.2。）因此，我们可以在结束时获得许多状态，但不会遗漏状态。

15.5.3 PS-QUERY 的仿真 。在他们的论文中，Cosyn 和 Thiery 用计算机仿真比较了 **QUERY** 和 **PS-QUERY** 的性能。目标知识空间是一个可以从中推出虚拟专家的潜在蕴含的知识空间，是一个涵盖了 4 至 8 年级算术课程的 50 个问题的域（实际的知识空间由真实的人类专家运用 **QUERY** 程序构造）。我们用 $\mathcal{K}^r$ 表示这个 **参考结构** ，用 $\mathcal{K}^{r,1}$ 表示从真实的专家中块 1 的数

据中获得的 $\mathcal{K}^r$ 的超集。因此，$\mathcal{K}^{r,1}$ 是一个拟序知识空间（参见第 3.8.1），这就是我们说的 **参考次序**。注意到 $\mathcal{K}^r$ 与 $\mathcal{K}^{r,1}$ 分别包含了 3,043 和 14,346 个状态。虚拟的专家假设采用 $\mathcal{K}^r$ 来回答 PS-QUERY 提出的问题。

两个种类或错误可能发生在回答 QUERY 或者 PS-QUERY：(1) **虚警**，回答了"是"，但参考结构的正确回答应该是"否"；(2) **错过**，即错误地回答了"否"。在 Cosyn 和 Thiery 的仿真里，错误的两种情况的概率都设置成 0.05。

QUERY 和 PS-QUERY 的第 1 块是用 19 个虚拟的专家仿真的。平均而言，PS-QUERY 的第 1 块的中止所需的问题数量大致是 QUERY 的第 1 块的中止所需的问题数量的 2 倍：1,480 对 662。这就是表 15.10 中的第 2 列显示的数字，以及括号里相应的标准差。表里的第 3 列和第 4 列包含着差异指标的统计。这些统计的意思如下：19 个仿真的每一个都带出一个拟序空间[124]。采用 $\mathcal{K}_i^{E,1}$（$1 \le i \le 19$）。运用式 (15.14)，两个差异指标 $di(\mathcal{K}_i^{E,1}, \mathcal{K}^r)$ 和 $di(\mathcal{K}^r, \mathcal{K}_i^{E,1})$ 都要在 19 个情况里的每一个情况下进行计算，因此产生两个频次分布。第 3 列和第 4 列的每一个单元的第一个数字是两个分布的平均值。括号中显示的是标准差。在表 15.10 的表头中采用的记号 $\mathcal{K}^{E,1}$ 表示变量"公开的拟序空间"，值是 $\mathcal{K}_1^{E,1}, ..., \mathcal{K}_{19}^{E,1}$。

表中的关键列是第三个。第 2 行的数字 1.51 表示 $\mathcal{K}^r$ 的状态与从 QUERY 第 1 块中产生的拟序知识结构的状态平均差了 1.51 个问题。与之相反的是，最后一行的数字 0.16，它表示：在被 PS-QUERY 产生的拟序空间里，$\mathcal{K}^r$ 里的状态只与那些 $\mathcal{K}^{E,1}$ 的状态相差 0.16 个问题。因此，一般情况下，几乎所有的目标结构 $\mathcal{K}^r$ 的状态可以从 $\mathcal{K}^{E,1}$ 里选择合适的状态还原出来。后面一节将讨论这种选择。

表 15.10: 第 2 列包含平均值和标准差（括号里）。这个平均值和标准差指的是 QUERY 和 PS-QUERY 第 1 块里被要求终止的询问数目，其中两个错误概率被设定成都等于 0.05。第 3 列和第 4 列显示出差异指标分布的平均值和标准差。所有的统计都基于 19 个仿真。

	步骤数量	$di(\mathcal{K}^r, \mathcal{K}^{E,1})$	$di(\mathcal{K}^{E,1}, \mathcal{K}^r)$
QUERY	662 (39)	1.51 (0.65)	3.00 (1.21)
PS-QUERY	1,480 (65)	0.16 (0.11)	1.43 (0.17)

---

[124]只因为 QUERY 程序的块 1 是仿真出来的。$\mathcal{K}_i^{E,1}$ 里的上标 1 指的是块 1。

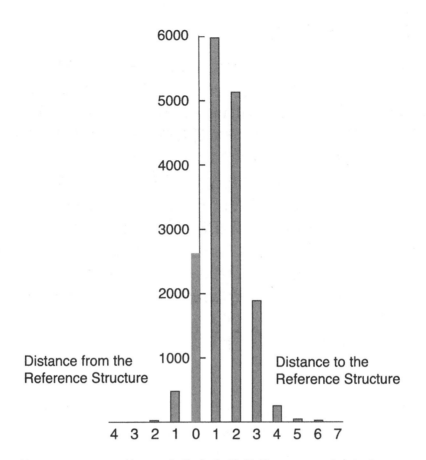

图 15.6: 从 PS-QUERY 的 19 个仿真中获得的 $f_{\mathcal{K}^r, \mathcal{K}^{E,1}}$（左）和 $f_{\mathcal{K}^{E,1}, \mathcal{K}^r}$（右）的差异分布，其中两个错误概率被设置成 0.05（摘自 Cosyn 和 Thiery，2000）。表 15.10 的最后一行显示了这两个分布的平均值和标准差。

　　图 15.6 显示了一个更精确的图景，它来自 Cosyn 和 Thiery 的文章。图片包含两个直方图。在横坐标零点的左边，我们有从 $\mathcal{K}^r$ 到 $\mathcal{K}^{E,1}$ 中 19 个拟序空间平均差异的直方图。我们从图中可以看到，平均（计算 19 个仿真）上，$\mathcal{K}^r$ 的 3043 个状态中的大约 2600 个也都在专家的空间中，而且大约有 600 个与这个空间只差一个问题。这些数字与表 15.10 中第三列最后一行的 0.16 是一致的。在图 15.6 中横轴零点的右边，我们有一个类似的从 $\mathcal{K}^{E,1}$ 的空间到 $\mathcal{K}^r$ 的空间的平均差异的直方图。

　　在下面一节，我们检查 Cosyn 和 Thiery 如何提炼从一个专家的第 1 块中获得的拟序知识空间，以获得一个与目标结构 $\mathcal{K}^r$ 非常接近的知识结构[125]。

---

[125] 从对询问的两种回答：虚警和错过的角度来看，这两种情况的概率都设置成 0.05，无法确保可以获得与目标结构 $\mathcal{K}^r$ 一致的知识结构。

15.6 提炼一个知识结构

Cosyn 和 Thiery 从这样一个假设开始：采用 PS-QUERY 或者某个其他技术，已经获得了一个知识结构 $\mathcal{K}^{e,0}$（从一个单个专家），也就是目标结构 $\mathcal{K}^r$ 的超集。然后，他们运用 Villano（1991）开发的程序。这个思路是用 $\mathcal{K}^{e,0}$ 来评估从人群中经过足够大的采样所获得的学生，然后用他们的数据来修剪 $\mathcal{K}^{e,0}$，用出现的低概率来减少状态。Cosyn 和 Thiery 对这个方法的仿真出人意料地显示出：这种效果只用在比被修剪的结构状态数量少得多的一群学生中进行就能得到。（后面会讨论背后的原因。）这里采用的评估过程在第 13 章描述过，而且采用的规则是倍增规则（参见 13.4.4）。

提炼分两步。第一步，运用"平滑规则"，把状态集合上某个初始概率分布[126] 转换成影响样本学生的评估结果的一种分布。第二步，运用"剪枝规则"，删掉所有概率低于某个关键阈值的状态——除了空状态和域之外。然后再把剩下状态的概率归一化，从而获得剩下状态子集上的概率分布。（本质上，这种计算剩下状态的概率与那种状态的发生事件有关。）下面两节分别详细阐述。

15.6.1 平滑规则。假设已经用第 13 章介绍的程序评估了一个具有代表性的样本中的大量学生：$s_1,...,s_h$，而且该评估已经提供了状态群集上相应的概率分布 $l_1,...,l_h$。每一个概率分布的大多数都集中在一个或者若干状态上，而且概括了这个学生的评估。这些概率分布可以用来对初始概率分布 φ_0 进行变换。为了方便具体陈述，我们可以选择 φ_0 作为某个初始知识结构 $\mathcal{K}^{e,0}$ 的一致分布 U。例如，如果知识结构 $\mathcal{K}^{e,0}$ 是从一个专家对于程序 PS-QUERY 的回答中推出来的，且包含 n 个状态，那么，对于 $\mathcal{K}^{e,0}$ 里的任何一个 K，有 $\varphi_0(K)=\frac{1}{n}$。我们注意到 $\mathcal{K}^{e,0}$ 被假设成目标结构 $\mathcal{K}^r$ 的超集。

如果 h 比较大，那么跟踪所有的概率分布 l_j（$j=1,...,h$）是非常繁重的。相应地，成功地连续计算 φ_0 上的 $l_1,...,l_h$。Cosyn 和 Thiery（2000）采用了变换：

$$\varphi_0 = U, \tag{15.17}$$

$$\varphi_{j+1} = \frac{j\varphi_j + l_j}{j+1}, \qquad \text{对于} 1 \le j \le h-1. \tag{15.18}$$

因此，每个概率分布 φ_{j+1} 是 φ_j 和 U_j 的混合，系数分别是 $\frac{j}{j+1}$ 和 $\frac{1}{j+1}$。

---

[126] 这可以是 $\mathcal{K}^r$ 上的一致分布。

注意到一个初始知识结构 $\mathcal{K}^{e,0}$ 和任何 $j = 1, ..., h$：如果 $\sum_{K \in \mathcal{K}^{e,1}} \varphi_j(K) = 1$，那么

$$\sum_{K \in \mathcal{K}^{e,0}} \varphi_{j+1}(K) = \frac{j \sum_{K \in \mathcal{K}^{e,1}} \varphi_j(K) + \sum_{K \in \mathcal{K}^{e,1}} l_j(K)}{j+1} = 1.$$

假设，如果已经评估的学生数量 h 足够大，那么 φ_{h+1} 会与 φ_1 不同。不同之处在于 $\mathcal{K}^{e,0} \setminus \mathcal{K}^r$ 里的多数状态的概率会比 $\mathcal{K}^r$ 低得多。因此，通过删除 $\mathcal{K}^{e,0}$ 中所有低于某个恰当选择的阈值 τ（除了空状态和域），我们可以在一个满意的逼近状态下揭开结构 $\mathcal{K}^r$。

15.6.2 剪枝规则 。剪枝规则

$$v : (\mathcal{K}, \varphi, \tau) \mapsto v_\tau(\mathcal{K}, \varphi)$$

作用于由域 Q 上的知识结构 $\mathcal{K}$、$\mathcal{K}$ 上的概率分布 φ 和一个实数 $\tau \in [0,1]$ 组成的任何一个三元组。它赋予 $\mathcal{K}$ 的子集的三元组的定义式如下：

$$v_\tau(\mathcal{K}, \varphi) = \{K \in \mathcal{K} | \varphi(K) \geq \tau\} \cup \{\varnothing, Q\}. \tag{15.19}$$

因此，$v_\tau(\mathcal{K}, \varphi)$ 是一个知识结构。一个在 $v_\tau(\mathcal{K}, \varphi)$ 上的概率分布 φ' 可以用归一化来定义。

$$\varphi'(K) = \frac{\varphi(K)}{\sum_{L \in v_\tau(\mathcal{K}, \varphi)} \varphi(L)}.$$

注意到对 φ_j 进行连续变换的顺序是无关紧要的，因为联合连续分布 l_j 的运算符——隐含在式 (15.18) 中——是可交换的（参见问题 11）。最后一个参加评估的学生在构造相应的知识结构时所造成的影响与第一个学生一样。

现在展示这种策略可以在实际中运用。Cosyn 和 Thiery 还是用计算机仿真回答了这个问题。他们为阈值 τ 选择了一个合适的值。一部分分析建立在计算结构 $\mathcal{K}$ 和 $\mathcal{K}'$ 之间的 **差异指标的二次方根** 上。这里，二次方根是指

$$di_2(\mathcal{K}, \mathcal{K}') = \sqrt{di^2(\mathcal{K}, \mathcal{K}') + di^2(\mathcal{K}', \mathcal{K}')} \tag{15.20}$$

这些结构的两个差异指标的二次方根。

15.7 各种提炼的仿真

Cosyn 和 Thiery（2000）研究一个知识结构 $\mathcal{K}^r$ 在某个虚构的参考人群中呈现了知识状态的全集。他们假设一位专家已经被 **PS-QUERY** 提过问，

而且对于第 1 块的回答提供了一个知识结构 $\mathcal{K}^{e,1}$（因此是拟序）。具体地，他们选择 $\mathcal{K}^r$ 作为 **PS-QUERY** 仿真中用到的参考知识结构，第 15.5.3 节描述了该结构，而且他们假设 $\mathcal{K}^{e,1} = \mathcal{K}^{r,1}$。因此，$\mathcal{K}^r$ 和 $\mathcal{K}^{e,1}$ 分别有 3043 和 14346 个状态。

虚拟被试的各种样本从 $\mathcal{K}^r$ 的 3043 个状态的集合中随机采样而产生。这种采样的概率分布是 $\mathcal{K}^r$ 上的一致分布 $\varphi_1 = U$。样本大小从 1000 到 10000。这些虚拟被试中的每一个都被第 13 章中的评估程序测试过，采用的是倍增规则（参见 13.4.4）。假设这些被试不可能猜中不在其状态中的问题。另一方面，对于任何一个问题 q，因为粗心错误的概率要么是 0 要么是 0.10。（在 12.4.1 的符号中，我们假设 $\eta = 0$，且 $\beta_q = 0$ 或者 $\beta_q = 0.10$。）对于每个样本，变换概率 φ_h（其中，h 是样本大小）由式 (15.17) 和 (15.18) 定义的平滑规则计算。

15.7.1 阈值。第一个任务是给剪枝规则的阈值 τ 确定一个合适的值，方法是：当且仅当要么 $\varphi_k(K) \leq \tau$，或者 K 是域，或者 K 是空的，就保留 $\mathcal{K}^{e,1}$ 的状态 K。采用 1000 个虚拟被试的样本，计算阈值 τ 的各种值。用阈值 τ 修剪 $\mathcal{K}^{e,1}$ 所产生的知识结构，因此是 $\mathcal{V}_\tau(1,001) = v_\tau(\mathcal{K}^{e,1}, \varphi_{1,001})$。这种比较所采用的标准是在 $\mathcal{K}^r$ 和 $\mathcal{V}_\tau(1,001)$ 之间差异指标的二次方根 $di_2(\mathcal{K}^r, \mathcal{V}_\tau(1,001))$，也就是由式 (15.20) 定义的对于这些结构的两个差异指标之间的平均值的均方根。在计算 τ 的时候，这个指标变化范围很大。可以发现，对于 $\tau = 1/|\mathcal{K}^{e,1}|$，$di_2(\mathcal{K}^r, \mathcal{V}_\tau(1,001))$ 非常接近最小值。而这个 τ 值，正是 $\mathcal{K}^{e,1}$ 上一致分布的值。这个 τ 的估计值被 Cosyn 和 Thiery（2000）中所有的后续仿真所使用。相应地，我们丢弃阈值记号，在后文中写作 $\mathcal{V}(h) = \mathcal{V}_\tau(h)$。

15.7.2 被试数量。被试数量对于恢复目标结构的准确性的影响也通过仿真来研究。被试数量 h 从 0 变到 10000，粗心错误的概率有两个：$\beta = 0$ 且 $\beta = 0.10$。在所有情况下，都计算两个差异指标 $di(\mathcal{K}^r, \mathcal{V}(h))$ 和 $di(\mathcal{V}(h), \mathcal{K}^r)$，从而形成了评估的基础。

15.7.3 结论。当被试数量 h 从 $h = 1000$ 开始向上增加时，两个差异指标就会下降。当粗心错误概率 $\beta = 0$ 时，差异指标 $di(\mathcal{K}^r, \mathcal{V}(h))$ 在经历了 3000 个仿真的被试之后，从 0.62 开始下降到 0.01。当 $\beta = 0.10$ 时，这个指标需要多达 8000 个被试才能从相同的值降到 0.01。

另外一个差异指标 $di(\mathcal{V}(h),\mathcal{K}^r)$ 则有所不同。当 h 在 0 和 1000 之间时，它的值大多数情况下是下降的，在 $h=1500$ 左右似乎达到了一个渐近线。该指标在 $\beta=0$ 与 $\beta=0.10$ 的渐近值分别是 0.2 和 0.4。这个结果表明，在两种情况下，大多数多余的状态都在 $h=1000$ 左右丢弃。

综上所述，Cosyn 和 Thiery（2000）研究的提炼程序可以把目标结构的 92% 都恢复出来。粗心错误比例的角色值得注意。一方面，渐近值 $\overline{di}(\mathcal{V}(h),\mathcal{K}^r)$ 随着错误概率 β 的值增加。另一方面，$di_2(\mathcal{K}^r,\mathcal{V}(h))$ 似乎趋向于 0，而与错误比例无关。因此，尽管被试大的粗心错误会产生一个大的提炼的结构，但是，如果足够多的被试参加了测试，还是可以恢复出绝大多数的状态。

15.8 参考文献和相关工作

本章的许多内容出自三篇论文：Koppen（1993），Kambouri 等（1994）及 Cosyn 和 Thiery（2000）。Mathieu Koppen 使用的与此相似的概念，还被 Cornelia Dowling 在 Muller（1989）中进行了扩展（还可参见 Dowling，1994）。在另外一篇文章中（Dowling，1993a），她把这些点子组装到一个算法中，打下了经济地存储空间的基础。在 Heller（2004）中，读者可以找到这样一个推广闭合空间形式化的方法，它给这里讨论的这种类型的询问算法的设计带来了很多启发。

问题

1. 某些问题不用 **QUERY** 程序来发问，因为回答可以预先知道。例如，任何肯定的回答 $A\mathcal{P}q$ 且 $q\in A$ 都理所当然地会被选择。为什么这种做法可以减少一半的可能问题？（参见 15.1.3(a) 的问题。）

2. 运用式 (15.1) 证明：如果 $A\subseteq B\subseteq Q$，$q\in Q$ 且 $A\mathcal{P}q$，那么 $B\mathcal{P}q$（见例子 15.2.1(a)）。

3. 证明受到问题对限制的、被式 (15.1) 定义的关系 $\mathcal{P}$ 是可传递的。

   在下面的 4 个问题中，我们请读者正式地证明表 15.2 中包含的 4 个推理规则的每一个。

4. 证明 [IR1]。

5. 证明 [IR2]。

6. 证明 [IR3]。

7. 证明 [IR4]。

8. 域上任何一个恰包含三个问题的学习空间都是一个序空间吗？证明之或者给出反例。如果是后面一种，这个反例在本质上具有独特性吗？如果是，你对于相应的蕴含怎么看？

9. 设 $\mathcal{P}$ 是与知识空间 $(Q, \mathcal{K})$ 对应的唯一蕴含关系，设 A^+、A^- 和 $\overline{\mathcal{P}}$ 分别如式 (15.11)、(15.12) 和 (15.15) 定义的那样。证明以下结论：

(i) $A \subseteq A^+$；

(ii) $A^+ \cap A^- = \varnothing$；

(iii) $A^+ \cup A^- = Q$；

(iv) A^- 是 $\mathcal{K}$ 的一个知识状态；

(v) $\mathcal{K}$ 中的任何一个知识状态都等于某个集合 A^-。

（在回答最后两个问题的时候，你可能会觉得定理 7.1.5 有用。）

10. 被等价式 (15.16) 定义的关系 $\mathcal{P}$ 是一个蕴含吗？也就是说，$\mathcal{P}$ 是否一定可以满足定理 7.1.3 中的条件 (i) 和 (ii)？这些条件对于构造一个空间有多重要？

11. 展示被式 (15.18) 隐含地定义的操作符，证明任何两个分布 l_j 和 l_{j+1} 的组合都是可交换的。

16 构造一个学习空间

QUERY 或者它的扩展版 PS-QUERY 会产生一个知识空间，也就是说，一个在并集下闭合的结构，而不一定是学习空间。在许多实际情况中，学习空间的本质属性都被认为是至关重要的。特别是，边界这一概念精简地描述了任何一个知识状态（参见定理 4.1.7 和 2.2.4(iii)）。该性质在给出一个有意义的评估摘要方面，扮演着关键角色。另外，在外部边界的名义之下，它打开了一条通往深入学习的路径。这提出了如下问题：假设，除了错误之外，对于询问的回答是由一个潜在的学习空间 $\mathcal{L}$ 指导的，那么，可以通过部分地修改 QUERY，通过询问这种方法获得一个接近 $\mathcal{L}$ 的学习空间吗？本章中，我们用两种相当不同的方法来达到这个目标。

第一个方法就是修改 QUERY，它受到了来自定理 2.2.4 的启发。即，当且仅当它满足对反拟阵的公设 [MA] 时，知识空间 $(Q, \mathcal{K})$ 是一个学习空间：

[MA] 如果 K 是 Q 的一个属于族 $\mathcal{K}$ 的非空子集，那么 K 中存在某个 q，使得 $K\backslash\{q\}$ 是 $\mathcal{K}$ 的一个状态。

这个公设引出了下面对于 QUERY 的修订。我们从（潜在）状态的群集开始，它形成了某个初始的学习空间 $\mathcal{L}_0$。举例来说，$\mathcal{L}_0$ 可能是 Q 的一个幂集，或者从 QUERY 的块 1 中获得的一个序空间。（根据定理 4.1.10，我们知道序空间是学习空间。）我们假设对于询问的回答一般都建立在一个潜在学习空间 $\mathcal{L} \subseteq \mathcal{L}_0$。只要观测到一个询问 (A, q) 的肯定回答，我们就从当前的学习空间中删去，从 $\mathcal{L}_0$ 开始，删去所有与这个回答矛盾的状态，只有当产生的结构满足公设 [MA] 时才留下。定理 16.1.6 将会用一个简单的测验来展示这种效果。

上述测验的缺点是它所涉及的状态的整个群集会大得不可控。因此，这个测验和整个程序无法在许多实际情况中使用[127]。

然而，这个想法是比较扎实的，而且它可以适配：而不是从学习空间自身中删除状态，我们可以用类似的方式在下面的基础上运行：要么是学习空间，要么是推测函数，两个都具有特别小的结构。相关的结论是定理 5.4.1 的条件 (iii)，与公设 [MA] 类似。我们以公设的形式为学习空间回顾一下条件：

[L3] 对于一个知识空间 $\mathcal{K}$ 中的问题 $\{r\}$ 的任何一个条件 C，集合 $C\backslash\{r\}$ 是 $\mathcal{K}$ 的一个状态。

---

[127] 原始的 QUERY 程序通过存储蕴含而不是整个（潜在）状态的群集，避免了这种缺点。

从 [L3] 的角度来说，重述一个以前的结论，我们有：

定理 5.4.1(iii)。当且仅当它满足公设 [L3] 时，一个知识空间是一个学习空间。

这一想法带来一个算法：合适地管理推测函数。在这个算法的最后一个阶段，学习空间随着最终的推测函数的条件生成的群集而构造出来。我们在第 16.2 节描述这个算法。

通过询问来构造一个学习空间的第二个方法是 David Eppstein（见 Eppstein, Falmagne 和 Uzun, 2009; Eppstein, 2010）中的方法。它与前面介绍的第一个方法完全不同，它在本质上是通过逐步删减潜在状态而实现的。在第一步，一个知识空间通过 QUERY 或者 PS-QUERY 的一个标准程序来构造。然后通过谨慎地向其加入状态直到级配性得以满足的方法来构造一个学习空间，从而保存 U-闭合。我们在第 16.3 中简要介绍一下。

16.1　预备概念和例子

公设 [MA] 提出了一个"关键的"状态的概念，删除了它就会违反公设。下面与其他两个有关的概念一起，定义这个概念。

16.1.1 定义。如果它的内部边界 L^J 是空的[128]，一个知识结构 $\mathcal{K}$ 的一个非空状态 L 是 **挂起** 的。如果它包含至少一个问题，但是它的内部边界只有一个单一问题，那么状态 L 是 **几乎挂起** 的。用 p 表示后面一个问题，然后我们说，对于 L 而言，状态 $L\backslash\{p\}$ 在 $\mathcal{K}$ 中是 **关键** 的。

这样，一个几乎挂起的状态恰定义了一个关键状态。但是，一个状态可以对于若干几乎挂起的状态都是关键的。

16.1.2 例子。考虑到域 $Q = \{a, b, c, d\}$ 上的知识空间和状态的群集

$$\mathcal{L} = \{\varnothing, \{a\}, \{b\}, \{a, b\}, \{a, c\}, \{a, d\}, \{a, b, c\}, \{a, b, d\}, \{a, c, d\}, Q\}.$$

$\mathcal{L}$ 中存在两个几乎挂起的状态，分别是 $\{a, c\}$ 和 $\{a, d\}$，而只有 $\{a\}$ 是关键的。而且，没有挂起的状态。相应地——见下面的观察——$\mathcal{L}$ 是一个学习空间。

---

[128]我们回忆到状态 L 的内部边界 L^J 由 L 中所有这样的问题 q 构成：$L\backslash\{q\}$ 是一个状态；参见定义 **4.1.6**。

16.1.3 推论。在一个学习空间中，任何几乎挂起的状态属于空间的集。

我们把证明留作问题 2。注意到定理 2.24 中对于等价式 $(i) \Leftrightarrow (ii)$ 的一个简单的重述是：

16.1.4 观测 。当且仅当它没有挂起状态，一个有限的知识空间 $\mathcal{K}$ 是一个学习空间。

满足 $q \in A$ 的询问 (A, q) 总会产生一个肯定的回答，而且没有删除任何状态。我们因此在本章中对于所有询问 (A, q)，假设 $q \notin A$。为了分析肯定的回答对于询问的影响，我们需要一些更多的记号。

16.1.5 定义 。设 $(Q, \mathcal{K})$ 是一个知识空间，设 (A, q) 是任何一个询问，且 $\varnothing \neq A \subset Q$、$q \in Q \backslash A$。对于 $\mathcal{K}$ 的任何一个子集 $\mathcal{F}$，我们定义

$$\mathcal{D}_{\mathcal{F}}(A, q) = \{K \in \mathcal{F} | A \cap K = \varnothing \text{ 和 } q \in K\}. \tag{16.1}$$

因此，$\mathcal{D}_{\mathcal{K}}(A, q)$ 是 $\mathcal{K}$ 的所有状态的子族，且可以被对于询问 (A, q) 的肯定的回答 $A \mathcal{P} q$ 在 **QUERY** 程序的框架下删除。

16.1.6 定理。对于任何一个知识空间 $\mathcal{K}$ 和任何询问 (A, q)，集合 $\mathcal{K} \backslash \mathcal{D}_{\mathcal{K}}(A, q)$ 族是一个知识空间。如果 $\mathcal{K}$ 是一个学习空间，那么当且仅当 $\mathcal{K}$ 中没有几乎挂起的状态 L，使得 $A \cap L = L^{\mathcal{I}}$ 和 $q \in L$ 时，$\mathcal{K} \backslash \mathcal{D}_{\mathcal{K}}(A, q)$ 是一个学习空间。

16.1.8 中给出的这个定理的证明显示：定理中的状态 L 成为了空间 $\mathcal{K} \backslash \mathcal{D}_{\mathcal{K}}(A, q)$ 中挂起的；注意到 $L \backslash L^{\mathcal{I}}$ 对于 $\mathcal{K}$ 中的 L 是关键的，而且从 $\mathcal{L}$ 中删除了，但是 L 本身没有删除。

16.1.7 例子 。我们考虑例子 16.1.2 中的学习空间

$$\mathcal{L} = \{\varnothing, \{a\}, \{b\}, \{a, b\}, \{a, c\}, \{a, d\}, \{a, b, c\}, \{a, b, d\}, \{a, c, d\}, Q\},$$

且检查 3 个可能的询问。

如果我们观察到对于询问 $(\{a\}, b)$，只有状态 $\{b\}$ 可以被删除；也就是说，$\mathcal{D}_{\mathcal{L}}(\{a\}, b) = \{\{b\}\}$。因为 $\{b\}$ 在 $\mathcal{L}$ 中不是关键的，把它删除不会创造任何挂起的状态，所以 $\mathcal{L} \backslash \mathcal{D}_{\mathcal{L}}(\{a\}, b) = \mathcal{L} \backslash \{\{b\}\}$ 是一个学习空间。

询问 $(\{c\}, a)$ 的肯定回答，导致 4 个状态被删除：

$$\mathcal{D}_{\mathcal{L}}(\{c\}, a) = \{\{a\}, \{a, b\}, \{a, d\}, \{a, b, d\}\}.$$

剩下的状态形成了一个知识空间，但不是一个学习空间。定理 16.1.6 适用于几乎挂起的状态 $L = \{a, c\}$（成为新结构中的挂起）。

最后，如果询问 $(\{b\}, a)$ 带来一个肯定的回答，那么剩下的状态

$$\{\varnothing, \{b\}, \{a, b\}, \{a, b, c\}, \{a, b, d\}, Q\}$$

形成了一个学习空间。注意到关键状态 $\{a\}$ 已经从 $\mathcal{L}$ 中删除了，但是它所关键的两个状态，分别是 $\{a, c\}$ 和 $\{a, d\}$，同时也都被删除了。

16.1.8 定理 16.1.6 的证明。为了证明 $\mathcal{K} \backslash \mathcal{D}_{\mathcal{K}}(A, q)$ 是一个知识空间，注意到首先 $\varnothing$ 和 Q 都不属于 $\mathcal{D}_{\mathcal{K}}(A, q)$。然后，设 $\mathcal{E}$ 是任何一个 $\mathcal{K} \backslash \mathcal{D}_{\mathcal{K}}(A, q)$ 的子群集，并设置 $L = \cup \mathcal{E}$。那么 $L \in \mathcal{K}$，因为 $\mathcal{K}$ 是一个空间。但是，$L \notin \mathcal{D}_{\mathcal{K}}(A, q)$。确实，如果 $A \cap L = \varnothing$，那么对于 $\mathcal{E}$ 中所有的 E 且当 $E \notin \mathcal{D}_{\mathcal{K}}(A, q)$，$A \cap E = \varnothing$，我们一定有 $q \notin E$。这反过来意味着 $q \notin L$，而且 $L \in \mathcal{K} \backslash \mathcal{D}_{\mathcal{K}}(A, q)$。

现在假设 $\mathcal{K}$ 是一个学习空间。如果 $\mathcal{K} \backslash \mathcal{D}_{\mathcal{K}}(A, q)$ 不是一个学习空间，那么后者的结构就不满足公设 [MA]。所以，它包含一个挂起的状态 L（观测 16.1.4）。因为状态 L 不是在 $\mathcal{K}$ 中挂起的，所以 $\mathcal{K}$ 中的 L 的内部边界存在一个问题 p，且 $L \backslash \{p\} = K$，是一个 $\mathcal{K}$ 中的状态。状态 K 一定被对于询问 (A, q) 的肯定回答给删除了；我们因此有 $A \cap K = \varnothing$ 且 $q \in K$。因此，L 存在于 $\mathcal{K} \backslash \mathcal{D}_{\mathcal{K}}(A, q)$ 之中，且包含 q，我们有 $L \cap A \neq \varnothing$。所以，我们有 $A \cap L = \{p\}$。因为 p 是 $L^{\jmath}$ 里的某个问题，我们推出 $L^{\jmath} = \{p\}$。因此 L 是几乎挂起的，而且它还满足这个命题里的其他条件。反过来。容易验证，如果 $\mathcal{K}$ 中存在这样一个状态 L，那么 $\mathcal{K} \backslash \mathcal{D}_{\mathcal{K}}(A, q)$ 不满足公设 [MA]，因为 L 在它里面挂起。□

定理 16.1.6 的关键概念需要一个名称。

16.1.9 定义。设 $(Q, \mathcal{L})$ 是一个学习空间。如果对于某个问题 r，没有条件 C 使得 $A \cap C = \{r\}$ 且 $q \in C$，那么询问 (A, q) 是**挂起安全**的。如果 $\mathcal{L} \backslash \mathcal{D}_{\mathcal{L}}(A, q) \subset \mathcal{L}$，询问 (A, q) 被称作（**对于 $\mathcal{L}$**）**可操作**的。

因此，当且仅当询问 (A, q) 是挂起安全的，群集 $\mathcal{L} \backslash \mathcal{D}_{\mathcal{L}}(A, q)$ 是一个学习空间。挂起安全的概念和可操作性是独立的：一个询问 (A, q) 可以是挂起安全的，而不必是可操作的，反之亦然。对于一个挂起安全、可操作的询问 (A, q) 的肯定回答可以被实现，而且将减少学习空间。

定理 16.1.6 引出了下面一个算法，思路与 15.1.1 的朴素算法相似。

16.1.10 算法（一个朴素的询问算法）。

第 1 步。写出 Q 的所有子集的群集 $\mathcal{L}$。

第 2 步。连续地提交形如 [Q1] 的所有询问 $(A_1, q_1), ..., (A_i, q_i), ...$ 且 $q_i \notin A_i$。只要观测到 $A_i \mathcal{P} q_i$，检查当前的群集 $\mathcal{L}$ 是否包含一个元素 L 满足定理 16.1.6 的条件，即

1. L 在 $\mathcal{L}$ 上是几乎挂起；
2. $A \cap L = L^{\jmath}$ 且 $q \in L$。

如果这样的 L 存在，就丢弃回答 $A_i \mathcal{P} q_i$，否则替换当前的群集 $\mathcal{L}$，且 $\mathcal{L} \backslash \mathcal{D}_{\mathcal{L}}(A_i, q_i)$。

当所有的询问都被考虑过之后，程序停止了。因为程序的输入是 Q 的幂集，该输入 $\mathcal{L}$ 是一个学习空间。在每个回答 $A_i \mathcal{P} q_i$ 基础上的测试确保了 $\mathcal{L}$ 可以在运行完毕整个算法之后留下一个学习空间。

16.1.11 注释。该算法还可以在这样的条件下工作：在第 1 步里，群集 $\mathcal{L}$ 被初始化为任何一个学习空间——举例来说，域 Q 上的一个有序空间。这就是下面例子 16.1.13 中提到的情形。

算法 16.1.10——当它没有采用 15.2.1 中讨论的推理机制时是相当平凡的——还有两个其他的严重错误。

16.1.12 朴素算法的缺陷。a) 程序不一定会删除所有可以删除的状态。某些询问 (A_i, q_i) 不一定会丢弃，因为存在一个包含 q_i 的状态 K，且 $K \cap A_i = Q$，对于某个几乎挂起的状态 $L = K \cup \{p\}$ 且 $p \in A$ 来说是关键的。但是，有可能几乎挂起的状态 L 在后来会被询问 (A_{i+k}, q_{i+k}) 删除，这样状态 K 就不是关键的而且可以因此而被删除。我们下面的例子可以提供两个这样的情况。

b) 第 2 个缺点与注释 15.1.3(a) 中给出的朴素算法 15.1.1 相同：对于一个大的域 Q 来说，跟踪 Q 中所有剩下的子集是不可行的。

在下面举出的简单例子中，我们先处理第一个缺点[129]。并非抛弃 16.1.2(a) 中的询问 (A_i, q_i)，我们赋予这种询问一个"未决的状态"，并且对于这样的种类都赋予这种状态。在第一轮询问的末尾——我们称"第一个阶段"——我们开始新一轮，"第二个阶段"，所有的询问都处于未决的状

---

[129] 第 16.2 节处理第 2 个缺点。

态。在我们的例子中，只有一个通过了第二个阶段可以构造学习空间。我们在例子之后会说明这一点。

16.1.13 例子 。域 $Q = \{a, b, c, d, e, f\}$ 且我们假设 **QUERY** 的块 1 已经发现了图 16.1 中显示的序空间 $\mathcal{L}_0$。该图显示了状态集合 $\mathcal{L}_0$ 上的包含关系所定义的偏序的哈斯图。序空间 $\mathcal{L}_0$ 也是由图中左上方的 Q 上相应的偏序的哈斯图确定的（参见 Birkhoff 的定理 3.8.3）。表 16.1、图 16.1 和图 16.2 描述了程序 16.1.10 删除 $\mathcal{L}_0$ 某个状态的过程。这里，如第 15 章那样，询问 (A, q) 都根据祖先集合 A 的大小汇聚成块（参见例子 15.1.2 和段落 15.2.8）。像以前那样，块都是连续地进行处理，随着祖先大小的增加而增加。表 16.1 采用了与表 15.1 相同的样式，不同之处如下。我们假设块 2 是由下面四个询问的肯定回答构成的

$$(\{a, f\}, b), \quad (\{a, e\}, f), \quad (\{b, d\}, c), \quad \text{和} \quad (\{a, d\}, e) \tag{16.2}$$

还有被这些回答影响的状态，也列在了表格中。图 16.1 用红色椭圆表示了这样的状态。还存在一些其他的块，块 1 的结果没有显示在表格中。

图 16.2 与图 16.1 几乎是一样的，唯一的差别是有些椭圆的状态加上了阴影来表示删减过程的两个阶段。我们在表 16.1 和图 16.2 的基础之上进行讨论。

回答 $\{a, f\}\mathcal{P}b$ 删去了四个状态 $\{b\}$，$\{b, c\}$，$\{b, e\}$ 和 $\{b, c, e\}$（在这里运用定理 16.1.6）。这些状态用图 16.2 中的椭圆的红色阴影标记。直接删除这些状态用该表中第 2 列的 4 个 "×" 符号表示。第二个回答 $\{a, e\}\mathcal{P}f$ 还有一些问题，因为它会删除状态 $\{c, f\}$ 和 $\{b, c, f\}$。但是，$\{b, c, f\}$ 现在——因为早前 $\{b, c, e\}$ 的删除——对于 $\{b, c, e, f\}$ 是关键的，所以不能在把 $\{b, c, e, f\}$ 挂起的时候将其删除，导致违反了公设 **[MA]**。我们不能删除 $\{c, f\}$，还因为它对于 $\{b, c, f\}$ 也是关键的。因此，我们需要保留这两个状态 $\{c, f\}$ 和 $\{b, c, f\}$。（为了保证并集的稳定性，在目前的学习空间 $\mathcal{L}$ 上处理对于询问 (A, q) 的肯定的回答，我们要么从 $\mathcal{L}$ 上删除所有 $\mathcal{D}_\mathcal{L}(A, q)$ 里的状态，要么一个也不动。）我们在图 16.2 中用灰色的椭圆以及在表格中的第三列用两个 "×" 标记这两个状态。

这两个可能在后面被删减的状态被打上了标签（从图 16.1 中，我们看到如果状态 $\{b, c, e, f\}$ 是被后一个回答删除的，那么删除的确成为可能。）下一个回答 $\{b, d\}\mathcal{P}c$ 会删除 4 个状态 $\{c\}$，$\{a, c\}$，$\{c, f\}$ 和 $\{a, c, f\}$。但是，移除状态 $\{c, f\}$ 会导致状态 $\{b, c, f\}$ 挂起。因此，我们把一个未决状态赋给

$\{b,d\}\mathcal{P}c$，并在表 16.1 的第 4 列的恰当单元格写下 4 个 "×"。最后，回答 $\{a,d\}\mathcal{P}e$ 删除了状态 $\{b,c,e,f\}$。这就完成了第 1 个阶段。我们在列 R/P 的恰当的行里通过标记概括了结果，或者用 "×"，或者用 "×"，分别表示已经删除的状态和有待删除的状态。

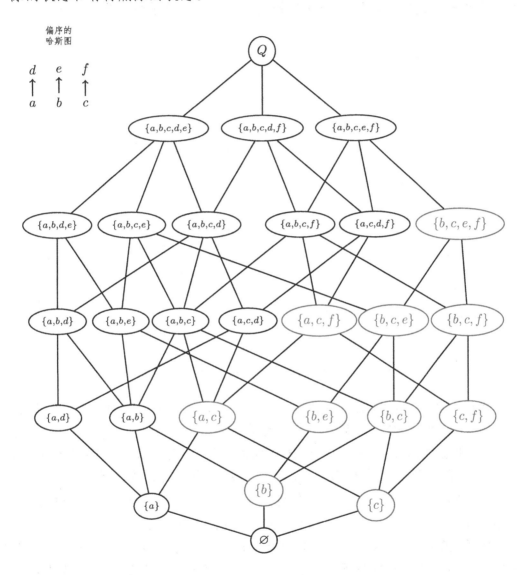

图 16.1: $Q = \{a,b,c,d,e,f\}$ 上序空间 $\mathcal{L}_0$ 的包含图，假设由 QUERY 的块 1 构成。相应的哈斯图画在图的左上角。与块 2 中的删除有关的状态，通过对询问 $(\{a,f\},d)$, $(\{a,e\},f)$, $(\{b,d\},c)$ 和 $(\{a,d\},e)$ 的四个肯定回答，写在了红色的椭圆中。

表 16.1: 删除表，来自例子 16.1.13 中块 2 的程序被应用于有序空间 $\mathcal{L}_0$，该空间是从右边的哈斯图中推出的。该块中只考虑 4 个回答，分别是 $\{a,f\}\mathcal{P}b$，$\{a,e\}\mathcal{P}f$，$\{b,d\}\mathcal{P}c$ 和 $\{a,d\}\mathcal{P}e$。符号 × 和 × 标记出删除动作。该删除只存在于黑色的 × 中。由 R/P 引导的列概括了算法第一阶段的结论，且 × 标记了回答的未决状态，以及 × 是实际的删除。R 列包含了最终删除的结果。

$$
\begin{array}{ccc}
d & e & f \\
\uparrow & \uparrow & \uparrow \\
a & b & c
\end{array}
$$

	First Pass					Second Pass		
	$\{a,f\}\mathcal{P}b$	$\{a,e\}\mathcal{P}f$	$\{b,d\}\mathcal{P}c$	$\{a,d\}\mathcal{P}e$	R/P	$\{a,e\}\mathcal{P}f$	$\{b,d\}\mathcal{P}c$	R
$\varnothing$								
...	...	...	...	...	...	...	...	
$\{b\}$	×				×			×
$\{c\}$			×		×		×	×
$\{a,c\}$			×		×		×	×
$\{b,c\}$	×				×			×
$\{b,e\}$	×				×			×
$\{c,f\}$		×	×		×	×		×
$\{a,c,f\}$			×		×		×	×
$\{b,c,e\}$	×				×			×
$\{b,c,f\}$		×			×	×		×
$\{b,c,e,f\}$				×	×			×
...	...	...	...	...	...	...	...	
Q								

接着，我们考虑算法的第 2 阶段，在一个未决状态中的两个回答，分别是 $\{a,e\}\mathcal{P}f$ 和 $\{b,d\}\mathcal{P}c$。第一个回答现在删除了两个状态 $\{c,f\}$ 和 $\{b,c,f\}$（早前删掉了状态 $\{b,c,e,f\}$ 使得这个成为可能）。那么相似地第 2 个回答，$\{b,d\}\mathcal{P}c$，删除了三个状态 $\{c\}$，$\{a,c\}$ 和 $\{a,c,f\}$。我们在最后一列用"×"表示最终删除所有 5 个状态。注意到获得的最终的学习空间不是有序的，因为 $\{a,b,c\} \cap \{a,c,d\}$ 和 $\{a,b,c,f\} \cap \{a,c,d,f\}$ 都不是状态。

例子 16.1.13 显示了用未决状态来临时存储对于询问的一个肯定回答的重要性，而这在一开始是不可能的。它启发出这样一个算法：系统性地重新访问未决的询问，直到没有一个还可以用——也就是说，直到剩下状态的群集稳定下来。（在例 16.1.3 中，只有一个通过了第 2 阶段的状态有资格。）定理 16.1.16 认为这种算法不会陷入一个"非真"的学习空间——至少如果观测到的回答真实地反映了一个潜在的学习空间。在这种情况下，该算法输出

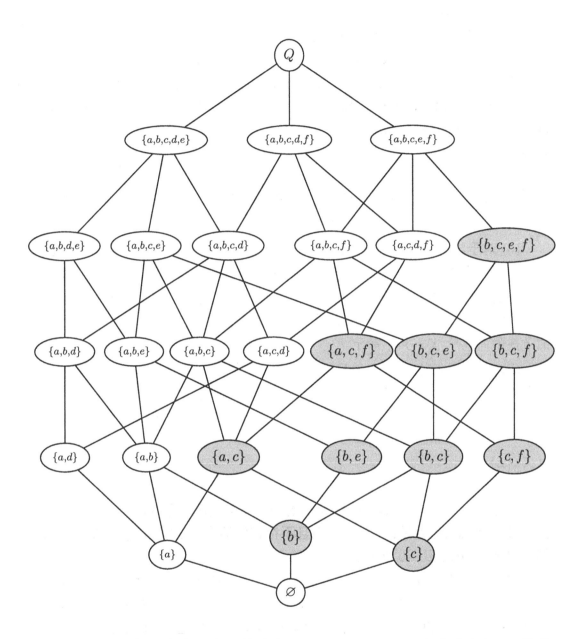

图 16.2: 这个算法的第一阶段是减少 $Q = \{a, b, c, d, e, f\}$ 上有序空间 $\mathcal{L}_0$ 的某些状态，假设它是在程序的第 1 块构建的。回答 $\{a, f\}\mathcal{P}b$ 和 $\{a, d\}\mathcal{P}e$ 删除了 5 个状态 $\{b\}$、$\{b, c\}$、$\{b, e\}$、$\{b, c, e\}$ 和 $\{b, c, e, f\}$，它们用红色阴影的椭圆表示。其他灰色阴影表示该状态会被回答 $\{a, e\}\mathcal{P}f$ 和 $\{a, e\}\mathcal{P}c$ 删除——这些回答都被设成未决状态。详见表 16.1 和文字。

的总是学习空间。

注意到在定理 16.1.16 还证明了：如果观测到的回答反映了一个潜在的知识空间 $\mathcal{K}$，那么该算法输出的学习空间是包含 $\mathcal{K}$ 最小的学习空间。

为了证明定理 16.1.6，我们采用了 Edelman 和 Jamison（1985）（参见 Caspard 和 Monjardet，2004）的结论，我们在下面重述定理 16.1.15。该证明 [与 Edelman 和 Jamison（1985）是一样的，但是在这里开展对于并集闭合结构的推导] 是基于下面的推论。

16.1.14 推论。(i) 在有限的知识空间 $\mathcal{K}$ 里的任何状态 K，当且仅当 K 在 $\mathcal{K}$ 的基里时，族 $\mathcal{K}\backslash\{K\}$ 是一个知识空间。

(ii) 对于学习空间 $\mathcal{L}$ 里的任何一个状态 L，当且仅当 L 是一个 $\mathcal{L}$ 里的基的非关键状态时，族 $\mathcal{L}\backslash\{L\}$ 是一个学习空间。

证明。(i) 设 $\mathcal{B}$ 是 $\mathcal{K}$ 的基。如果 $\mathcal{K}\backslash\{K\}$ 是一个知识空间，那么 K 就不是 $\mathcal{K}$ 的其他状态的并集，所以 $K\in\mathcal{B}$。反过来，如果 $K\in\mathcal{B}$，那么 $\mathcal{K}\backslash\{K\}$ 的子族的并属于 $\mathcal{K}$，且不等于 K，所以 $\mathcal{K}\backslash\{K\}$ 是并集闭合的。

(ii) 如果 $\mathcal{L}\backslash\{L\}$ 是一个学习空间，那么根据第一个命题，L 一定属于 $\mathcal{L}$ 的基 $\mathcal{B}$。还有，L 对于任何几乎挂起的状态 M 都不是关键的，因为 M 在 $\mathcal{L}\backslash\{L\}$ 是挂起的。反过来，设 L 是 $\mathcal{B}$ 中的状态，对于 $\mathcal{L}$ 中的任何一个状态都不是关键的。那么 $\mathcal{L}\backslash\{L\}$ 是并集闭合的，而且不包含任何挂起的状态。所以 $\mathcal{L}\backslash\{L\}$ 是一个学习空间。□

16.1.15 定理。设 $\mathcal{J}$ 和 $\mathcal{L}$ 是同一个域上的两个学习空间，且 $\mathcal{B}$ 表示 $\mathcal{L}$ 的基。假设 $\mathcal{J}$ 被 $\mathcal{L}$ 覆盖（也就是说，$\mathcal{J}\subset\mathcal{L}$ 而且不存在学习空间 $\mathcal{M}$ 满足 $\mathcal{J}\subset\mathcal{M}\subset\mathcal{L}$）。那么对于 $\mathcal{B}$ 中的 B，$\mathcal{L}\backslash\mathcal{J}=\{B\}$。

证明。上述假设意味着 $\mathcal{L}\backslash\mathcal{J}$ 中存在某个 L。因为 L 是来自 $\mathcal{L}$ 的基 $\mathcal{B}$ 中的状态的并集，所以 $\mathcal{B}\backslash\mathcal{J}$ 中一定存在某个状态 B（否则，$\mathcal{J}$ 就不是并集闭合的）。我们可以假设 B 是 $\mathcal{B}\backslash\mathcal{J}$ 中的最大包含。我们证明 B 在 $\mathcal{L}$ 中不是关键的。假设换一下位，B 对于 $\mathcal{L}$ 中的某个几乎挂起的状态 K 是关键的。根据推论 16.1.3，$\mathcal{L}$ 中的几乎挂起的任何状态必然属于 $\mathcal{B}$。因此，根据 B 在 $\mathcal{B}\backslash\mathcal{J}$ 中的最大性，我们必然有 $K\in\mathcal{J}$，且 K 在 $\mathcal{J}$ 中是挂起的，这与我们关于 $\mathcal{J}$ 是一个学习空间的假设相矛盾。所以，B 在 $\mathcal{L}$ 中不是关键的。根据定理 16.1.14(ii)，$\mathcal{L}\backslash\{B\}$ 是一个学习空间且 $\mathcal{J}\subseteq\mathcal{L}\backslash\{B\}\subset\mathcal{L}$。我们关于 $\mathcal{L}$ 包含 $\mathcal{J}$ 的假设意味着 $\mathcal{J}=\mathcal{L}\backslash\{B\}$。□

16.1.16 定理。 设 $\mathcal{K}$ 是一个知识空间且 $\mathcal{L}$ 是同一个域上的学习空间，且 $\mathcal{K} \subseteq \mathcal{L}$。还假设 $\mathcal{L}$ 在包含 $\mathcal{K}$ 的学习空间中不是最小的。那么存在某个询问 (A, q)，对于从 $\mathcal{K}$ 中导出的蕴含关系 $\mathcal{P}$，使得 $A\mathcal{P}q$，而且群集 $\mathcal{M} = \mathcal{L} \backslash \mathcal{D}_{\mathcal{L}}(A, q)$ 是一个满足 $\mathcal{K} \subseteq \mathcal{M} \subset \mathcal{L}$ 的学习空间。

相应地，如果 $\mathcal{K}$ 是一个学习空间而且询问的回答是如实的，那么 **QUERY** 的程序最终会揭开 $\mathcal{K}$。

证明。 设 Q 是 $\mathcal{K}$ 和 $\mathcal{L}$ 的共同域。我们的假设意味着存在某个学习空间 $\mathcal{J}$ 使得 $\mathcal{K} \subseteq \mathcal{J} \subset \mathcal{L}$ 且 $\mathcal{J}$ 被 $\mathcal{L}$ 覆盖。根据定理 16.1.15，对于 $\mathcal{L}$ 中的基里的某个状态 B，$\mathcal{L} \backslash \mathcal{J} = \{B\}$。因为 $B \notin \mathcal{J}$，被包含在 B 里的 $\mathcal{J}$ 的最大状态 M 与 B 不同。（注意到 M 可以是空的。）设 $A = Q \backslash B$，并在 $B \backslash M$ 中选择一个问题 q。因为 $A \cap B = \varnothing$ 且 $q \in B$，我们一定有 $B \in \mathcal{D}_{\mathcal{L}}(A, q)$。事实上，我们有 $\mathcal{D}_{\mathcal{L}}(A, q) = \{B\}$。当然，与 A 不相交的 $\mathcal{L}$ 中的任何状态 $\mathcal{J}$ 被包含在 B 中；如果 J 不等于 B，那么它属于 $\mathcal{J}$，且因此被包含在 M 中。结果，$q \notin J$ 且因此 $J \notin \mathcal{D}_{\mathcal{L}}(A, q)$，所以 $\mathcal{D}_{\mathcal{L}}(A, q) = \{B\}$。因此，我们推出

$$\mathcal{L} \backslash \mathcal{D}_{\mathcal{L}}(A, q) = \mathcal{L} \backslash \{B\} = \mathcal{J}.$$

我们因此有 $\mathcal{M} = \mathcal{J}$。 $\qquad\qquad\square$

16.2 管理推测函数

我们现在解决 16.1.12 中提到的算法的第 2 个缺点。我们的方法在处理例子 16.1.13 时遇到了这样的缺陷，而且在定理 16.1.16 之前所建议的一般方法中也有这个缺陷。也就是：我们无法在实践中跟踪学习空间的所有状态：即使该算法的输入是一个 50 个问题的序空间，状态的数量级会有几百万。在这一节中，我们描述一个在推测函数上运行的算法，而不是在学习空间本身运行。

我们从定义 5.2.1 知道，任何一个有限的知识空间 $(Q, \mathcal{K})$ 具有一个推测函数：$\sigma : Q \rightarrow 2^{2^Q}$。对于 Q 中的任何一个问题 q，$\sigma(q)$ 表示位于 q 的所有原子的群集，也就是说，$\mathcal{K}$ 的状态也可以被称作 $\mathcal{K}$ 中 q 的条件。当且仅当公设 [L3] 被满足的时候，空间 $\mathcal{K}$ 是一个学习空间[130]：

[L3] 对于知识空间 $\mathcal{K}$ 里的问题 $\{r\}$ 的条件 C，集合 $C \backslash \{r\}$ 是 $\mathcal{K}$ 的一个状态。

---

[130] 参见定理 5.4.3(iii) 的重新表述。

这条公设是下一个算法的基石，因为，根据定理 5.4.1，当且仅当它满足公设 [L3] 时，一个知识空间就是一个学习空间。还有，可以从 [L3] 中推导出一个高效的测试。该算法的一般思路是：在对于一个询问实现一个肯定的回答之前，在当前的推测函数上运行一个测试来检查删除有关状态是否会生成一个知识空间依旧满足 [L3]，学习空间也是这样。如果测试的结果是肯定的，该算法通过合适的条件更新了推测函数。当无法实现更多的肯定回答时，算法输出的就是由条件的最终群集生成的学习空间。

我们现在把几乎挂起的状态和条件这两个概念联系起来。下面定理中的第一个命题意味着，在一个知识空间，任何一个条件要么是单一元素集合，一个挂起的状态，要么是一个几乎挂起的状态。然后我们再这样来刻画学习空间：包含多于一个问题的条件恰是挂起的状态；参见下面的 (ii)⇔(iii)。

16.2.1 定理。设 $(Q, \mathcal{K})$ 是一个知识空间，且推测函数是 σ。那么，对于 $\mathcal{K}$ 中的任何状态 K，我们有

$$K \in \sigma(p) \quad \Longrightarrow \quad K^{\mathcal{J}} \subseteq \{p\}. \tag{16.3}$$

如果 $(Q, \mathcal{K})$ 是有限的，那么下面的三个条件等价：

(i) 对于 $\mathcal{K}$ 中的任何状态 K，如果 K 在 $\sigma(p)$ 中，那么 $K^{\mathcal{J}} = \{p\}$；

(ii) 对于 $\mathcal{K}$ 中的任何状态 K 和 Q 中的任何问题 p，

$K \in \sigma(p)$ 和 $|K| \geq 2 \Longleftrightarrow K$ 在 $\mathcal{K}$ 中几乎挂起，且 $K^{\mathcal{J}} = \{p\}$；

(iii) 空间 $(Q, \mathcal{K})$ 是学习空间。

定理 16.2.1 的本质是一个有限的学习空间的基由所有单一元素状态和几乎挂起的状态构成。

证明。假设 K 属于 $\sigma(p)$。如果 $K^{\mathcal{J}}$ 包含了一个不同于元素 p 的 q，那么 $K \setminus \{q\}$ 就是一个状态，使得 $p \in K \setminus \{q\} \subset K$，这与条件 K 的最小性相矛盾。

(i)⟹(ii)。(ii) 里的等价式中从左往右的推导来自于 (i) 和几乎挂起状态的定义。反过来，假设 K 是几乎挂起的，且 $K^{\mathcal{J}} = \{p\}$。那么定义 $|K| \geq 2$。假设 K 不属于 $\sigma(p)$。那么，存在一个最大状态 M 使得 $p \in M \subset K$。对于 $r \neq p$，因为 $|K \setminus M| = \{r\}$ 会与我们关于 $K^{\mathcal{J}} = \{p\}$ 的假设相矛盾，所以 $K \setminus M$ 中（至少）存在两个问题，比如 r 和 q。对于 r 而言，某个条件 C 被包含在 K 之中。该条件一定包含 q，否则我们会得出 $M \subset M \cup C \subset K$，这与 M 的最大性相矛盾。根据 (i)，集合 $C \setminus \{r\}$ 是一个状态。并集 $M \cup (C \setminus \{r\})$ 包含了 p，而且是与 M 的最大性相冲突的另外一个状态。所以 K 一定是 p 的一个条件。

(ii)⟹(iii)。我们从 (ii) 中推出：对于任何位于 p 的条件 C，集合 $C \setminus \{p\}$ 是一个状态。采用定理 5.4.1 中的 (iii) ⟹ (i)，我们推出空间 $(Q, \mathcal{K})$ 是一个学习空间。

(iii)⟹(i)。根据定理 5.4.1 中的 ⟹ (iii)，对于 p 的任何条件 K，我们有 $p \in K^{\mathcal{J}}$。条件 (i) 现在出自方程 (16.3)。 □

下面一个结论是定理 16.1.6 和 16.2.1 的直接结果。它证明了我们如何在学习空间的推测函数上验证：对于一个询问的肯定的回答是否会产生一个学习空间，换句话说，这个询问是否是挂起安全的。

16.2.2 定理。设 $(Q, \mathcal{L})$ 是任何一个学习空间，设 (A, q) 是任何一个询问。当且仅当对于某个问题 r，条件 C 使得 $A \cap C = \{r\}$ 且 $q \in C$ 时，询问 (A, q) 对于 $\mathcal{L}$ 是挂起安全的。

证明。运用定理 16.2.1 中命题 (ii)，该命题是定理 16.1.6 的第 2 句话的重现。

16.2.3 注释。当 $(Q, \mathcal{K})$ 是一个知识空间，且推测函数是 σ，而 (A, q) 是一个询问，我们用 $\sigma_{A,q}$ 表示知识空间 $\mathcal{K} \setminus \mathcal{D}_{\mathcal{K}}(A, q)$ 的推测函数（请记住从定理 16.1.6 推出 $\mathcal{K} \setminus \mathcal{D}_{\mathcal{K}}(A, q)$ 是一个知识空间）。

16.2.4 例子。我们从例子 16.1.2 中采用学习空间

$$\mathcal{L} = \{\varnothing, \{a\}, \{b\}, \{a, b\}, \{a, c\}, \{a, d\}, \{a, b, c\}, \{a, b, d\}, \{a, c, d\}, Q\}.$$

它的推测函数是

$$\begin{aligned} \sigma(a) &= \{\{a\}\}, & \sigma(b) &= \{\{b\}\}, \\ \sigma(c) &= \{\{a, c\}\}, & \sigma(d) &= \{\{a, d\}\}. \end{aligned} \tag{16.4}$$

我们在例子 16.1.7 中检查相同的三个询问 $(\{a\}, b)$，$(\{c\}, a)$，$(\{b\}, a)$。如果我们观察到对于询问 $(\{a\}, b)$ 的一个肯定回答，满足定理 16.2.2 的条件 C 会是对于 a 的一个条件，且 $b \in C$。因为没有这种条件，$(\{a\}, b)$ 是挂起安全的，而且 $\mathcal{L} \setminus \mathcal{D}_{\mathcal{L}}(\{a\}, b)$ 是一个学习空间。回答 $(\{a\}, b)$ 对于 $\mathcal{L}$ 是可操作的，而且它的实现删除了单个状态 $\{b\}$。注意到 $(\{a\}, b)$ 对于 $\mathcal{L} \setminus \{b\}$ 还是挂起安全的。但是，（对它）再也不是可操作的了。$\mathcal{L} \setminus \mathcal{D}_{\mathcal{L}}(\{a\}, b)$ 的推测函数是

$$\begin{aligned} \sigma_{\{a\}, b}(a) &= \{\{a\}\}, & \sigma_{\{a\}, b}(b) &= \{\{a, b\}\}, \\ \sigma_{\{a\}, b}(c) &= \{\{a, c\}\}, & \sigma_{\{a\}, b}(d) &= \{\{a, d\}\}. \end{aligned} \tag{16.5}$$

我们注意到询问 $(\{a\}, b)$ 的实现会导致删除 b 的唯一条件 $\{b\}$，它被新的条件 $\{a, b\} \supset \{b\}$ 代替了。状态 $\{a, b\}$ 没有被移走，但是会与 b 的新条件一致。我们会在注释 16.2.5 中讨论这种代替。

如果我们观察到对询问 $(\{c\}, a)$ 的肯定回答，我们研究包含了 a 的对于 c 的条件。只存在一种这样的条件，即 $\{a, c\}$。根据定理 16.2.2，$\mathcal{L} \setminus \mathcal{D}_{\mathcal{L}}(\{c\}, a)$ 不是一个学习空间。回答 $(\{c\}, a)$ 是可操作的，但不是挂起安全的。事实上，我们有

$$\mathcal{L} \setminus \mathcal{D}_{\mathcal{L}}(\{c\}, a) = \{\varnothing, \{b\}, \{a, c\}, \{a, b, c\}, \{a, c, d\}, Q\}.$$

最后，如果我们观察到询问 $(\{b\}, a)$ 的一个肯定回答，只需要研究条件 $\{b\}$。询问 $(\{b\}, a)$ 是挂起安全的。它的实现导致了 4 个状态的删除：$\{a\}$，$\{a, c\}$，$\{a, d\}$ 和 $\{a, c, d\}$，产生了学习空间

$$\mathcal{L} \setminus \mathcal{D}_{\mathcal{L}}(\{b\}, a) = \{\varnothing, \{b\}, \{a, b\}, \{a, b, c\}, \{a, b, d\}, Q\},$$

其推测函数是

$$
\begin{aligned}
\sigma_{\{b\}, a}(a) &= \{\{a, b\}\}, & \sigma_{\{b\}, a}(b) &= \{\{b\}\}, \\
\sigma_{\{b\}, a}(c) &= \{\{a, b, c\}\}, & \sigma_{\{b\}, a}(d) &= \{\{a, b, d\}\}.
\end{aligned}
\tag{16.6}
$$

16.2.5 注释 。a) 这个例子证明，挂起安全的实现会导致条件的删除，在某些情况下会被新条件代替。在本例中，我们遇到了两种这样的情况。

例子 16.2.4 的学习空间 $\mathcal{L}$ 上询问 $(\{a\}, b)$ 的实现移除了 b 的唯一条件 $\{b\}$。替换条件是 $\{a, b\}$，可以被认为是被移除的条件 $\{b\}$ 和另一个剩下的条件 $\{a\}$ 的并。

挂起安全的询问 $(\{b\}, a)$ 的效果是相似的，但是它的复杂之处在于它的实现导致 4 个状态被移除：$\{a\}$，$\{a, c\}$，$\{a, d\}$ 和 $\{a, c, d\}$，其中三个是条件：$\{a, c\}$，$\{a, d\}$ 和 $\{a, d\}$。表 16.2 的最后一列给出了替换条件。

表 16.2: 注释 16.2.5 a 中实现询问 $(\{b\}, a)$ 的时候添加或删除的条件。

问题	删除的条件	添加的条件
a	$\{a\}$	$\{a, b\} = \{a\} \cup \{b\}$
c	$\{a, c\}$	$\{a, b, c\} = \{a, c\} \cup \{b\}$
d	$\{a, d\}$	$\{a, b, d\} = \{a, d\} \cup \{b\}$

我们看到在三个情况中，代替条件可以认为是剩下的条件和某个剩下的条件的联合。在这个简单的例子中，找出新的条件是容易的，而且可以在对于新的学习空间的大概的调查中完成。不用说，具有几百个问题的非常大的结构的实际情况下需要一个更系统化的方法、一个通用的算法。实际上，我们计划一个反过程，在这样的算法中，需要先计算新的推测函数。它被后面连续的挂起安全的询问反复更新。最终，新的学习空间在观测到的询问中产生出来，当成所有最终的条件的生成来计算。但是，这个小例子有用之处在于新的推测函数如何从一个被挂起的询问的实现中修改而得到[131]。下面的例子更复杂也能揭示更多的东西（定理 16.2.10 会作为相应的结论来陈述）。

b) 注意到没有被 $(\{a\}, b)$ 或者 $(\{b\}, a)$ 删除的条件，保留 $\mathcal{L} \setminus \mathcal{D}_{\mathcal{L}}(\{a\}, b)$ 和 $\mathcal{L} \setminus \mathcal{D}_{\mathcal{L}}(\{b\}, a)$（分别地）留下的条件中。这种观察可以推广。对于任何学习空间 $\mathcal{G}$ 和挂起安全的询问 (A, q)，某个问题 r 的任何条件是包含 r 的 $\mathcal{G}$ 的最小状态。如果条件 C 依旧属于 $\mathcal{L} \setminus \mathcal{D}_{\mathcal{L}}(A, q)$，它显然是包含 r 的 $\mathcal{L} \setminus \mathcal{D}_{\mathcal{L}}(A, q)$ 的最小状态。所以，它是 $\mathcal{L} \setminus \mathcal{D}_{\mathcal{L}}(A, q)$ 中 r 的一个条件。困难在于删除的条件的替换，特别是因为不是所有的这种被删除的条件都会被替换。（参见问题 3）。

16.2.6 例子。考虑一个学习空间，其推测函数如下

$$\sigma(a) = \{\{a, b, c, e\}, \{a, d, f\}, \{a, c, d\}\}, \qquad \sigma(d) = \{\{d\}\},$$
$$\sigma(b) = \{\{a, b, d, f\}, \{b, c, e\}\}, \qquad \sigma(e) = \{\{e\}\},$$
$$\sigma(c) = \{\{c, e\}, \{c, d\}\}, \qquad \sigma(f) = \{\{f\}\}.$$

$$\sigma(g) = \{\{c, e, g\}, \{d, e, g\}, \{a, d, f, g\}\}.$$

因此，$\mathcal{L}$ 的域是 $Q = \{a, b, c, d, e, f, g\}$，而且它的基是 $\mathcal{B} = \cup_{r \in Q} \sigma(r)$。我们可以验证没有一个条件是多于一个问题的条件。根据定理 5.4.1 的条件 (ii)，上述推测函数 σ 确实定义了一个学习空间。我们记作 $\mathcal{L}$。

假设我们观测到肯定的回答 $\{c, e\} \mathcal{P} f$。容易验证询问 $(\{c, e\}, f)$ 是挂起安全的，而且 $\mathcal{L} \setminus \mathcal{D}_{\mathcal{L}}(\{c, e\}, f)$ 是一个学习空间。为了构造它的推测函数，我们首先搜索将从 $\mathcal{L}$ 删除的条件。共有 4 个这样的条件，它们形成了一个族。

$$\mathcal{D}_{\mathcal{B}}(\{c, e\}, f) = \{\{f\}, \{a, d, f\}, \{a, b, d, f\}, \{a, d, f, g\}\}$$

---

[131]这种修改不会一定带来大小的减少（参见例子 16.1.7）。

（定义 16.1.5 里的记号）。可以证明这些条件的每一个都是为了某个特定的问题而移走的唯一一个条件。我们有

$$\mathcal{D}_{\sigma(a)}(\{c,e\},f) = \{\{a,d,f\}\}, \qquad \mathcal{D}_{\sigma(b)}(\{c,e\},f) = \{\{a,b,d,f\}\},$$

$$\mathcal{D}_{\sigma(g)}(\{c,e\},f) = \{\{a,d,f,g\}\}, \qquad \mathcal{D}_{\sigma(f)}(\{c,e\},f) = \{\{f\}\}.$$

为了置换条件和 $\mathcal{L} \setminus \mathcal{D}_{\mathcal{L}}(\{c,e\},f)$ 的推测函数，正如我们前面讨论的那样，构造一个新的学习空间然后计算它的推测函数是不现实的。在下面一个子节中，我们摆出几条直接从 σ 和挂起安全的询问 $(\{c,e\},f)$ 构造学习空间 $\mathcal{L} \setminus \mathcal{D}_{\mathcal{L}}(\{c,e\},f)$ 推测函数的一般原则。然后回到例子 16.2.9 中，运用这些原则来构造新的条件。

16.2.7 构造新条件：一般原则。我们考虑一个学习空间 $(Q,\mathcal{L})$ 和一个挂起安全的询问 (A,q)。假设 E 是对于 $\mathcal{L} \setminus \mathcal{D}_{\mathcal{L}}(A,q)$ 中问题 r 的一个条件，但不是 $\mathcal{L}$ 中对于 r 的一个条件。我们想刻画这些条件。因为 E 是包含 r 的 $\mathcal{L}$ 的一个状态，存在一个对于 $\mathcal{L}$ 中 r 的条件 C，且 $C \subset E$。对于集合 E 成为 $\mathcal{L} \setminus \mathcal{D}_{\mathcal{L}}(A,q)$ 中的一个条件，对于 $\mathcal{L}$ 中的 r 的条件 C，必然被询问 (A,q) 删除。因此，我们有 $A \cap C = \varnothing$ 且 $q \in C$（且可能有 $q = r$）。相应地，我们有 $q \in E$，而且还有 E 没被删除，$A \cap E$ 中存在问题 p。对于 $\mathcal{L}$ 里的 p，存在某个条件 D，且 $D \subseteq E$。事实上，我们总有 $A \cap D = \{p\}$。确实，假设 $A \cap D \setminus \{p\}$ 存在 s。因为 $D \setminus \{p\}$ 是 $\mathcal{L}$ 的状态，$C \cup (D \setminus \{p\})$ 也是。那么 $C \cup (D \setminus \{p\})$ 是包含了 r 的 $\mathcal{L} \setminus \mathcal{D}_{\mathcal{L}}(A,q)$ 的状态，这与作为 $\mathcal{L} \setminus \mathcal{D}_{\mathcal{L}}(A,q)$ 里的 r 的条件 E 的最小性矛盾。所以，我们有 $A \cap D = \{p\}$。再依据 E 的最小性，我们得出结论 $E = C \cup D$ 且 $\mathcal{L}$ 里的条件 C 和 D 属于下面定义的两个具体的族。

16.2.8 定义。假设 $(\mathcal{L},Q)$ 是一个学习空间，推测函数是 σ，设 (A,q) 是一个询问，它对于 $\mathcal{L}$ 是挂起安全的。$\mathcal{L}$ 的两个条件族在分析 $\mathcal{L} \setminus \mathcal{D}_{\mathcal{L}}(A,q)$ 中出现的新条件的段落中已经叙述过了。第一个是被 (A,q) 删除的 r 的条件的群集。我们回忆它的定义如下

$$\mathcal{D}_{\sigma(r)}(A,q) = \{C \in \sigma(r) | A \cap C = \varnothing, q \in C\}. \tag{16.7}$$

第二个条件族的记号如下

$$\mathcal{H}_A = \bigcup_{p \in A} \{D \in \sigma(p) | A \cap D = \{p\}\}. \tag{16.8}$$

16.2.7 的讨论说明对于 r 的任何新条件 E 一定等于某个并集 $C \cup D$，且 $C \in \mathcal{D}_{\sigma(r)}(A, q)$ 和 $D \in \mathcal{H}_A$。注意，但是，并非所有这样的并集都一定是 $\mathcal{L} \setminus \mathcal{D}_{\mathcal{L}}(A, q)$ 的条件。例子 16.2.9，作为例子 16.2.6 的延续，检查了若干情况。

16.2.9 例子。我们处理学习空间 $(Q, \mathcal{L})$，推测函数 σ 的定义是

$$\sigma(a) = \{\{a, b, c, e\}, \{a, d, f\}, \{a, c, d\}\}, \qquad \sigma(d) = \{\{d\}\},$$
$$\sigma(b) = \{\{a, b, d, f\}, \{b, c, e\}\}, \qquad \sigma(e) = \{\{e\}\},$$
$$\sigma(c) = \{\{c, e\}, \{c, d\}\}, \qquad \sigma(f) = \{\{f\}\}.$$

$$\sigma(g) = \{\{c, e, g\}, \{d, e, g\}, \{a, d, f, g\}\}.$$

考虑（挂起安全的）询问 $(\{c, e\}, f)$，我们想构造新的（学习）空间 $\mathcal{L} \setminus \mathcal{D}_{\mathcal{L}}(\{c, e\}, f)$ 的推测函数。从例子 16.2.6，我们知道 4 个条件要被移走，它们被包含在 4 个族中：

$$\mathcal{D}_{\sigma(a)}(\{c, e\}, f) = \{\{a, d, f\}\}, \quad \mathcal{D}_{\sigma(b)}(\{c, e\}, f) = \{\{a, b, d, f\}\},$$
$$\mathcal{D}_{\sigma(g)}(\{c, e\}, f) = \{\{a, d, f, g\}\}, \quad \mathcal{D}_{\sigma(f)}(\{c, e\}, f) = \{\{f\}\}. \tag{16.9}$$

根据我们在 16.2.7 中的讨论，对于要加给问题 r 的新条件在 $\mathcal{D}_{\sigma(r)}(\{c, e\}, f)$ 里的状态和 $\mathcal{H}_{\{c, e\}}$ 里的状态的并集中。这里，我们有

$$\mathcal{H}_{\{c, e\}} = \cup_{p \in \{c, e\}} \{D \in \sigma(p) | \{c, e\} \cap D = \{p\}\}$$
$$= \{D \in \sigma(c) | \{c, e\} \cap D = \{c\}\} \cup \{D \in \sigma(e) | \{c, e\} \cap D = \{e\}\}$$
$$= \{\{c, d\}\} \cup \{\{e\}\}$$
$$= \{\{c, d\}, \{e\}\}. \tag{16.10}$$

为了给问题 a 找到新的条件，比如，我们先把 (16.9) 里族的状态和 (16.10) 里 $\mathcal{H}_{\{c, e\}}$ 的状态联合起来。产生的并集是 a 的潜在条件。但是，我们必须拒绝任何一个这样的并集：要么包含 $\mathcal{L}$ 里 a 的条件，它们在 $\mathcal{L} \setminus \mathcal{D}_{\sigma(r)}(\{c, e\}, f)$ 中维护，要么包含相同类型的另外一个并集。

表 16.3 汇集了 4 个问题的相关信息。

下面的结论推广了这个例子。我们回忆到从对于学习空间 $\mathcal{L}$ 的肯定回答 $A\mathcal{P}q$ 的实现里产生的群集 $\mathcal{L} \setminus \mathcal{D}_{\mathcal{L}}(A, q)$ 总是一个知识空间（例子 16.1.6）。

表 16.3: 从挂起安全的询问 $(\{c,e\},f)$ 产生的潜在新条件，拒绝它们其中的理由和对于问题的条件的新集合（新的条件用红色表示）。左边第三列的状态被包含在左边的潜在新条件中，且负责拒绝。

问题	潜在 新的条件	被包含 的条件	$\mathcal{L} \setminus \mathcal{D}_{\mathcal{L}}(\{c,e\},f)$ 里的条件
a	$\{a,d,f\} \cup \{c,d\}$ $\{a,d,f\} \cup \{e\}$	$\{a,c,d\}$	$\{\{a,c,d\},\{a,b,c,e\},\{a,d,e,f\}\}$
b	$\{a,b,d,f\} \cup \{c,d\}$ $\{a,b,d,f\} \cup \{e\}$		$\{\{b,c,e\},\{a,b,c,d,f\},\{a,b,d,e,f\}\}$
f	$\{f\} \cup \{c,d\}$ $\{f\} \cup \{e\}$		$\{\{c,d,f\},\{e,f\}\}$
g	$\{a,d,g,f\} \cup \{c,d\}$ $\{a,d,f,g\} \cup \{e\}\}$	$\{d,e,g\}$	$\{\{c,e,g\},\{d,e,g\},\{a,c,d,f,g\}\}$

16.2.10 定理。 设 $(Q,\mathcal{L})$ 是一个学习空间，它的推测函数是 σ。假设 $A\mathcal{P}q$ 是对询问 (A,q) 的肯定回答（也就是说，$A \subset Q$ 和 $q \in Q \setminus A$）。对于 Q 里的问题 r，空间 $\mathcal{L} \setminus \mathcal{D}_{\mathcal{L}}(A,q)$ 里的 r 的条件是在下列群集中包含 r 的性质中最小的状态。

$$\left(\sigma(r) \setminus \mathcal{D}_{\sigma(r)}(A,q)\right) \cup \{C \cup D \mid C \in \mathcal{D}_{\sigma(r)}(A,q) \text{且} D \in \mathcal{H}_A\}. \tag{16.11}$$

证明。 $\sigma(r) \setminus \mathcal{D}_{\sigma(r)}(A,q)$ 里的任何条件是包含了 r 的 $\mathcal{L} \setminus \mathcal{D}_{\mathcal{L}}(A,q)$ 里的状态。对于并集 (16.11) 中的第 2 个群集里的任何 $C \cup D$、对于属于 $\mathcal{L}$ 里的 $C \cup D$ 和 $A \cap (C \cup D) \neq \varnothing$ 也同样成立（因为 $A \cap D \neq \varnothing$）。另一方面，我们在 16.2.7 中的讨论表示对于 r 的所有条件必须属于群集 (16.11)。该结论成立（参见问题 4）。 □

16.2.11 构造一个学习空间的算法。这个算法是 **QUERY** 的改进版。它从一个最初的学习空间开始。在实际中，这个最初的学习空间可以是一个序空间，用 **QUERY** 的块 1 构造。（根据定理 4.1.10，任何序空间是学习空间。）

一般的思路是只要观测到询问 (A, q) 的肯定回答，只有当产生的空间是一个学习空间时，算法就修剪当前的学习空间 $\mathcal{L}$，也就是说（从定理 16.1.6 的角度），只有当 (A, q) 在定义 16.1.9 的意义上是挂起安全的。根据定理 16.2.2，这意味着询问 (A, q) 满足

HS-测试：在当前的学习空间 $\mathcal{L}$ 中，对于 A 中的任何问题 r，没有条件 C，使得 $A \cap C = \{r\}$ 且 $q \in C$。

如果询问 (A, q) 通过了测试，学习空间 $\mathcal{L}$ 被学习空间 $\mathcal{L} \setminus \mathcal{D}_{\mathcal{L}}(A, q)$ 替换。然而，**HS-测试**失败不会导致最终拒绝这个询问。而是，(A, q) 会临时保存在缓冲中，以方便在后一个阶段再一次考虑。注意到 **HS-测试**只需要验证推测函数的属性，以至没有必要全部存储在这个过程中进化的任何一个连续的学习空间。但是，$\mathcal{L} \setminus \mathcal{D}_{\mathcal{L}}(A, q)$ 的推测函数是从当前学习空间 $\mathcal{L}$ 的推测函数及回答 $A\mathcal{P}q$ 中构造的；定理 16.2.10 表明了这是如何完成的。因为在一般的 **QUERY** 程序中，我们要避免提出那些可以从其他询问的回答中推出答案的问题。所以，我们还要根据诸如在第 15.2.1 小节和表 15.2 中列出的那些推理，存储从所有被接收的肯定回答中推出的蕴含。还有，正如 **Koppen** 的算法（参见 15.2 节），我们还计算否定的回答和推理。这与关于询问的回答受制于潜在的学习空间的假设是一致的，因此是一个知识空间。在这一构想下，最终不会通过 **HS-测试** 的询问的肯定回答会被认为是人类或者统计错误。"最终"是指有关的询问反复地通不过测试，在程序结束时被丢弃。（显然，这个构想只在这样的情况下有意义：这种"错误"的数量对于整个询问的正确回答数量来说，很小。）我们现在进一步阐述。

这个程序从一个初始的步骤开始，然后分成两个主要阶段。正如前面提到的，我们把标准 **QUERY** 程序中的第一块中获得的序空间作为初始学习空间，由它的推测函数和蕴含在算法中表示。

第一阶段开始后，在采集到或者推断（见后）的询问中，然后接受 **HS-测试**。当所有肯定的回答已经观测到或者推断出之后，算法进入第二个主要阶段。在这个阶段的过程中，算法还从对于询问的回答中得出推理，也就是说，它依赖于第 15.2 节中的 $\mathcal{P}^{\text{yes}}$ 和 $\mathcal{P}^{\text{no}}$。但是，推理的管理修改了。运用第 15.2 节中提出的规则，产生了肯定和否定的回答，即可以分别被加到 $\mathcal{P}^{\text{yes}}$ 和 $\mathcal{P}^{\text{no}}$ 中的对。在我们的情况中，所有否定的推理都可以接受，但是只有当肯

定的推理通过了 **HS**-测试时才可以接受。当采集到或者推断出一个新的肯定回答 $A\mathcal{P}q$ 时，该算法检查 (A,q) 是否在当前的学习空间 $\mathcal{L}$ 中通过了 **HS**-测试。如果它通过了，那么算法在 $\mathcal{L}$ 上执行 (A,q)，这产生了下一个学习空间 $\mathcal{L} \setminus \mathcal{D}_{\mathcal{L}}(A,q)$。如果 (A,q) 没有通过 **HS**-测试，那么 (A,q) 被加入到未决表中。当所有具有肯定回答的询问要么已经被执行完要么已经存到未决表中后，第一个阶段完结。注意到，在那个时候，正如我们例子 16.1.13 所示的那样，在未决表中的某些询问已经成为挂起安全的。确实，那些被认为是关键的几乎挂起的状态已经被后来的询问删除了。考虑这些询问是第二阶段的功能。

在第二阶段，未决表格里的询问是连续测试的，直到没有一个通过 **HS**-测试，或者表格变空。

为了完成第一和第二个阶段的操作，算法依赖于两个缓冲：
- 未决表里存储的是没有通过 **HS**-测试的询问，它们留待未来使用；
- **R**-存储着一开始从未决表中拷来的询问，还可能是第二阶段通过的询问。

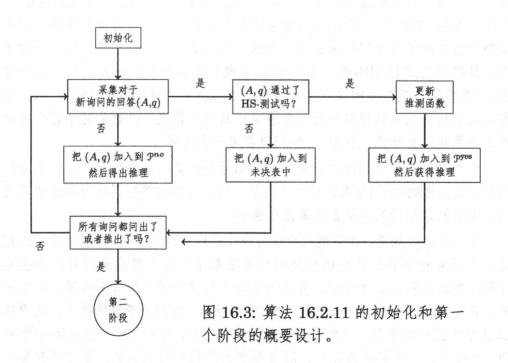

图 16.3: 算法 16.2.11 的初始化和第一个阶段的概要设计。

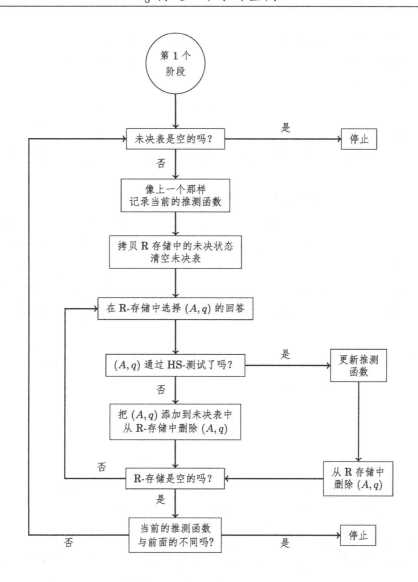

图 16.4: 算法 16.2.11 的第 2 阶段的概要设计。

图 16.3 和图 16.4 里示出的算法。它的基本步骤如下。

1. 初始化：计算推测函数和初始学习空间的蕴含（特别是，被 QUERY 的第 1 块产生的一个有序空间）。

2. 在第 1 个阶段（图 16.3），算法采集询问的回答并计算相关的推理。原则是否定的回应和推理一定在被接受之前通过 HS-测试。一个被拒绝的肯定回答或者推理被加入到未决表中。注意到这个算法并没有呈现所有的细节，这些细节被指令"得出推理"遮蔽了。第 15.2 节涉及这些细节。

3. 第 2 阶段以检查未决表是否为空开始。如果是空的，算法的输出当前的推测函数就是最终的那一个。相应的基生成最后的学习空间。否则，未决表里的所有对都移到 R-存储中。这样，这些对被依次检查，接受 HS-测试的检验，以明确它们是否是可执行的。如果是，就计算一个新的学习空间然后删掉对；如果不是，这个对就移进未决表中（因此它在下一次就变成可用的了）。当然，推理也可以在第 2 阶段计算；我们在图 16.4 中尚未涉及。

16.2.12 算法注释 。a) 注意到在第 1 阶段，我们用肯定的回答和不能执行的推理来扩充未决表；但是，我们没有利用表中的信息。算法的另外一个版本会规定：一旦阶段 1 中修改了推测函数，就在未决表中查找那些当前的状态已经改成可执行的询问。（正如我们在例子 16.1.13 中所示，没有通过 HS-测试的肯定的回答在后面会通过这个测试，因为某个关键状态已经被删除了。）

b) 这里还可以考虑 QUERY 的其他特征，例如子表中的块结构（参见 15.2.8）。

c) 很明显，PS-QUERY 而不是 QUERY 可以作为基本的程序。一个实际的应用可以在程序中集成这种特征。

16.3 操纵学习空间

David Eppstein 通过推敲 QUERY 提出了一个构造学习空间的非常不同的问题（Eppstein 等，2009；Eppstein，2010）。他使用普通方法用 QUERY 构造了一个知识空间，然后提出了两个问题：

1. 我们如何测试知识空间 $\mathcal{K}$ 是级配良好的？

2. 如果不是级配良好的，在某些最优意义上，我们怎样把状态加到 $\mathcal{K}$ 中去，以满足级配良好性？（这就是本节题目"操纵"的含义）

第一个问题已经在前面考虑过了（见第 4.5 节），但是 Eppstein 已经在算法复杂度方面已经获得了新的结论。第二个问题是新的，而且在上面标注的两篇论文中首先提出来。我们在这里只给出综述，而不证明。

Eppstein 假设一个标准的随机访问机器[132]在固定的时间里实施简单的步骤。该算法的步骤是集合 $\mathcal{B}$ 的族，$\mathcal{B}$ 中集合的每一个元素占据计算机存储空间一个固定的数量。通常，族 $\mathcal{B}$ 是一个知识空间或者一个学习空间的基。如往常那样，O 记号用来表示算法的时间边界。结论用如下参数表示。

---

[132] 随机访问可以直接获取存储的数据，而不是像顺序访问的机器那样顺序读取。参见 Shmoys 和 Tardos，1995；Aho, Hoperoft 和 Ullman，1974。

16.3.1 定义 。符号的含义说明如下：

b　$\mathcal{B}$ 里的集合数量，

a　$\mathcal{B}$ 里最大集合的大小，

c　$\mathcal{B}$ 里集合势的总和。

显然，我们有 $a \leq c \leq ba$。

如果 $\mathcal{B}$ 是 $(Q, \mathcal{K})$ 的基，且推测函数是 σ，我们有 $b = |\bigcup_{q \in Q} \sigma(q)|$。而且，当且仅当 $b = \sum_{q \in Q} |\sigma(q)|$（参见定理 5.4.1），$\mathcal{K}$ 是一个学习空间。

16.3.2 定理。 下面两个关于族 $\mathcal{B}$ 的结论可以在时间 $O(bc)$ 内确定。

(i) $\mathcal{B}$ 是一个 ∪-闭合族 $\mathcal{F}$ 的基。

(ii) $\mathcal{B}$ 是学习空间的基。

现在，Eppstein 考虑这样一个情况：族 $\mathcal{B}$ 不是级配良好的族的基。他问：我们如何通过增加某些合适的状态，把 $\mathcal{B}$ 扩展成一个级配良好的族，而且相对于 $\mathcal{B}$ 的生成，其改动尽可能地少？下面的定义产生了相关的概念。

16.3.3 定义 。假设 $\mathcal{F}$ 是集合族，而且不是级配良好的。$\mathcal{F}$ 扩展成 ∪-闭合集合族 $\mathcal{H}$，成为一个 **最小的级配良好的扩展** 是指：

(i) $\mathcal{F} \subset \mathcal{H}$;

(ii) 没有 ∪ 闭合的、级配良好的 $\mathcal{H}'$ 满足 $\mathcal{F} \subset \mathcal{H}' \subset \mathcal{H}$。

16.3.4 定理。 集合 $\mathcal{F}$ 的任何族具有一个最小的级配良好的扩展，它可以在时间 $O(bca + b^3 c)$ 内找到。

16.3.5 注释 。这个结论当然可以运用在这种情况中：$\mathcal{F} = \mathcal{B}$ 是 ∪-闭合族的基。Eppstein 指出：在这种情况下，证明里的完成算法不能保证原来的基 $\mathcal{B}$ 里的每一个集合也是新基里的一个集合，这会被认为是一个缺陷。但是在我们看来，这并不是缺陷。我们会在这样的情况下运用完成算法：基是 $\mathcal{B}$ 的知识空间 $\mathcal{K}$ 已经被 **QUERY** 程序构造出来了。重要的是 $\mathcal{K}$ 里的所有状态也是被该算法构造的级配良好的空间的状态，根据定义，这是一个级配良好的扩展。

在任何一个事件中，问题会导致 Eppstein 这样问：对于一个 ∪-闭合的族的基 $\mathcal{B}$，我们是否可以找到 $\mathcal{B}$ 的一个最小的级配良好的扩展 $\mathcal{F}$，使得 $\mathcal{B}$ 里的任何一个集合属于 $\mathcal{F}$ 的集合？这个问题是非常困难的。

16.3.6 定理。给定一个 ∪-闭合的族的基 $\mathcal{B}$，决定 $\mathcal{B}$ 是否存在一个最小的级配良好的扩展 $\mathcal{F}$ 使得 $\mathcal{B}$ 是 $\mathcal{F}$ 的基的子集，这个问题是 NP-完全的。

16.4 参考文献和相关工作

第 16.3 节的结论来自 David Eppstein，取自他与 Jean-Claude Falmagne 和 Hasan Uzun 最近联合出版的论文。

这些结论和本章所描述的算法是新的。我们感谢 Jeff Matayoshi 和 Fangyun Yang，特别是 Eric Cosyn 在这些方面提出的宝贵建议。

问题

1. 在 n 个元素的有序空间中，挂起状态的个数是多少？几乎挂起的状态呢？

2. 证明推论 16.1.3。该命题对于知识空间还成立吗？对可识别的知识空间呢？如果它不成立，举一个反例。

3. 构造一个推测函数是 σ 的学习空间 $\mathcal{L}$ 的例子，询问 (A, q) 对于 $\mathcal{L}$ 是挂起安全的，而且满足条件：实现 (A, q) 导致删除了问题 p 的条件 C，且 $\sigma(A, q)(p) = \sigma(p) \backslash \{C\}$（因此，没有"新"的条件被添加）。

4. 完成定理 16.2.10 的证明，让扩充更明确。

5. 对于例子 16.2.6 中的学习空间（在 16.2.9 中继续），且域 $Q = \{a, b, c, d, e, f, g\}$，以及推测函数

$$\sigma(a) = \{\{a, b, c, e\}, \{a, d, f\}, \{a, c, d\}\}, \qquad \sigma(d) = \{\{d\}\},$$
$$\sigma(b) = \{\{a, b, d, f\}, \{b, c, e\}\}, \qquad \sigma(e) = \{\{e\}\},$$
$$\sigma(c) = \{\{c, e\}, \{c, d\}\}, \qquad \sigma(f) = \{\{f\}\}.$$

$$\sigma(g) = \{\{c, e, g\}, \{d, e, g\}, \{a, d, f, g\}\}.$$

验证询问 $(\{a, b\}, g)$ 是挂起安全的，如果是挂起安全的，构造学习空间 $\mathcal{L} \backslash \mathcal{D}_{\mathcal{L}}(\{a, b\}, g)$ 的推测函数。

6. 用 $(\mathcal{L}, Q)$ 和 $\mathcal{B}$ 分别表示学习空间与它的基。如果 $\mathcal{L} = 2^Q$，我们有 $|\mathcal{B}| = |Q|$。存在 $|\mathcal{B}| = |Q| = |\mathcal{L}|$ 这个例子吗？

7. 对于作为一个链的潜在学习空间，描述会产生肯定回答的询问。

8. 某个无限 U-闭合的族具有一个基，而且满足公设 [MA] 和 [L3]。定理 16.2.10 对于这种族也成立吗？

9. 修改例子 16.2.9，使得询问 $(\{c,e\}, f)$ 也是挂起安全的，但是产生这样一种情况：所有的潜在新条件都被拒绝了因为它们不满足最小性条件。

17 分析评估的有效性

本书中介绍的理论已经衍生出许多应用，最著名的是 ALEKS 和 RATH 教育软件[133,134]。本章聚焦于 ALEKS 系统。Cosyn 等（2010）介绍了对它的评估的有效性的大规模统计分析。我们综述了那些我们认为可以作为这种分析在深度和详细程度具有代表性的结果。在这样的环境下使用术语"有效性"值得讨论。

17.1 评估有效性的概念

在形式逻辑上，"有效性"大概是指公式或者差异的正确性（例如，参见 Suppes，1957）。在心理测量学中，作为标准测试的理论基础，"有效性"的含义非常不同。事实上，在这一领域，"有效性"具有多个彼此相关的含义。我们在下一节简要地回顾一下，并从这里开始，来澄清心理测量和学习空间技术之间的相似性与差异性。

17.1.1 关于心理测量的有效性和可靠性。心理测量学方面的测试目标是获得一个表征学生在某个课程上的资质的分数[135]。一般来说，如果它的结果与一个有关的标准具有很好的相关性，那么这项心理测量学方面的测试就会被认为是有效的。例如，在上大学之前举行的关于量化能力的标准化测试，如果测试结果与第一学期的数学课上所获得的成绩具有足够高的相关性，那么这项测试就被认为是有效的。心理测量学家最看重的就是在构造这些测试所使用的方法的有效性：该有效性建立在问题的同质判断上。也就是说，如果一个问题的回答与整个测试的回答结果的相关性很弱，那就应该抛弃这个回答。这一做法背后的理由是：测试被看作一个测试仪器。这些问题应该沿着资质的连续体上下变化。如果在这个连续体中找不到某个问题的位置，那么这个问题就应该被丢弃，即使它是有关课程的一个组成部分[136]。

因此，一个心理测量方面的测试不一定自动满足"形式有效"或者"内容有效"。这两个是相关的，但是某些不同的概念希望捕捉到测试分数与它

---

[133]对于 RATH 系统，见 Hockemeyer（1997）。其他相关的参考文献和系统参见第一章。

[134]例如在化学教育中的应用，见 Arasasingham 等，2004，2005；Taagepera 等，1997；Taagepera 和 Noori，2000；Taagepera 等，2002，2008。

[135]或者，是具有少数几个维度的一个数字向量。

[136]换句话说，测试数据必须符合一个特定的单维统计模型。对于模型拟合没有什么帮助或者起反作用的问题都要从测试中删除。

本来想要测量的内容之间的联系。这些心理测量学方面的概念，可以参见 Anastasi 和 Urbina（1997）。在这本书中，作者采用一个经典的说法来解释"内容有效性"，它涉及

"测试内容的系统检查，以确定它是否覆盖了要测量的行为领域中的具有代表性的样本"（Anastasi 和 Urbina，1997，第 114 页）。

"形式有效"具有相似的含义，但是少了一些系统性的，而且本质上依赖于专家在思考测试的问题和要测量的变量之间的关系时的直觉。

"可靠性"的概念与有效性的概念是不同的，它适用于测试结果的可重复性。牛津英文词典把可靠性定义成"在多大程度上一项测量可以在相同环境下产生一致的结果。"[137]在心理测量学中，如果同一项测试的两个不同但相似的版本之间的相关性足够高，那么这项测试被认为是可靠的。在我们的术语中，"相似版本"意味着问题相同但具体的实例不同。尽管一项心理学测试可以在无效的情况下可靠，但反过来不成立。（关于"可靠性"概念的详细技术讨论，可以参见 Crocker 和 Algina，1986，第 6 至 9 章。）

17.1.2 评估一个学习空间的有效性和可靠性。一般而言，在学习空间的情况下，这两个概念有所不同，因为在一项评估中潜在使用的所有问题的群集是通过设计一个全面覆盖某个特定课程的问题得到的。即，学习空间中的问题是标准教科书里的常见特征，而且不能缺失重要概念。"如果它是可靠的，那就一定自动地具备相应的有效性"的这一想法似是而非。换句话说，假设问题种类的数据库忠实地反映了这个课程，可靠性的测量会混淆有效性的测量。即使在整个问题集合中选择一部分来设置一项测试[138]，至少如果被选择问题是该课程具有代表性的样本，这也是值得商榷的。

Cosyn 等（2010）采用下面的方法来评估在学习空间的框架下获得的评估结果的可靠性和有效性。在每次评估的某个时刻，一个**额外的问题** [139]p 被从所有问题集合上的一致分布中随机选择出来。这时，还选择了一个 p 的实例，赋予了学生，这个问题的回答并不记入对该生状态的评估中。在评估的结尾，算法在学习空间中选择一个知识状态，来表示在课程领域该生的资质。关于学生对额外的问题 p 的回答，可以作出预测：如果选择的状态包含

---

[137]O.E.D. 2000 版。

[138]在定义 2.4.2 的意义上，这个问题子集定义了一个投影。

[139]这是 Cosyn 等（2010）采用的技术，我们后面还会用到。因此，本章中的问题和元素是同义的。

p，那么学生的回答将是正确的[140]；否则学生的回答就是错误的。Cosyn 等（2010）在一个很大集合的评估数据上研究了这种预测的准确度。作者还检查了在评估过程中这种预测准确度的变化情况。注意到作者还假设对于 p 的正确回答的概率在评估过程中不会变化。这一假设看上去是合理的，因为在那个时间点上没有发生学习行为。

在本章的剩下部分，我们概括 Cosyn 及其同事在为小学代数[141]构造的学习空间及 ALKES 系统用于评估的算法方面所取得的成果。

17.2 ALEKS 评估算法

ALEKS 系统里的评估算法是一个在定义 13.3.4 的意义上的随机评估过程，它采用了参数化的倍增更新规则和半裂的发问规则（分别参见 13.4.4 和 13.4.7）。我们回顾它的主要特征，建议读者在第 13 章翻阅更多的细节。评估的每一次试验由一个三元组 (r_n, q_n, L_n) 构成，中 n 是试验编号，r_n 是给出的回答（用 0 和 1 对答错、答对进行编号），q_n 表示提出的问题，而 L_n 表示在第 n 次试验时所有知识状态的集合 $\mathcal{K}$ 上的似然函数——或者概率分布。

包含所有包含了问题 q 的状态的 $\mathcal{K}$ 的群集还是用 $\mathcal{K}_q$ 表示，

$$L_n(\mathcal{K}_q) = \sum_{K \in \mathcal{K}_q} L_n(K)$$

是一个概率，当在第 n 次试验时从 $\mathcal{K}$ 上采样的一个状态，这种状态包含问题 q。如果没有粗心错误[142]，从评论算法的角度来看，$L_n(\mathcal{K}_q)$ 可以被认为是在第 n 次试验中问题 q 的肯定回答的概率。

每次试验中状态概率增加或者减少都依赖于该次试验发生的事件。如果学生回答问题 q 是正确的，所有包含 q 的状态的概率会增加，而所有不包含 q 的状态的概率会减少。在倍增更新规则的情况下，修改分布 L_n 的操作符是可交换的，这意味着学生回答问题的顺序没有什么影响：无论问题—回答对 $(r_1, q_1), ..., (r_{n-1}, q_{n-1})$ 的顺序是怎样的，分布 L_n 是相同的。倍增更新规则操作符被式 (13.9) 和 (13.10) 定义。在每一次试验中，根据半裂规则选择向学生提出的问题（参见 13.4.7）。这意味着，根据当前的概率分布 L_n，如果学

---

[140]或者以概率 $1 - \beta_p$ 正确，其中 β_p 表示问题 p 因为粗心大意而答错的概率（参见第 17.4.4 节）。

[141]在美国，这个具体的数学课程常被称作"代数初步"或者"代数 1"。

[142]第 17.3.4 和第 17.4.4 节的数据分析并不依赖于假设。

生已经掌握问题 q 的概率尽可能地接近 .5，也就是说 $|L_n(\mathcal{K}_q) - .5|$ 是最小的，那么问题 q 会在第 n 次试验时呈现给这位学生。如果两个或者多个问题具有相同的最小值，算法会在两者之间随机地（从一致分布中）选择一个。

在 ALEKS 系统中，对于下面报告的有关数据分析，一旦对于所有的问题 q，$L_n(\mathcal{K}_q)$ 在区间 $[.2, .8]$ 之外，评估就被停止规则所终止。

17.3 方法

17.3.1 概要。Cosyn 和他的同事在他们的数据中开展了三种不同类型的统计分析，这些数据采自 2004 年 1 月 1 日到 2007 年 7 月 1 日开展的 10 万个评估。

（1）第一个方法测量评估过程中算法采集演化信息。假设概率函数的序列时 $L_1, ..., L_n, ...$ 已经被每个评估存在内存中。每个概率值 $L_n(\mathcal{K}_p)$ 纳入了这个算法累积到第 n 次试验的关于 p 的信息。暂时假设没有粗心错误，而所有的评估都一样长。（这些假设是不现实的，而且会在后面得到修正。）从评估算法的角度出发，$L_n(\mathcal{K}_p)$ 因此是在第 n 次试验中计算的额外问题 p 的正确回答的概率。对于每个评估的第 n 次试验，我们因此有 $(L_n(\mathcal{K}_p), r_p)$ 对，其中 r_p 用 0 或者 1 表示对于这个额外问题的回答是错误还是正确。固定这个试验编号，在学生样本中改变评估，可以计算出 $L_n(\mathcal{K}_p)$ 和 r_p 之间的相关性。该项研究的作者运用点双列系数来计算，这个选择来自这样一个事实：$L_n(\mathcal{K}_p)$ 可以被认为是一个连续变量，而 r_p 是离散的（对于这个系数的详细情况，可参见第 17.8 节）。

在实际中，评估的长度随着参加测试的学生的变化而变化。在实际分析时，上面提到的相关性方法可以用把所有评估恰当地排列整齐来调整，通过"Vincent 曲线"方法（参见 Vincent，1912，见第 17.4.2 节）。这些结果将会在下一节首先报告。

（2）第二个方法是明确的。在评估的结尾，我们可以预测学生对于额外问题 p 的实际反应（正确或者错误），方法是在测试末尾用评估算法选择的学生的知识状态中，检查 p 是否出现。我们因此有两个二元变量：1) p 在还是不在学生被评估的状态中；2) 学生的回答是正确的还是不正确的。这种预测的有效性可以用测量两个二元变量之间相关性的一般方法来评价，比如 tetrachoric 系数或者 phi-相关系数，这两个标准的相关性指标。这一分析不考虑任何粗心大意的错误。

第 17.4.4 介绍了上面方法的一个变种，采用的是相同的数据分析，但是用一个因子修正了预测。这个因子依赖于学生在回答一个具体的问题时承认犯了一个粗心错误的概率。使用的相关性系数就是点双列。我们可以看到它提高了少许相关性。

（3）第三个方法建立在一个不同的想法上。在多数评估的末尾，学生会通过在被评估引擎赋予的状态的外部边界选择一个问题的方式开启学习。在实践中，学生面对的是一张饼图，每一块都对应课程的不同部分。在其中的一片之上移动鼠标会点开一个窗口，它列出了这一部分学习资料中有关的外部边界的那些问题。学生通过点击一个合适的窗口位置来选择一个问题。它还可以用这种方法在另外一种场景下选择问题：不是在评估之后，而是在学习过程之中。假设，评估算法测定学生的知识状态是 K。学生根据上述方法选择某个问题 q，然后掌握了它。新的知识状态就是 $K \cup \{q\}$。如果这个新的状态不是域，那么它就有一个外部边界，学生就可以再一次运用相同的方法，选择一个新的问题来学习。

如果赋予学生的知识状态是真实的，而且至少看上去非常像真实的，那么预测学生在那个时间点上可以学到什么样的知识就可以做到非常扎实了。相应地，我们可以用概率来测量评估的有效性，这个概率是学生成功掌握被评估状态的外部边界里的问题的概率。Cosyn 和他的同事们已经评估了在小学数学上相当数量的评估／学习试验基础上的这种概率。第 17.4.5 节包含了这些结论。

17.3.2 注释。我们完善了记号，这与 Cosyn 等（2010）中使用的有些不同，但本质上一致。我们回忆到每个评估对应一个具体的额外问题类型。我们有

Q 问题集合，或者域；

$\mathcal{K}$ 学习空间的状态群集；因此 $\mathcal{K} \subseteq 2^Q$；

$\mathcal{A}$ 样本中的所有评估集合；$\mathcal{A} = \{a, b, ..., x, ...\}$；

x 表示集合 $\mathcal{A}$ 中评估的一个变量；

$L_{x,n}$ 评估 x 的第 n 次试验的 $\mathcal{K}$ 上的概率分布；

p_x 评估 x 里被问出的额外问题；

N_x 评估 x 里最后一个试验编号。

注意到最后一个试验编号和额外的问题依赖于评估而不是学生，因为样

本中的某个学生可能会参加若干评估[143]。他们还定义了随机变量的群集

$$\mathbf{R}_x = \begin{cases} 0 & \text{如果学生回答问题 } p_x \text{ 出错} \\ 1 & \text{其他} \end{cases} \tag{17.1}$$

且 x 在 $\mathcal{A}$ 中变化。记 $\mathbf{R}_x = \mathbf{R}_{p_x}$ 不会引起歧义，因为任何评估 x 定义了一个单独的额外问题 p_x。每个问题都赋予了一个粗心大意的概率。我们记

$$\beta_q \qquad \text{承认在问题 } q \text{ 上犯了粗心错误的概率}$$

因此，β_q 是具有包含 q 的知识状态的学生承认在尝试解决那个问题的时候犯粗心错误的概率。假设参数 β_q 只依赖于问题 q，且不会在评估过程中变化。为了与对 $\mathbf{R}_x$ 约定保持一致，我们从现在起采用下面的缩写

$$\beta_x = \beta_{p_x}, \qquad \mathcal{K}_x = \mathcal{K}_{p_x}.$$

我们用 $\mathbf{P}_{x,n}$ 表示在被评估算法累积并包含评估 x 的第 n 次试验的信息基础上，学生正确地解答额外问题 p_x 的概率。假设没有侥幸猜中，因此，对于评估 x 的第 n 次的试验，这个概率满足方程

$$\mathbf{P}_{x,n} = (1 - \beta_x)L_{x,n}(\mathcal{K}_x). \tag{17.2}$$

17.3.3 估计粗心错误的参数

相同的问题在评估的过程中出现的次数偶尔会多于一次：一次是额外问题，还有评估的一个或多个普通问题[144]。对于每个问题 q，这使得它可以评估出粗心错误参数 β_q，而不依赖于学习空间模型的假设。当一个问题比评估的普通问题出现的次数多时，只有第一次出现的那个会被留下来分析。对于每个问题 q，数据存在的形式是一个 2×2 矩阵

	普通问题	
	0	1
额外问题 0	x	y
额外问题 1	z	w

---

[143] 作者没有考虑数据的这个方面。评估的样本如果比较大，那么这样考虑是合理的。
[144] 在这种情况中，不同的问题几乎总是得到呈现。

其中，0 和 1 分别表示"不正确""正确"。（因此，z 是正确回答额外问题和错误回答普通问题的情况的数目。）Cosyn 等（2010）所使用的评估模型具有两个参数，因为粗心而回答问题 q 出错的概率 β_q，和学生的知识状态属于 $\mathcal{K}_q$ 的概率 κ_q。在上表中 (i,j) 的概率用 $p_q(i,j)$ 表示。其中，$i,j \in \{0,1\}$。模型用下面的 4 个方程定义[145]

$$p_q(0,0) = \beta_q^2 \kappa_q + (1 - \kappa_q) \tag{17.3}$$

$$p_q(0,1) = \beta_q(1 - \beta_q)\kappa_q \tag{17.4}$$

$$p_q(1,0) = (1 - \beta_q)\beta_q\kappa_q \tag{17.5}$$

$$p_q(1,1) = (1 - \beta_q)^2 \kappa_q. \tag{17.6}$$

因此我们有

$$\sum_{i,j} p_q(i,j) = 1.$$

我们用 N_q 表示至少出现两次问题 q 的评估的数目，其中一个是额外的问题，而且 $N_q(i,j)$ 是在 N_q 个评估中出现 (i,j) 的次数。Cosyn 等（2010）得到了 β_q 的估计值（还有 κ_q 的，但是这个的重要性弱一些），方法是卡方统计

$$\text{Chi}_q(\beta_q, \kappa_q) = \sum_{i,j} \frac{(N_q(i,j) - N_q p_q(i,j))^2}{N_q p_q(i,j)}. \tag{17.7}$$

我们把细节问题留给读者去解决（见问题 1 和 3）。

17.3.4 校准评估：Vincent 曲线 。Cosyn 和他的同事们分析了评估的时域过程，采用的办法是跟踪一个概率和一个二元变量之间的相关性。这里的概率是指正确回答额外问题 p_x 的概率 $\mathbf{P}_{x,n} = (1 - \beta_x)L_{x,n}(\mathcal{K}_x)$。而这里的二元变量是 0-1 变量 $\mathbf{R}_x$，它是对学生对于这个问题的实际回答进行的编码（参见第 17.3.2 节）。通过在对 $(\mathbf{P}_{x,n}, \mathbf{R}_x)$ 中保持序列号 n 不变而改变 x（评估的标记），就可以计算出每一个相关性。如果所有的评估具有相同的长度 N，这样的计算就变得容易一些。但是，评估的长度变化很大。Cosyn 等（2010）处理这个难题所采用的办法是一个经典的方法：他们把每个评估都分成 10 个部分，或者"十分位"，（大约）一样长，然后在每个部分的最后一次试验上校准评估。具体来说：在以十分位 $i(1 \leq i \leq 10)$ 计算相关性时所保留的试验

---

[145]我们回顾侥幸猜中的概率假定为 0。

编号是不小于 $i \times N_x/10$ 的最小整数。他们还包括每个评估的初始试验。为了说明问题，三个长度分别为 17、25 和 30 的评估 a, b 和 c 的在计算其相关性时所保留的试验编号如下表所示。对于某个问题 p 的第 9 个相关性（8 分位的相关性），因此是分别基于 a, b 和 c 的第 14、20 和 24 轮试验（如表中红色的列所示）。在这里，p 已经作为额外问题提出。对于每个额外问题，相关性的演化一直被跟踪到 11 轮试验，在表中第 2 行用 0,1,...,10 表示。相应的图表被称作 **Vincent 曲线**（实现这个方法的原始出处参见 Vincent，1912）。注意到只有 0.01% 的评估比 11 个试验要短。它们被单独用另外一个特殊的规则处理。我们省去了这个介绍。

表 17.1: 长度分别为 17、25 和 30 的三个评估 a、b 和 c 的 Vincent 曲线分析中保留的试验编号。第一列，用字母 A 打头，列出了评估。第 3、4 和 5 行的数字 1 表示每个评估的第 1 个试验；其他数字是每分位中最后试验的数字。

	\multicolumn{11}{c|}{相关性分析保留的试验编号}	
A	0	1	2	3	4	5	6	7	8	9	10	N_x
a	1	2	4	6	7	9	11	12	14	16	17	17
b	1	3	5	8	10	13	15	18	20	23	25	25
c	1	3	6	9	12	15	18	21	24	27	30	30

17.3.5 采用的相关系数。在变量 **P** 和 **R** 之间计算相关性所选择的索引就是**点双列系数**

$$\mathbf{r}_{pbis} = \frac{M_1 - M_0}{s_n}\sqrt{\frac{n_1 n_0}{n^2}} \tag{17.8}$$

其中

n	是 (P,R) 对的数量，
s_n	是连续变量 P 的标准差，
n_1, n_0	分别是 R = 1, R = 0 的情况数量，
M_1, M_0	P 的条件平均，给定 R = 1 和 R = 0.

当变量之一是连续的，而另外一个是离散的时候，这个系数是经常使用的，正如这里的情况。它给出了一个 Pearson 相关系数的估计，其假设是关于两个随机变量的联合分布（具体细节参见 Tate，1954 或者任何其他标准的心理测量学方面的书籍[146]）。

---

[146] 维基百科上关于"点双列系数"的条目是一个很好的开始。

这个研究的其他部分还使用了两个不同的相关系数，分别是"tetra-choric"和"phi"系数。我们后面再介绍。

17.4 数据分析

17.4.1 参加者。这项评估通过互联网在一个课程的框架下，在大学或者高中学生中进行（分别是 85% 和 15%），且某些学生在此过程中参加的课程不止一个。学生的数量和评估的数量的差别取决于研究任务，稍后将会介绍。

17.4.2 预测的时域演化。相关系数 r_{pbis} 的 Vincent 曲线分析只在评估的初始部分进行[147]，这采用了从 262 个问题选出来的 82 个问题，形成了 ALKES 系统中的代数初步课程[148]。在这 82 个问题中，12 个问题被丢弃了，因为有关数据对于可靠地估计相关系数还不够格。这里考虑的数据是剩下的 70 个问题和来自 42857 位学生的 78815 份评估。

在开始部分，大约问了 17~18 个问题，这可以被认为是一项放置测试（在此之后，评估开始，学生感觉不到中断）。当仔细考虑相关性的值的时候，需要记住一小部分问题。正如第 17.3.4 节所示，点双列系数计算的是一个概率和一个二元变量之间的相关性。这里的概率是指第 n 次试验正确回答额外问题 p_x 的概率（详见式 (17.2)）。而这里的二元变量是 0-1 变量 R_x，它是对学生对于这个问题的实际回答进行的编码。两个 Vincent 曲线如图 17.1 所示。蓝色曲线跟踪点双列系数分布中位数的演化，它发生在评估的第一部分，针对的问题是粗心错误概率低于.25 的问题。红色曲线是相似的，针对的问题是错误概率高于.25 的。

两个曲线的差别突显了粗心错误的重要性，因此是值得注意的。Cosyn 等（2010）还计算了具有代表性的若干问题，其粗心错误的概率变化范围甚至更大。两个极端的例子是.13 和.49。尽管在评估结束时，第一个问题的相关值达到了.65，另一个的相关值从未超过.2，而且在评估期间没有增加。更不用说，作者认为这样一种问题有待提高。（他们坚持强调，作为课程整体的一部分，这些问题很少被拒绝）。

---

[147] 把评估分成两个部分是因为机器存储的限制，因为技术原因，有一部分评估在用户的电脑上进行。（但以后不再这样。）Vincent 曲线分析所需要的大量数据只在评估的初始部分有用。

[148] 在当时，这个数字还是比较大的。

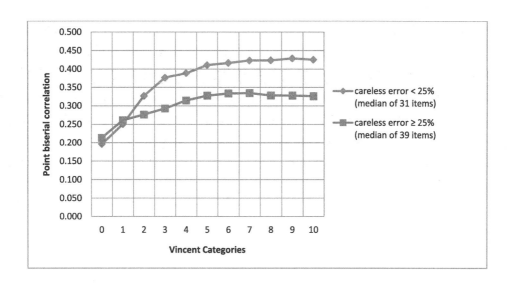

图 17.1: 中位数 r_{pbis} 的两个 Vincent 曲线，分别对应于第 n 次试验正确回答额外问题 p_x 的概率（详见式 (17.2)）和二元 0-1 变量 R_x（对学生对于这个问题的实际回答进行的编码，0 表示答错，1 表示答对）。横轴上的数字 0 表示评估的第 1 次试验。数字 $1, ..., 10$ 表示 10 个 Vincent 类。蓝色 Vincent 曲线描述粗心错误概率小于 .25 的 31 个问题的中位数相关性的演化。红色曲线类似，考虑的是剩下 39 个问题。（再次印刷获得授权。）

17.4.3 基于最终状态的预测。我们刚刚总结的 Cosyn 等（2010）中的 Vincent 曲线只涉及评估的最开始部分。作者随后考虑了评估的最终结果，还研究了评估引擎选择的最终状态在预测额外问题被回答时的准确性。对于每个问题 p，有关数据的形式是一个 2×2 矩阵，具有两个变量：

1. 额外问题 p 是否在被选择的最终状态之中；

2. 对于额外问题的回答是正确还是错误。

注意到这个不会考虑粗心错误（见下面一段）。这些数据价值重大，而且是从 2004 年 1 月 1 日到 2007 年 7 月 1 日进行的 240003 份评估。他们分析了两个相关系数，tetrachoric 和 phi。他们两个都可以处理这种双重二分法。但是，没有一个是理想的，因为他们使用的前提不符合情况（正如作者所确认的[149]）。

---

[149]tetrachoric 指数是 Pearson 相关系数的近似。它基于一对随机变量的假设，且是联合高斯分布。这里几乎不满足。phi 系数的使用也是基于相同的假设进行预测。（Chedzoy，1983；Harris，1983，分别见统计科学百科全书的第 6 卷和第 9 卷。）

　　我们在下面再次引用一幅图，它是 250 个问题中的每一个的 tetrachoric 和 phi 系数的值之间的协方差图。图中的每一个点表示一个问题，对应的坐标分别是关于这个问题的两个相关系数的值。这两个指标的中位数相关性也在图中标记出来。它们是：tetrachoric 系数.67，phi 系数.35。在两种情况中，250 个单独的问题矩阵的 4 个单元中的每一个填入相应的数字所产生的 2×2 矩阵，所获得的分组数据的相关性，更高，分别是.81 和.57。注意到这些结果是在没有考虑粗心错误的前提下获得的，我们认为对于某些问题而言，这种考虑是非常重要的。

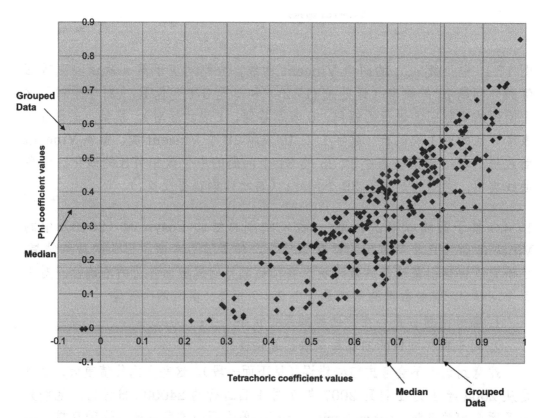

图 17.2：代数初步里的 250 个问题的 tetrachoric 系数和 phi 系数的值的协方差图。（再次印刷获得授权。）

　　所有代表问题的点都在对角线的下方，说明 tetrachoric 系数的值和相比于 phi 系数显得过高，这是一个标准的发现。对于获得的分组数据的 tetrachoric 系数比 phi 系数的值高并不是一个人为的现象。对这一现象的说明参见表 17.2。这张表是对两个问题的数据矩阵进行分组，一个是容易的，而另一个是困难的。表里显示了三个矩阵。我们可以看到分组导致在两个 $(0,0) - (1,1)$ 单元中的结果相当地高，从而提升了相关性。

表 17.2: 相关性指标，右边是简单的问题，左边是困难的问题。"在"和"不在"所标记的列表示"在状态"和"不在状态"。下面的第三个矩阵联合了上面两个矩阵的数据。

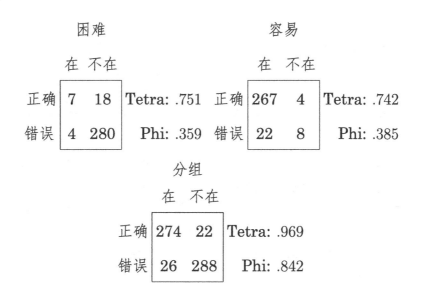

17.4.4 调整粗心错误 。作者还细化了他们的分析，方法是把粗心错误作为一个权重因子。对于每个问题 x，他们引入了一个变量

$$\mathbf{S}_x = \begin{cases} 1 - \beta_x & \text{包含额外问题 } x \text{ 的最终状态} \\ 0 & \text{其他} \end{cases}$$

采用点双列系数，他们计算了分组数据在变量 $\mathbf{S}_x$ 和 $\mathbf{R}_x$ 之间的相关性。报告的值是.61，因此，比同一个分组数据的 phi 系数所获得的.57 要高出少许。

点双列系数的分组数据所获得的.61 值在与教育考试服务（Educational Testing Services，ETS）（2008）报告[150]中对代数 I 所报告的点双列值进行比较时，是值得注意的。它们与初等代数的 ALEKS 评估一样，大致覆盖了

---

[150] 加州教育部门（测试和评估分部）和加州标准考试（CST）发布，见 http://www.cde.ca.gov/ta/tg/sr/documents/csttechrpt07.pdf。

相同的课程，而且每年在 10 万名学生中施测。代数 I 的 CST 由 65 道多项选择问题（元素）组成，并用项目反应理论（IRT）构造和打分，在这里，点双列系数是一个标准的测量。特别地，对于 65 个问题的每一个，都用点双列计算问题—项目相关性，这种相关性实际上是在二元变量和连续变量之间的关系。其中二元变量是指 1/0 的问题得分（正确／错误），连续变量是整个的测试得分（见前文提到的 ETS 报告）。一个问题获得的最小系数是.10，而最大值是.53（表 7.A.4，见 ETS 报告）。前面几年的考试平均值也是相似的，平均点双列系数的值分别是 2005 年的.38 和 2006 年的.36（见表 10.B.3，同报告）。

Cosyn 等（2010）获得的相关性的平均值只是在 ETS 报告之上一点点。但是，Cosyn 等（2010）认为在 ALEKS 中没有选择问题的情况发生。相反，在试验中点-双列相关低于.19 的问题在 ETS 的研究中被删除了。还有，ALEKS 评估只提出了大约 25~35 个问题，这大概是 ETS 测试所提问题的一半。

最后，而且是最重要的，在 ALEKS 系统中，额外问题的选择实际上是选择那个问题的一个实例。换句话说，这涉及在一个很大的集合中随机选择一个具体的问题来发问，其大小是每个可能的额外问题的所有实例之和。根据 Cosyn 等（2010），这个集合的大小的数量级是 10 万个不同的实例。在教育考试服务（ETS）2008 年的报告中，是在 65 个问题中随机地选择一个（即 ALEKS 术语中的"实例"[151]）。

17.4.5 学习成功。在 ALEKS 系统，在评估的末尾，学生通过在他的状态中的外部边界中选择一个问题开始学习。在学习空间理论的框架下，在那个时间点上，学生已经做好了学习那种问题的准备。这个选择开启了这样一个过程：学生解决各种各样的问题实例，而且学习给出的相应的解释。这个过程实际上是两个吸收屏障之间的随机游走。向左还是向右依赖于学生是否成功地解决了一个问题实例。撞到左边的边界意味着解决问题失败，而撞到右边则标志着解决问题成功。在这两个情况中，学生的知识状态再一次得到调整，然后在新的外部边界中选择一个问题继续学习（详见 Cosyn 等 2010，第 2 章）。

学生掌握一个问题的可能性——即撞到右边的边界所对应的随机游走——给估计评估的有效性提供了一条间接的思路。如果评估问对了对象，那

---

[151] 请记住在心理测量学中，术语"项目"对应于知识空间理论中的实例。

么这种概率应该很高。

图 17.30[152]显示了成功掌握初等代数 256 个问题的估计概率的分布（在学生状态的外部边界选择）。显然，大多数问题都覆盖到了。该图显示 80% 的问题的成功率至少在 .8，分布的中位数在 .92 左右。但是，分布的左边尾巴说明有些问题还是有点难，因此需要进行一些调整。这里分析的数据基于 1564296 个这样的随机游走。

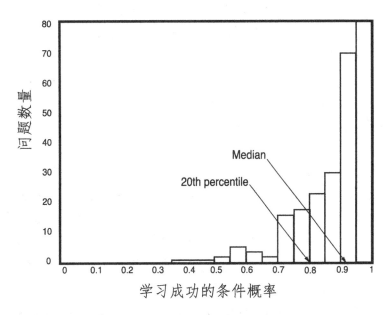

图 17.3: 对于初等代数（262 个问题之中）的 256 个问题，学生从他的状态的外部边界中选择一个问题，撞到随机游走的右边的边界的条件概率估计值的分布。然后问题被认为是已经掌握的。

17.5　总结

本章简要地综述了 Cosyn 等（2010）中运用学习空间理论的结果。这个研究的重点是评估的有效性（或者预测力）。课程是初等代数。使用的数据很大：从 2004 年到 2007 年有关大学和高中学生的评估。分析的过程采用了三个方法。前两个依赖于相关性的指标，而且基础是额外问题程序：每个评估中，向学生提一个额外问题，学生对这个问题的回答并不用于评估，而是在评估结果的基础上用于预测。

---

[152] 该图从第 2 章里提到的 Cosyn 等（2010）翻印而来，获得了授权。

（1）采用 Vincent 化了的数据，第一个方法研究的是介于下面两者之间的相关性：(i) 在累积了 10 个 Vincent 十分位种类加上一个初始试验的信息基础上，正确回答额外问题的概率；(ii) 对于额外问题的实际回答。计算出两个不同的 Vincent 曲线，每一个都涉及相同的 11 个种类。第一个曲线关系到 31 个粗心错误概率低于 .25 的问题。图 17.1 展示了从第 1 次试验的大约 .2 演化到最后一个 Vincent 种类的大约 .425 的问题的相关性中位数。图 17.1 的第 2 个曲线跟踪了剩下 39 个问题的相关性演化。相关性的中位数，一开始与前面一个曲线大致一样，然后缓慢增加到 .325。这些统计的基础是评估的第一阶段，它只用了 ALEKS 系统中初等代数领域 262 个问题里的 82 个[153]。值得注意的是，在任何一个实际的评估中，平均起来，只有 17～18 个问题在评估的初始阶段就向学生提出。

（2）第 2 个方法分析了额外问题的回答和在评估结尾所获得的最终知识状态基础上作出的预测之间的相关性。需要考虑两个版本。第一个是在计算预测时不考虑粗心错误。对于每个问题，数据的存在形式是 2×2 矩阵，它具有两个变量：额外问题 p 在或者不在选择的最终状态中；额外问题的回答是正确还是错误的。两个相关性指标：tetrachoric 和 phi，在 262 个问题中的 250 个问题中使用。（根据作者的说法，剩下 12 个问题的数据太弱，不能提供可靠的系数估计。）两个系数的协方差揭示了下列最重要的结论：

(i) tetrachoric 系数与 phi 系数相关性的中位数分别是 .67 和 .35。根据这两个指标的文献，前者较高并不奇怪。

(ii) 在两种情况下，往 250 个单独问题的指标中 4 个单元的每一个单元添加相应的数字，从 2×2 矩阵中获得的分组的数据相关性还要高一些，分别是 .81 和 .57。有例子显示这种增加不令人惊奇。

(iii) 对于两个指标，系数值在问题之间变化的幅度比较大，比如，对于 phi 系数，从 0 变到大约 .86。因此，对于某些问题来说，还需要提高。总体上，相比于教育考试服务（ETS）2008 年报告中提到的关于同一个初等代数课程的心理测量学的分析，结果还是不错的。

上述结果没有考虑粗心错误，我们已经知道这对于有些问题来说是很基本的。如果要考虑粗心出错的概率，那么两个指标的相关性还会高一点。

（3）第三个方法依赖于另一个类型的数据，即在学生的外部边界里选择一个问题进行学习的概率。Cosyn 和他的同事们曾经在很大的样本量上计算过这些概率，涉及 1564296 个学习场景。这些数据显示 80% 的问题的学

---

[153] 现在，这个数字已经从 262 升到了大约 350 个。

习成功率至少有.8，分布的中位数是.92左右。但是，他们还发现有些问题是不容易掌握的，需要作出相应的调整。

问题

1. 对于参数 β_q 和 κ_q 的值，式 (17.7) 定义的卡方统计可以用一个标准的最优化算法最小化，但是 Cosyn 等（2010）采用的是不同的而且是直接的。找到 β_q 和 κ_q 的分析解。（提示：可能需要用到拉格朗日算子。）

2. 式 (17.3) 至 (17.6) 所定义的模型的缺点是什么？如果有的话，根据考虑的问题，粗心错误的估计是多少？用这种最终状态来进行这种评估的另外一个概率是什么？如果 q 属于最终状态，请估计额外问题 q 答错的条件概率。写出这些方法的细节。它的缺点是什么？如果有的话。

3. 假设侥幸猜中问题 q 的概率等于 $\gamma_q > 0$。因此，γ_q 是答对问题 q 的概率，即使这个问题不属于学生状态。式 (17.3) 至式 (17.6) 所定义的模型能够适用于 γ_q 吗？缺点是什么？如果有的话。

18 开放问题

我们汇集了一些在研究中发现的问题，这些问题我们还没有解决。我们把它们留在这里供有兴趣的读者参考，并附上了可能有帮助的参考文献。

18.1 知识空间和 U-闭合族

18.1.1 关于大基。设域 Q 具有 m 个问题。考虑 Q 上知识空间的所有基。作为 m 的函数，一个基的最大势是多少？具有这种势的基的所有知识空间是什么？R.T. Johnson 和 T.P. Vaughan 的文稿中有小 m 值下的结果。（Johnson 和 Vaughan，1998，是交付印刷前的扩展版）。

18.1.2 用语言定义一个知识空间。设 $\mathcal{K}$ 是一个可识别的知识空间。是否总是存在某个评估语言（在 9.2.3 的意义上）可以描述 $\mathcal{K}$，而其他的知识空间则不能？或者不能描述其他知识结构？

18.1.3 投影和基。设 $\mathcal{K}$ 是域 Q 里的知识空间，而且对于 Q 的非空子集 Q'，用 $\mathcal{K}'$ 表示 $\mathcal{K}$ 在 Q' 上的投影（参见定理 13.7.4）。找到知识空间 $\mathcal{K}$ 上的充分和必要的条件，使得空间 $\mathcal{K}'$ 总是一个基。如果它们覆盖了各种例子（在有限空间中），那么这对于充分条件来说，就已经不错了。

18.1.4 哈斯系统的唯一性。高效地刻画具有唯一哈斯系统的、有粒度的知识空间（在第 5.5 节末尾）。

18.1.5 Frankl 猜想。这是一个著名的难题：对于任何有限的并基—闭合的族 $\mathcal{K}$，且 $\cup\mathcal{K}$ 有限，$\mathcal{K} = \{\varnothing\}$，$\cup\mathcal{K}$ 中总存在某个元素，使得它至少存在于 $\mathcal{K}$ 的一半子集之中。这常被称为 Frankl 猜想。参阅维基百科词条"并集—闭合的集合猜想"。辅助材料是 Johnson 和 Vaughan（1998）。（提醒：浪费研究时间的风险极高。）

18.2 级配良好性和边界

18.2.1 加强 [L1] 和 [L2] 。推论 2.2.7 认为所有级配良好的、偏序并集—闭合的族是一个偏序学习空间，但是反过来不成立。找到可以加强（或者至少精神一致）刻画级配良好的、偏序并集—闭合族的公设 [L1] 和 [L2] 的公设。

18.2.2 关于边界成本 。4.1.6 定义了学习空间中一个状态的边界。比它更早的第 1.1.5 节还非正式地介绍了这样一个概念，而且在那里还将其作为一个可以经济地呈现状态的装置予以展示。考虑下列参数作为测量这种表示方法实现之后的整个成本：所有状态的个数减去边界状态的个数。（另外一个参数是将这个差值除以状态数量。）不难发现有些情况下，用边界状态表示的成本一点也不低（即，参数是负值）。另一方面，哪种学习空间是经济的呢？

    (i) 最经济的：在固定的问题数量下，参数取最大的可能值？

    (ii) 最不经济的：在固定的问题数量下，参数取最小的可能值？

18.2.3 刻画边界映射 。在学习空间中刻画映射 $K \mapsto (K^{\jmath}, K^{\mathcal{O}})$，$K \mapsto K^{\jmath} \cup K^{\mathcal{O}}$，$K \mapsto K^{\jmath}$。哪种学习空间可以被这种映射完全确定？相同的问题可以提给级配良好的族。

18.2.4 刻画级配良好的生成 。定理 4.5.8 刻画出那些级配良好的生成†的族。但是这种刻画明确地是指生成†。找到单单指生成族的刻画。

18.3 关于粒度

18.3.1 取消粒度假设 。如果不假设粒度，那么定理 5.5.6 的结论还成立吗？（参见注释 5.5.7(a)）

18.3.2 刻画粒度属性 。在 8.5.2 节，我们根据产生有粒度的知识空间的性质定义了粒度属性。到目前为止，我们还没有直接刻画这个概念。

18.4 其他

18.4.1 推测系统的宽度和维度 。推测系统和 AND/OR 图（参见定义 5.1.2 和 5.3.1）是同一个偏序集合推广的两个方面。对于偏序集合的经典概念，可以推广到推测系统中。这产生了一大群问题。例如，对于"宽度""维度"将会扩展到一个什么样的合适程度？还有一个偏序？在这个推广情况下，关于这些概念的核心定理还成立吗？（Doignon 和 Falmagne，1988 首先考虑了其中一部分问题。）

18.4.2 关于集合之差的投影 。知识结构 $(\mathring{Q}, \mathring{\mathcal{K}})$ 要满足怎样的条件，可以使得对于 $(\mathring{Q}, \mathring{\mathcal{K}})$ 所有的投影 $(Q, \mathcal{K})$，所有的差 $(S(a, K) \backslash S(a, K \cup \{b\}))$ 都是空集？（参见例子 12.7.2）

参考文献

[1] J. Aczél. Lectures on Functional Equations and their Applications. Academic Press, New York and San Diego, 1966.

[2] S.R. Adke and S.M. Manshunath, editors. Introduction to Finite Markov Processes. Wiley, New York, 1984.

[3] A.V. Aho, J.E. Hoperoft, and J.D. Ullman, editors. The Design and Analysis of Computer Algorithms. Addiso-Wesley, Reading, MA, 1974.

[4] D. Albert, editor. Knowledge Structures. Springer-Verlag, Berlin–Heidelberg, 1994.

[5] D. Albert and Th. Held. Establishing knowledge spaces by systematical problem construction. In D. Albert, editor, Knowledge Structures, volume 1, pages 78–112. Springer–Verlag, Berlin–Heidelberg, 1994.

[6] D. Albert and C. Hockemeyer. Dynamic and adaptive hypertext tutoring systems based on knowledge space theory. In B. du Boulay and R. Mizoguchi, editors, Artificial Intelligence in Education: Knowledge and Media in Learning Systems, page Amsterdam. IOS Press, Berlin–Heidelberg, 1997. Frontiers in Artificial Intelligence and Applications, Vol. 39.

[7] D. Albert and J. Lukas, editors. Knowledge Spaces: Theories, Empirical Research, Applications. Lawrence Erlbaum Associates, Mahwah, NJ, 1999.

[8] D. Albert, M. Schrepp, and Th. Held. Construction of knowledge spaces for problem solving in chess. In G.H. Fischer and D. Laming, editors, Contributions to Mathematical Psychology, Psychometrics, and Methodology, pages 123–135. Springer–Verlag, New York, 1992.

[9] D. Albert, A. Nussbaumer, and C. Steiner. Using visual guidance and feedback based on competence structures for personalising e-learning experience. In ICCE 2008 — The 16th International Conference on Computers in Education, pages 3–10. Asia–Pacific Society for Computers in Education, 2008.

[10] A. Anastasi and S. Urbina. Psychological Testing (seventh edition). Prentice Hall, Upper Saddle River, NJ, 1997.

[11] R. D. Arasasingham, M. Taagepera, F. Potter, and S. Lonjers. Using Knowledge Space Theory To Assess Student Understanding of Stoichiometry. Journal of Chemical Education, 81:1517, 2004.

[12] R.D. Arasasingham, M. Taagepera, F. Potter, and S. Lonjers. Assessing the Effect of Web-Based Learning Tools on Student Understanding of Stoichiometry Using Knowledge Space Theory. Journal of Chemical Education, 82:1251, 2005.

[13] W.W. Armstrong. Dependency structures of database relationships. Information Processing, 74:580–583, 1974.

[14] K.C. Arnold. Screen updating and and cursor movement optimization: a library package. In UNIX Programmer's Supplementary Documents, volume 1. University of California, Computer Science Division, Berkeley, 1986.

[15] M. Barbut and B. Monjardet. Ordre et Classification. Collection Hachette Université, Paris, 1970.

[16] A. Barr and E.A. Feigenbaum. The Handbook of Artificial Intelligence. Pittman, London, 1981.

[17] A.T. Barucha-Reid. Elements of the Theory of Markov Processes and their Applications. Dover Publications, NYC, New York, 1997.

[18] G. Birkhoff. Rings of sets. Duke Mathematical Journal, 3:443–454, 1937.

[19] G. Birkhoff. Lattice Theory. American Mathematical Society, Providence, R.I., 1967.

[20] A. Björner, M. Las Vergnas, B. Sturmfels, N. White, and G.M. Ziegler. Oriented Matroids. Cambridge University Press, Cambridge, London, and New Haven, second edition, 1999.

[21] T.S. Blyth and M.F. Janowitz. Residuation Theory. Pergamon Press, London, 1972.

[22] V.J. Bowman. Permutation polyhedra. SIAM Journal on Applied Mathematics, 22:580–589, 1972.

[23] R.P. Brent. Algorithms for Minimization without Derivatives. Prentice Hall, Engelwood Cliffs, NJ, 1973.

[24] H.D. Brunk. An Introduction to Mathematical Statistics. Blaisdell, Waltham, MA, 1973.

[25] F. Buekenhout. Espaces à fermeture. Bulletin de la Société Mathématique de Belgique, 19:147–178, 1967.

[26] R.R. Bush and F. Mosteller. Stochastic Models for Learning. John Wiley, New York, 1955.

[27] Nathalie Caspard and Bernard Monjardet. Some lattices of closure systems on a finite set. Discrete Math. Theor. Comput. Sci., 6(2): 163–190 (electronic), 2004. fichier pdf et copie papier.

[28] D.R. Cavagnaro. Projection of a medium. To be published in the Journal of Mathematical Psychology, 2008.

[29] O.B. Chedzoy. Phi-Coefficient. In S. Kotz and N.L. Johnson, editors, Encyclopedia of Statistical Sciences, volume 6. John Wiley & Sons, London and New York, 1983. C.B. Read, associate editor.

[30] K.L. Chung. Markov Chains with Stationary Transition Probabilities. Springer-Verlag, Berlin, Heidelberg, and New York, 2nd edition, 1967.

[31] O. Cogis. Ferrers digraphs and threshold graphs. Discrete Mathematics, 38:33–46, 1982.

[32] P.M. Cohn. Universal Algebra. Harper and Row, New York, 1965.

[33] O. Conlan, C. Hockemeyer, V. Wade, and D. Albert. Metadata driven approaches to facilitate adaptivity in personalized eLearning systems. The Journal of Information and Systems in Education, 1:38–44, 2002.

[34] E. Cosyn. Coarsening a knowledge structure. Journal of Mathematical Psychology, 46:123–139, 2002.

[35] E. Cosyn and N. Thiéry. A Practical Procedure to Build a Knowledge Structure. Journal of Mathematical Psychology, 44:383–407, 2000.

[36] E. Cosyn and H.B. Uzun. Note on two sufficient axioms for a well-graded knowledge space. Journal of Mathematical Psychology, 53 (1):40–42, 2009.

[37] E. Cosyn, C.W. Doble, J.-Cl. Falmagne, A. Lenoble, N. Thiéry, and H. Uzun. Assessing mathematical knowledge in a learning space. In D. Albert, C.W. Doble, D. Eppstein, J.-Cl. Falmagne, and X. Hu, editors, Knowledge Spaces: Applications in Education. 2010. In preparation.

[38] H. Cramér. Mathematical Methods of Statistics. Princeton University Press, Princeton, NJ, 1963.

[39] L. Crocker and J. Algina. Introduction to Classical & Modern Test Theory. Wadsworth—Thomson Learning, 1986.

[40] B.A. Davey and H.A. Priestley. Introduction to Lattices and Order. Cambridge University Press, Cambridge, London, and New Haven, 1990.

[41] E. Degreef, J.-P. Doignon, A. Ducamp, and J.-Cl. Falmagne. Languages for the assessment of knowledge. Journal of Mathematical Psychology, 30:243–256, 1986.

[42] M.C. Desmarais and X. Pu. A Bayesian student model without hidden nodes and its comparison with item response theory. International Journal of Artificial Intelligence in Education, 15:291–323, 2005.

[43] M.C. Desmarais, S. Fu, and X. Pu. Tradeoff analysis between knowledge assessment approaches. volume 125, pages 209–216, 2005.

[44] C.W. Doble, J.-P. Doignon, J.-Cl. Falmagne, and P.C. Fishburn. Almost connected orders. Order, 18(4):295–311, 2001.

[45] J.-P. Doignon. Probabilistic assessment of knowledge. In Dietrich Albert, editor, Knowledge Structures, pages 1–56. Springer Verlag, New York, 1994a.

[46] J.-P. Doignon. Knowledge spaces and skill assignments. In Gerhard H. Fischer and Donald Laming, editors, Contributions to Mathematical Psychology, Psychometrics, and Methodology, pages 111–121. Springer–Verlag, New York, 1994b.

[47] J.-P. Doignon and J.-Cl. Falmagne. Spaces for the Assessment of Knowledge. International Journal of Man-Machine Studies, 23: 175–196, 1985.

[48] J.-P. Doignon and J.-Cl. Falmagne. Knowledge assessment: A set theoretical framework. In B. Ganter, R. Wille, and K.E. Wolfe, editors, Beiträge zur Begriffsanalyse: Vorträge der Arbeitstagung Begriffsanalyse, Darmstadt 1986, pages 129–140, Mannheim, 1987. BI Wissenschaftsverlag.

[49] J.-P. Doignon and J.-Cl. Falmagne. Parametrization of knowledge structures. Discrete Applied Mathematics, 21:87–100, 1988.

389

[50] J.-P. Doignon and J.-Cl. Falmagne. Well-graded families of relations. Discrete Mathematics, 173:35–44, 1997.

[51] J.-P. Doignon and J.-Cl. Falmagne. Knowledge Spaces. Springer-Verlag, Berlin, Heidelberg, and New York, 1999.

[52] J.-P. Doignon, A. Ducamp, and J.-Cl. Falmagne. On realizable biorders and the biorder dimension of a relation. Journal of Mathematical Psychology, 28:73–109, 1984.

[53] J.-P. Doignon, B. Monjardet, M. Roubens, and Ph. Vincke. Biorder families, valued relations and preference modelling. Journal of Mathematical Psychology, 30:435–480, 1986.

[54] C.E. Dowling. Constructing knowledge spaces from judgements with differing degrees of certainty. In Jean-Paul Doignon and Jean-Claude Falmagne, editors, Mathematical Psychology: Current Developments, pages 221–231. Springer–Verlag, New York, 1991a.

[55] C.E. Dowling. Constructing Knowledge Structures from the Judgements of Experts. Habilitationsschrift, Technische Universität Carolo-Wilhelmina, Braunschweig, Germany, 1991b.

[56] C.E. Dowling. Applying the basis of a knowledge space for controlling the questioning of an expert. Journal of Mathematical Psychology, 37:21–48, 1993a.

[57] C.E. Dowling. On the irredundant construction of knowledge spaces. Journal of Mathematical Psychology, 37:49–62, 1993b.

[58] C.E. Dowling. Integrating different knowledge spaces. In G.H. Fischer and D. Laming, editors, Contributions to Mathematical Psychology, Psychometrics, and Methodology, pages 149–158. Springer-Verlag, Berlin, Heidelberg, and New York, 1994.

[59] C.E. Dowling, C. Hockemeyer, and A.H. Ludwig. Adaptive assessment and training using the neighbourhood of knowledge spaces.

In C. Frasson, G. Gauthier, and A. Lesgold, editors, Intelligent Tutoring Systems, pages 578–586. Springer–Verlag, Berlin, 1996.

[60] F. Drasgow. Polychoric and polyserial correlation. In S. Kotz, N.L. Johnson, and C.B. Read, editors, Encyclopedia of Statistical Sciences, volume 7, pages 68–74. Wiley, New York, 1986.

[61] A. Ducamp and J.-Cl. Falmagne. Composite measurement. Journal of Mathematical Psychology, 6:359–390, 1969.

[62] R.O. Duda and P.E. Hart. Pattern Classification and Scene Analysis. John Wiley, New York, 1973.

[63] J. Dugundji. Topology. Allyn and Bacon, Boston, 1966.

[64] I. Düntsch and G. Gediga. Skills and knowledge structures. British Journal of Mathematical and Statistical Psychology, 48: 9–27, 1995a.

[65] I. Düntsch and G. Gediga. On query procedures to buid knowledge structures. British Journal of Mathematical and Statistical Psychology, 48:9–27, 1995b.

[66] J. Durnin and J.M. Scandura. An algorithmic approach to assessing behavioral potential: comparison with item forms and hierarchical technologies. Journal of Educational, 65:262–272, 1973.

[67] P.H. Edelman and R. Jamison. The theory of convex geometries. Geometrica Dedicata, 19:247–271, 1985.

[68] Educational Testing Services (ETS). California Standard Tests (CSTs), Spring 2007 Administration. Technical report, 2008. Contract 5417, http://www.cde.ca.gov/ta/tg/sr/documents/csttechrpt07.pdf.

[69] D. Eppstein. Algorithms for drawing media. In Graph Drawing: 12th International Symposium, GD 2004, New York, NY, USA, September 29–October 2, 2004, volume 3383 of Lecture Notes in

Computer Science, pages 173–183, Berlin, Heidelberg, and New York, 2005. Springer-Verlag.

[70] D. Eppstein. Recognizing partial cubes in quadratic time. Electronic preprint 0705.1025, arXiv.org, 2007.

[71] D. Eppstein. Learning Sequences. In D. Albert, C.W. Doble, D. Eppstein, J.-Cl. Falmagne, and X. Hu, editors, Knowledge Spaces: Applications in Education. 2010. In preparation.

[72] D. Eppstein and J.-Cl. Falmagne. Algorithms for media. Electronic preprint cs.DS/0206033, arXiv.org, 2002.

[73] D. Eppstein, J.-Cl. Falmagne, and S. Ovchinnikov. Media Theory. Springer-Verlag, Berlin, Heidelberg, and New York, 2008.

[74] D. Eppstein, J.-Cl. Falmagne, and H.B. Uzun. On verifying and engineering the wellgradedness of a union-closed family. Journal of Mathematical Psychology, 53(1):34–39, 2009.

[75] J.-Cl. Falmagne. A latent trait theory via stochastic learning theory for a knowledge space. Psychometrika, 53:283–303, 1989a.

[76] J.-Cl. Falmagne. Probabilistic knowledge spaces: A review. In Fred Roberts, editor, Applications of Combinatorics and Graph Theory to the Biological and Social Sciences, IMA Volume 17. Springer Verlag, New York, 1989b.

[77] J.-Cl. Falmagne. Stochastic learning paths in a knowledge structure. Journal of Mathematical Psychology, 37:489–512, 1993.

[78] J.-Cl. Falmagne. Finite markov learning models for knowledge structures. In G.H. Fischer and D. Laming, editors, Contributions to Mathematical Psychology, Psychometrics, and Methodology. Springer Verlag, New York, 1994.

[79] J.-Cl. Falmagne. Errata to SLP. Journal of Mathematical Psychology, 40:169–174, 1996.

[80] J.-Cl. Falmagne. Stochastic token theory. Journal of Mathematical Psychology, 41(2):129–143, 1997.

[81] J.-Cl. Falmagne. Projections of a learning space. Electronic preprint 0803.0575, arXiv.org, 2008. Submitted.

[82] J.-Cl. Falmagne and J-P. Doignon. A class of stochastic procedures for the assessment of knowledge. British Journal of Mathematical and Statistical Psychology, 41:1–23, 1988a.

[83] J.-Cl. Falmagne and J-P. Doignon. A Markovian procedure for assessing the state of a system. Journal of Mathematical Psychology, 32:232–258, 1988b.

[84] J.-Cl. Falmagne and J.-P. Doignon. Stochastic evolution of rationality. Theory and Decision, 43:107–138, 1997.

[85] J.-Cl. Falmagne and J.-P. Doignon. Meshing knowledge structures. In C.E. Dowling, F.S. Roberts, and P. Peter Theuns, editors, Recent Progress in Mathematical Psychology, Scientific Psychology Series. Lawrence Erlbaum Associates Ltd., Mahwah, NJ., 1998.

[86] J.-Cl. Falmagne and K. Lakshminarayan. Stochastic learning paths—estimation and simulation. In G.H. Fischer and D. Laming, editors, Contributions to Mathematical Psychology, Psychometrics, and Methodology. Springer Verlag, New York, 1994.

[87] J.-Cl. Falmagne and S. Ovchinnikov. Media theory. Discrete Applied Mathematics, 121:83–101, 2002.

[88] J.-Cl. Falmagne and S. Ovchinnikov. Mediatic graphs. In S. Brams, W.V. Gehrlein, and F.S. Roberts, editors, The Mathematics of Preference, Choice and Order. Essays in Honor of Peter, C. Fishburn, Studies in Choice and Welfare, pages 325–343. Springer, Berlin–Heidelberg, 2009.

[89] J.-Cl. Falmagne, M. Koppen, M. Villano, J.-P. Doignon, and L. Johannesen. Introduction to knowledge spaces: how to build, test and search them. Psychological Review, 97:204–224, 1990.

[90] J.-Cl. Falmagne, E. Cosyn, J.-P. Doignon, and N. Thiéry. The assessment of knowledge, in theory and in practice. In B. Ganter and L. Kwuida, editors, Formal Concept Analysis, 4th International Conference, ICFCA 2006, Dresden, Germany, February 13–17, 2006, Lecture Notes in Artificial Intelligence, pages 61–79. Springer-Verlag, Berlin, Heidelberg, and New York, 2006a.

[91] J.-Cl. Falmagne, Y.-F. Hsu, F. Leite, and M. Regenwetter. Stochastic applications of media theory: Random walks on weak orders or partial orders. Discrete Applied Mathematics, 2007. doi: 10.1016/j.dam.2007.04.032.

[92] S.E. Feinberg. The Analysis of Cross-Classified Categorical Data. MIT Press, Cambridge, MA., 2nd edition, 1981.

[93] W. Feller. An Introduction to Probability Theory and its Applications, volume 1. John Wiley & Sons, London and New York, 3rd edition, 1968.

[94] P.C. Fishburn. Intransitive indifference with unequal indifference intervals. Journal of Mathematical Psychology, 7:144–149, 1970.

[95] P.C. Fishburn. Interval orders and interval graphs. John Wiley & Sons, London and New York, 1985.

[96] Cl. Flament. L'Analyse Booléenne des Questionnaires. Mouton, Paris-The Haguen, 1976.

[97] D.A.S. Fraser. Statistics, an Introduction. John Wiley & Sons, New York, 1958.

[98] S. Fries. Empirical validation of a markovian learning model for knowledge structures. Journal of Mathematical Psychology, 41: 65–70, 1997.

[99] K.S. Fu. Syntactic Methods in Pattern Recognition. Academic Pres, New York, 1974.

[100] P. Gaiha and S.K Gupta. Adjacent vertices on a permutohedron. SIAM Journal on Applied Mathematics, 32(2):323–327, 1977.

[101] B. Ganter. Two basic algorithms in concept analysis. (FB4–Preprint, number 831.) TH Darmstadt, 1984.

[102] B. Ganter. Algorithmen zur Formalen Begriffsanalyse. In B. Ganter, R. Wille, and K.E. Wolfe, editors, Beiträge zur Begriffsanalyse: Vorträge der Arbeitstagung Begriffsanalyse, Darmstadt 1986, pages 129–140, Mannheim, 1987. BI Wissenschaftsverlag.

[103] B. Ganter and K. Reuter. Finding all the closed sets: a general approach. Order, 8(4):283–290, 1991.

[104] B. Ganter and R. Wille. Formale Begriffsanalyse: Mathematische Grundlagen. Springer-Verlag, Berlin-Heidelber, 1996. English translation by C. Franske: Formal Concept Analysis: Mathematical Foundations, Springer-Verlag, 1998.

[105] M.R. Garey and D.S. Johnson. Computers and Intractability: A Guide to the Theory of NP-Completeness. W. H. Freemann, 1979.

[106] K. Gegenfurtner. PRAXIS: Brent's algorithm for function minimization. Behavior Research Methods Instruments and Computers, 24:560–564, 1992.

[107] J.-L. Guigues and V. Duquenne. Familles minimales d'implications informatives résultant d'un tableau de données binaires. Mathématiques, Informatique et Sciences Humaines, 97:5–18, 1986.

[108] L. Guttman. A basis for scaling qualitative data. American Sociological Review, 9:139–150, 1944.

[109] B. Harris. Tetrachoric Correlation Coefficient. In S. Kotz and N.L. Johnson, editors, Encyclopedia of Statistical Sciences, volume 9. John Wiley & Sons, London and New York, 1983. C.B. Read, associate editor.

[110] J. Heller. A formal framework for characterizing querying algorithms. Journal of Mathematical Psychology, 48(1):1–8, 2004.

[111] J. Heller and C. Repitsch. Distributed skill functions and the meshing of knowledge structures. J. Math. Psych., 52(3):147–157, 2008. ISSN 0022-2496.

[112] C. Hockemeyer. RATH - a relational adaptive tutoring hypertext environment. Rapport 1997/3, Institut für Psychologie, Karl-Franzens-Universität Graz, Austria, 1997.

[113] C. Hockemeyer. Tools and utilities for knowledge spaces. Unpublished technical report, Institut für Psychologie, Karl–Franzens–Universität Graz, Austria, 2001.

[114] C. Hockemeyer, Th. Held, and D. Albert. RATH — a relational adaptive tutoring hypertext WWW–environment based on knowledge space theory. In Christer Alvegård, editor, CALISCE'98: Proceedings of the Fourth International Conference on Computer Aided Learning in Science and Engineering, pages 417–423, Göteborg, Sweden, June 1998. Chalmers University of Technology. ISBN 91-7197-683-3. URL http://wundt.kfunigraz.ac.at/rath/publications/calisce/.

[115] C. Hockemeyer, A. Nussbaumer, E. Lövquist, A. Aboulafia, D. Breen, G. Shorten, and D. Albert. Applying a web and simulation–based system for adaptive competence assessment of spinal anaesthesia. In Marc Spaniol, Qing Li, Ralf Klamma, and Rynson Lau, editors, Advances in Web–Based learning — ICWL 2009, pages 182–191, Berlin, 8 2009. Springer Verlag.

[116] L. Hyafill and R.L. Rivest. Constructing optimal decision trees is NP-complete. Information Processing Letters, 5:15–17, 1976.

[117] W. Imrich and S. Klavžar. Product Graphs. John Wiley & Sons, London and New York, 2000.

[118] K. Jameson. Empirical methods for generative semiotics models: an application to the roman majuscules. In W.C. Watt, editor, Writing Systems and Cognition, Neuropsychology and Cognition Series. Kluwer Academic Publishers, Dordrecht, 1992.

[119] R.E. Jamison-Waldner. A perspective on abstract convexity: classifying alignments by varieties (Norman, Oklahoma, 1980. In W.C. Watt, editor, Lecture Notes in Pure and Applied Mathematics, volume 76, pages 113–150. Dekker, New York, 1982.

[120] R.T. Johnson and T.P. Vaughan. On union-closed families. I. Journal of Combinatorial Theory, Series A, 84:242–249, 1998.

[121] M. Kambouri. Knowledge assessment: A comparison between human experts and computerized procedure. PhD thesis, New York University, New York, 1991.

[122] M. Kambouri, M. Koppen, M. Villano, and J.-Cl. Falmagne. Knowledge assessment: Tapping human expertise by the QUERY routine. International Journal of Human-Computer Studies, 40:119–151, 1994.

[123] W.T. Kelvin. Popular Lectures and Addresses. Volume 1-3. MacMillan, London, 1889. Volume 1: Constitution of Matter (Chapter: Electrical Units of Measurement).

[124] J.G. Kemeny and J.L. Snell. Finite Markov Chains. Van Nostrand, Princeton, N.J., 1960.

[125] M.D. Kickmeier-Rust, B. Marte, S.B. Linek, T. Lalonde, and D. Albert. Learning with computer games: Micro level feedback and

interventions. In M. E. Auer, editor, Proceedings of the International Conference on Interactive Computer Aided Learning (ICL), Kassel, 2008. Kassel University Press. CD–ROM publication.

[126] R. Kimbal. A self-improving tutor for symbolic integration. In D. Sleeman and J.S. Brown, editors, Intelligent Tutoring Systems, volume 1 of Computer and People Series. Academic Press, London, 1982.

[127] M. Koppen. Ordinal Data Analysis: Biorder Representation and Knowledge Spaces. Doctoral dissertation, Katholieke Universiteit te Nijmegen, Nijmegen, The Netherlands, 1989.

[128] M. Koppen. Extracting human expertise for constructing knowledge spaces: An algorithm. Journal of Mathematical Psychology, 37:1–20, 1993.

[129] M. Koppen. On alternative representations for knowledge spaces. Mathematical Social Sciences, 36:127–143, 1998.

[130] M. Koppen and J.-P. Doignon. How to build a knowledge space by querying an expert. Journal of Mathematical Psychology, 34:311–331, 1990.

[131] B. Korte, L. Lovász, and R. Schrader. Greedoids. Number 4 in Algorithms and Combinatorics. Springer-Verlag, 1991.

[132] K. Lakshminarayan. Theoretical and Empirical Aspects of Some Stochastic Learning Models. Doctoral dissertation, University of California, Irvine, 1995.

[133] K. Lakshminarayan and F. Gilson. An application of a stochastic knowledge structure model. In C.E. Dowling, F.S. Roberts, and P. Peter Theuns, editors, Recent Progress in Mathematical Psychology, Scientific Psychology Series. Lawrence Erlbaum Associates Ltd., Mahwah, NJ., 1998.

[134] M. Landy and R.A. Hummel. A brief survey of knowledge aggregation methods. In Proceedings, 1986 International Conference on Pattern Recognition, pages 248–252, 1986.

[135] P. F. Lazarsfeld and N. W. Henry. Latent Structure Analysis. Houghton Mifflin, Boston, 1968.

[136] Cl. Le Conte de Poly-Barbut. Le diagramme du treillis permutohèdre est Intersection des diagrammes de deux produits directs d'ordres totaux. Mathématiques, Informatique et Sciences Humaines, 112:49–53, 1990.

[137] E.L. Lehman. Testing Statistical Hypotheses. John Wiley, New York, 1959.

[138] B.W. Lindgren. Statistical Theory. Macmillan, New York, 2nd edition, 1968.

[139] F.M. Lord. Individualized testing and item characteristic curve theory. In D.H. Krantz, R.C. Atkinson, R.D. Luce, and P. Suppes, editors, Contemporary Developments in Mathematical Psychology, Vol. II. Measurement, Psychophysics and Neural Information Processing. Freeman, San Francisco, CA, 1974.

[140] F.M. Lord and M.R. Novick. Statistical Theories of Mental Tests (2nd. ed.). Addison-Wesley, Reading, MA, 1974.

[141] R.D. Luce. Semiorders and a theory of utility discrimination. Econometrica, 24:178–191, 1956.

[142] R.D. Luce. Individual Choice Behavior. John Wiley, New York, 1959.

[143] R.D. Luce. Some one-parameter families of learning operators. In R.C. Atkinson, editor, Studies in Mathematical Psychology, pages 380–398. Stanford University Press, Stanford, CA, 1964.

[144] J. Lukas and D. Albert. Knowledge assessment based on skill assignment and psychological task analysis. In Gerhard Strube and Karl F. Wender, editors, The Cognitive Psychology of Knowledge, volume 101 of Advances in Psychology, pages 139–160. North–Holland, Amsterdam, 1993.

[145] A.A.J. Marley. Abstract one-parameter families of learning operators. Journal of Mathematical Psychology, 4:414–429, 1967.

[146] S.P. Marshall. Sequential item selection; optimal and heuristic policies. Journal of Mathematical Psychology, 23:134–152, 1981.

[147] B. Matalon. L'Analyse Hiérarchique. Mouton, Paris, 1965.

[148] B. Monjardet. Tresses, fuseaux, préordres et topologies. Mathématique et Sciences Humaines, 30:11–22, 1970.

[149] B. Monjardet. A use for frequently rediscovering a concept. Order, 1(4):415–417, 1985.

[150] C.E. Müller. A procedure for facilitating an expert's judgments on a set of rules. In E.E. Roskam, editor, Mathematical Psychology in Progress, Recent Research in Psychology, pages 157–170. Springer-Verlag, Berlin, Heidelberg, and New York, 1989.

[151] M.F. Norman. Markov Processes and Learning Models. Academic Press, New York, 1972.

[152] J. Nunnally and I. Bernstein. Psychometric Theory. MacGraw-Hill, New York, 1994.

[153] S. Ovchinnikov. Convex geometry and group choice. Mathematical Social Sciences, 5:1–16, 1983.

[154] S. Ovchinnikov and A. Dukhovny. Advances in media theory. International Journal of Uncertainty, Fuzziness and Knowledge-Based Systems, 8(1):45–71, 2000.

[155] E. Parzen. Stochastic Processes. Holden-Day, San Francisco, 1994.

[156] K. Pearson. The Life, Letters and Labours of Francis Galton. Cambridge University Press, London, 1924. Volume 2: Researches of Middle Life.

[157] G. Pilato, R. Pirrone, and R. Rizzo. A KST–based system for student tutoring. Applied Artificial Intelligence, 22:283–308, 2008.

[158] M. Pirlot and Ph. Vincke. Semiorders: Properties, Representations, Applications. Kluwer, Amsterdam, 1997.

[159] M.J.D. Powell. An efficient method for finding the minimum of a function of several variables without calculating derivatives. Computer Journal, 7:155–162, 1964.

[160] M. Regenwetter, J.-Cl. Falmagne, and B. Grofman. A stochastic model of preference change and its application to 1992 presidential election panel data. Psychological Review, 106(2):362–384, 1999.

[161] E. Rich. Artificial Intelligence. MacGraw-Hill, Singapore, 1983.

[162] J. Riguet. Les relations de Ferrers. Compte Rendus des Scéances de l'Académie des Sciences (Paris), 232:1729–1730, 1951.

[163] F.S. Roberts. Measurement Theory, with Applications to Decision-making, Utility, and the Social Sciences. Addison-Wesley, Reading, Mass., 1979.

[164] F.S. Roberts. Applied Combinatorics. Prentice Hall, Englewood Cliffs, New Jersey, 1984.

[165] M. Roubens and Ph. Vincke. Preference Modelling. Lecture Notes in Economics and Mathematical Systems, vol. 250. Springer-Verlag, Berlin-Heidelberg, 1985.

[166] G. Rozenberg and A. Salomaa, editors. Handbook of Formal Language Theory, Vol. 1-3. Springer-Verlag, Berlin, Heidelberg, and New York, 1997.

[167] A. Rusch and Rudolf Wille. Knowledge spaces and formal concept analysis. In H.-H. Bock and W. Polasek, editors, Data Analysis and Information Systems, pages 427–436, Berlin, Heidelberg, and New York, 1996. Springer-Verlag.

[168] D. Scott and P. Suppes. Foundational aspects of theories of measurement. Journal of Symbolic Logic, 23:113–128, 1958.

[169] D.B. Shmoys and É. Tardos. Computational Compexity. In R.L. Graham, M. Grötschel, and L. Lovász, editors, Handbook of Combinatorics, volume 2. The M.I.T. Press, Cambridge, MA, 1995.

[170] E.H. Shortliffe. Computer-Based Medical Consultation: Mycin. American Elsevier, New York, 1976.

[171] E.H. Shortliffe and D.G. Buchanan. A model of inexact reasoning in medicine. Mathematical Bioscience, 23:351–379, 1975.

[172] A.N. Shyryayev. Probability. Springer-Verlag, New York, 1960.

[173] G. Sierksma. Convexity on unions of sets. Compositio Mathematica, 42:391–400, 1981.

[174] J. Stern and K. Lakshminarayan. Comments on mathematical and logical aspects of a model of acquisition behavior. Technical Report 95-05, 1995.

[175] P. Suppes. Introduction to Logic. Van Nostrand, Princeton, N.J., 1957.

[176] P. Suppes. Axiomatic Set Theory. Van Nostrand, Princeton, N.J., 1960.

[177] P. Suppes, D.H. Krantz, R.D. Luce, and A. Tversky. Foundations of Measurement, Volume 2: Geometrical, Threshold, and Probabilistic Representations. Academic Press, New York and San Diego, 1989.

[178] E. Szpilrajn. Sur l'extension de l'ordre partiel. Fundamenta Mathematicae, 16:386–389, 1930.

[179] M. Taagepera and S. Noori. Mapping Students' Thinking Patterns in Learning Organic Chemistry by the Use of the Knowledge Space Theory. Journal of Chemical Education, 77:1224, 2000.

[180] M. Taagepera, F. Potter, G.E. Miller, and K. Lakshminarayan. Mapping Students' Thinking Patterns by the Use of Knowledge Space Theory,. International Journal of Science Education, 19: 283, 1997.

[181] M. Taagepera, R. Arasasingham, F. Potter, A. Soroudi, and G. Lam. Following the Development of the Bonding Concept Using Knowledge Space Theory. Journal of Chemical Education, 79: 1756, 2002.

[182] M. Taagepera, R.D. Arasasingham, S. King, F. Potter, I. Martorell, D. Ford, J. Wu, and A. M. Kearney. How Students Think About Stereochemistry. Technical report, 2008. Submitted and under revision.

[183] G.M. Tallis. The maximum likelihood estimation of correlation for contingency tables. Biometrics, 9:342–353, 1962.

[184] R.F. Tate. Correlation between a discrete and a continuous variable. Point-Biserial Correlation. The Annals of Mathematical Statistics, 25(3):603–607, 1954.

[185] W.T. Trotter. Combinatorics and Partially Ordered Sets: Dimension Theory. The Johns Hopkins University Press, Baltimore and London, 1992.

[186] M. Van de Vel. The theory of convex structures. North-Holland Publishing Co., Amsterdam, 1993.

[187] K. Van Lehn. Student modeling. In M.C. Polson and J.J. Richardson, editors, Foundations of Intelligent Tutoring Systems. Erlbaum, Hillsdale, N.J., 1988.

[188] M. Villano. Computerized knowledge assessment: Building the knowledge structure and calibrating the assessment routine. PhD thesis, New York University, New York, 1991. In Dissertation Abstracts International, vol. 552, p. 12B.

[189] M. Villano, J.-Cl. Falmagne, L. Johannesen, and J.-P. Doignon. Stochastic procedures for assessing an individual's state of knowledge. In Proceedings of the International Conference on Computer-assisted Learning in Post-Secondary Education, Calgary 1987, pages 369–371, Calgary, 1987. University of Calgary Press.

[190] S.B. Vincent. The function of the vibrissae in the behavior of the white rat. Behavioral Monographs, 1(5), 1912.

[191] H. Wainer and S. Messick. Principles of Modern Psychological Development: A Festschrift for Frederic Lord. Lawrence Erlbaum Associates, Hillsdale, N.J., 1983.

[192] H. Wainer, N.J. Dorans, D. Eignor, R. Flaugher, B.F. Green, R.J. Mislevy, L. Steinberg, and D. Thissen. Computerized Adaptive Testing: A Primer. Lawrence Erlbaum Associates, New Jersey and London, 2000.

[193] D.J. Weiss. New Horizons in Testing: Latent Trait Theory and Computerized Testing Theory. Academic Press, New York, 1983.

[194] D.J.A. Welsh. Matroids: Fundamental concepts. In R.L. Graham, M. Grötschel, and L. Lovász, editors, Handbook of Combinatorics, volume 1. The M.I.T. Press, Cambridge, MA, 1995.

[195] M. Wild. A theory of finite closure spaces based on implications. Advances in Mathematics, 108:118–139, 1994.

[196] G. M. Ziegler. Lectures on polytopes, volume 152 of Graduate Texts in Mathematics. Springer-Verlag, New York, 1995. ISBN 0-387-94365-X.